UFE

Inhaltsverzeichnis

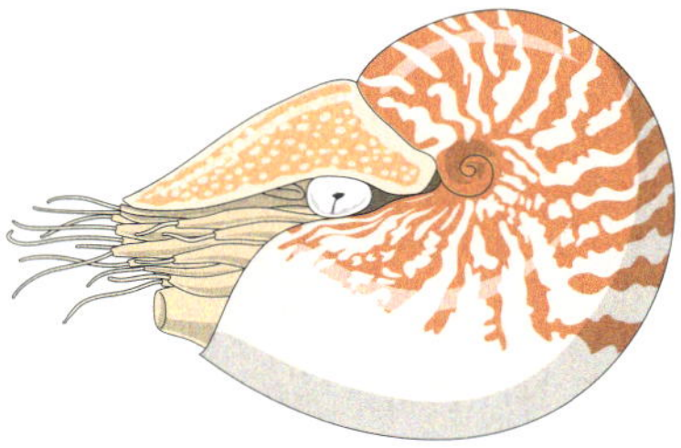

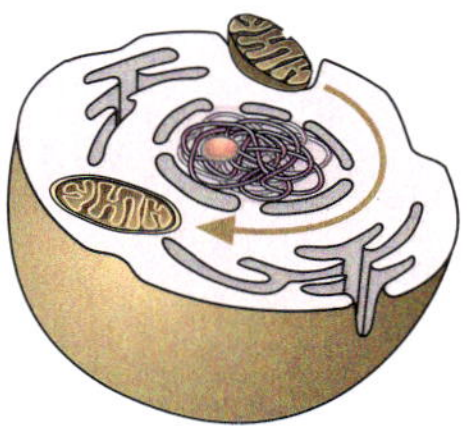

BIOLOGIE – DIE WISSENSCHAFT VOM LEBEN

Prinzipien des Lebendigen – Basiskonzepte der Biologie **6**
Organisationsebenen des Lebendigen 10
Wissenschaft vom Leben 12

ZELLBIOLOGIE

Zelle – Gewebe – Organismus **14**
Geschichte der Zellbiologie 15
Das Lichtmikroskop 16
Material · Methode · Praxis:
Der Einsatz des Lichtmikroskops 18
Das lichtmikroskopische Bild der Zelle 20
Der Zellzyklus 22
Der Ablauf der Mitose 24
Material · Methode · Praxis:
Untersuchung von Mitosestadien 26
Apotose – der programmierte Zelltod 27
Zell- und Gewebetypen 28
Einzeller 30
Material · Methode · Praxis:
Bedeutung und mikroskopische Untersuchung von Einzellern 32
Einzeller – Zellkolonie – Vielzeller 34
Kompetenzen: Zelle – Gewebe – Organismus 35

Feinbau der Zelle **36**
Das Elektronenmikroskop 37
Material · Methode · Praxis:
Elektronenmikroskopische Präparationsmethoden 38
Kompartimentierung durch Membranen 39
Chemische Grundlagen: Lipide 40
Chemische Grundlagen: Proteine 41
Raumstruktur der Proteine 42
Modellvorstellungen von der Biomembran 43
Feinbau der Biomembran 44
Stofftransport: Diffusion und Osmose 46
Osmose und der Wasserhaushalt der Zelle 47
Stofftransport: Kanal- und Carriertransport 48
Glukosetransportproteine 50
Stofftransport: Endocytose, Exocytose, Membranfluss 51
Arteriosklerose und Cholesterin 52
Leuchtende Zellen 53
Die Zellorganellen 54
Material · Methode · Praxis:
Isolierung von Zellbestandteilen 58
Material · Methode · Praxis:
Interpretation elektronenmikroskopischer Bilder 59
Prokaryoten 60
Eukaryoten, Prokaryoten und Viren im Vergleich 61
Herkunft der Eukaryotenzelle 62
Kompetenzen: Feinbau der Zelle 63

Biologische Prinzipien: Zellbiologie 64

Biologie angewandt:
Regulation des Wasserhaushalts **66**
Bau der Niere – makroskopisch und mikroskopisch 67
Funktion der Niere im Detail 68
Nieren zur Osmoregulation 69

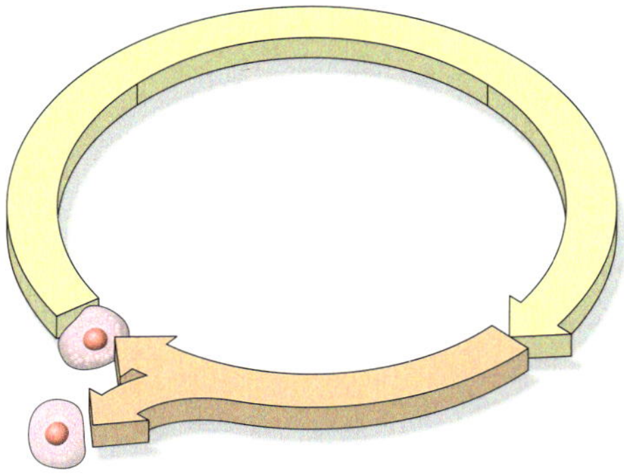

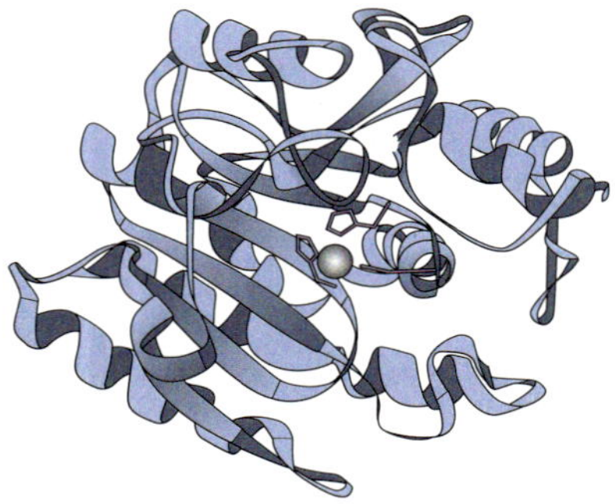

STOFFWECHSEL

Biokatalyse **70**
Enzyme – Katalysatoren biologischer Reaktionen 71
Struktur und Wirkungsweise von Enzymen 72
Werkzeuge der Zellen: Übersicht Enzyme 74
Material · Methode · Praxis:
Urease – ein Enzym im Experiment 76
Einflüsse auf die Enzymwirkung 78
Material · Methode · Praxis:
Enzyme in Waschmitteln 80
Enzymregulation 82
Enzyme in der Medizin 83
Enzyme in der Biotechnologie 84
Kompetenzen:
Biokatalyse 85

Biologie angewandt:
Tolle Knolle – Untersuchungen an der Kartoffel **86**
Ein Blick in die Kartoffelzelle 87
Die Kartoffel und ihre Enzyme 88
Kartoffelstärke als nachwachsender Rohstoff 89

Betriebsstoffwechsel und Energieumsatz **90**
Untersuchungsmethoden und Grundmuster des Stoffwechsels 91
Bereitstellung von Stoffen aus der Nahrung: Verdauung 92
Chemische Grundlagen: Kohlenhydrate 94
Material · Methode · Praxis:
Nachweisreaktionen in der Kriminalistik 96
Material · Methode · Praxis:
Elektrophorese 97
Äußere Atmung: Transportsysteme und Gasaustausch 98
Transport von Sauerstoff im Blut 100
Regulation der Sauerstoffkonzentration im Blut 101
Atmung unter Extrembedingungen 102
Material · Methode · Praxis:
Versuche zur Atmung 103
Zellatmung: Bereitstellung der Energie in der Zelle 104
Energiewährung ATP 105
Chemische Grundlagen: Oxidation, Reduktion, Reduktionsäquivalent 106
Aerober Abbau von Glucose – die Glykolyse 107
Der Citratzyklus 108
Die Atmungskette 109
Energieumsatz und seine Messung 110
Stoff- und Energiebilanz der Zellatmung 111
Energiegewinnung ohne Sauerstoff: Gärung 112
Material · Methode · Praxis:
Energiegewinnung 113
Alkohole und Alkoholabbau 114
Weitere Energiequellen (Fettabbau, unvollständige Oxidation) 115
Bau der Muskeln 116
Muskelkontraktion und ATP 117
Ausscheidung 118
Kompetenzen:
Betriebsstoffwechsel und Energieumsatz 119

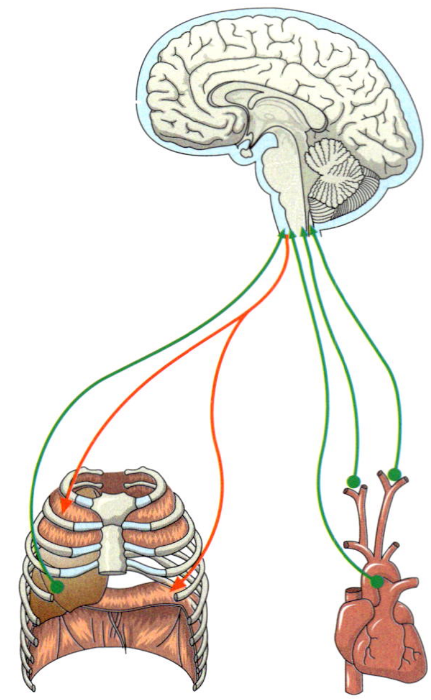

Biologie angewandt:
Die Hefe – ein besonderer Nutzpilz **120**
Biologie der Hefe 121
Versuche zur Gärung 122
Bierbrauen – eine alte Biotechnologie 123

Biologie angewandt:
Sport und Stoffwechsel **124**
Muskelzellen brauchen Energie 125
Untersuchungen rund um den Sport 126
Leistungssteigerung allein durch Sport? 127

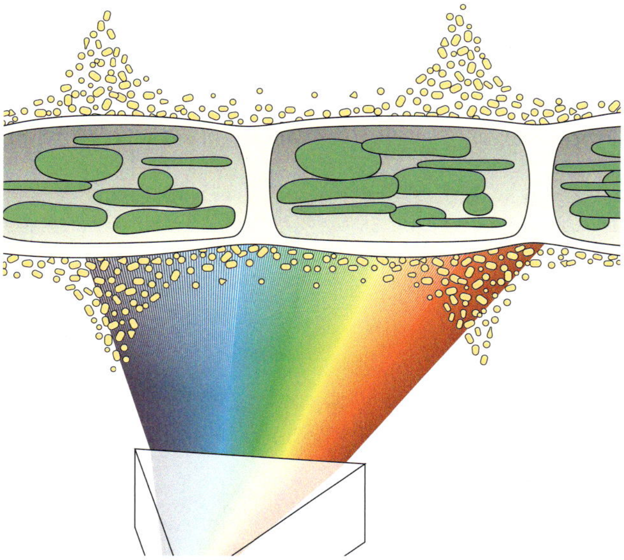

Fotosynthese **128**
Licht – Farbe – Absorption 129
Fotosynthese: Überblick 130
Material · Methode · Praxis:
Chromatographie 131
Fotosynthese: Strukturen 132
Thylakoidmembran – die „Werkbank" der Fotosynthese 133
Ablauf der Fotosynthese 134
Abhängigkeit der Fotosynthese von Umweltfaktoren 136
Material · Methode · Praxis:
Licht, Blattpigmente und Fotosynthese 137
Material · Methode · Praxis:
Bedingungen und Leistungen der Fotosynthese 138
Fotosynthese und Licht im Lebensraum 140
Wasserhaushalt der Pflanzen 142
Material · Methode · Praxis:
Pflanze und Wasser 143
Verwertung der Fotosyntheseprodukte in der Pflanze 144
Varianten der Fotosynthese 145
Energiegewinnung ohne Licht: Chemosynthese 146
Kompetenzen:
Fotosynthese 147

Biologische Prinzipien: Stoffwechsel 148

Glossar wichtiger Fachbegriffe **150**
Register **156**
Bildverzeichnis **159**
Hinweise zum Umgang mit Gefahrstoffen **160**

Prinzipien des Lebendigen – Basiskonzepte der Biologie

Im 17. und 18. Jahrhundert wurde ein erbitterter wissenschaftlicher Streit über eigenartig geformte Steine geführt, sogenannte Petrefakten, die sich an vielen Orten immer wieder fanden. Waren sie nur „Naturspiele" oder aber zu Stein gewordene Überreste früherer *Lebewesen*?

1 Petrefakten und aufgeschnittene Nautilusschale (vorn), Zeichnung von ROBERT HOOKE

Der vielseitige Mathematiker und Physiker ROBERT HOOKE (► S. 15), der 1665 als Erster mikroskopische Zeichnungen von Pflanzenteilen angefertigt und seine Beobachtungen als „cells" beschrieben hatte, war überzeugt, dass es sich um Reste von Lebewesen handelte. Nachdem er die Schale des kurz zuvor entdeckten Kopffüßers *Nautilus* in Händen hielt, erklärte er die spiralig geformten „Schlangensteine" seiner südenglischen Heimat als Reste von ähnlichen, jedoch noch unbekannten oder vorzeitlichen, ausgestorbenen Tieren. Die außergewöhnliche Übereinstimmung der spiralig gewundenen, gekammerten Schale von Nautilus mit den heute als Ammoniten bezeichneten Petrefakten war ihm Beweis genug: Nur Lebewesen sind in der Lage, so komplexe Strukturen aufzubauen. Die Ammoniten mussten demnach Verwandte von Kopffüßern wie Nautilus sein!

Kennzeichen von Lebewesen. Lebewesen von Unbelebtem zu unterscheiden gelingt in der Regel leicht. Selbst völlig unbekannte Organismen erkennen wir meist ohne Probleme als lebendig. Zwar gibt es kein Einzelmerkmal, um Lebendiges von Unbelebtem zu unterscheiden, doch finden sich bei allen Organismen kennzeichnende Merkmale, die zusammen nur bei ihnen vorkommen. In der Summe machen sie das aus, was wir als Systemeigenschaft (► S. 11) mit „Leben" bezeichnen. Sie werden daher als *Prinzipien des Lebendigen* betrachtet (► Bild rechts).

Diese Prinzipien bewähren sich auch als *Basiskonzepte der Wissenschaft Biologie:* Unbekannte Phänome lassen sich so auf die bekannten Prinzipien zurückführen und für die Untersuchung unbekannter Lebewesen liefern die Basiskonzepte die Schlüsselfragen. Damit helfen sie, in der Mannigfaltigkeit der Organismen und der Fülle an Lebenserscheinungen den Überblick zu behalten. Gleichzeitig führen sie zu einem besseren Verständnis von Leben als komplexeste „Seinsform irdischer Materie" (G. OSCHE, Biologe).

Alle jemals auf der Erde existierenden Lebewesen haben über diese Grundeigenschaften des Lebendigen verfügt: die über 400 Millionen Jahre alten gemeinsamen Vorfahren aller Kopffüßer ebenso wie die am Ende der Kreidezeit ausgestorbenen Ammoniten, die Arten der Gattung Nautilus ebenso wie die anderen heute lebenden Tintenfische. Gerade solche „Oldtimer" unter den Lebewesen, die wie Nautilus seit vielen Millionen Jahren mit kaum veränderten Merkmalen existieren („lebende Fossilien"), belegen sehr eindrucksvoll die Kontinuität des Lebendigen und seiner Prinzipien.

Prinzipien des Lebendigen

STRUKTUR UND FUNKTION

Lebewesen und Lebensvorgänge sind an Strukturen gebunden; es gibt einen Zusammenhang von Struktur und Funktion.

KOMPARTIMENTIERUNG

Lebende Systeme zeigen abgegrenzte Reaktionsräume.

STOFF- UND ENERGIEUMWANDLUNG

Lebewesen sind offene Systeme; sie sind gebunden an Stoff- und Energieumwandlungen.

STEUERUNG UND REGELUNG

Lebende Systeme halten bestimmte Zustände durch Regulation aufrecht und reagieren auf Veränderungen.

INFORMATION UND KOMMUNIKATION

Lebewesen nehmen Informationen auf, speichern und verarbeiten sie und kommunizieren.

REPRODUKTION

Lebewesen sind fähig zur Reproduktion (Fortpflanzung); damit verbunden ist die Weitergabe von Erbinformationen.

VARIABILITÄT UND ANGEPASSTHEIT

Lebewesen sind bezüglich Bau und Funktion an ihre Umwelt angepasst. Angepasstheit wird durch Variabilität ermöglicht. Grundlage dieser Variabilität sind Mutation, Rekombination und Modifikation.

GESCHICHTE UND VERWANDTSCHAFT

Ähnlichkeit und Vielfalt von Lebewesen sind das Ergebnis stammesgeschichtlicher Entwicklungsprozesse.

2 Diese Prinzipien dienen auch als Basiskonzepte der Biologie.

Struktur und Funktion. Lebewesen zeichnen sich durch hochgeordnete, komplexe *Strukturen* wie Moleküle, Zellen oder Organe aus (► S. 10). In ihrer Gesamtheit ergeben sie die charakteristische Gestalt des Lebewesens. Diese ist für das einzelne Individuum typisch, aber auch für die Art oder die ganze Verwandtschaftsgruppe, zu der es gehört.

Die spiralig aufgerollte, gekammerte Schale hatte ROBERT HOOKE als besonderes Gestaltmerkmal der schalentragenden Kopffüßer erkannt. Tentakel, papageienschnabelartige Kiefer, Reibzunge, Kiemen in der Mantelhöhle und ein Trichter zum Ausstoßen von Wasser sind dagegen für alle Kopffüßer typisch. Mag uns die Gestalt eines Lebewesens noch so absonderlich erscheinen, sie steht immer in engem Zusammenhang mit einer bestimmten Funktion: Die Schale schützt Nautilus vor den Bissen von Feinden. Ihr gekammerter Teil dient als hydrostatisches Organ zum Schweben, Steigen oder Sinken. Aus dem Trichter ausgestoßenes Wasser treibt das Tier durch Rückstoß an. Über den Trichter aufgenommenes Wasser umspült die zwei Paar Kiemen, die Nautilus mit dem nötigen Sauerstoff versorgen. Mit den Tentakeln fängt Nautilus Krebse. Seine kräftigen Kiefer knacken den Krebspanzer.

Kompartimentierung. Dass ein Lebewesen gegen seine Umgebung abgegrenzt ist, scheint selbstverständlich – und ist doch eine entscheidende Voraussetzung seiner Existenz. Die Abgrenzung ermöglicht ihm, einen definierten Zustand seiner Materie und empfindliche Lebensvorgänge in andersartiger Umwelt zu erhalten, zugleich aber mit der Umwelt im Austausch zu bleiben. Auch innerhalb des Organismus erfordern die vielen verschiedenen Prozesse des Lebens abgegrenzte Bereiche oder *Kompartimente*: Im Verdauungskanal von Nautilus wird Nahrung abgebaut, Kiemen nehmen Sauerstoff auf, Sehzellen bilden elektrische Signale bei Belichtung. Die Kompartimentierung in Abschnitte oder Räume mit unterschiedlichen Bedingungen und daran gebundenen Funktionen ist ein Prinzip lebender Systeme auf verschiedenen Organisationsebenen (► S. 10).

1 Kompartimentierung zeigt auch die aufgeschnittene Nautilusschale.

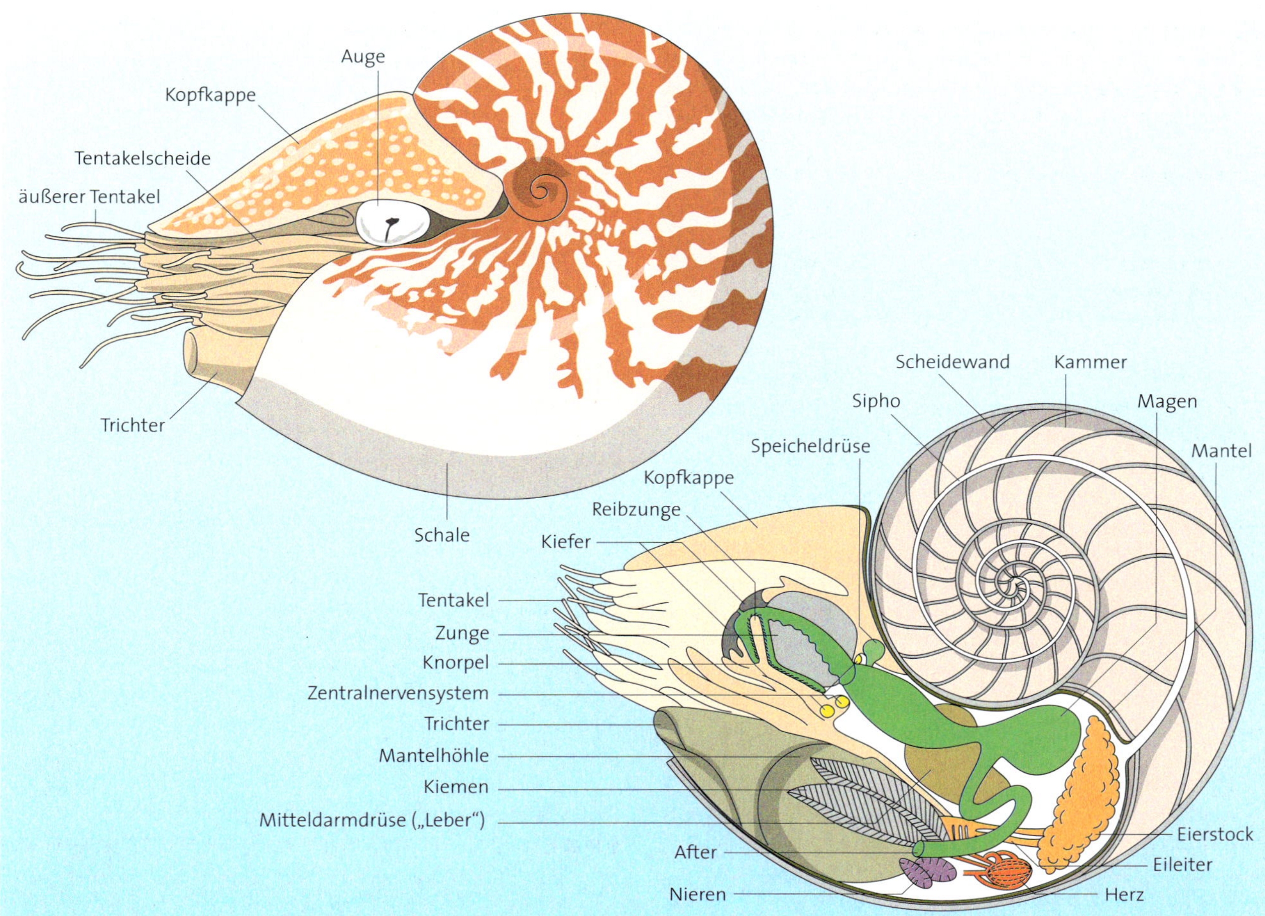

2 Sowohl im äußeren Bau als auch in der inneren Organisation besteht ein enger Zusammenhang zwischen Struktur und Funktion.

1 Nautilus, ein Bewohner tropischer Korallenriffe, ruht am Tag in mehreren Hundert Meter Tiefe. Nachts steigt er auf der Suche nach Krebsen an den Riffabhängen empor. Das Krebsfleisch liefert ihm Energie. Seine aufwendige Wanderung wird dadurch erleichtert, dass er seine Dichte regulieren und so in jeder Wassertiefe schweben kann.

Stoff- und Energieumwandlung. Die komplexe Ordnung lebender Systeme kann nur durch ständige *Energiezufuhr* erhalten oder – bei Entwicklung und Wachstum – vermehrt werden. Pflanzen nutzen die Energie des Lichts, Tiere gewinnen Energie aus der Nahrung, manche Bakterien aus der Umwandlung anorganischer Stoffe. Stoffe sind für Lebewesen aber nicht nur Energieträger, sondern auch zum Aufbau körpereigener Materie notwendig. Lebewesen sind daher *offene Systeme*, die Energie und Stoffe mit der Umwelt austauschen. Sie werden zeitlebens von einem Energie- und Materiestrom durchflossen.

Wenn Nautilus wächst und sein Mantel eine neue Kammer bildet, muss das Tier aus der Nahrung stammende Energie und Mineralstoffe dafür aufwenden. Aber auch im ausgewachsenen Zustand werden nicht nur die Schleimhaut der Fangarme oder die Hornzähne der Reibzunge abgenutzt und ersetzt, sondern die gesamte Körpersubstanz wird ständig abgebaut und erneuert.

Steuerung und Regelung. Organismen müssen, ob sie ruhen oder sich bewegen, ob sie hungern oder fressen, ob es hell oder dunkel ist, für ihre Lebensvorgänge ein sehr konstantes inneres Milieu aufrechterhalten. Es gehört daher zu den Prinzipien des Lebens, Vorgänge oder Größen nach Intensität und Richtung durch *Steuerung* (ohne Rückkopplung) zu beeinflussen und bestimmte Zustände durch *Regelung* (mit Rückkopplung) zu erhalten.

Nautilus bespielsweise *steuert* sein Rückstoßschwimmen, indem er Wasser aus der Mantelhöhle auspresst und dabei die Richtung des Wasserstroms mithilfe des beweglichen Trichters lenkt. Über sein hydrostatisches System kann Nautilus den mit der Tiefe zunehmenden Wasserdruck ausgleichen und seine Dichte so *regulieren*, dass er zwischen Oberfläche und 600 m Wassertiefe beliebig schweben kann. Entscheidend ist dabei der Sipho (► S. 7, Bild 2), ein blutgefäßreicher Strang, der die mit Gas und Körperflüssigkeit gefüllten Kammern durchzieht und den Ein- oder Ausstrom von Wasser in die Kammern bewirkt. Unter Energieaufwand wird dazu die Konzentration von Stoffen in den Zellen des Siphos verändert und so der Wasserdruck in den Kammern reguliert. Man hat beobachtet, dass Nautilus auf diese Weise bei der Suche nach Krebsen mehrere Hundert Meter pro Tag die meerseitigen Riffabhänge auf- und absteigt.

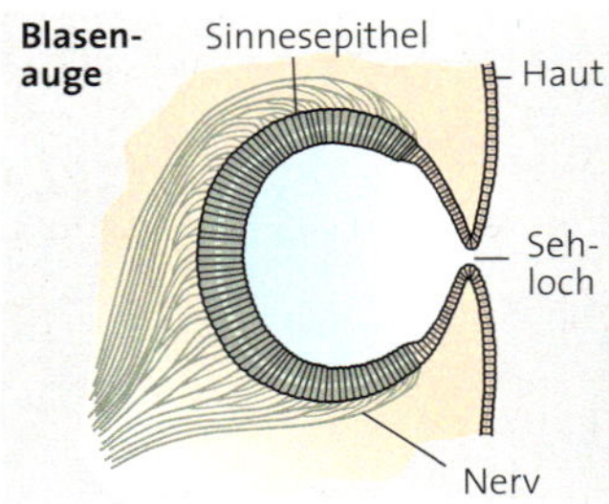

2 und 3 Das einfache Blasen- oder Lochkameraauge nimmt Informationen aus der Umwelt auf. Das Bild ist scharf, doch wenig lichtstark.

Information und Kommunikation. Wenn sich Bedingungen der unbelebten Umwelt ändern, Feinde auftauchen, Partner fortpflanzungsbereit sind oder Nahrung zu orten ist, können Organismen nur passend reagieren, wenn sie die entsprechenden Reize aufnehmen und die darin steckenden *Informationen* verarbeiten. Auch Signale aus dem Organismus selbst liefern lebenswichtige Informationen.

Typisch für Lebewesen ist aber auch, dass sie Informationen nicht nur empfangen, sondern auch senden. *Kommunikation*, also Austausch von Informationen, zeichnet lebende Systeme auf allen Organisationsebenen aus.

Wenn zum Beispiel ein Nautilusmännchen bei der Fortpflanzung sein Spermienpaket in der Mantelhöhle eines Weibchens platziert, seine Fangarme beim Fang eines Fisches koordiniert zusammenarbeiten, wenn das linsenlose Lochkameraauge dem Gehirn Bilddaten der Umgebung übermittelt oder die Zellen des Siphos ihre Transportarbeit dem Wasserdruck entsprechend regeln, werden Informationen aufgenommen oder ausgetauscht.

1 *Nautilusembryo. Die Eischalen wurden entfernt.*

Reproduktion. Sich zu *reproduzieren*, also durch Fortpflanzung weitgehend gleiche Nachkommen zu erzeugen, ist die vielleicht fundamentalste Eigenschaft der Lebewesen: Im Organismus gespeicherte Erbinformation wird gesichert an die nächste Generation weitergegeben.

Bei „lebenden Fossilien" wie Nautilus fällt das auf Fortpflanzung gegründete Kontinuum der Generationen besonders ins Auge: Alle heute existierenden Individuen stehen in einem nie unterbrochenen Fortpflanzungs- und Vererbungszusammenhang mit ihren Vorfahren. Umso erstaunlicher ist die Tatsache, dass sich der im Indopazifik lebende Nautilus erst im Alter von 5 bis 10 Jahren fortpflanzt und ein Weibchen jedes Jahr nur 10 bis 12 Eier erzeugt, die mit 3 cm aber sehr groß sind.

Variabilität und Angepasstheit. In einem unvorstellbar langen Zeitraum ist jeder Vorfahre eines heutigen Lebewesens mit den zu seiner Lebenszeit herrschenden Bedingungen zumindest so weit zurechtgekommen, dass er sich erfolgreich fortpflanzen konnte. Die dazu notwendige lebenserhaltend zweckmäßige Übereinstimmung von Bau, Entwicklung und Leistung eines Organismus mit seiner Umwelt bezeichnet man als *Anpassung*. Sie beruht darauf, dass Erbinformation veränderlich ist und ständig neue Varianten der Erbprogramme entstehen. Über deren Anpassungswert entscheidet die Umwelt: Je besser ein Programm die Passung zur Umwelt zustande bringt, umso größer ist der Fortpflanzungserfolg seiner Träger.

Mit Schale, Sipho, Tentakeln, Trichter und Kiemen ist Nautilus zweifellos auch seiner heutigen Umwelt angepasst. Die Vorgänge, die zu dieser Angepasstheit geführt haben, liegen aber in der Vergangenheit.

Geschichte und Verwandtschaft. In allem, was heute lebt, steckt die *Geschichte* von fast 4 Milliarden Jahren *Evolution*. Sie umfasst Entstehung, Wandlung und Entfaltung des Lebens und ist mit ihm untrennbar verbunden. Aus ihrer Kenntnis lassen sich nicht nur Merkmale eines Lebewesens als Anpassungen an vergangene Umwelten verstehen, sondern auch Ähnlichkeiten mit anderen Organismen durch gemeinsame Abstammung und *Verwandtschaft* erklären.

Die Evolution der Nautiliden, der Verwandtschaftsgruppe, zu der Nautilus gehört, lässt sich rund eine halbe Milliarde Jahre zurückverfolgen. Das liegt vor allem daran, dass diese „Außenschaler" unter den Kopffüßern – wie ihre Schwestergruppe, die Ammoniten – ein Gehäuse besitzen und dadurch die Chance besteht, dass sie als Fossilien erhalten bleiben. Durch welche speziellen Anpassungen die Nautiliden das große Artensterben am Ende der Kreidezeit vor etwa 70 Millionen Jahren überlebten, während ihm die sehr ähnlichen Ammoniten in ihrer ganzen Artenvielfalt zum Opfer fielen, ist bis heute ungeklärt. Vielleicht war entscheidend, dass sie die Tiefsee bewohnen und sich hier auch ihre Jungen entwickeln.

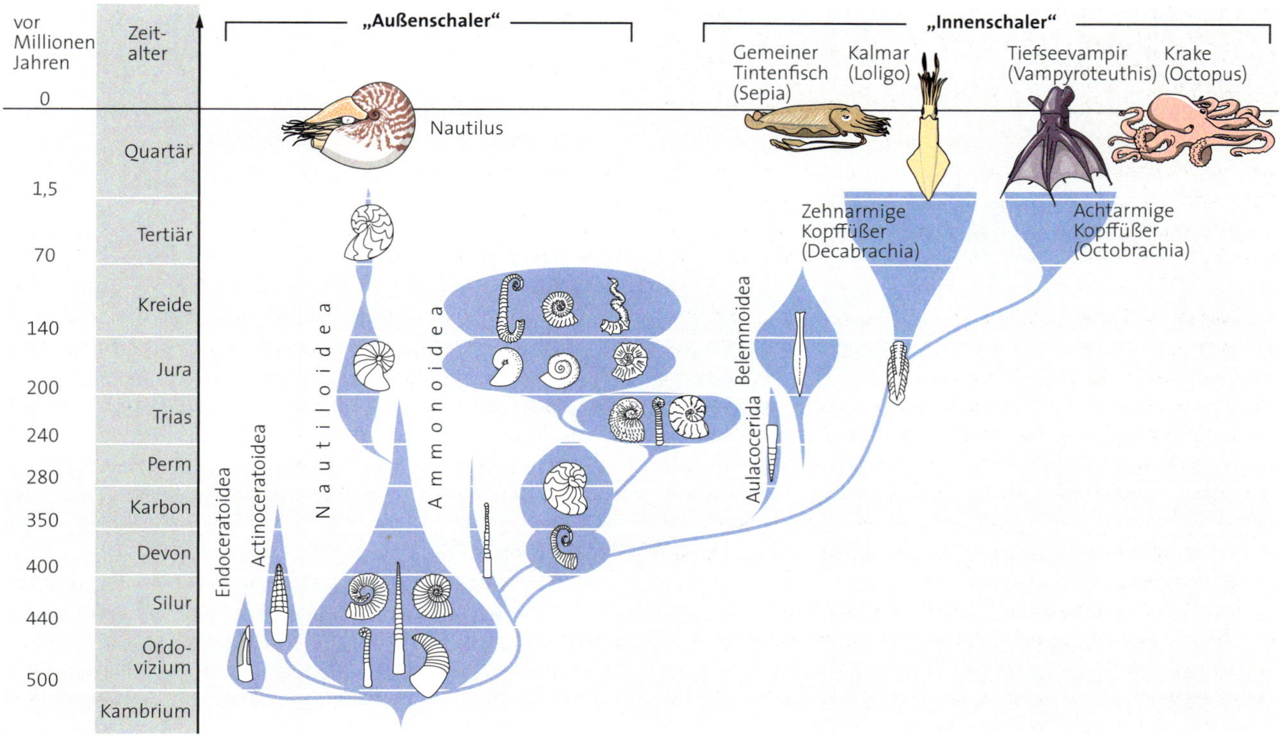

2 *Die Geschichte von Nautilus und seinen Verwandten spiegelt sich im Stammbaum wider.*

Organisationsebenen des Lebendigen

Untersucht man Lebewesen genauer, erkennt man ihre komplexe Ordnung. Im Unterschied zu Kristallen oder auch zu Maschinen, die ebenfalls ein hohes Maß an Ordnung aufweisen, sind Lebewesen in vielen *Strukturebenen* organisiert. Ein Organismus kann demnach in verschiedenen Dimensionen betrachtet werden. Je nachdem, ob man eher den Aufbau der Moleküle, bestimmte Stoffwechselprozesse, das Verhalten oder die Lebensgemeinschaft des Organismus untersuchen will, erfordert dies verschiedene Methoden und eventuell auch technische Hilfsmittel. Wer beispielsweise die Blätter der Wasserpest unter dem Mikroskop betrachtet, kann zwar so den Aufbau der Zellen erforschen, er erfährt jedoch nur relativ wenig über die Ansprüche der Pflanze an ihren Lebensraum.

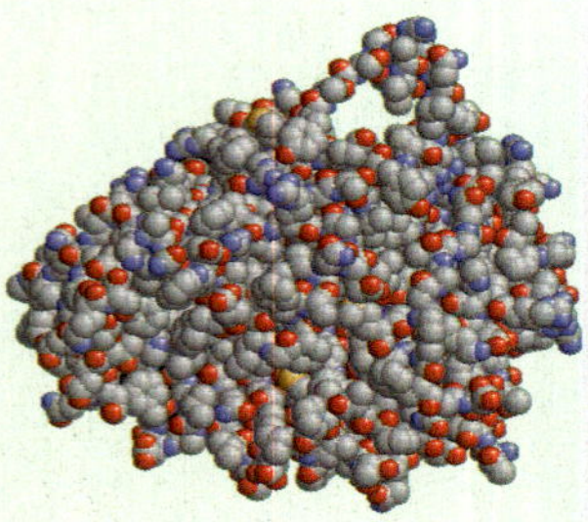
Der Blattfarbstoff Chlorophyll – hier das Kalottenmodell eines Moleküls

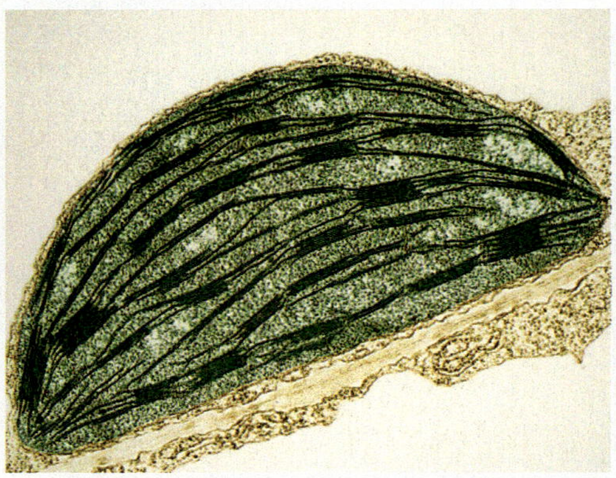
In Chloroplasten wird Lichtenergie in chemische Energie umgewandelt.

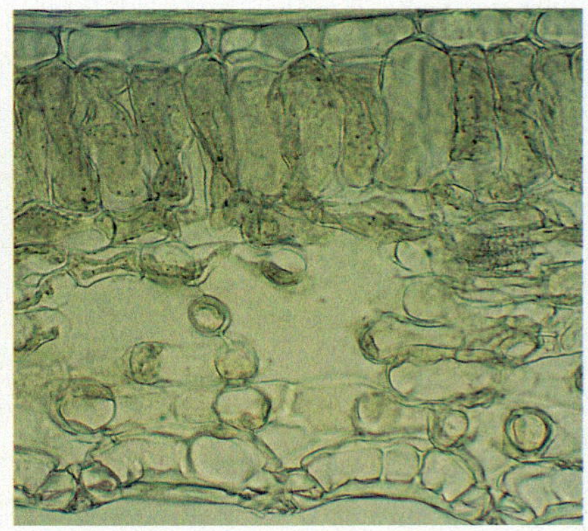
Die Zellen in den Blättern sind auf verschiedene Funktionen spezialisiert.

1–6 Die Organisationsebenen des Lebendigen: vom Molekül bis zur Lebensgemeinschaft

Atome und Moleküle. Die Betrachtung der Lebensprozesse kann auf der Ebene der *Atome* einsetzen. Ihre Eigenschaften bestimmen Struktur und Reaktionsweise der *Moleküle*, aus denen Lebewesen aufgebaut sind. Einen Teil der Moleküle nehmen Organismen aus ihrer Umgebung auf. Andere werden im Stoffwechsel erst hergestellt. Dabei handelt es sich zum großen Teil um organische Stoffe. Das gemeinsame Kennzeichen organischer Moleküle ist ihr Grundgerüst aus Kohlenstoff. Dabei sind Kohlenstoffatome miteinander zu Ketten und Ringen verbunden. Die Moleküle des grünen Blattfarbstoffs Chlorophyll bestehen aus Kohlenstoff-, Wasserstoff-, Sauerstoff- und Stickstoffatomen sowie einem Magnesium-Ion (► Bild 1). Die Abbildung vermittelt einen Eindruck von der komplexen Gestalt organischer Moleküle.

Lange Zeit herrschte die Überzeugung, dass solche organischen Stoffe nur von Lebewesen selbst gebildet werden können. Dem Chemiker FRIEDRICH WÖHLER gelang es jedoch 1828, im Reagenzglas Harnstoff zu erzeugen. Dies war die erste künstlich hergestellte organische Verbindung.

Organellen. Die Moleküle sind im Organismus nicht zufällig verteilt, sondern bilden Einheiten höherer Ordnung wie zum Beispiel Membranen oder andere Strukturen, die im Elektronenmikroskop sichtbar gemacht werden können. Aus diesen Strukturen setzen sich *Organellen* zusammen. Diese „Organe der Zelle" nehmen jeweils ganz bestimmte Aufgaben wahr. So enthält der Zellkern die für den Aufbau und den Stoffwechsel der Zelle notwendigen Informationen. Enzymhaltige Vakuolen im Zellplasma dienen dazu, die aufgenommene Nahrung zu verdauen. In den Zellen grüner Pflanzenteile findet sich Chlorophyll nur in den Chloroplasten (► Bild 2). Diese wandeln die Energie des Sonnenlichts in chemische Energie organischer Stoffe um.

Zellen. Einzelne Zellbestandteile wie Zellkern und Zellmembran besitzen für sich allein nicht die Eigenschaften des Lebendigen. Erst aus dem geordneten Zusammenwirken aller Zellorganellen entsteht ein lebendes System (► S. 11). Die *Zelle* ist das Organisationsniveau, auf dem erstmals eigenständiges Leben möglich ist.

Viren erfüllen dieses Kriterium nicht: Sie weisen zwar einige Bauelemente der Zelle auf, haben aber keinen Stoffwechsel und können sich so nicht ohne die Hilfe lebender Zellen vermehren.

Im vielzelligen Organismus unterscheiden sich die einzelnen Zellen stark in ihrem Aussehen. Das liegt daran, dass sie auf bestimmte Aufgaben spezialisiert sind. In den Blättern der Buche sind bestimmte Zellen für die Umwandlung von Lichtenergie in chemische Energie zuständig. Andere dagegen dienen der Wasserversorgung, dem Verdunstungsschutz oder der Regulation des Gasaustauschs (► Bild 3). Häufig sind gleichartige Zellen zu *Geweben* zusammengeschlossen.

Organe. Das Pantoffeltier verdaut seine Nahrung innerhalb von Nahrungsvakuolen im Zellplasma. Diese Nahrungsvakuolen enthalten Verdauungsenzyme, die die Nahrung abbauen. Bei vielzelligen Organismen finden sich dieselben Lebensfunktionen wie beim Pantoffeltier. Sie laufen aber jeweils in *Organen* ab, die aus verschiedenen Geweben bestehen. Speicheldrüse, Zähne, Speiseröhre, Magen, Galle, Leber, Darm ... – beim Menschen sind eine Vielzahl von Organen an der Verdauung beteiligt. Diese sind zu einem *Organsystem*, dem Verdauungssystem, zusammengefasst. Es stellt nur eines von mehreren Organsystemen des Menschen und auch vieler Tiere dar.

Im Körper der Buche ist die Hauptaufgabe des Organs Blatt die Fotosynthese (▶ Bild 4). Durch die gezielte Abgabe von Wasserdampf halten die Blätter außerdem den Transport von Wasser und gelösten Stoffen im Pflanzenkörper in Gang.

Allerdings gibt es auch sehr einfach gebaute Vielzeller, bei denen keine Organe ausgebildet sind. Beim Süßwasserpolypen zum Beispiel lassen sich nur zwei Zellschichten unterscheiden: Die äußere Zellschicht oder Epidermis bildet die Körperdecke, die innere Zellschicht oder Gastrodermis kleidet den Darmraum aus. Dazwischen liegt eine stützende Gallertschicht. Beide Zellschichten enthalten zahlreiche Zelltypen, die auf verschiedene Aufgaben spezialisiert, aber noch nicht zu Geweben und Organen zusammengeschlossen sind.

Blätter sind die Organe der Fotosynthese und des Gasaustauschs.

Der Organismus funktioniert durch das Zusammenwirken aller Strukturebenen.

Die Elemente einer Lebensgemeinschaft stehen miteinander in Wechselwirkung.

Organismus. Der *Organismus* ist die Einheit, an der sich alle Merkmale des Lebendigen leicht erkennen lassen. Er funktioniert nur durch das Zusammenwirken aller seiner Organisationsebenen, also der verschiedenen Moleküle und Organellen beim Einzeller beziehungsweise der Moleküle, Organellen, Zellen, Gewebe, Organe und Organsysteme beim vielzelligen Organismus. Während die kleinsten einzelligen Lebewesen nur Bruchteile von Mikrometern messen, werden manche Vielzeller wie Bäume oder Blauwale über 30 m lang. Das entspricht einem 100millionenfachen Größenunterschied. Dementsprechend sind für die Untersuchung von Organismen ganz unterschiedliche Methoden erforderlich.

Lebensgemeinschaft. Die Organisationsebenen des Lebendigen gehen jedoch über den Organismus hinaus, da ein Lebewesen selten allein vorkommt. Meist lebt es gemeinsam mit anderen Individuen derselben Art in einem Lebensraum. Diese lokal begrenzte Gruppe bezeichnet man als *Population*. Zusammen mit Populationen vieler anderer Arten bildet sie eine *Lebensgemeinschaft* oder *Biozönose*, die zusammen mit dem Lebensraum ein *Ökosystem* darstellt. Wie zwischen den Organellen einer Zelle oder den Organen eines Vielzellers bestehen auch zwischen den Arten einer Lebensgemeinschaft zahlreiche Wechselbeziehungen und Abhängigkeiten. So setzen zum Beispiel im Wald Pilze und Bakterien durch den Abbau der Laubstreu Nährstoffe frei, die wieder neues Pflanzenwachstum ermöglichen (▶ Bild 6).

Da der belebte Bereich der Erde, die *Biosphäre*, auch unbelebte Bereiche wie die Lufthülle beeinflusst, betrachten einige Wissenschaftler die Erde als „Superorganismus".

Lebende Systeme. Der Biologe LUDWIG VON BERTALANFFY versuchte Lebewesen allgemein zu beschreiben und mit Unbelebtem zu vergleichen. Dabei entwickelte er ab 1930 den Systembegriff, der heute in der gesamten Wissenschaft große Bedeutung hat. Ein *System* bezeichnet ein gegen die Umwelt abgegrenztes, geordnetes Ganzes aus untereinander in Beziehung stehenden und sich wechselseitig beeinflussenden Teilen, das zur *Selbstregulation* fähig ist.

Tauscht ein solches System – wie Lebewesen – mit seiner Umwelt Materie und Energie aus, nennt man es *offen*. Bei ausgeglichenem Zufluss und Abfluss erscheint sein Zustand unverändert oder *quasistationär*. In Wirklichkeit herrscht im lebenden System jedoch ein *dynamisches* oder *Fließgleichgewicht*.

Das Ganze – mehr als die Summe der Teile. Von der Zelle bis hin zur Lebensgemeinschaft hat jede Organisationsebene des Lebendigen Systemcharakter und weist Eigenschaften auf, die auf der darunter liegenden Ebene nicht vorhanden sind. Diese neu auftretenden Qualitäten, auch *emergente* Eigenschaften genannt (von lat. *emergere:* auftauchen), beruhen auf *Wechselwirkungen* zwischen den einzelnen Bestandteilen. Erst das geregelte Zusammenwirken vieler Moleküle bildet zum Beispiel die Grundlage für Bewegung, Stoffwechsel, Teilung und andere Kennzeichen der Zelle. Besonders deutlich wird diese zusätzliche Qualität an den Leistungen des Organismus, die weit über die Funktionen seiner einzelnen Organe hinausgehen.

Die Kompliziertheit lebender Systeme macht es zwar notwendig, sich bei ihrer Untersuchung auf einzelne Dimensionen wie Gestalt, Stoffwechsel oder Vererbung zu beschränken. Ein Lebewesen lässt sich jedoch nur verstehen, wenn man alle seine Organisationsebenen im Blick behält und es als *Ganzheit* betrachtet.

Wissenschaft vom Leben

Unter den anderen Lebewesen ragt der Mensch durch seine *geistigen Fähigkeiten* hervor. Sie befähigen ihn zum *Erkennen* der Welt:

- Durch *Wahrnehmung* rekonstruieren wir aus Sinneseindrücken, die unsere Sinnesorgane und unser Nervensystem verarbeiten und interpretieren, ein inneres Abbild der Welt. Dieses „Modell" verstehen wir als Realität.
- *Erfahrung* erweitert unsere Erkenntnis. Sie ermöglicht uns, bewusst zu unterscheiden, zu ordnen und in Sprache zu fassen. Sie kann Wahrnehmung bestätigen oder korrigieren.
- *Wissenschaft* steigert Erkenntnis, indem sie objektive Daten gewinnt, durch *Hypothesen* – das sind begründete Vermutungen – zu erklären sucht und daraus *Theorien* entwickelt.

Dieser dreistufige Prozess der Erkenntnis beruht jedoch letztlich auf hypothetisch postulierter Realität. Er kann nie zu völlig sicherem, endgültigem Wissen führen. Selbst eine Theorie – ein System wissenschaftlich begründeter, widerspruchsfreier Aussagen zur Beschreibung, Erklärung und Vorhersage der Wirklichkeit – bleibt immer vorläufiges Wissen.

Naturwissenschaft Biologie. Um 1800 waren die Erkenntnisse über die Natur so weit fortgeschritten, dass das Interesse daran wuchs, Lebewesen und Lebenserscheinungen gesondert zu erforschen. Unabhängig voneinander schlugen LAMARCK und der Arzt TREVIRANUS 1802 für diese *Wissenschaft vom Leben* die Bezeichnung *Biologie* vor. Während zu Beginn die spezielle Biologie einzelner Lebewesen im Zentrum stand, setzte sich in der zweiten Hälfte des 19. Jahrhunderts die Vorstellung durch, dass eine allgemeine Biologie den Gemeinsamkeiten der Lebenserscheinungen aller Organismen am besten gerecht wird. War die Biologie anfangs vor allem eine ordnende und beschreibende Wissenschaft, gelingt es ihr inzwischen immer erfolgreicher, Lebensvorgänge zu analysieren. Zusammen mit Biochemie, Pharmazie und Medizin ist sie heute Teil der *Biowissenschaften*.

Methoden der Biologie. Biologie ist eine *Erfahrungswissenschaft*. Sie gewinnt ihre Erkenntnisse durch Beobachtung, Experiment und Vergleich.

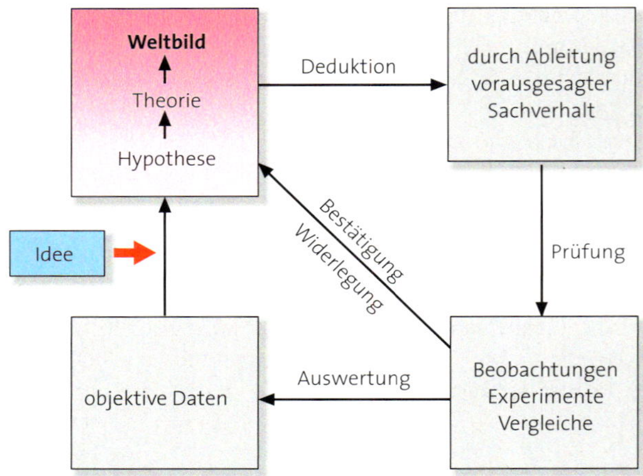

1 Der Weg naturwissenschaftlicher Erkenntnisgewinnung

- *Beobachtung* ist das Erfassen von Objekten oder Vorgängen mit den Sinnen, ohne sie zu beeinflussen. Der Einsatz von Beobachtungshilfen wie dem Mikroskop ändert am Prinzip der Methode nichts: Jede Beobachtung wird durch die Leistung der Sinne oder der Instrumente gefiltert und begrenzt.
- Wie die anderen Naturwissenschaften ist Biologie eine *Experimentalwissenschaft*. Sie schafft im Experiment Situationen, durch die sie die Natur „nötigt, auf die Fragen zu antworten, die man ihr vorlegt" (IMMANUEL KANT, Philosoph). Dabei entscheidet die richtige Fragestellung darüber, welche Erkenntnisse das Experiment zu liefern vermag.
- Der Vergleich kennzeichnet die Biologie als *historische Wissenschaft*: Jedes Lebewesen ist „nichts als ein Glied in einer Evolutionskette sich wandelnder Formen" (MAX DELBRÜCK, Biologe und Nobelpreisträger). Der wissenschaftliche Vergleich ermöglicht es, diese Evolutionskette teilweise zu rekonstruieren. So lassen sich historische Ursachen der Merkmale von Organismen erklären.

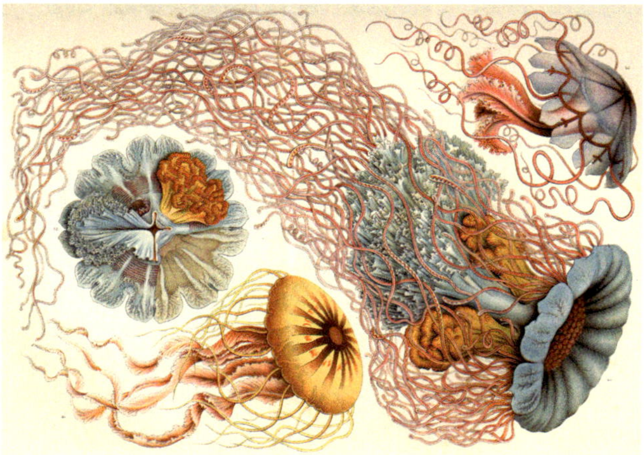

2 Ordnen und Beschreiben des Lebendigen kennzeichnen die Biologie im 19. Jahrhundert (aus: HAECKEL, Kunstformen der Natur).

3 DARWINS Evolutionstheorie ist das theoretische Fundament der Biologie (aus DARWINS Reisebericht: Galapagosfinken).

Besonderheiten der Biologie. Lange hielt man die Biologie für „unvollkommene Physik". Ihre Erkenntnisse sind weniger allgemeingültig, selten als „Gesetze" formulierbar und kaum mathematisch zu beschreiben. Zudem lassen sich biologische Sachverhalte oft nicht kausal erklären. Das Verhalten biologischer Systeme vorherzusagen ist schwierig oder unmöglich. Inzwischen hat sich das Verständnis durchgesetzt, dass sich diese Besonderheiten der Lebenswissenschaft zwangsläufig aus den speziellen Eigenheiten ihrer Gegenstände ergeben:

- Organismen sind die *kompliziertesten Systeme*, die wir kennen. Sie sind nicht nur aus einer unvorstellbar großen Zahl von Bauelementen wie Molekülen, Organellen und Zellen aufgebaut. Diese sind selbst auch komplex strukturiert und miteinander durch vielfältige Wechselwirkungen verknüpft: „Einfache Systeme kennt die Biologie überhaupt nicht" (GERHARD VOLLMER, Wissenschaftstheoretiker und Naturphilosoph).
- Als komplexe Systeme können Lebewesen in *größter Verschiedenheit* existieren. Millionen verschiedener Arten und eine nicht zu beziffernde Zahl unterschiedlicher Individuen zeugen davon.
- Leben kann es ohne *Information* nicht geben. Die in den Molekülen der DNA gespeicherte Erbinformation programmiert nicht nur die „bewundernswerte Regelmäßigkeit und Ordnung, die in der unbelebten Materie nicht ihresgleichen findet" (ERWIN SCHRÖDINGER, theoretischer Physiker, Nobelpreisträger), sie garantiert auch den Fluss des Lebens von Generation zu Generation. Diese Information hindert lebende Organismen daran, sich – wie leblose Objekte – dem Gleichgewichtszustand völliger Unordnung oder maximaler Entropie zu nähern. Dem hohen Ordnungsgrad lebender Systeme entspricht ihre *niedrige Entropie*.
- Die Information lebender Systeme ist darauf angelegt, sich selbst zu erhalten. Damit hat sie einen *Zweck*.

Dies ist der Grund, warum es in der Biologie – und unter allen Naturwissenschaften *nur* in der Biologie – Sinn macht, nach der Funktion eines Sachverhalts zu fragen: „Wozu aber hat das Vieh diesen Schnabel?" (KONRAD LORENZ, Verhaltensforscher, Nobelpreisträger). Jedes biologische Phänomen hat in seiner Ausstattung mit Genen, Enzymen, Zellen und Organen begründete unmittelbare oder *proximate Ursachen*. Dahinter stecken jedoch mittelbare oder *ultimate Ursachen*, die durch seine Evolution bedingt sind. Sie wirken letztlich systemerhaltend und in diesem Sinn „zweckdienlich".

Wohin führt die Biologie? Die Biologie berührt mit ihren Erkenntnissen immer auch uns selbst. Keine andere Wissenschaft hat seit dem Zeitalter der Aufklärung das *Bild vom Menschen* so revolutioniert wie sie. Manche Menschen empfinden biologische Erkenntnisse wie die unserer Abstammung, angeborener Grundlagen unseres Verhaltens oder unserer ökologischen Abhängigkeit noch immer als „Kränkungen".

Besonders in den letzten Jahrzehnten hat sich das Wissen über Lebewesen und Lebensvorgänge explosionsartig vermehrt. Ein Ende des Wissenszuwachses ist nicht absehbar. Die Stimmen mehren sich, die – aus Furcht vor möglichen Folgen biowissenschaftlicher Erkenntnisse – der Forschung in Gentechnik, Biotechnologie, Fortpflanzungsmedizin, Virus- oder Gehirnforschung Grenzen setzen wollen. Nicht erst heute ist jede wissenschaftliche Erkenntnis *ambivalent*, lässt sich also sowohl zum Nutzen gebrauchen wie zum Schaden missbrauchen. Zweifellos haben die Biowissenschaften inzwischen ein Potenzial erreicht, das eine klare *Trennung von Wissen, Können und Handeln* erforderlich macht.

Viele Menschen haben die Vorstellung, dass sich die Normen für unser Tun aus der Wissenschaft selbst ergeben. Die Wissenschaft vom Leben kann jedoch aus der Kenntnis des „Natürlichen" nicht ableiten, was gut oder böse ist. Sie kann aber fundiertes Wissen liefern, mit dessen Hilfe sich *Ziele ethisch verantworteten Handelns* festlegen lassen. Und sie kann dazu beitragen, Ziele wie die folgenden zu erreichen:

- Erhaltung einer dauerhaft lebensfähigen Biosphäre,
- Sicherung der Menschenwürde,
- Gewährleistung menschlicher Ernährung und Gesundheit.

1 Mit ihrem Modell der DNA-Struktur schufen WATSON und CRICK die entscheidende Grundlage der Molekularbiologie.

2 Biologische Erkenntnisse, wie die der von LORENZ begründeten Ethologie, berühren fast immer auch uns selbst.

Zelle – Gewebe – Organismus

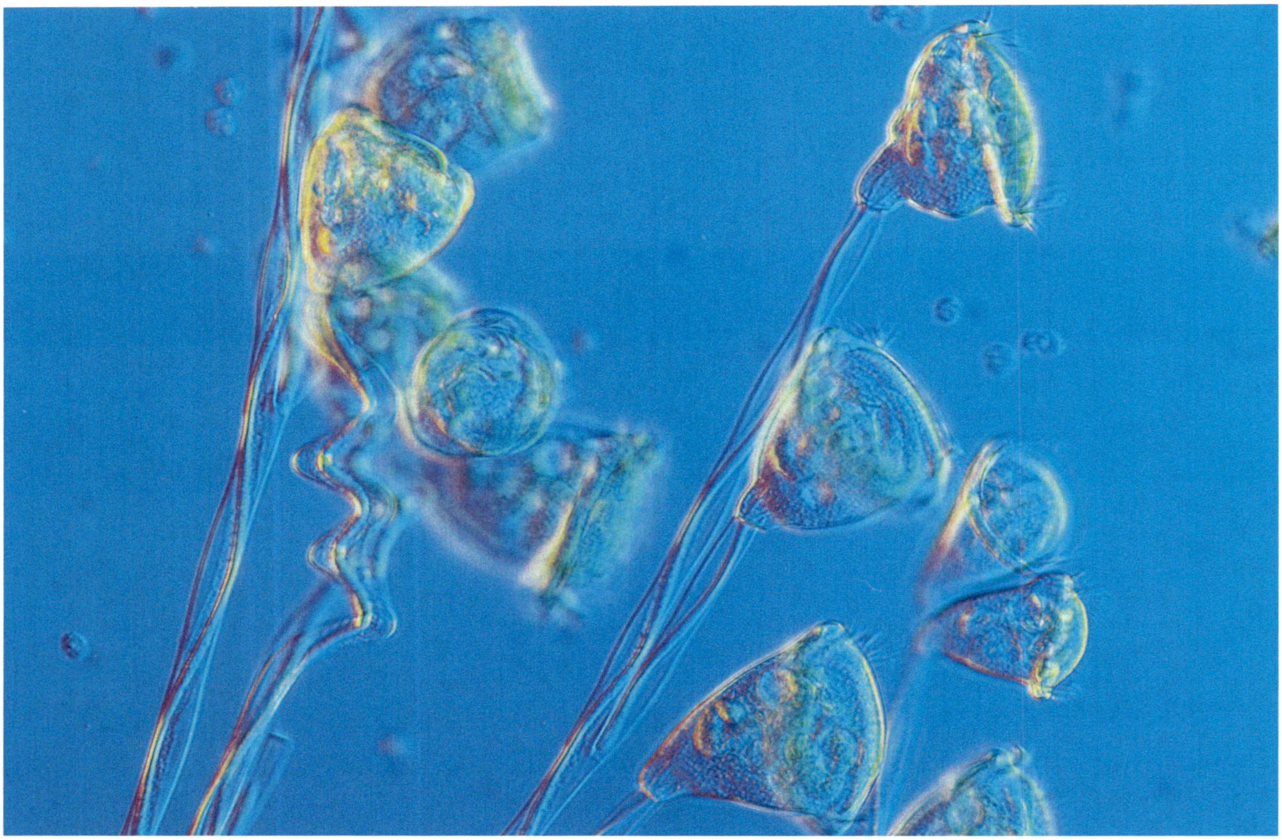

1 Der Einzeller Zoothamnion gehört zu den Wimpertieren. Er bildet Kolonien, die aus einer einzelnen Zelle entstehen.

Zoothamnion ist ein Einzeller. Er lebt in Zellkolonien, die rasenartig am Grund von Gewässern wachsen. Die beweglichen Stiele der Einzelzellen sind untereinander verwachsen. Bei Störungen knicken die Stiele der gesamten Kolonie blitzschnell ein, um so Fressfeinden auszuweichen. Die Einzeller ernähren sich von Kleinstlebewesen, die sie aus dem Wasser herbeistrudeln. In der Kolonie besteht eine einfache Form der Arbeitsteilung: Einzelne, auffällig große Zellen nehmen selbst keine Nahrung auf, sondern sie werden von den anderen Zellen miternährt. Sie können sich aus dem Verband lösen und anderswo ansiedeln. Durch vielfache Längsteilungen entsteht aus ihnen eine neue Kolonie.

Im Blickpunkt

- die Zelle als Einheit des Lebens
- Entwicklung der Zellbiologie: Forschung im Mikrokosmos
- Präparation tierischer und pflanzlicher Gewebe für die Untersuchung mit dem Lichtmikroskop
- Arbeitsteilung und Spezialisierung: Veränderung der Zellgestalt entsprechend der Funktion im Organismus
- der Zellzyklus: Abfolge von Wachstum und Zellteilung
- Apoptose – der programmierte Zelltod
- Erfolgskonzept Einzeller: Anpassungen der Zelle an unterschiedliche Lebensbedingungen
- Entstehung von Vielzelligkeit

GRUNDLAGEN Vom Einzeller bis zum Elefanten, vom Bakterium bis zur Buche: Die Lebewesen auf der Erde sind äußerst vielgestaltig. Der Vielfalt im äußeren Erscheinungsbild entspricht im mikroskopischen Bereich jedoch eine große Einheitlichkeit: Alle Lebewesen sind aus Zellen aufgebaut.

Die Zelle ist die kleinste lebens- und vermehrungsfähige Einheit, ein Elementarorganismus, an dem sich alle Merkmale des „Lebendigseins" untersuchen lassen. Zwei verschiedene Organisationstypen von Zellen werden unterschieden: die Protocyte, das ist die kleine, zellkernlose Zelle der Prokaryoten (Bakterien und Archaeen), und die Eucyte der Eukaryoten (alle übrigen Lebewesen).

Größe und Gestalt der Eucyte hängen von ihrer spezifischen Funktion ab. Während beim Einzeller eine einzige Zelle sämtliche Lebensfunktionen erfüllt, sind im vielzelligen Organismus die meisten Zellen spezialisiert, wodurch eine sehr effektive Arbeitsteilung erreicht wird. Zellen gleicher Funktion sind zu Geweben zusammengeschlossen. Unterschiedliche Gewebe bilden ein Organ, das seinerseits Teil eines Organsystems ist. Alle Organsysteme zusammen begründen die Eigenschaften eines Organismus.

Die Zellbiologie oder Cytologie ist ein Forschungsbereich mit enormem Wachstum. Ihre Erkenntnisse beeinflussen fast alle biologischen Fachrichtungen und ihre Methoden machen sich auch moderne medizinische Diagnoseverfahren zunutze.

Geschichte der Zellbiologie

Die Fortschritte in der Zellbiologie sind eng verknüpft mit der Erfindung neuer optischer Geräte. Um 1600 entwickelten die Brüder JANSSEN, zwei holländische Brillenmacher, durch die Kombination von mehreren Linsen das erste Mikroskop.

1 Nachbau von HOOKES Mikroskop, nach einer Abbildung in seinem Buch „Micrographia“

Die Geburtsstunde der Zellbiologie selbst lässt sich auf das Jahr 1665 datieren. Der englische Physiker ROBERT HOOKE untersuchte mit einem weiterentwickelten Mikroskop, das eine 30-fache Vergrößerung ermöglichte, die Rinde von Korkeichen. In dünnen Schnitten erkannte er kästchenförmige Strukturen, „little boxes“. Da ihn diese Kästchen an Bienenwaben erinnerten, bezeichnete er sie als „*cells*“. HOOKE führte auch eine neue Untersuchungsmethode in die Biologie ein: Er hielt alle Beobachtungen in Form von Zeichnungen und Skizzen fest. 1667 veröffentlichte er das erste Lehrbuch zur Mikroskopie.

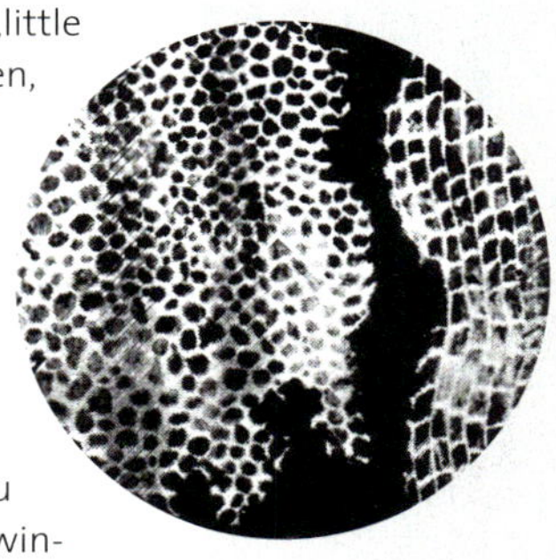

2 HOOKES „cells“

Etwa zur gleichen Zeit konstruierte der Holländer ANTONI VAN LEEUWENHOEK einlinsige Mikroskope mit extremen Linsenkrümmungen. Er erreichte bis zu 200-fache Vergrößerungen. Damit war es ihm möglich, winzige Lebewesen in Wassertropfen zu entdecken: die *Einzeller*. Bei der Untersuchung eines menschlichen Zahns fand er mehr Kleinstlebewesen, „als es Untertanen in einem Königreich gibt“. Darüber hinaus beschrieb LEEUWENHOEK rote Blutkörperchen und „Samentierchen“ (Spermien).

3 Mikroskop aus dem frühen 19. Jahrhundert

In den folgenden Jahrzehnten verbesserten sich die optische und mechanische Qualität der Mikroskope, sodass nach und nach mehr Zellbestandteile im mikroskopischen Bild sichtbar wurden. Rund zwei Jahrhunderte nach den Entdeckungen von HOOKE und LEEUWENHOEK zogen die Biologen MATTHIAS SCHLEIDEN und THEODOR SCHWANN aus den Beschreibungen verschiedenster Zellen die entscheidende Schlussfolgerung. Sie erkannten, dass der Aufbau von Einzellern sowie allen tierischen und pflanzlichen Zellen grundsätzlich gleich ist. Die Bedeutung ***der Zelle als strukturelle und funktionelle Einheit aller Lebewesen*** hielten sie 1838/39 in der allgemeinen Zelltheorie fest. Diese Theorie wurde 1855 durch den Berliner Arzt RUDOLF VIRCHOW erweitert. Aus der Beobachtung von Zellteilungen folgerte er, dass alle Zellen immer nur aus schon vorhandenen Zellen entstehen: *Omnis cellula e cellula*.

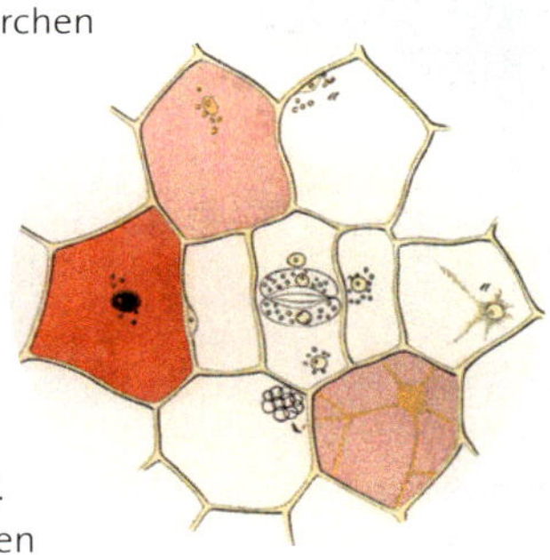

4 Pflanzliche Zellen der Blattunterseite, Zeichnung von SCHLEIDEN

Zwei Jahrzehnte später erkannten die Zellbiologen, dass sich bei der Zellteilung die Chromosomen genauso verhalten, wie es GREGOR MENDEL für die „Erbfaktoren“ vorausgesagt hatte.

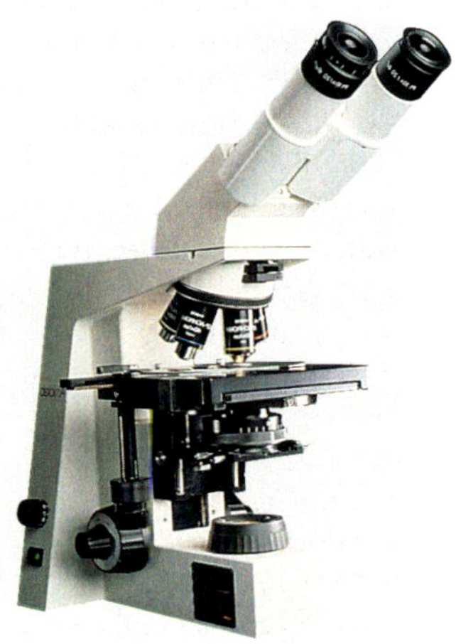

5 Modernes Lichtmikroskop

Nachdem es lange vom Geschick der „Instrumentenbauer“ abhing, welche Leistung ein Mikroskop erbrachte, gelang es dem Physiker und Mathematiker ERNST ABBE (1840–1905), den Bau optischer Geräte auf eine rechnerische Basis zu stellen. Ein entscheidender Durchbruch war damit geschafft. Trotz immer ausgefeilterer Technik – durch die Ausnutzung physikalischer Effekte und den Einsatz von Färbemethoden konnten gezielt einzelne Strukturen sichtbar gemacht werden – kam die Lichtmikroskopie jedoch bald an Grenzen. Erst die Entwicklung des Elektronenmikroskops 1931 ermöglichte es, die *Ultrastruktur* der Zelle, also den Feinbau der Zellbestandteile zu untersuchen.

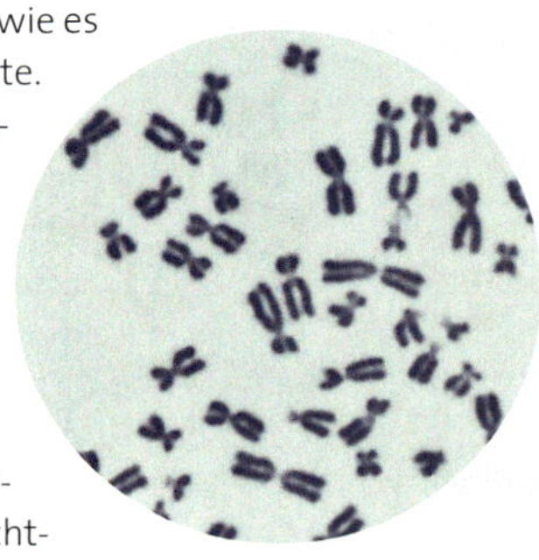

6 Menschliche Chromosomen im Lichtmikroskop

Das Lichtmikroskop

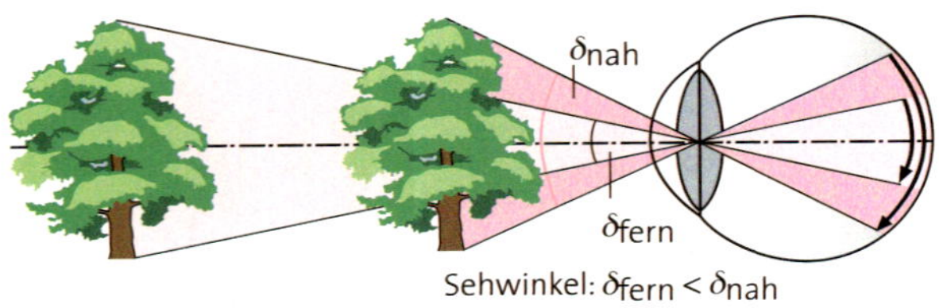

1 Perspektivische Vergrößerung: Je näher ein Gegenstand kommt, desto größer wird er auf der Netzhaut abgebildet.

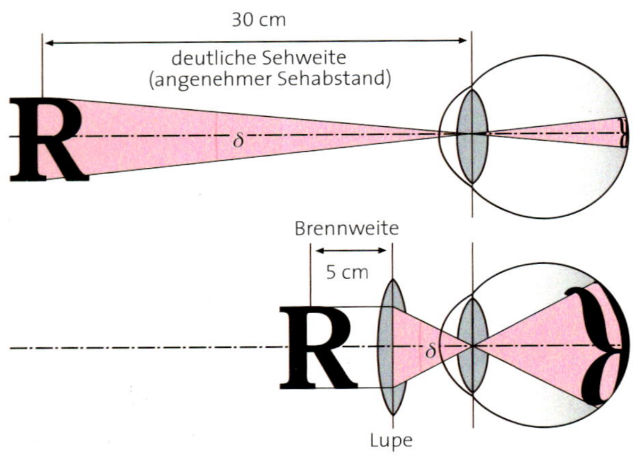

2 Lupenvergrößerung: Die „Brechkraft" der Lupe bewirkt, dass auch sehr nahe Objekte noch scharf abgebildet werden: kleiner Abstand → großer Sehwinkel → großes Netzhautbild.

Grenzen des Auflösungsvermögens

Betrachtungsmittel	Noch sichtbar	Auflösungsgrenze
Auge	Haardurchmesser	0,1 mm = 100 µm
Lichtmikroskop	Zellen	5–10 µm
mit UV-Licht	Bakterien	0,25 µm
Elektronenmikroskop	Viren, Makromoleküle	0,001 µm = 1 nm
Röntgenstrahlen	Bau von Molekülen	0,1 nm

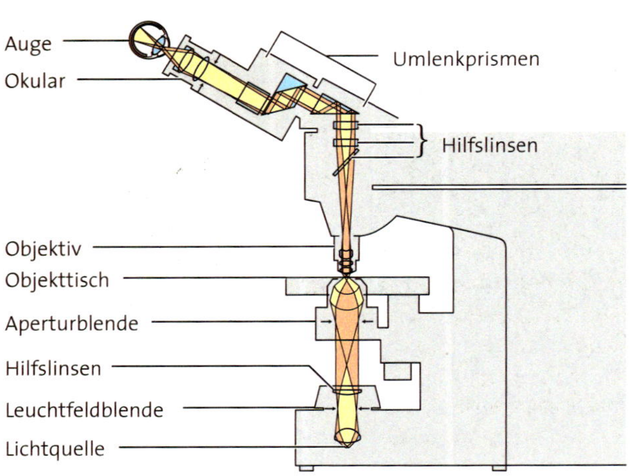

3 Strahlengang im Lichtmikroskop

Physikalische Grundlagen. Unser Auge nimmt nur solche Objekte wahr, die ein ausreichend großes Abbild auf der Netzhaut entwerfen. Dabei hängt die Größe des Netzhautbilds vom *Sehwinkel* ab, das heißt von der Größe des Gegenstands selbst und von seiner Entfernung zum Auge. Sehr kleine oder weit entfernte Objekte erkennen wir bestenfalls als Punkte. Je näher ein Objekt dem Auge kommt, desto größer wird es abgebildet *(perspektivische Vergrößerung)*.

Die maximal erreichbare Größe wird vom *Nahpunkt* bestimmt. Dies ist die kleinste Entfernung zum Auge, bei der die Linse gerade noch ein scharfes Bild auf der Netzhaut erzeugt. Bei geringerer Entfernung kann die Linse die von einem Objektpunkt ausgehenden Lichtstrahlen nicht mehr auf denselben Punkt auf der Netzhaut brechen. Das Bild wird unscharf.

Der Sehwinkel ist auch ein Maß für das *Auflösungsvermögen* des Auges. Es bezeichnet die Fähigkeit, zwei nahe beieinanderliegende Punkte auf gerade noch voneinander getrennten Bereichen der Netzhaut abzubilden. Aus einer Entfernung von 30 cm betrachtet, müssen die Punkte mindestens 0,1 mm Abstand haben. Dies entspricht einem Sehwinkel von 50 Bogensekunden.

Mithilfe von optischen Geräten wie einer Lupe ist es möglich, den Sehwinkel zu vergrößern. Da sich die „Brechkraft" von Auge und Lupe addieren, können Objekte näher an das Auge herangeführt werden. Dadurch entsteht ein größeres Bild auf der Netzhaut. Durch das Hintereinanderschalten von mehreren Linsen lässt sich die Vergrößerung weiter steigern.

Eine Linse vergrößert umso mehr, je stärker sie gekrümmt ist. Mit der Krümmung nehmen jedoch auch die für Linsen charakteristischen Abbildungsfehler, die *Aberrationen*, zu. Parallele Strahlen, die auf eine Sammellinse fallen, werden im Randbereich stärker gebrochen als im Zentrum der Linse, es kommt zu Unschärfen *(sphärische Aberration)*. Fällt weißes Licht auf eine Sammellinse, werden die blauen Anteile stärker gebrochen als die roten *(chromatische Aberration)*. Beide Fehler können durch eine geeignete Kombination von Sammel- und Zerstreuungslinsen korrigiert werden.

Das Lichtmikroskop. Der vergrößernde optische Apparat besteht aus zwei Linsensystemen: dem *Objektiv* und dem *Okular*. Unterhalb des Objekttischs befindet sich der Kondensor, ein System aus Hilfslinsen mit Blende. Er dient zur Regelung der Bildhelligkeit und einer möglichst gleichmäßigen Ausleuchtung. Ein Untersuchungs*objekt*, das auf dem Objekttisch liegt, wird von unten her durchstrahlt. Das Objektiv erzeugt im Tubus ein ***vergrößertes Zwischenbild*** des Objekts (Primärvergrößerung). Dieses wird vom Okular wie von einer Lupe nochmals vergrößert (Sekundärvergrößerung). Mit Grob- und Feintrieb lässt sich die Entfernung zwischen Objekttisch und Objektiv so verändern, dass im Auge eine scharfe Abbildung entsteht. *Das Produkt der Vergrößerungen von Objektiv und Okular ergibt die Gesamtvergrößerung des Mikroskops.*

Entscheidend für die Leistungsfähigkeit des Geräts ist jedoch sein Auflösungsvermögen. Es hängt außer von der Qualität der Linsen von der Art der Lichtquelle ab. Die theoretische Auflösungsgrenze des Lichtmikroskops liegt bei etwa 0,2 µm.

Präparationstechniken. Objekte, die mit dem Lichtmikroskop untersucht werden sollen, müssen für Lichtstrahlen durchlässig sein. Bei sehr dünnen, lichtdurchlässigen Objekten ist keine Präparation erforderlich. Sie werden in einen Wassertropfen auf dem Objektträger eingebracht und mit einem Deckgläschen abgedeckt. So lassen sie sich auch im lebenden Zustand beobachten. Dickere Objekte müssen erst geschnitten werden, zum Beispiel mit einer Rasierklinge. Im Labor werden spezielle Schneidegeräte, *Mikrotome*, verwendet, mit denen sich Schnitte in großer Zahl und in gleicher Dicke herstellen lassen (► S. 38). Das Untersuchungsobjekt wird abgetötet, gefärbt, in Paraffin oder Kunststoff eingebettet und im Mikrotom mithilfe einer Metallklinge geschnitten. Für die Herstellung von *Dauerpräparaten* werden die Objekte zusätzlich fixiert und entwässert, um die Zersetzung zu verhindern. Die fertigen Schnitte werden mit Kunstharz versiegelt.

Lichtmikroskopische Untersuchungstechniken. Die gängigste Methode, die sich auch mit einfacher Ausrüstung in der Schule realisieren lässt, ist die Untersuchung im *Hellfeld*. Hierbei fängt das Objektiv das durch das Präparat fallende Licht direkt auf. Bei geeigneten Immersionsobjektiven kann ein Tropfen Immersionsöl, das die gleichen Brechungseigenschaften hat wie Glas, Reflexionen am Deckglas verhindern. Da viele biologische Objekte nicht pigmentiert sind und das Licht daher nur wenig absorbieren oder brechen, zeigen die Abbilder nur geringe Kontraste. *Farbstoffe*, die sich an unterschiedlichen Zellstrukturen anlagern, verstärken die optischen Unterschiede.

Alle anderen Untersuchungstechniken erfordern spezielles Zubehör oder andere Mikroskoptypen.

Bei der *Dunkelfeldmikroskopie* lenkt ein Dunkelfeldkondensor den Beleuchtungsstrahl am Objektiv vorbei. Nur das vom Untersuchungsobjekt abgelenkte Streulicht gelangt zum Auge des Betrachters. Dadurch erscheinen die Objekte hell leuchtend vor dunklem Hintergrund. Diese Technik ermöglicht es, auch sehr feine Strukturen ohne spezielle Färbung sichtbar zu machen.

Im *Polarisationsmikroskop* sorgt ein Polarisationsfilter dafür, dass die Lichtstrahlen, die das Präparat beleuchten, in einer Ebene schwingen. Ein zweiter Filter absorbiert das polarisierte Beleuchtungslicht. Liegt kein Präparat auf, so bleibt das Bild völlig dunkel. Ein durchstrahltes Objekt dreht jedoch die Schwingungsebene der Lichtstrahlen. Lichtbrechende Strukturen sind im Bild als Aufhellungen zu erkennen. Unter bestimmten Umständen können physikalische Effekte, Interferenzen genannt, entstehen. Dadurch erscheint das Präparat farbig leuchtend.

Lebende, ungefärbte Objekte sind oft so transparent, dass sie das durchfallende Licht kaum absorbieren. Sie „bremsen" die Lichtwellen jedoch ab, sodass sich deren Schwingungsrhythmus verschiebt. Das *Phasenkontrastmikroskop* setzt diese Verschiebung der Schwingungsphase mithilfe von Phasenkontrastkondensoren und -objektiven in Helligkeitskontraste um. Die Helligkeitsunterschiede im Abbild entsprechen den Dichteunterschieden innerhalb des Objekts.

Die *Interferenzkontrastmikroskopie* nutzt ebenfalls die Dichte- und Dickenunterschiede des Objekts aus. Unterschiedliche Brechungseigenschaften werden in Farbunterschiede umgewandelt. Die spezielle Lichtführung erzeugt ausgesprochen plastisch wirkende, farbige Abbilder.

Im *Fluoreszenzmikroskop* bestrahlt man Objekte mit ultraviolettem Licht. Manche Substanzen geben einen Teil der absorbierten Energie als Fluoreszenzstrahlung wieder ab. Durch Behandlung mit fluoreszierenden Farbstoffen, die an biologische Substrate wie Antikörper oder Genmarker gekoppelt sind, lassen sich gezielt bestimmte Strukturen hervorheben.

Die *Rasterkonfokaltechnik* basiert darauf, dass Einzelbilder im Computer zu einem Gesamtbild vereinigt werden. Mithilfe von Laserstrahlen und Spezialobjektiven werden die einzelnen Ebenen eines Objekts punktgenau abgetastet. Der Rechner setzt die Rasterpunkte Zeile für Zeile zu einem Schnittbild zusammen. Aus der Schnittserie errechnet er ein dreidimensionales Bild des Objekts.

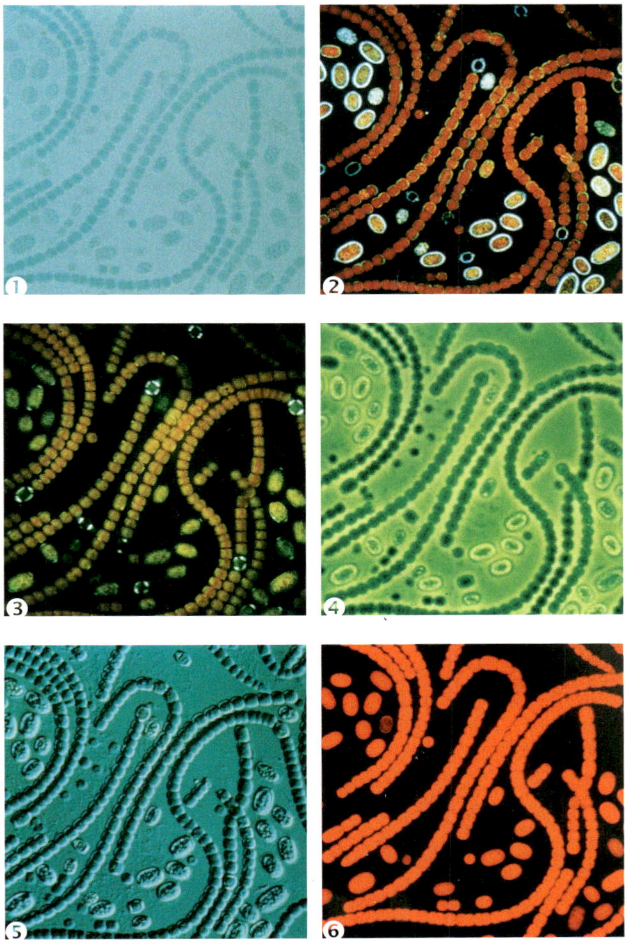

1–6 Aufnahmen des Cyanobakteriums Anabaena variabilis bei unterschiedlicher Mikroskopiertechnik
1: im Hellfeld; 2: im Dunkelfeld;
3: in polarisiertem Licht; 4: im Phasenkontrast;
5: im Differenzial-Interferenz-Kontrast;
6: im Fluoreszenzmikroskop

Der Einsatz des Lichtmikroskops

Das *Lichtmikroskop* erlebt eine Renaissance. Durch die Kombination zellbiologischer Verfahren mit *gentechnischen* und *immunbiologischen Methoden* ist es möglich geworden, einzelne Krebszellen in gesundem Gewebe zu erkennen und ihre Herkunft aufzuklären. Außer in der medizinischen Diagnostik werden Lichtmikroskope nach wie vor in der biologischen Forschung eingesetzt sowie zur Kontrolle der Wasser- und Bodenqualität.

Doch nicht nur in medizinischen und biologischen Labors gehören Lichtmikroskope zur Standardausrüstung. Auch bei der industriellen Fertigung von Mikrochips, wie sie in Computern, Fernsehern und zahlreichen Haushaltsgeräten verwendet werden, oder in der Werkstoffentwicklung ist die mikroskopische Überprüfung ein unverzichtbares Mittel der Qualitätskontrolle (▸ Bild unten). Darüber hinaus kommen *Stereomikroskope* auch bei mikrochirurgischen Eingriffen wie Augen- und Herzoperationen zum Einsatz.

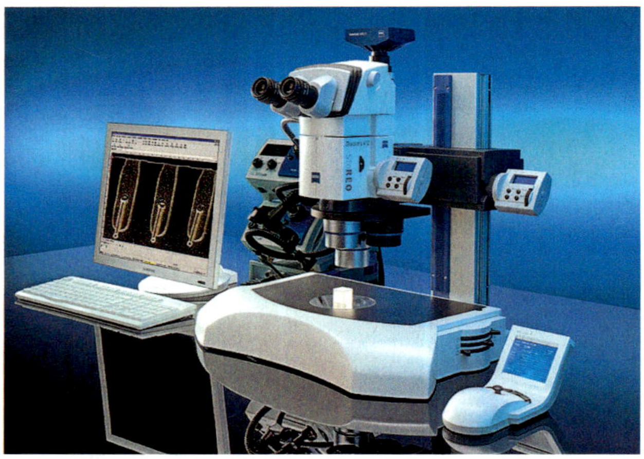

Um beim Mikroskopieren verwertbare Ergebnisse zu erzielen, sollten einige Grundregeln beachtet werden:
- Immer sauber arbeiten.
- Objekte stets mit einem Deckgläschen abdecken.
- Kondensor (wenn vorhanden) in die höchste Stellung bringen, zunächst mit offener Blende arbeiten; Blende höchstens halb zuziehen.
- Immer mit der kleinsten Objektivvergrößerung beginnen, auf das Einrasten der Objektive am Objektivrevolver achten und bei jeder neuen Vergrößerung die Schärfe nachstellen.
- Beim Scharfstellen mit dem Grobtrieb den Objekttisch immer vom Objektiv wegbewegen (Gefahr von Glasbruch und Schäden am Objektiv)!
- Durch Fokussieren – leichtes Drehen am Feintrieb – einen räumlichen Eindruck des Objekts gewinnen.

Von allen Untersuchungen sollte ein Protokoll angefertigt werden. Darauf ist der eigene Name, das Datum, das Präparat und die Untersuchungsmethode zu vermerken. Die Zeichnung wird mit Bleistift ausgeführt, sorgfältig beschriftet und mit einem Maßstab versehen. Bei komplizierten Objekten kann eine Übersichtsskizze sinnvoll sein. Im Textteil werden Methode und eigene Beobachtungen genauer beschrieben.

Das Abziehpräparat

Material: Küchenzwiebel, Mikroskop und Zubehör (Objektträger, Deckgläser, Pinzette, Pipette, Präpariernadel, Messer, Rasierklinge, Leitungswasser, Haarpinsel)

Durchführung: Bringen Sie mit der Pipette einen Wassertropfen auf einen sauberen Objektträger. Ritzen Sie die konkave Innenseite einer Zwiebelschuppe mit der Rasierklinge rechteckig ein. Ziehen Sie das dünne Häutchen ab und legen Sie es auf den Objektträger. Gegebenenfalls muss das Gewebestück mit Präpariernadel und Haarpinsel glatt gestrichen werden. Das Deckgläschen wird nun am Rand des Wassertropfens angesetzt und vorsichtig abgesenkt. Überschüssiges Wasser saugen Sie mit Filterpapier ab. Falls zu wenig Wasser vorhanden ist, geben Sie mit der Pipette von der Seite einen Tropfen zu. Nutzen Sie dabei die Kapillarwirkung.

Legen Sie das Präparat auf den Objekttisch und skizzieren Sie den Zellverband der Zwiebelhaut bei schwächster und bei stärkster Vergrößerung.

Das Quetschpräparat

Material: Mikroskop und Zubehör, Banane

Durchführung: Bringen Sie ein dünn geschnittenes Stückchen Fruchtfleisch einer Banane auf einen vorbereiteten Objektträger. Zerquetschen Sie das Fruchtfleisch mithilfe eines zweiten Objektträgers, indem Sie die Glasscheiben vorsichtig gegeneinander verschieben. Dabei werden die Zellen der Banane teilweise zerstört. Färben Sie das Präparat mit einer Iod-Kaliumiodid-Lösung an. Skizzieren und beschreiben Sie Ihre Beobachtungen.

Besorgen Sie sich in einer Metzgerei tierisches Gewebe (zum Beispiel Knochenmark, Hoden) und stellen Sie wie oben beschrieben ein Quetschpräparat her. Nach einer geeigneten Färbung, zum Beispiel Azur-Eosin nach GIEMSA *(F, T)*, untersuchen Sie das Objekt unter dem Mikroskop.

Das Abstrichpräparat

Material: Mikroskop und Zubehör, Holzspatel oder Löffelstiel

Durchführung: Schaben Sie mit Holzspatel oder Löffelstiel vorsichtig über die Oberfläche der ausgestreckten Zunge. Hierdurch lösen sich eine große Zahl Schleimhautzellen ab und bleiben am Spatel hängen. Bereiten Sie einen Objektträger vor und bringen Sie die Zellen in den Wassertropfen ein. Das Präparat wird mit einem Deckglas versehen und wie oben beschrieben mikroskopiert.

Um Zellgrenzen und Zellstrukturen besser zu erkennen, färben Sie das Präparat an: 0,1%ige Methylenblaulösung *(Xn)* an den Rand des Deckglases tropfen und mit einem Filterpapier darunterziehen. Beobachten Sie bei stärkster Vergrößerung und halten Sie Veränderungen fest.

Das Zupfpräparat

Material: Mikroskop und Zubehör, Wasserpest

Durchführung: Zupfen Sie mit einer Pinzette ein Blättchen der Pflanze ab und bringen Sie es auf einen vorbereiteten Objektträger in einen Wassertropfen. Legen Sie ein Deckglas auf. Mikroskopieren Sie und skizzieren Sie einige Zellen der Wasserpest bei stärkster Vergrößerung.

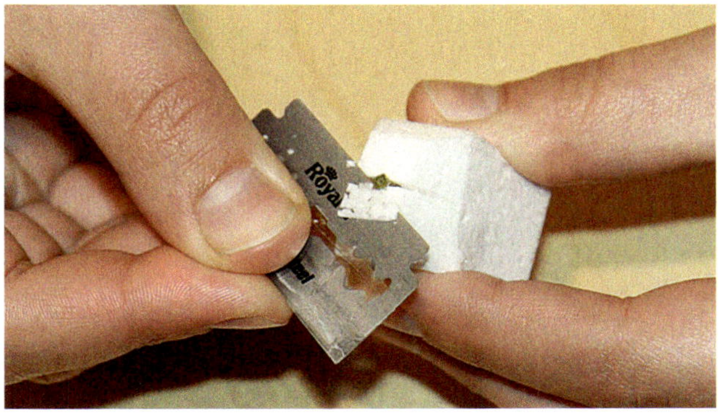

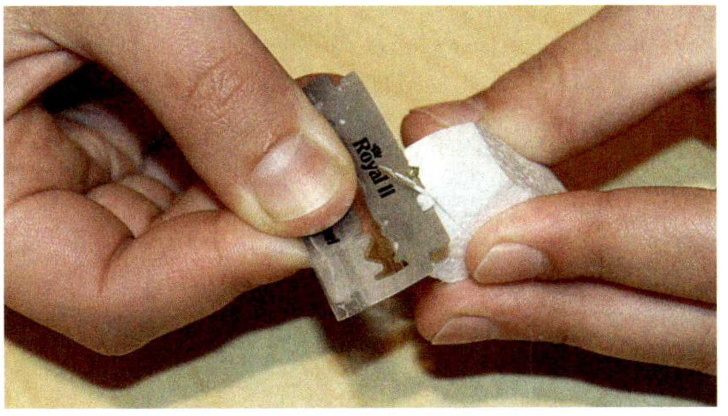

Dünnschnitte mit der Rasierklinge

MATERIAL: Mikroskop und Zubehör, junge Triebe der Waldrebe, 2 Styroporblöckchen

DURCHFÜHRUNG: Schneiden Sie den Trieb etwa 15 cm unterhalb der Knospe quer durch. Klemmen Sie ihn zwischen die Styroporblöckchen und stellen Sie mit einer Rasierklinge eine glatte Oberfläche her. Legen Sie nun die Klinge auf die Fläche und benutzen Sie diese als Führung, um ziehend möglichst dünne Querschnitte herzustellen. Die Scheibchen müssen nicht vollständig sein, „Fetzen" genügen. Immer mehrere Schnitte anfertigen! Vergleichen Sie mit dem Querschnitt im unteren Bild. Zeichnen Sie mehrere Zellen aus dem Randbereich des Marks.

Das Ausstrichpräparat

MATERIAL: Mikroskop und Zubehör, Tierblut

DURCHFÜHRUNG: Vorsicht: Menschliches Blut darf nicht verwendet werden! Besorgen Sie sich beim Schlachthof Schweineblut. Bringen Sie einen Tropfen Blut auf einen gut gereinigten, fettfreien Objektträger auf, etwa 1 cm vom Rand entfernt. Mit einem schräg angesetzten zweiten Objektträger oder einem Deckglas wird das Blut möglichst ohne Druck verstrichen, sodass ein dünner Film entsteht. Den fertigen Ausstrich an einem staubfreien Ort lufttrocknen lassen. Anschließend in einer flachen Glaswanne mit Eosin-Methylenblau *(Xn)* oder mit Azur-Eosin nach GIEMSA *(F, T)* färben, erneut trocknen lassen und mit oder ohne Deckglas mikroskopieren. Die Präparate sind, in staubdichten Kästen aufbewahrt, ohne weitere Fixierung gut haltbar.

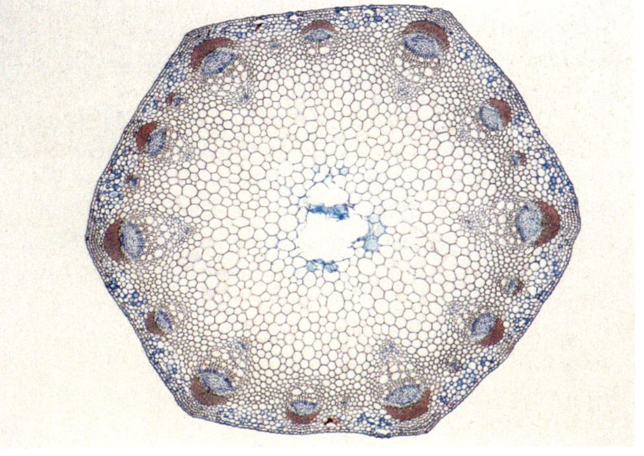

Das Dauerpräparat

Grundsätzlich lässt sich aus jedem Präparat ein Dauerpräparat anfertigen. Zunächst sollte das Präparat sorgfältig unter dem Mikroskop betrachtet werden, um seine Güte zu kontrollieren. Danach stellt man das Präparat mit Deckglas in eine Glaswanne, die so weit mit 80- bis 95%igem Alkohol gefüllt ist, dass eine Kante des Deckglases in die Flüssigkeit eintaucht. Meist fällt nach kurzer Zeit das Deckglas ab, andernfalls muss es vorsichtig mit einer Rasierklinge als Hebel entfernt werden. Führen Sie das Präparat nun zum Entwässern eine aufsteigende Alkoholreihe entlang. Anschließend wird es mit Kunstharz bedeckt und mit einem Deckglas versehen.

Für vorübergehende Haltbarmachung reicht es aus, die vollständig getrockneten Präparate durch einen Lackring am Deckglasrand zu verschließen.

1 **Erkären Sie, warum zur Herstellung von Dauerpräparaten eine vollständige Entwässerung notwendig ist.**

2 **Begründen Sie, weshalb in der Schule nicht mit menschlichem Blut experimentiert werden darf.**

3 **Bestimmen Sie die mittleren Zellgrößen der untersuchten Präparate anhand Ihrer Skizzen. Achten Sie dabei auf den Maßstab! Vergleichen Sie pflanzliche und tierische Gewebe.**

Stichworte zu weiteren Informationen

Immunhistochemie • Stereomikroskop • Mikrochips • Blattepidermis • Schleimhaut • Stärke • Spross • Blut

Häufig verwendete Färbemittel in der Lichtmikroskopie und ihre spezifischen Nachweise	
Methylenblau	Zellkern
Hämatoxilin-Eosin (HE)	Zellkern und Cytoplasma
Karmin-Essigsäure	Chromosomen
GIEMSA	Chromosomen
Iod-Kaliumiodid-Lösung	Stärkekörner
Phloroglucin/Salzsäure	Lignin (Holzstoff)
Neutralrot	Zellsaftvakuole
Chlorzinkiod	Cellulose
Sudan-III-Glycerin	Cuticula
GRAM-Färbung	Bakterienzellwand

Das lichtmikroskopische Bild der Zelle

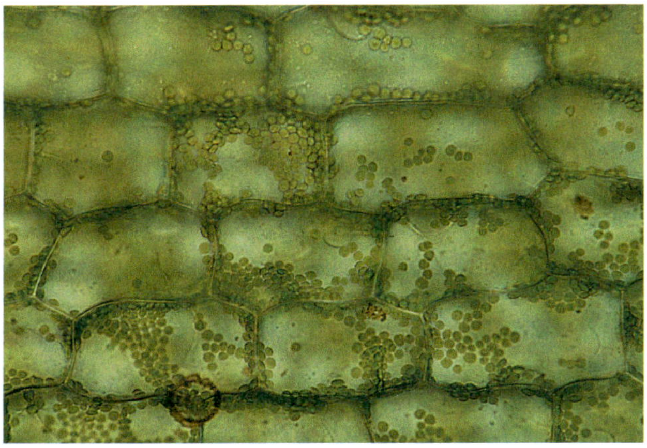

1 Zellen der Wasserpest

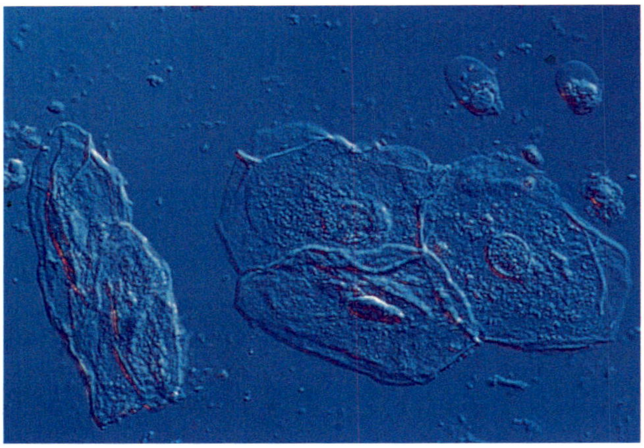

2 Zellen der menschlichen Mundschleimhaut

Die pflanzliche Zelle. Beim Mikroskopieren von Wasserpestblättchen fällt die regelmäßige Struktur des Gewebes auf. Die Zellwände treten als Zellgrenzen deutlich hervor. Im Innern sind die *Chloroplasten* zu erkennen, die sich in der lebenden Zelle mit der Plasmaströmung bewegen. Das *Cytoplasma* erscheint relativ strukturlos. Der *Zellkern* ist als meist rundlicher, etwas dunklerer Körper nur schwer zu erkennen. Die vom Cytoplasma umgebene *Zellsaftvakuole* kann durch Farbstoffe sichtbar gemacht werden. Sie enthält eine wässrige Lösung aus organischen und anorganischen Stoffen. Eine Membran, der *Tonoplast*, begrenzt sie gegen das Cytoplasma.

Die tierische Zelle. Zellen der menschlichen Mundschleimhaut sind unregelmäßig geformt. Da sie nur durch die *Zellmembran* begrenzt sind, erscheinen die Zellgrenzen undeutlich. Das Cytoplasma ist fein granuliert. Im Zentrum liegt der Zellkern. Nur bei sehr hoher Vergrößerung werden im Plasma weitere Strukturen sichtbar: *Nahrungsvakuolen* und *Zellorganellen*. Ihr Aussehen ist im Lichtmikroskop nicht genauer zu erkennen. In der intakten Mundschleimhaut sind die Zellen zu einem Gewebe, dem *Plattenepithel* (► S. 29), verbunden.

Zellgröße. Pflanzliche Zellen haben einen Durchmesser von 10 bis 100 µm, tierische Zellen sind mit 10–30 µm deutlich kleiner. Allerdings gibt es auch Ausnahmen: Das Eigelb des Straußeneies, das einer einzigen Zelle entspricht, misst 7,5 cm im Durchmesser; die extrem dünnen Axone von Nervenzellen großer Tiere können sogar mehrere Meter lang werden.

Zellen können jedoch nicht jede beliebige Größe annehmen. Die lebende Zelle ist vom Stoffaustausch mit der Umgebung abhängig. Durch ihre Oberfläche tritt eine bestimmte Menge an Molekülen hindurch. Je größer die Zelle, desto ungünstiger wird das Verhältnis der Oberfläche zum Volumen, das versorgt werden muss. Mit der Zellgröße wächst auch der Weg der Moleküle von der Oberfläche ins Zellinnere. In kleinen Zellen dagegen sind die Diffusionswege kurz (► S. 46), der Stoffaustausch mit der Umgebung wird begünstigt.

Zu den kleinsten Zellen gehören die *Mykoplasmen*, zellwandlose Bakterien mit einem Durchmesser von 0,2 bis 0,3 µm. Der von der Zellmembran umschlossene Raum ist gerade noch so groß, dass alle notwendigen Stoffwechselprozesse darin ablaufen können.

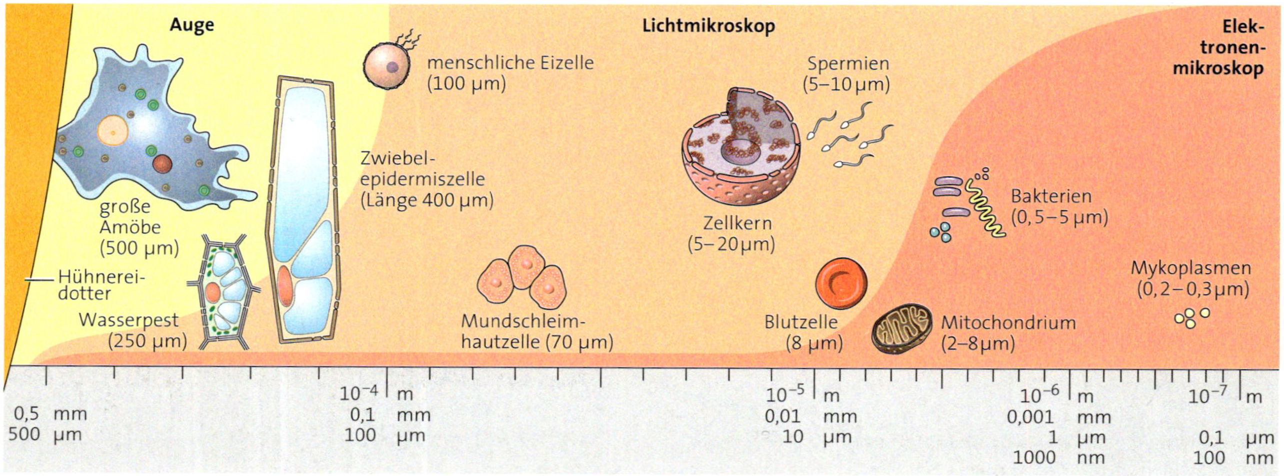

3 Größenvergleich verschiedener Zelltypen und -bestandteile im lichtmikroskopischen bzw. elektronenmikroskopischen Bild

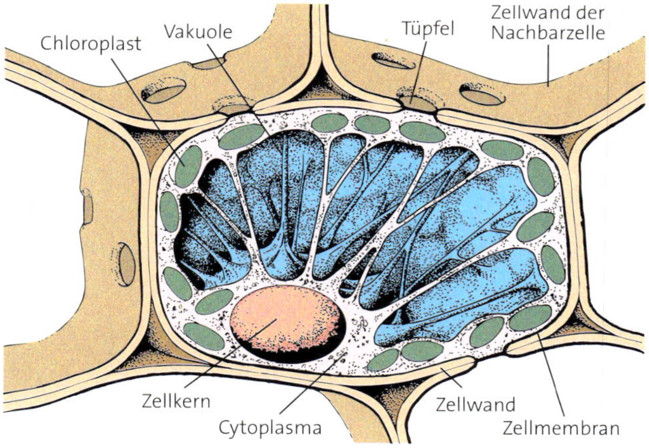

1 Im Lichtmikroskop sichtbare Strukturen der Pflanzenzelle

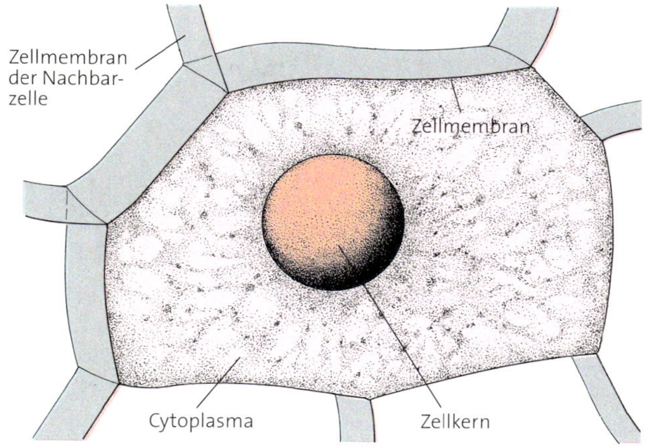

2 Im Lichtmikroskop sichtbare Strukturen der Tierzelle

Tier- und Pflanzenzelle im Vergleich. Die einzelnen Zellbestandteile mit bestimmter Struktur und Funktion werden *Organellen* genannt. Obwohl einige Organellen nur in pflanzlichen Zellen vorkommen, ist die Funktionsweise von Tier- und Pflanzenzelle sehr ähnlich.

Plastiden gibt es nur in pflanzlichen Zellen. Je nach der Funktion des Gewebes können Plastiden unterschiedlich ausgebildet sein. Die Zellen grüner Pflanzenteile enthalten *Chloroplasten*, denen eine besondere Funktion bei der Fotosynthese zukommt (► S. 128). *Chromoplasten* sind Träger roter und gelber Farbstoffe. Sie sind für die Färbung von Blüten, Früchten und Blättern verantwortlich. Die Farbveränderung beim Reifen von Früchten oder im Herbstlaub kommt dadurch zustande, dass sich Chloroplasten in Chromoplasten umwandeln. Die farblosen *Leukoplasten* dienen als Speicherorganellen zum Beispiel für Stärke. Sie kommen in ungefärbten Pflanzenteilen wie Wurzeln und im Speichergewebe von Samen und Früchten vor.

Zellsaftvakuolen finden sich nur in Pflanzenzellen. Neben ihrer Bedeutung für den Zelldruck (*Turgor* ► S. 47), der Zelle und Pflanzenkörper festigt, dienen sie der Stoffspeicherung.

Der Zellleib oder *Protoplast* der Pflanzenzelle ist von einer festen *Zellwand* aus Cellulose umgeben (► S. 57). Sie wird von der Zellmembran nach außen abgegeben und gehört nicht zu den Organellen der lebenden Zelle. Die Zellwand verleiht der Zelle eine unveränderbare Form. Lichtmikroskopisch erkennbare Aussparungen, die *Tüpfel*, ermöglichen direkte Verbindungen zwischen den Protoplasten benachbarter Zellen.

Die *Zellmembran* ist im Lichtmikroskop nicht deutlich sichtbar. Für die tierische Zelle stellt sie die einzige Begrenzung dar. In der Pflanzenzelle liegt sie der Zellwand direkt an. In beiden Fällen begrenzt die Zellmembran den Protoplasten als physiologische Barriere.

Auffälligstes Organell in beiden Zellarten ist der Zellkern *(Nucleus)*. In seinem Innern finden sich oft ein oder mehrere Kernkörperchen oder *Nucleoli* (Einzahl *Nucleolus*), die bei gefärbten Präparaten in eine netzartige Struktur, das *Chromatin*, eingebettet sind. Das Chromatin enthält die Erbinformation.

Lichtmikroskopisch kaum mehr zu erkennen sind die *Mitochondrien*, kugel- bis stäbchenförmige Organellen von etwa 10 µm Durchmesser, die in Pflanzen- und Tierzellen vorkommen. Ihr gehäuftes Auftreten in besonders stoffwechselaktiven Zellen – eine Leberzelle zum Beispiel enthält bis zu 1 000 Mitochondrien – deutet auf ihre Beteiligung an der Zellatmung hin (► S. 104).

Die Dreidimensionalität des Zellkörpers. Ähnlich wie in der Fotografie werden im Mikroskop nur solche Strukturen scharf abgebildet, die in der Schärfeebene liegen. Da die Schärfentiefe jedoch sehr gering ist, entsteht ein zweidimensionaler Eindruck. Um zu einer räumlichen Vorstellung von der Zelle zu kommen, müssen die Bilder der unterschiedlichen Schärfeebenen zu einem dreidimensionalen Gesamtbild zusammengefügt werden.

---

1 Stellen Sie die Merkmale von Tier- und Pflanzenzelle zusammen und vergleichen Sie.

2 Erklären Sie die Bedeutung der Zellwand. Überlegen Sie, warum tierische Zellen ohne Zellwand auskommen.

3 Mehrere Zellfäden der Fadenalge Spirogyra. Erst aus der Projektion verschiedener Schärfeebenen lässt sich ein räumliches Bild der Zelle gewinnen.

Der Zellzyklus

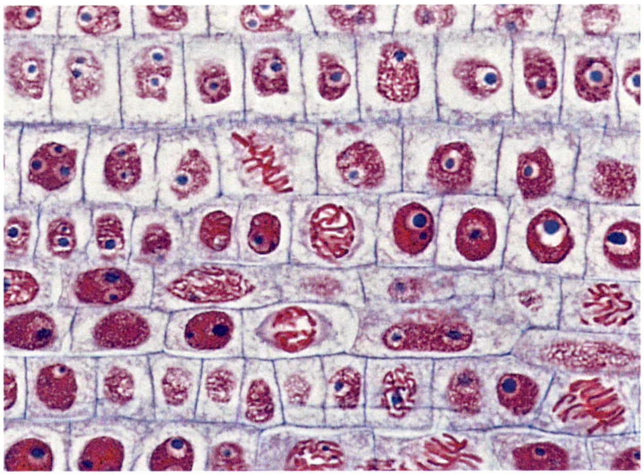

1 *Zellen in verschiedenen Phasen des Zellzyklus*

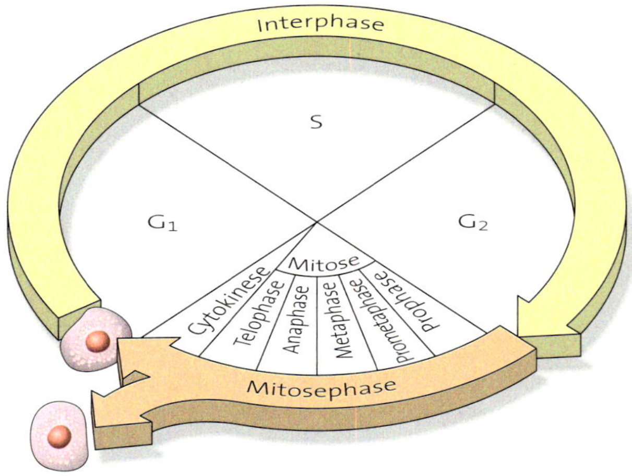

2 *Die Phasen des Zellzyklus*

Vielzellige Lebewesen entwickeln sich in der Regel aus einer einzigen Zelle, der befruchteten Eizelle. Während des Wachstums läuft eine Vielzahl von Zellteilungen ab. Im ausgewachsenen Organismus dient die Zellteilung zur Erneuerung und Reparatur von Geweben und Organen. Der Körper eines erwachsenen Menschen beispielsweise besteht aus etwa 60 Billionen Zellen, von denen täglich rund 2 % absterben und wieder ersetzt werden. Ohne die Fähigkeit zur Zellteilung wären Organismen nicht in der Lage, sich zu vermehren, zu wachsen und sich zu regenerieren.

Teilungsfähigkeit verschiedener Zellen. Im Labor können Zellen unter idealen Wachstumsbedingungen auf Nährmedien kultiviert werden. Mithilfe solcher Zellkulturen lässt sich die *Teilungsfähigkeit* verschiedener Zellen gut untersuchen und vergleichen. Einzeller teilen sich sehr schnell, sie verdoppeln ihre Anzahl innerhalb von 1 bis 2 Stunden. Bei Säugetierzellen dauert die Zellteilung dagegen zwischen 10 und 24 Stunden.

Die *Zellteilungsaktivität* verschiedener Gewebe eines Organismus ist sehr unterschiedlich. Leberzellen des Menschen zum Beispiel teilen sich nur sehr selten, sie werden in der Regel erst durch eine Schädigung zur Teilung angeregt. Manche Darmepithelzellen, die einem hohen Verschleiß unterliegen, teilen sich dagegen mehrmals pro Tag. Die Zellen des Herzmuskels und der Augenlinse sowie Gehirnzellen mit Ausnahme neuronaler Stammzellen haben ihre Teilungsfähigkeit nahezu verloren.

Ungefähre Dauer der Phasen des Zellzyklus bei menschlichen Körperzellen

(in Stunden)

Zelltyp	Gesamtzyklus	G_1	S	G_2	M
Knochenmark (Bildung der Blutzellen)	13	2	8	2	1
Dünndarm	17	6	8	2	1
Dickdarm	33	22	8	2	1
Haut	1000	989	8	2	1
Leber	10000	9989	8	2	1

Der Zellzyklus. Aus der Zellteilung gehen zwei *genetisch identische* Zellen hervor. Dazu werden die Zellbestandteile zusammen mit dem Cytoplasma gleichmäßig auf die Tochterzellen verteilt. Die DNA nimmt hierfür eine *Transportform* ein, sodass sie bei der Aufteilung auf die Tochterzellen weniger leicht beschädigt werden kann. Die Moleküle kondensieren dabei so stark, dass die genetische Information nicht mehr abgelesen werden kann.

Damit jedoch überhaupt genetisch identische Zellen entstehen können, muss die Erbsubstanz zuvor verdoppelt werden. Dies setzt eine intensive Stoffwechselaktivität der Zelle voraus. Die Verdopplung der DNA ist ebenso wie Zellwachstum nur dann möglich, wenn die im Zellkern enthaltene genetische Information abgelesen werden kann, die DNA also in ihrer Arbeitsform, nicht in der Transportform vorliegt.

Das Wachstum und die Teilung von Zellen erfordern demnach unterschiedliche Prozesse. Die regelmäßige Abfolge dieser Prozesse wird als *Zellzyklus* bezeichnet. Der Zellzyklus gliedert sich in zwei Abschnitte: die Wachstums- oder *Interphase* und die Teilungs- oder *Mitosephase*. In der Mitosephase lässt sich die Kernteilung *(Mitose)* von der eigentlichen Zellteilung *(Cytokinese)* unterscheiden (► Bild 1, S. 25).

Interphase. Die weitaus längste Zeit liegen Zellen in der Interphase vor, die im lichtmikroskopischen Bild ruhig und ereignislos erscheint. Tatsächlich ist die Zeit zwischen zwei Zellteilungen eine „Arbeitsphase" mit intensiver Stoffwechselaktivität. In einem mittleren Zeitabschnitt der Interphase wird die Erbinformation verdoppelt. Dieser Abschnitt heißt *S-Phase* (S für Synthese, gemeint ist die Synthese von DNA). Die direkt vor und nach der S-Phase liegenden Abschnitte werden als G_1- beziehungsweise G_2-*Phase* bezeichnet (G für engl. *gap:* Lücke). Während dieser Zeit wachsen die Zellen stark. Hierfür wird die genetische Information abgelesen und in Proteine umgesetzt.

Bei teilungsaktiven Zellen macht die Interphase zeitlich oft mehr als 90 % des Zellzyklus aus (► Tabelle). Im vielzelligen Organismus haben die meisten Zellen ihre Teilungsaktivität sogar ganz eingestellt und verharren in der Arbeitsphase. Dieser Zustand wird als G_0-Phase bezeichnet.

Mitosephase. In der Mitosephase entstehen durch Kern- und Zellteilung zwei neue Zellen. Der lichtmikroskopisch scheinbar strukturlose Kerninhalt verdichtet sich allmählich, sodass die Chromosomen sichtbar werden. Die Schwesterchromatiden jedes Chromosoms, die genetisch identische Informationen tragen, werden auf die beiden entgegengesetzten Zellpole verteilt (► S. 24).

Cytokinese. Nach der Kernteilung findet die eigentliche Zellteilung oder Cytokinese statt (► Bild 1). Tierische Zellen werden im Bereich der Zellmitte durchgeschnürt. Hierfür sind *kontraktile* Fasern aus *Aktin* und *Myosin* verantwortlich (► S. 57). Diese Proteine spielen auch bei der Muskelkontraktion eine Rolle (► S. 116). Aktin- und Myosinfilamente bilden unter der Zellmembran einen Ring, der die Membran nach innen zieht, bis die Tochterzellen vollständig getrennt sind.

In Pflanzenzellen, die von einer festen Zellwand umgeben sind, teilt sich das Cytoplasma, indem senkrecht zwischen den entstehenden Tochterzellen eine Zellwand aufgebaut wird. Hierbei lagern sich im Innern der Ursprungszelle membranumhüllte Bläschen zusammen, die „Baumaterial" für die neue Zellwand enthalten, und verschmelzen zu einer Platte. Aus den Membranbestandteilen der Zellplatte gehen die Zellmembranen hervor, zwischen denen die neue Zellwand entsteht.

Kern- und Zellteilung sind normalerweise gekoppelte Vorgänge. Nicht immer jedoch folgt auf die Kernteilung auch automatisch eine Zellteilung. Während der Embryonalentwicklung der Fruchtfliege zum Beispiel entstehen Zellen mit bis zu 6000 Kernen; erst nachträglich teilt sich auch das Cytoplasma.

Steuerung und Regelung des Zellzyklus. Ein vielzelliger Organismus kann nur bestehen, wenn der Zellzyklus einer Kontrolle unterliegt. Dies bedeutet, dass die *Vermehrung der einzelnen Zellen eingeschränkt* ist und nur *bei Bedarf aktiviert* wird. In Experimenten mit Zellkulturen wurde eine Reihe von Faktoren ermittelt, die den Zellzyklus beeinflusst. Fehlen zum Beispiel wichtige *Nährstoffe*, erfolgt keine Zellteilung. Aber auch bei optimaler Nährstoffversorgung teilen sich die Zellen nur, wenn zusätzlich ein als *Wachstumsfaktor* bezeichneter Regulatorstoff vorhanden ist. Ein solcher Wachstumsfaktor wird zum Beispiel von Blutplättchen freigesetzt, die in der Nähe einer Wunde zerfallen. Dieser löst bei den Zellen, die den Wundverschluss bilden, Zellteilungen aus.

Auch eine zu hohe *Zelldichte* hemmt die Zellteilung, was dazu beiträgt, dass in Geweben die Anzahl der Zellen einer Sorte annähernd konstant bleibt. Umgekehrt regt die Abnahme der Zelldichte die Teilung an. Starker Blutverlust hat zum Beispiel zur Folge, dass verstärkt Blutzellen gebildet werden.

Der korrekte Ablauf des Zellzyklus ist für das Überleben eines Organismus von entscheidender Bedeutung. In der Zelle finden offenbar am Übergang von einer Phase zur nächsten „Qualitätsprüfungen" statt. Diese *Kontrollpunkte* werden nur dann passiert, wenn der vorhergehende Arbeitsschritt vollständig und korrekt ausgeführt wurde. Als Taktgeber für diese Übergänge dienen molekulare „Schalter". Dabei handelt es sich um spezielle *Enzyme* (► S. 70), die in einer inaktiven Form in der Zelle vorliegen. Sie werden durch Regulatorstoffe aktiviert, die jeweils in der vorhergehenden Phase des Zyklus entstehen. Erst dann setzen die Enzyme den nächsten Arbeitsschritt in der Zelle in Gang. Durch die Kontrollpunkte ist sichergestellt, dass die einzelnen Prozesse korrekt und in ihrer festgelegten Reihenfolge ablaufen.

Ein solcher Kontrollpunkt befindet sich am Ende der G_1-Phase. Hier wird „geprüft", ob das Zellvolumen groß genug ist. Die Zelle nimmt ihre Größe offenbar indirekt über das Mengenverhältnis von Cytoplasma zu Zellkern wahr. Erreicht dieses Verhältnis einen bestimmten Schwellenwert, überschreitet die Zelle den *Restriktionspunkt* und tritt dann in die S-Phase ein. Die DNA wird verdoppelt und die Zelle teilt sich. Entspricht die Zelle jedoch nicht den für eine Teilung notwendigen Kriterien, verlässt sie am Restriktionspunkt den Zellzyklus und tritt in den G_0-Zustand ein.

Ein weiterer „Schalter" liegt am Ende der G_2-Phase. Die Zelle kann nur dann in die Mitosephase eintreten, wenn zuvor die gesamte DNA verdoppelt wurde. Die Zellgröße spielt hier ebenfalls eine Rolle.

Zellalterung. In Zellkulturen setzen die Körperzellen von Tieren ihre Vermehrung nicht unbegrenzt fort, selbst wenn das Medium genügend Nährstoffe und Wachstumsfaktoren enthält. Dabei ist die Zahl der Teilungen von der Art und vom Alter des Tiers abhängig, dem die Zellen entnommen wurden. Menschliche Bindegewebszellen aus einem Embryo durchlaufen in Kultur etwa 60 Zellzyklen, diejenigen eines 80-Jährigen teilen sich nur noch rund 30-mal. Die Zyklen verlaufen immer langsamer und kommen schließlich zum Stillstand. Dieses Phänomen wird als *Zellalterung* bezeichnet.

Bei Tumorzellen sind die *Regulationsmechanismen des Zellzyklus außer Kraft* gesetzt. Sie reagieren nicht mehr auf äußere und innere Signale, die normalerweise die Zellteilung unterbinden. In Kultur teilen sie sich unbegrenzt weiter. Tumorzellen sind *potenziell unsterblich*.

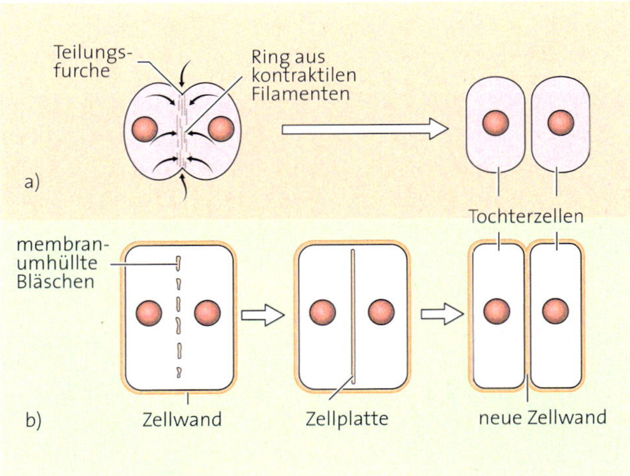

1 *Die Cytokinese verläuft bei tierischen Zellen (a) und pflanzlichen Zellen (b) unterschiedlich.*

1 Beschreiben Sie diejenigen Faktoren, die für das Überschreiten der Kontrollpunkte im Zellzyklus verantwortlich sind.

2 Erstellen Sie ein Schema, das verdeutlicht, welche Einflussgrößen an der Steuerung des Zellzyklus beteiligt sind.

Der Ablauf der Mitose

Der Ablauf der Mitose lässt sich anhand lichtmikroskopischer Aufnahmen gut rekonstruieren (► Bild 1 auf der nächsten Seite). Um den an sich kontinuierlichen Prozess besser beschreiben zu können, wird er in die Abschnitte *Prophase, Prometaphase, Metaphase, Anaphase* und *Telophase* unterteilt.

Prophase. In der Prophase beginnt sich das Chromatin zu verdichten, sodass einzelne fadenartige Strukturen, die *Chromosomen*, erkennbar werden. Ihre Anzahl ist typisch für die jeweilige Art. In diesem Stadium besteht jedes Chromosom aus zwei identischen Hälften, den *Chromatiden*. Die Verbindungsstelle, an der die beiden Schwesterchromatiden zusammenhängen, wird als *Centromer* bezeichnet.

Da das Chromatin stets in der gleichen Weise „aufgewickelt" wird, sind alle Chromosomen gleich dick. Ihre Längen unterscheiden sich allerdings – sie sind dem DNA-Gehalt proportional. Durch die Kondensation der Chromosomen entstehen kompakte, gut zu transportierende Einheiten. Dadurch wird die Gefahr, dass bei der Kernteilung Teile des DNA-Moleküls abreißen, so gering wie möglich gehalten.

Im Verlauf der Prophase lösen sich außerdem die Nucleoli und die Kernhülle auf.

Prometaphase. Während der Prometaphase treten die Chromosomen allmählich deutlicher hervor. Oft sind heftige, unregelmäßige Bewegungen zu beobachten. Dabei werden die Centromere zur Zellmitte hin verlagert.

Metaphase. Die Metaphase ist ein bewegungsarmes Stadium. Alle Chromosomen sind in der Zellmitte in einer Ebene, der *Äquatorialplatte*, angeordnet. Man spricht auch von *Metaphaseplatte*. Die Chromatiden haben ihre maximale Verkürzung erreicht. In diesem Stadium kann der Chromosomenbestand gut untersucht werden, indem man den weiteren Ablauf der Mitose zum Beispiel durch Colchicin blockiert (► S. 26).

Anaphase. Auf ein Signal hin – wahrscheinlich handelt es sich dabei um einen Anstieg der Ca^{2+}-Konzentration – löst sich gleichzeitig bei allen Chromosomen die Verbindung der Schwesterchromatiden am Centromer. Die Chromatiden bewegen sich auf die entgegengesetzten Pole der Zelle zu. Dabei beträgt ihre Geschwindigkeit etwa 1 µm pro Minute.

Telophase. Die Chromatiden sind an den Zellpolen angekommen. An jedem Pol liegt nun der *vollständige Satz Einchromatid-Chromosomen* vor. Die Chromosomen entspiralisieren sich und gehen von der lichtmikroskopisch erkennbaren Transportform wieder in die scheinbar unstrukturierte Arbeitsform des Chromatins über. Die beiden neuen Kernmembranen bilden sich, nach und nach werden die Nucleoli wieder sichtbar. Die Telophase entspricht also weitgehend einer Umkehrung der Prophase.

Gleichzeitig bildet sich zwischen den beiden neu entstandenen Tochterzellen etwa auf der Höhe der ursprünglichen Äquatorialplatte eine neue Zellmembran aus – ein Prozess, der im Lauf der Cytokinese abgeschlossen wird. Damit ist die Zellteilung beendet.

Die Mechanik der Chromosomenbewegung. Für den Transport der Chromatiden bei der Mitose ist der *Spindelapparat* verantwortlich (► Bilder 1 u. 2). Diese Struktur aus Proteinfasern (*Mikrotubuli* ► S. 57) bildet sich zu Beginn der Prophase und wird nach Beendigung der Kernteilung wieder abgebaut. Die Fasern gehen von einem Organisationszentrum aus, dem *Centrosom*. Noch während der Interphase teilt sich das Centrosom. Mit Beginn der Prophase rücken die Tochtercentrosomen auseinander und bewegen sich zu den Zellpolen hin. Von dort aus „wachsen" die Spindelfasern in Richtung Zellmitte. Von beiden Seiten heften sie sich an die Centromere der Chromosomen an. Andere, als *Polfasern* bezeichnete Mikrotubuli verbinden sich im Bereich der Zellmitte mit Fasern vom gegenüberliegenden Pol. Die Trennung der Schwesterchromatiden in der Anaphase kommt dadurch zustande, dass sich die Spindelfasern verkürzen; die Chromatiden werden zu den Zellpolen hingezogen. Gleichzeitig „schieben" die überlappenden Fasern die Pole auseinander.

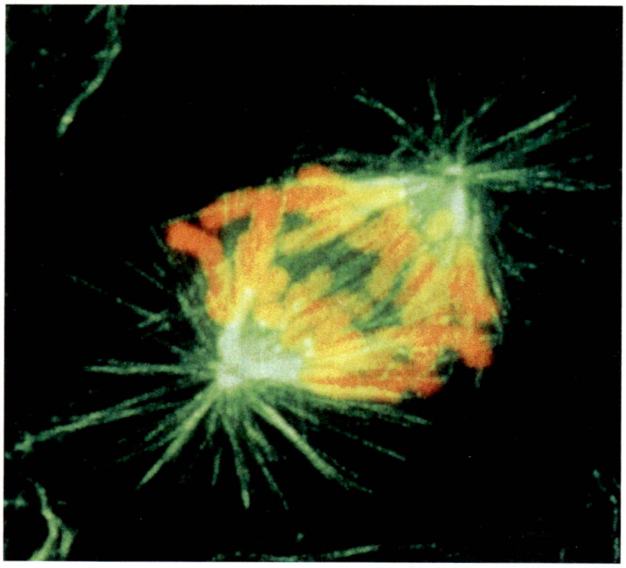

1 *Fluoreszenzaufnahme des Spindelapparats*

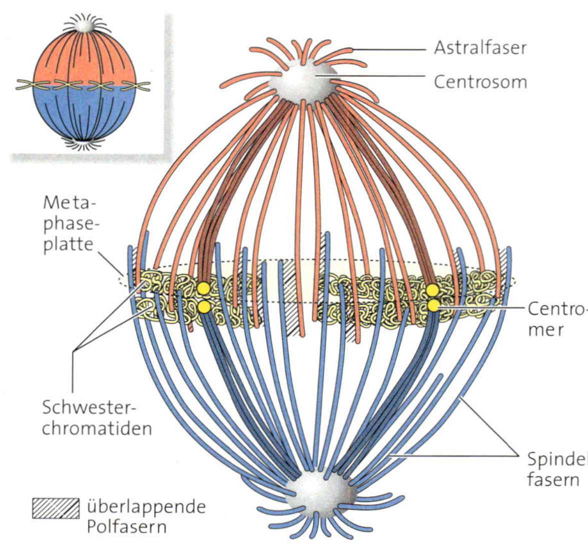

2 *Aufbau des Spindelapparats*

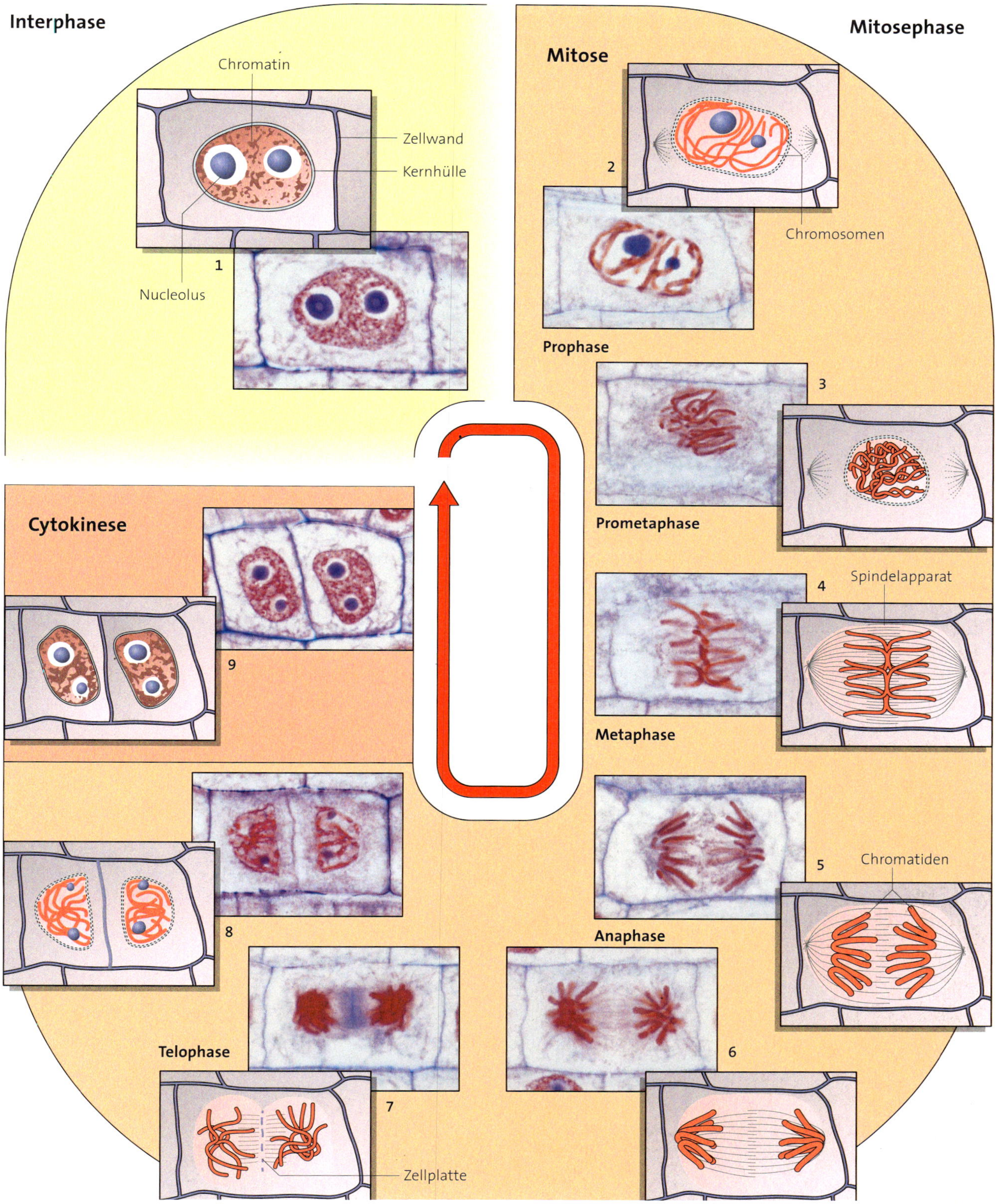

1 Die Phasen des Zellzyklus in der Übersicht am Beispiel der Küchenzwiebel Allium cepa. Die Darstellung berücksichtigt nicht die Zeitdauer der einzelnen Stadien.

Untersuchung von Mitosestadien

Zellteilungen lassen sich besonders gut in denjenigen Teilen eines Organismus beobachten, die durch ständiges Wachstum gekennzeichnet sind. Bei Pflanzen sind dies zum Beispiel die *Vegetationspunkte*, die Spitzen von Spross und Wurzel. Hier findet man nebeneinander Zellen in den unterschiedlichsten Stadien der Zellteilung.

Als Untersuchungsobjekte sind die Wurzeln der gewöhnlichen Küchenzwiebel sehr geeignet, da Küchenzwiebeln leicht zu beschaffen sind, ihre Wurzeln schnell wachsen und einfach zu präparieren sind.

Mitosestadien im Wurzelgewebe der Küchenzwiebel

MATERIAL: mehrere Küchenzwiebeln, Bechergläser, Reagenzgläser mit Stopfen, Karmin- oder Orcein-Essigsäure (C; *Achtung: Dämpfe ätzend!)*, Essigsäure 50 % *(C)*, Mikroskop und Zubehör (Fotoaufsatz, falls vorhanden)

DURCHFÜHRUNG: Sie erfolgt in mehreren Schritten.

Anzucht. Von mehreren Küchenzwiebeln werden die trockenen Hüllblätter entfernt. Die Zwiebeln werden anschließend so auf wassergefüllte Bechergläser gesetzt, dass die Wurzelscheiben gerade die Wasseroberfläche erreichen. Bei Zimmertemperatur haben sich bereits nach 3 oder 4 Tagen einige Zentimeter lange Wurzeln gebildet.

Vorbereitung. Schneiden Sie an jeder Zwiebel die Wurzeln ab. Behandeln Sie im Folgenden jede Zwiebel als einzelne Probe. Verwenden Sie jeweils mehrere Wurzeln.

Färbung. Trennen Sie zunächst mit einer Rasierklinge die äußersten 1–2 mm der Wurzelspitzen ab. Entnehmen Sie weitere 1–2 mm lange Stückchen in der Wurzelmitte und am Wurzelansatz. Bringen Sie jeweils mehrere Stücke getrennt nach Wurzelspitze, -mitte und -ansatz in verschiedene Reagenzgläser. Jedes Glas wird mit einem Tropfen Färbelösung (Karmin- oder Orcein-Essigsäure) versehen und verschlossen.

Nach etwa 24 Stunden wird die Lösung einmal kurz aufgekocht. Achten Sie dabei unbedingt darauf, dass die ätzende Färbelösung nicht herausspritzt! Verwenden Sie Siedesteinchen. Arbeiten Sie mit Schutzbrille, atmen Sie keine Dämpfe ein. Benutzen Sie Reagenzglashalter und achten Sie darauf, die Reagenzglasöffnung vom Körper weg und nicht auf einen Mitschüler oder eine Mitschülerin zu richten!

Präparation. Die gefärbten Wurzelspitzen werden mit einer Pipette (nicht mit dem Mund pipettieren!) aus den Reagenzgläsern entnommen und zu mehreren – drei bis vier pro Objektträger – auf einen sauberen Objektträger aufgebracht. Legen Sie dann ein Deckgläschen auf. Die Färbelösung wird jetzt möglichst vollständig abgesaugt und durch einen Tropfen Essigsäure ersetzt.

Decken Sie das Präparat mit mehreren Lagen Filterpapier ab und zerquetschen Sie die Wurzelspitzen durch einen kräftigen Daumendruck. Achtung: Deckgläschen dabei nicht verschieben! Herausgequetschte Flüssigkeit absaugen und gegebenenfalls neue Essigsäure hindurchziehen.

Untersuchung im Mikroskop. Betrachten Sie die Präparate zunächst bei 100-facher Vergrößerung. Welche Mitosestadien erkennen Sie? Zeichnen Sie für jedes Stadium eine Zelle bei 400-facher Vergrößerung.

Karyogramme

Zellen, die sich in Teilung befinden, werden auch zum Herstellen von *Karyogrammen* benötigt. Dafür eignen sich besonders die Metaphasechromosomen. Sich teilende Zellen werden dazu mit Colchicin behandelt, dem Gift der Herbstzeitlose. Da *Colchicin* den Aufbau des Spindelapparats hemmt, kommt es nicht zur Trennung der Chromatiden. Die Chromosomen liegen in der typischen X-Form vor. Anhand von Mikrofotos des Chromosomensatzes werden die Chromosomen zu Paaren geordnet und nach Größe und Gestalt sortiert. Das Bild unten zeigt das Karyogramm der Pferdebohne.

Karyogramme werden zum Beispiel in der Pflanzengenetik dazu verwendet, den Erfolg bei der Züchtung von Pflanzen mit vervielfachtem Chromosomensatz zu überprüfen. Anhand menschlicher Karyogramme lassen sich Erbkrankheiten feststellen, die auf Veränderungen der Anzahl oder in der Struktur von Chromosomen beruhen.

Karyogramm der Küchenzwiebel

MATERIAL: wie oben, 0,1%ige 8-Hydroxychinolin-Lösung (als Ersatzstoff für das stark giftige Colchicin)

DURCHFÜHRUNG: Ziehen Sie mehrere Zwiebeln an wie links angegeben. Wenn die Wurzeln 1–3 cm lang sind, setzen Sie die Zwiebeln für 24 Stunden auf Bechergläser mit Hydroxychinolin-Lösung. Fertigen Sie von den äußersten 1–2 mm der Wurzelspitze wie links beschrieben Quetschpräparate an.

Untersuchen Sie zunächst bei 100-facher Vergrößerung. Versuchen Sie dann zu ermitteln, wie groß der Chromosomensatz ist. Falls möglich, fotografieren Sie Ihr Präparat und fertigen Sie anhand des Fotos ein Karyogramm an.

---

1 Erläutern Sie, in welchem Stadium der Mitose die Zellen nach einer Behandlung mit Colchicin verharren.

Stichworte zu weiteren Informationen

Meristem • Zellkultur • mikroskopische Färbemethoden • Hemmung der Chromosomenbewegung

Karyogramm von Vicia faba

Apoptose – der programmierte Zelltod

Im Körper eines Erwachsenen sterben in jeder Sekunde Millionen von Zellen und ebenso viele entstehen durch Mitose neu. Damit die Gewebe ihren jeweiligen Funktionen gerecht werden, muss zwischen Zellsterben und Zellneubildung ein Gleichgewicht herrschen. Dabei spielt der genetisch programmierte Zelltod, auch *Apoptose* genannt, eine entscheidende Rolle.

Ursprünglich hatte der genetisch programmierte Zelltod wohl nur die Aufgabe, mit Krankheitserregern infizierte Zellen zu beseitigen. Im Verlauf der Evolution hat er darüber hinaus eine wichtige Regelfunktion im zellulären Geschehen der Vielzeller übernommen. Auch an Entwicklungsvorgängen ist er beteiligt, wenn in der Embryonal- oder Larvalentwicklung vorübergehend ausgebildete Gewebe wieder beseitigt werden (► Bilder 1 und 2).

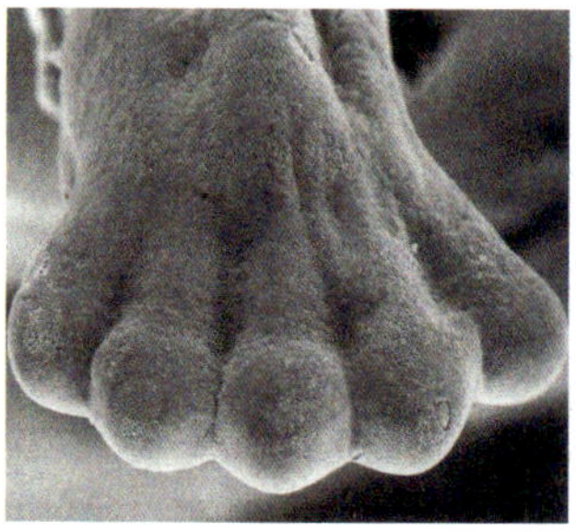

1 *Fuß eines menschlichen Embryos, 53 Tage alt*

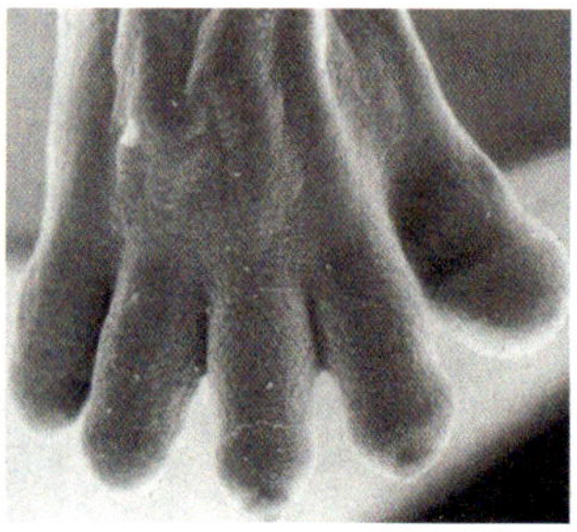

2 *Fuß eines menschlichen Embryos, 59 Tage alt*

Apoptosevorgang. Entdeckt wurde der programmierte Zelltod bei der mikroskopischen Untersuchung von Tierzellen. Die dramatischen Ereignisse, die man sah, nannte man Apoptose (von griech. *apoptosis:* Abfallen). Zellplasma, Zellkern und Mitochondrien schrumpfen, die Zellen verlieren den Kontakt zu ihren Nachbarzellen, spezifische Enzyme zerlegen DNA und Proteine in Bruchstücke. Allerdings bleibt die Zellmembran intakt und schnürt membranumschlossene Vesikel – sogenannte apoptotische Körperchen – von der Zelle ab. Sie werden von Nachbarzellen oder den Makrophagen des Immunsystems aufgenommen, bis die gesamte Zelle auf diese Weise aufgelöst ist (► Bild 3).

Auslöser. Die Aktivierung bestimmter *Enzyme*, der *Caspasen*, leitet *unumkehrbar* den programmierten Zelltod ein. Sie unterliegt deshalb in allen Zellen einer strengen Kontrolle durch Proteine einer „übergeordneten Ebene". Ein fein abgestimmtes Gleichgewicht zwischen hemmenden und fördernden *Kontroll-Proteinen* sorgt dafür, dass die Caspasen inaktiv bleiben oder – wenn nötig – aktiviert werden. Eine Verschiebung des Gleichgewichts zugunsten der hemmenden Proteine kann zu unkontrollierter Zellteilung und damit zur *Krebsentstehung* beitragen.

Kontrolle. Eine wichtige Rolle spielt hierbei das Protein p53, ein Kontrollprotein im Zellzyklus (► S. 22), das die in der S-Phase verdoppelte DNA auf Vollständigkeit überprüft. Bei Schäden an der DNA wird vermehrt p53 hergestellt, das den Übergang in die Mitosephase blockiert und Proteine aktiviert, die den programmierten Zelltod einleiten. Dadurch wird normalerweise verhindert, dass sich Zellen mit veränderter DNA, beispielsweise Krebszellen, weiter teilen und vermehren. Ist allerdings p53 selbst von solchen Veränderungen betroffen, unterbleibt das Signal zum programmierten Zelltod und die Zellen vermehren sich ungehindert.

Apoptose und Krankheiten. Ein zu geringer Umfang an Apoptose scheint für etwa die Hälfte aller menschlichen Krebserkrankungen – in Brust, Lunge und Dickdarm – mitverantwortlich zu sein. Mit einem Übermaß an Apoptose werden dagegen Gewebezerstörung bei *Virusinfektionen*, das Absterben von Nervenzellen bei degenerativen Gehirnerkrankungen wie *Alzheimer* oder *Parkinson*, *Arteriosklerose* sowie manche *Erkrankungen des Herzmuskels* in Verbindung gebracht.

Nekrose. Gehen Zellen durch äußere Einflüsse wie Verbrennungen, Vergiftungen, Verletzungen, Sauerstoffmangel oder Strahlung „unprogrammiert" zugrunde, spricht man von *Nekrose*. Ein typisches Beispiel ist das Absterben von Hautzellen bei einem *Sonnenbrand*. Dabei schwillt die gesamte Zelle an, bis sie platzt. Die aus dem Cytoplasma freigesetzten Stoffe werden von Makrophagen und anderen Zellen des Immunsystems erkannt. Diese rufen – anders als beim programmierten Zelltod – eine Entzündungsreaktion hervor, die mitunter auch angrenzendes gesundes Gewebe betrifft (► Bild 3).

Wie entsteht Hautkrebs? Normalerweise sterben Hautzellen, deren DNA durch Sonnenstrahlung geschädigt wurde, durch *Nekrose* und *Apoptose* ab. Zellen, in denen zum Beispiel durch einen früheren Sonnenbrand das Gen für das Protein p53 verändert ist, bleiben allerdings vom programmierten Zelltod verschont. Da die Zellen, die das Protein p53 enthalten, auf die übermäßige Strahlendosis mit Absterben reagieren, entstehen Gewebslücken, die durch die zur Apoptose unfähigen Zellen aufgefüllt werden. Dadurch begünstigt jeder Sonnenbrand zugleich auch die Vermehrung von Zellen, die zu Hautkrebs führen können.

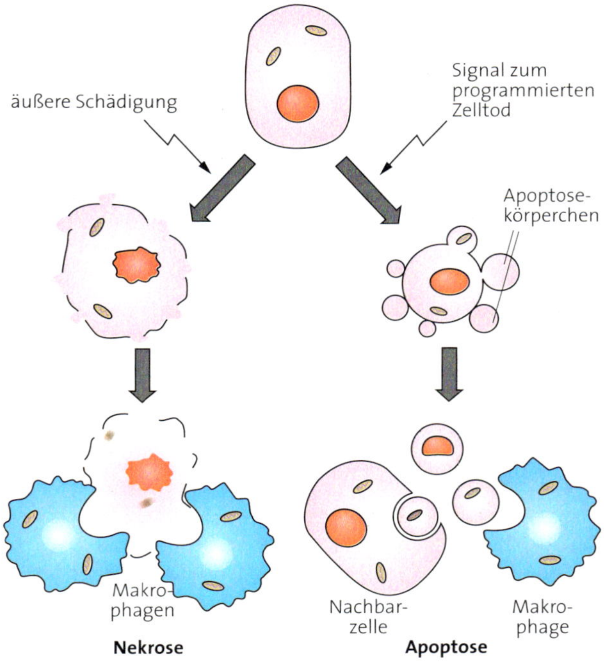

3 *Zellen können programmiert durch Apoptose oder unprogrammiert durch Nekrose zugrunde gehen.*

Zell- und Gewebetypen

In der Regel entstehen bei einer Zellteilung zwei identische Tochterzellen. Anders bei den Zellteilungen, die in der frühen Embryonalentwicklung stattfinden: Aus der Zygote gehen durch rasche Teilungen Zellen hervor, die bereits Unterschiede in der Größe aufweisen. Dies ist der erste Schritt einer *Differenzierung*: Die Zellgestalt entwickelt sich so, dass sie der Funktion der Zelle entspricht. Durch weitere *asymmetrische Zellteilungen* entstehen Zellen, die sich in ihrer Gestalt und Struktur stark unterscheiden. Aus diesen unterschiedlich differenzierten Zellen gehen die verschiedenen *Gewebe* eines Organismus hervor. Als Gewebe bezeichnet man einen Verband von Zellen mit ähnlicher Größe, Form und Funktion.

Zelltypen. Die Gestalt einer Zelle ist ihrer spezifischen Leistung angepasst: Pflanzenzellen, die der *Wasserleitung* dienen, haben zum Beispiel einen deutlich größeren Durchmesser als andere Gewebezellen. Sie sind extrem lang gestreckt, oft verbinden sich sogar viele Zellen zu Gefäßen. Ihre Zellwände sind an bestimmten Stellen verstärkt. In voll funktionsfähigen Gefäßen sind die Querwände der aneinanderstoßenden Zellen durchbrochen. Die Zellen sterben dann ab.

Auch *Faserzellen*, die dem Pflanzenkörper Festigkeit verleihen, haben eine lang gestreckte Form. Ihre Zellwand ist so stark verdickt, dass der Zellinnenraum im Vergleich zum Gesamtdurchmesser der Zelle winzig erscheint.

Fotosynthese betreibende Zellen in den Blättern sind durch eine Vielzahl an Chloroplasten charakterisiert. *Speicherzellen* in der Wurzel weisen dagegen vermehrt Leukoplasten zur Stärkespeicherung auf.

Nervenzellen, die nur bei Tieren vorkommen, haben lange, vielfach verzweigte Ausläufer. Über diese *Dendriten* nehmen sie von anderen Nervenzellen oder Sinneszellen Informationen auf. Der längste dieser Ausläufer, das *Axon*, steht mit anderen Nervenzellen, Drüsen und Muskeln in Verbindung.

Rote Blutkörperchen (Erythrocyten) sind im reifen Zustand durch eine abgeflachte Form charakterisiert. Sie enthalten weder einen Zellkern noch andere Organellen. Ihr Hauptbestandteil ist Hämoglobin, was sie für die Funktion des Sauerstoff- und Kohlenstoffdioxidtransports optimiert. Da Erythrocyten plastisch verformbar sind, können sie selbst durch die engsten Kapillaren „schlüpfen".

Bestimmte Zellen aus dem *Dünndarm* erfüllen andere Transportaufgaben. Sie sind asymmetrisch gebaut: Die Zellmembran bildet auf der dem Darm zugewandten Seite Tausende fingerförmige Ausstülpungen, die *Mikrovilli*. Dadurch wird die Zelloberfläche etwa 30-fach vergrößert. Diese Oberflächenvergrößerung erhöht die Transportkapazität für Moleküle aus dem Dünndarm erheblich.

Gewebetypen bei Pflanzen. Anders als Tiere zeigen Pflanzen ein lebenslanges Wachstum. Allerdings behalten nur die Zellen bestimmter Gewebe dauerhaft ihre Teilungsfähigkeit. Diese Gewebe heißen *Meristeme*. Sie befinden sich unter anderem in den Spitzen von Wurzel und Spross. Die Zellen sind annähernd würfelförmig (isodiametrisch), haben nur dünne Zellwände und kaum Vakuolen. Oft lassen sich in ihnen Zellteilungen beobachten. Diese wenig differenzierten Zellen entwickeln sich zu den ausdifferenzierten Zellen der *Dauergewebe*.

Grundgewebe oder *Parenchyme* sind die am wenigsten spezialisierten pflanzlichen Gewebe. Sie finden sich in allen Organen der Pflanze. Die anderen Gewebe sind in das Parenchym eingebettet.

Vor allem bei ausdauernden, großen Pflanzen spielen *Festigungsgewebe* eine wichtige Rolle. Sie verleihen dem Pflanzenkörper Stabilität gegenüber Zug- und Druckbelastung. Festigungsgewebe bestehen aus Zellen

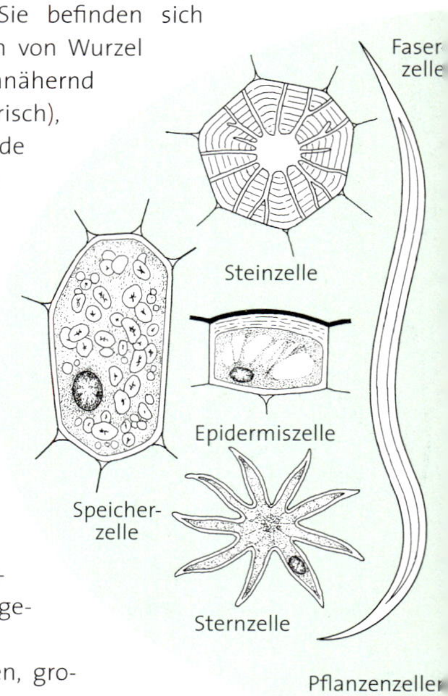

1 Differenzierung von tierischen und pflanzlichen Zellen

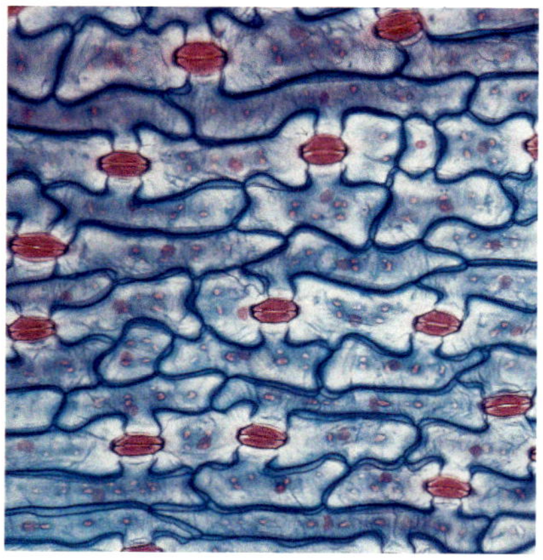

2 Blattepidermis der Tulpe mit Spaltöffnungen (Aufsicht)

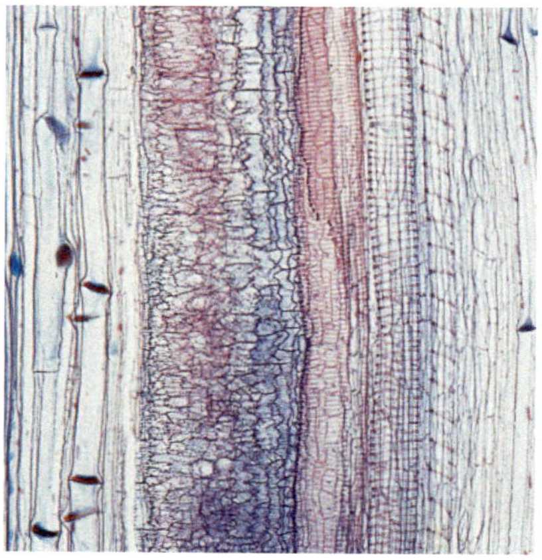

3 Leitgewebe im Stängel des Kürbis (Längsschnitt)

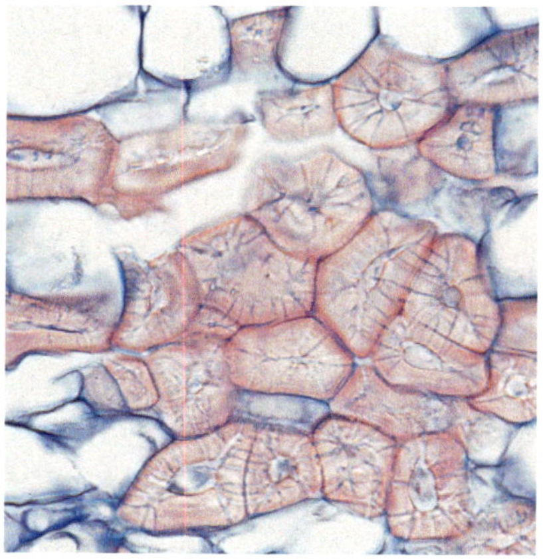

4 Steinzellen im Fruchtfleisch der Birne haben Festigungsfunktion.

mit stellenweise oder vollständig verdickten Wänden. Häufig sind die Zellen abgestorben, vor allem wenn die Zellwände durch Einlagerung von Kristallen oder anderen Stoffen zusätzlich verfestigt sind. Solche Zellen bilden zum Beispiel die harte Schale von Nüssen und Samen.

Festigungselemente wie beispielsweise Faserzellen sind jedoch auch im *Leitgewebe* enthalten, das den gesamten Pflanzenkörper durchzieht. Es dient zum einen der Versorgung der Pflanze mit Wasser und darin gelösten Mineralstoffen, zum anderen dem Transport von Fotosyntheseprodukten.

Die *Abschlussgewebe* begrenzen den Pflanzenkörper nach außen. Zu ihnen zählt die Epidermis. Die Außenwände der Zellen sind oft deutlich verdickt und mit einem zusätzlichen Verdunstungsschutz, einer Cuticula aus wachsartiger Substanz, versehen. Epidermiszellen der Wurzelhaarzone sind dagegen dünnwandig und ermöglichen so die Aufnahme von Wasser und darin gelösten Mineralstoffen.

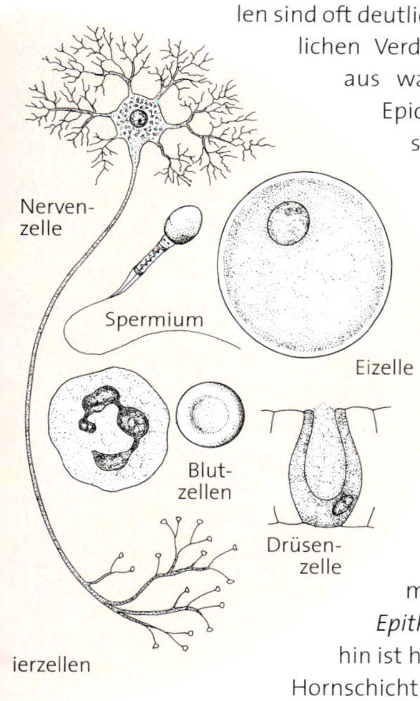

Gewebetypen bei Tieren. Die Vielfältigkeit der Zellen und Gewebe bei höheren Tieren ist deutlich größer als bei den Pflanzen. Dennoch lassen sich die Gewebe wenigen Grundtypen zuordnen:

Die Organe des tierischen Organismus sind durch ein- oder mehrschichtige *Deckgewebe* oder *Epithelien* begrenzt. Zur Außenwelt hin ist häufig eine Cuticula in Form einer Hornschicht oder Kalkschale aufgelagert. Zu den Epithelien zählen neben der Haut auch Drüsen und die Auskleidung der Blutgefäße.

Dem *Bindegewebe* kommen vielfältige Aufgaben zu, entsprechend verschiedenartig kann es ausgeprägt sein. Meist enthält es in unterschiedlichen Anteilen Zellen und Fasern, die in eine Grundsubstanz eingebettet sind. Zum Bindegewebe zählen Bänder und Sehnen, die auf Zugfestigkeit und Elastizität hin ausgelegt sind, aber auch Knorpel- und Knochengewebe.

Das *Muskelgewebe* besteht aus lang gestreckten Muskelzellen, die in ihrem Cytoplasma eine Vielzahl von kontraktilen Fasern aufweisen. In glatter Muskulatur, wie sie in der Haut oder in den inneren Organen vorkommt, finden sich einzelne, oft verzweigte Zellen. Bei der quer gestreiften Skelettmuskulatur dagegen spricht man von Muskelfasern; die Zellen sind zu einem vielkernigen Gebilde „verschmolzen" (► S. 116).

Nervengewebe dient der Signalübermittlung. Während die Nervenzellen auf Erregungsleitung spezialisiert sind, dienen andere Zellen deren Schutz und Versorgung mit Nährstoffen.

Spezialisierung und Arbeitsteilung. Die Ausbildung verschiedener Zell- und Gewebeformen ermöglicht dem Organismus eine effektive Arbeitsteilung. Beim Menschen unterscheidet man zum Beispiel mehrere Hundert Zelltypen. Insgesamt nimmt mit der Organisationshöhe der Organismen auch die Vielfalt der Gewebetypen zu. Diese Verschiedenartigkeit bei gleicher genetischer Ausstattung kommt dadurch zustande, dass bei verschiedenen Zellen jeweils andere Gene aktiv sind; die restlichen Gene bleiben passiv.

Ab einem bestimmten Differenzierungsgrad können tierische Zellen nicht mehr in den embryonalen Zustand zurückkehren und verlieren ihre Teilungsfähigkeit.

---

1. **Im Bild links sind neben den oben beschriebenen Zelltypen weitere Zellen dargestellt. Beschreiben Sie ihre spezifischen Merkmale und versuchen Sie diese mit der Funktion der Zellen im Organismus in Zusammenhang zu bringen.**
2. **Beschreiben Sie Unterschiede bezüglich der Zelldifferenzierung zwischen pflanzlichen und tierischen Vielzellern.**
3. **Nennen Sie Merkmale der Zellen, auf die sich die wesentlichen Unterschiede zwischen pflanzlichen und tierischen Vielzellern zurückführen lassen.**
4. **Informieren Sie sich, welche Zellen und Gewebe pflanzlicher und tierischer Herkunft als natürliche Rohstoffe Verwendung finden.**

1 Quer gestreiftes Muskelgewebe, Längsschnitt

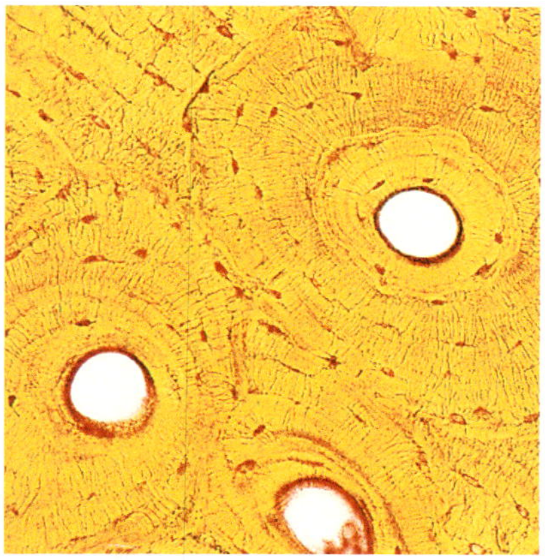

2 Knochenzellen in einem Röhrenknochen, umgeben von Grundsubstanz

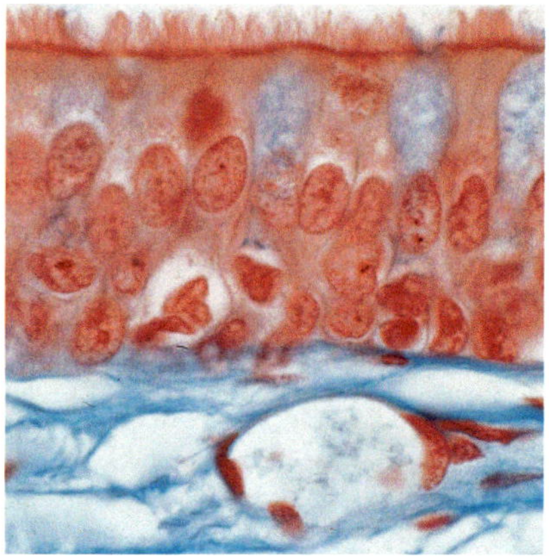

3 Beim Frosch ist der Gaumen mit einem Flimmerepithel ausgekleidet.

Einzeller

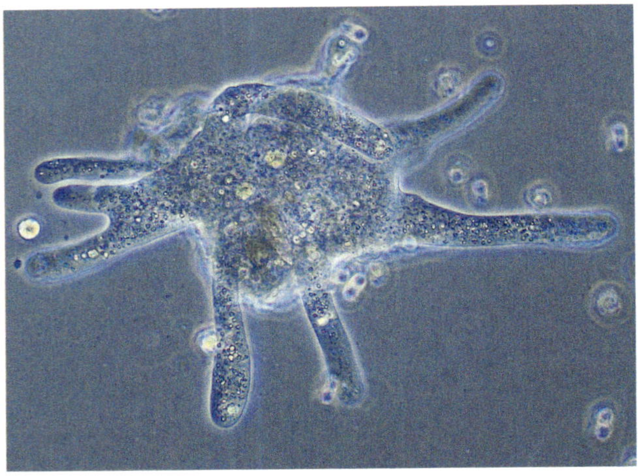

1 *Amoeba proteus bewegt sich mithilfe von Scheinfüßchen fort, den Pseudopodien.*

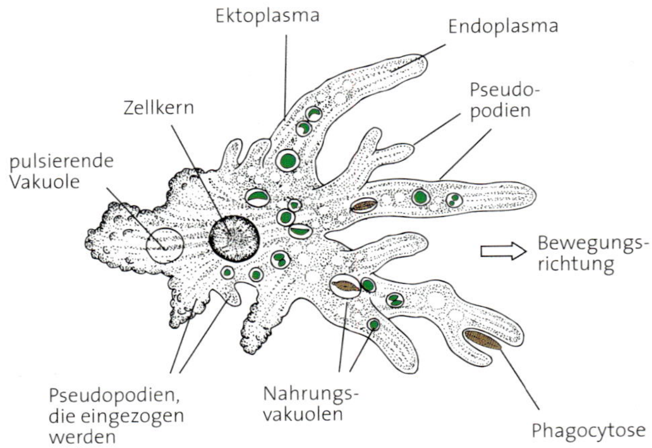

2 *Das Cytoplasma enthält neben den verschiedenen Zellorganellen in Vakuolen eingeschlossene Nahrungspartikel.*

Während Vielzeller wie Pflanzen, Tiere und Pilze ihre Leistungsfähigkeit durch Arbeitsteilung zwischen verschieden differenzierten Zellen erzielen, zeigen die eukaryotischen Einzeller besondere *Spezialisierungen innerhalb der Zelle*.

Organisationstyp Einzeller. Die ersten eukaryotischen Einzeller haben sich vermutlich schon vor 2 Milliarden Jahren entwickelt und stellen bis heute einen erfolgreichen Organisationstyp dar. Zusammen mit den Algen werden sie einem eigenen Reich, den *Protisten*, zugeordnet. Die verschiedenen Einzellergruppen, zum Beispiel die *Rhizopoda (Wurzelfüßer)*, zu denen die Süßwasseramöbe *Amoeba proteus* gehört, die *Ciliata (Wimpertiere)* wie *Paramecium caudatum* und die *Euglenobionta*, deren bekanntester Vertreter *Euglena viridis* ist, unterscheiden sich dabei so stark voneinander, dass Biologen sie als verschiedene Stämme oder sogar Unterreiche ansehen. Sie sind also mindestens so verschieden wie Mensch und Süßwasserpolyp! Eine Gruppe, die *Kragengeißelflagellaten* (► S. 34), ist nach heutiger Auffassung sogar näher mit den Tieren verwandt als mit anderen Protisten.

Einzeller zeigen nicht nur im Bau von Zelle und Zellorganellen eine große Vielfalt, sondern auch in Vorkommen und Lebensweise. Es gibt Gruppen, die Schalen ausbilden wie die *Foraminifera* (Kammerlinge) oder „Stacheln" wie die *Aktinopoda* (Strahlenfüßer). Diese beiden Gruppen leben ausschließlich oder überwiegend im Meer, während andere Einzeller im Süßwasser vorkommen, in Körperflüssigkeiten von Lebewesen, im Boden oder auf sich zersetzender organischer Substanz. *Autotrophe* Einzeller betreiben Fotosynthese, andere ernähren sich *heterotroph*, manche Arten können von autotropher auf heterotrophe Lebensweise umstellen.

Neben unbeweglichen Einzellern gibt es solche, die im Wasser schweben oder sich mithilfe von *Cytoplasmafortsätzen, Cilien* (Wimpern) oder *Geißeln* fortbewegen. Unter Cilien versteht man dabei kurze, haarähnliche Fortsätze, die die Zelle durch koordinierten Schlag fortbewegen. Geißeln sind länger und treiben die Zelle durch peitschenartige Bewegung an.

Beispiel Amöbe. Mit 0,5 mm Größe ist *Amoeba proteus* mit bloßem Auge gerade noch erkennbar. Sie verändert ihre Gestalt ständig („Wechseltier"): Die Zellmembran stülpt sich an manchen Stellen zu Fortsätzen aus, den *Pseudopodien*, in die Teile des Cytoplasmas einfließen, während sich anderswo das Cytoplasma zurückzieht. Direkt unter der Zellmembran liegt das klare, durchsichtige *Ektoplasma*. Das zentral gelegene *Endoplasma* erscheint körniger und trüber. Es enthält den Zellkern und die übrigen Zellorganellen.

Mithilfe der Pseudopodien bewegt sich die Amöbe fort. Einzelne Pseudopodien greifen dabei nach vorn, heften sich am Untergrund an und ziehen den übrigen Zellkörper nach. Die amöboide Bewegung wird durch lokale *Kontraktion* von *Mikrofilamenten* des Cytoskeletts bewirkt (► S. 57), die ein Strömen des Cytoplasmas zur Folge hat.

Zur Nahrungsaufnahme umfließen die *Pseudopodien* kleinere Einzeller, Algen oder Pflanzenreste und schließen diese wie in einer Höhle ein. Diesen Vorgang nennt man Phagocytose (► S. 51). Es entstehen dabei von Zellmembran umgebene *Nahrungsvakuolen*. Sie wandern ins Zellinnere und verschmelzen dort mit Lysosomen, kleinen Zellorganellen, die Enzyme zur Verdauung von Fett, Eiweiß und Kohlenhydraten enthalten (► S. 55). Die Nährstoffe werden dann über die Vakuolenmembran ins Cytoplasma abgegeben. Die Vakuolen selbst wandern zur Zellmembran und befördern die unverdaulichen Reste nach außen (*Exocytose* ► S. 51).

Amöben überfließen Sandkörner, Pflanzenreste, Bakterien und andere Einzeller. Dabei können sie zwischen Nahrung und anorganischem Material unterscheiden. Sie reagieren auf chemische Reize, Licht-, Berührungs-und Temperaturreize.

Da der osmotische Druck innerhalb der Amöbe höher ist als im umgebenden Süßwasser, dringt ständig Wasser in die Zelle ein. Durch die *pulsierende Vakuole*, ein besonderes Organell bei im Süßwasser lebenden Einzellern, wird eingedrungenes Wasser unter Energieaufwand rhythmisch wieder nach außen gepumpt.

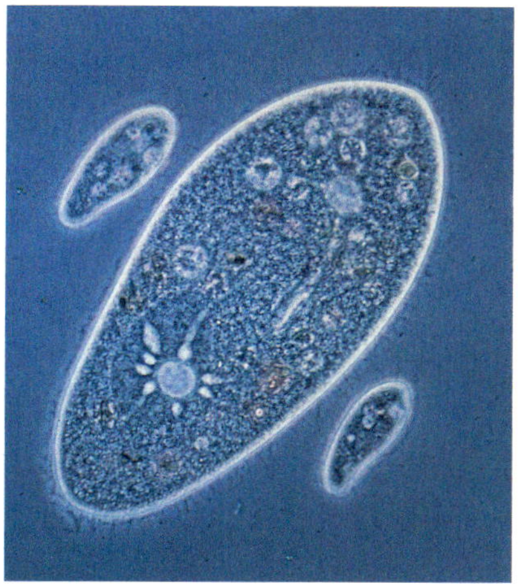

1 Bei Paramecium caudatum ist die Lage der Organellen festgelegt.

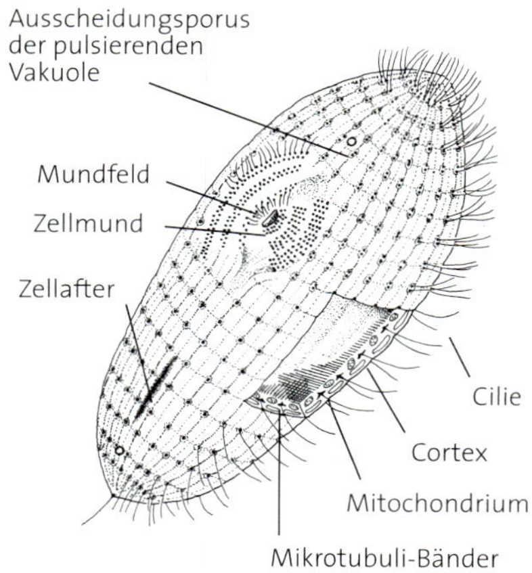

2 Der Cortex verleiht den Wimpertieren eine arttypische Zellgestalt.

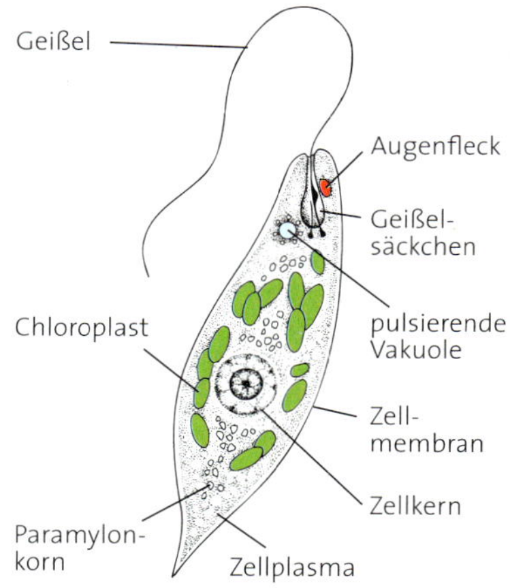

3 Euglena viridis – ein fakultativ autotropher Einzeller

Hat eine Amöbe eine bestimmte Zellgröße erreicht, kugelt sie sich ab. Der Zellkern teilt sich, anschließend schnürt sich der Zellleib durch. Durch *ungeschlechtliche Vermehrung* sind so zwei Tochteramöben entstanden. Sexuelle Fortpflanzung kommt nur in Ausnahmefällen vor.

Beispiel Pantoffeltier. Das Pantoffeltier *Paramecium caudatum* gehört zu den Wimpertieren. Es wird bis zu 0,3 mm lang und lebt in Gewässern, in denen genügend Bakterien – seine Nahrung – vorkommen. Wie alle Wimpertiere hat es eine arttypische Zellgestalt. Sie wird durch die äußere Cytoplasmaschicht bewirkt, *Cortex* genannt, in der neben den Wurzeln der *Wimpern* weitere Festigungselemente enthalten sind, zum Beispiel längs und quer verlaufende *Mikrotubuli*-Bänder (► S. 57). Auch viele Mitochondrien (► S. 56) finden sich hier.

Paramecium ist von Tausenden von Wimpern oder *Cilien* bedeckt, die in Längsreihen stehen. Ihr fortwährender rhythmischer Schlag treibt die Zelle durch das Wasser. Unter dem Mikroskop sieht man, wie über die Zelloberfläche des dicht bewimperten Pantoffeltiers Schlagwellen verlaufen, die an ein Getreidefeld im Wind erinnern. Dadurch entsteht eine vorwärtsgerichtete Drehbewegung.

Wimpern um das *Mundfeld*, eine trichterförmige Vertiefung, strudeln Bakterien herbei. Am Grund der Vertiefung befindet sich der *Zellmund*, ein Bereich ohne Festigungselemente. Nur hier ist *Phagocytose* möglich. Die entstehenden Nahrungsvakuolen verschmelzen mit Lysosomen und bewegen sich auf einer festen Bahn durch die Zelle. Dabei wird die Nahrung verdaut. Unverdauliche Nahrungsreste scheidet Paramecium am *Zellafter* durch *Exocytose* aus. Überschüssiges Wasser wird über den *Porus* der *pulsierenden Vakuole* ausgeschieden.

Bei starker Reizung stößt Paramecium lange, pfeilförmige Proteinfäden aus den *Trichocysten* aus. Diese im Cortex liegenden Organellen dienen vermutlich der Feindabwehr.

Für Wimpertiere sind zwei oder mehr Zellkerne typisch sowie eine besondere Form der *geschlechtlichen Fortpflanzung*, die *Konjugation*. Paramecien haben einen diploiden *Kleinkern* und einen *Großkern*, in dem die Gene vielfach vorliegen. Bei der Konjugation legen sich zwei Paramecien längs aneinander. Zwischen ihnen bildet sich eine Cytoplasmaverbindung. Die Großkerne werden aufgelöst, die Kleinkerne teilen sich mehrfach (Meiose). Ein Teil dieser Kerne geht zugrunde. Am Ende liegen jeweils zwei haploide Kleinkerne vor. Über die Plasmaverbindung wird je ein Kleinkern ausgetauscht. Er verschmilzt mit dem stationären Kleinkern. Die Konjugation entspricht also einer *wechselseitigen Befruchtung*. Nach der Trennung der Konjugationspartner entsteht je ein neuer Großkern. Er steuert den Zellstoffwechsel. In der Regel *vermehrt* sich Paramecium *ungeschlechtlich* durch Querteilung.

Beispiel Euglena. Der begeißelte Einzeller *Euglena viridis* lebt normalerweise *autotroph*. Er besitzt *Chloroplasten* und betreibt Fotosynthese. Dabei entsteht das stärkeähnliche *Paramylon*. Bei längerer Dunkelhaltung im Labor werden die Chloroplasten farblos oder verschwinden ganz. Euglena ernährt sich dann heterotroph wie viele nah verwandte begeißelte Einzeller, die keine Chloroplasten besitzen.

Euglena bewegt sich durch den Schlag der langen *Geißel* vorwärts. Die Geißel entspringt – zusammen mit einer zweiten, ganz kurzen – in einer Vertiefung am Vorderende der Zelle, dem *Geißelsäckchen*. Innerhalb des Geißelsäckchens ist die Geißel an einer Stelle verdickt. Dieser Bereich ist *lichtempfindlich*. Ein *Augenfleck* aus Fetttröpfchen, die mit Carotinen rot gefärbt sind, sitzt an der Wand des Geißelsäckchens. Er schirmt Licht ab. Durch den Beschattungsgrad nimmt Euglena die Richtung des einfallenden Lichts wahr. Sie bewegt sich zum Licht hin.

Als weitere Organellen sind bei Euglena ebenfalls *pulsierende Vakuolen* zu finden.

Euglena vermehrt sich *ungeschlechtlich* durch Längsteilung.

---

1 Die Zelle ist die kleinste selbstständige Einheit des Lebens. Weisen Sie das für einen von Ihnen gewählten Einzeller nach. Ziehen Sie dazu die Prinzipien des Lebendigen (► S. 6) heran.

Bedeutung und mikroskopische Untersuchung von Einzellern

Weit mehr als 27 000 verschiedene Arten von Einzellern sind wissenschaftlich beschrieben. Die kleinsten unter ihnen messen nur wenige Tausendstelmillimeter, die größten erreichen bis zu 13 cm. Sie besiedeln alle Gewässer-Lebensräume der Erde, selbst wassergefüllte Bodenporen und die Körper anderer Lebewesen. In Boden und Gewässern der Polargebiete kommen sie ebenso vor wie in heißen Quellen.

Bei vielen Arten gibt es unmittelbare Bezüge zum Leben des Menschen: Einzeller haben an der Selbstreinigung der Gewässer wie auch an der Abwasserreinigung in Kläranlagen großen Anteil. Sie bilden als Planktonorganismen den Anfang von Nahrungsketten, ermöglichen Wiederkäuern die Verdauung von Cellulose und sind über die Humusbildung wesentlich an der Bodenfruchtbarkeit beteiligt. Nicht zuletzt spielen sie als Krankheitserreger in weiten Teilen der Welt eine beachtliche Rolle.

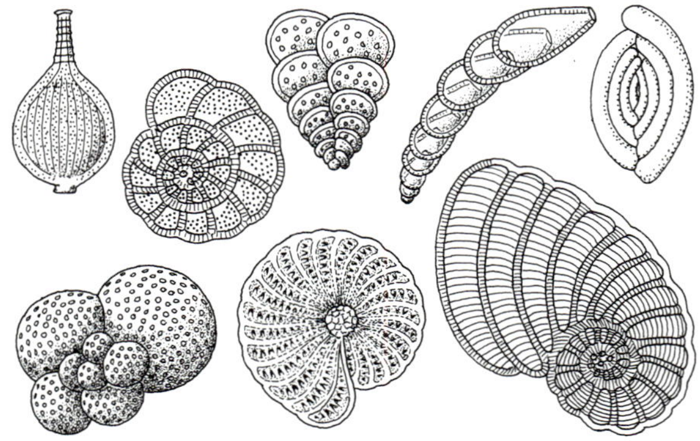

Sukzession im Heuaufguss

Material: 1–2 g Heu, 1-l-Glas mit Leitungswasser, Glasplatte als Abdeckung, Tümpelwasser, Mikroskopierausrüstung

Durchführung: Geben Sie das Heu in das Glas mit Leitungswasser. „Impfen" Sie dann den Aufguss mit wenig Tümpelwasser. Im Heuaufguss treten ständig neue Einzellerarten auf. Auch ihre Häufigkeit ändert sich. Planen Sie möglichst eine Versuchsdauer von zwei bis drei Monaten ein und mikroskopieren Sie Proben aus dem Heuaufguss etwa alle drei Tage. Sie können dazu einfach ein Deckgläschen auf die Kahmhaut an der Oberfläche des Heuaufgusses legen. Mehrere Stunden liegen lassen, dann erst mikroskopieren! Häufig vorkommende Arten lassen sich mit dem Bild unten näherungsweise bestimmen. Ziehen Sie zusätzlich Bestimmungsbücher heran, wenn nötig. Protokollieren Sie Ihre Beobachtungen.

Mit exakten quantitativen Protokollen, wie sie dem Diagramm unten rechts zugrunde liegen, kann man die Veränderung des „Mini-Ökosystems" Heuaufguss belegen. Die Veränderung eines Ökosystems von einem Ausgangszustand zu einem Endzustand wird allgemein als Sukzession bezeichnet. Werten Sie das Diagramm aus. Was lässt sich danach über den Verlauf einer Sukzession aussagen?

Foraminiferen

Kammerlinge oder *Foraminiferen* sind Einzeller mit gekammertem Gehäuse. Sie leben im Meer, meist in Bodennähe. Ihre Gehäuse (► Bild oben) bestehen oft aus Kalk. Durch zahlreiche Poren ragen beim lebenden Tier lange, dünne Pseudopodien (► Foto). Sie dienen zum Schweben im Meerwasser und zur Nahrungsaufnahme.

Foraminiferen kommen in großer Formenfülle besonders im Meeresschlamm vor. 90 % der bekannten Foraminiferenarten sind fossil, darunter Riesenformen aus der Gruppe der Nummuliten mit bis zu 32 cm Durchmesser. In warmen Flachmeeren bildete sich aus den abgelagerten Schalenskeletten der Nummulitenkalk, ein Sedimentgestein, das zum Beispiel als Baumaterial für die ägyptischen Pyramiden diente. Die fossilen Arten eignen sich als *Leitfossilien* beim Vergleich von Sedimenten aus verschiedenen Erdteilen und haben für die Erdölsuche große Bedeutung.

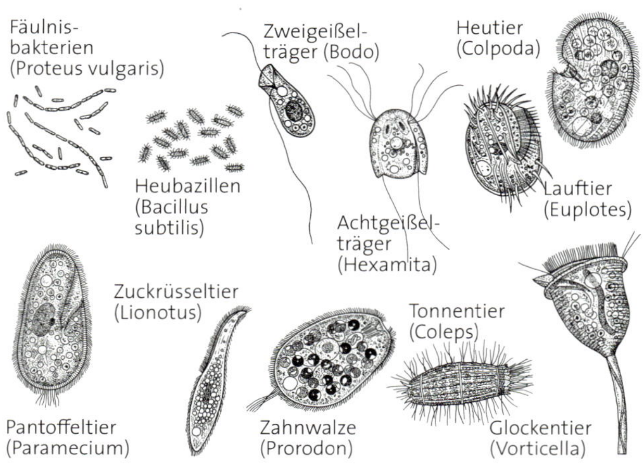

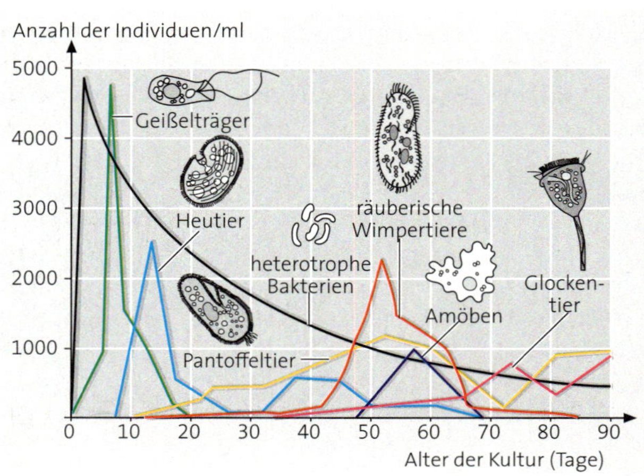

MATERIAL · METHODE · PRAXIS

Beobachtungen an Paramecien

MATERIAL: Mikroskopierausrüstung, Stereomikroskop, Pantoffeltierkultur, Pipette, Konstantandraht, Netzgerät mit Stromkabel und Krokodilklemmen, Hefe, Kongorot, KMnO4 (Kaliumpermanganat), Watte, Heu und Tümpelwasser

DURCHFÜHRUNG: Steht keine Reinkultur zur Verfügung (zum Beispiel von biologischen Laboratorien zu beziehen), muss man erst eine Kultur anlegen. Einzelne Pantoffeltiere werden aus einem schon länger stehenden Heuaufguss isoliert. Dann wird eine geringe Menge Heu (ca. 2 g) im Trockenschrank kurz auf 120 °C erhitzt und danach in einen Erlenmeyerkolben mit Wasser gegeben. Nun fügt man die vorher isolierten Pantoffeltiere hinzu. Sie vermehren sich rasch.

Um die Beobachtungen zügig durchführen zu können, sind weitere Vorbereitungen nötig: Ein erbsengroßes Stück Hefe wird in einem Reagenzglas mit 2 %iger Kongorot-Lösung kurz aufgekocht. Basteln Sie auch die Apparatur zum Nachweis der Thermotaxis vorab: Ein 0,2 mm starker Konstantandraht wird auf einem Objektträger festgeklebt und über Krokodilklemmen und Kabel mit dem Netzgerät verbunden (▶ Bild unten).

Protokollieren Sie Ihre Beobachtungen.

Bewegung. Geben Sie mit der Pipette einen Tropfen der Paramecienkultur auf den Objektträger. Bringen Sie zuvor einige Wattefäden auf um die Bewegung der Tiere einzuschränken. Decken Sie das Präparat mit dem Deckglas ab und betrachten Sie bei stärkster Mikroskopvergrößerung.

Nahrungsaufnahme. Zu einem Tropfen der Paramecienkultur auf dem Objektträger gibt man einen Tropfen der erkalteten, angefärbten Hefeaufschwemmung. Das Einstrudeln der Hefezellen lässt sich ebenso beobachten wie die Bildung von Nahrungsvakuolen. Ändert sich die Farbe der Nahrungsvakuole beim Transport durch die Zelle? Erklärung?

Pulsierende Vakuole. Beobachten Sie bei einem ruhig liegenden Pantoffeltier das Auffüllen und die Kontraktion der pulsierenden Vakuole. Achten Sie auch auf die Zuführungskanäle.

Chemotaxis. Geben Sie zu einem Tropfen der Pantoffeltierkultur auf dem Objektträger einen kleinen $KMnO_4$-Kristall.

Beobachten Sie unter dem Stereomikroskop, welche Zonen der $KMnO_4$-Konzentration gemieden werden.

Thermotaxis. Geben Sie einen großen Tropfen der Paramecienkultur auf die Apparatur zum Nachweis der Thermotaxis. Legen Sie für wenige Sekunden 2 V Spannung an um den Konstantandraht aufzuheizen. Beobachten Sie unter dem Stereomikroskop die Reaktion der Pantoffeltiere.

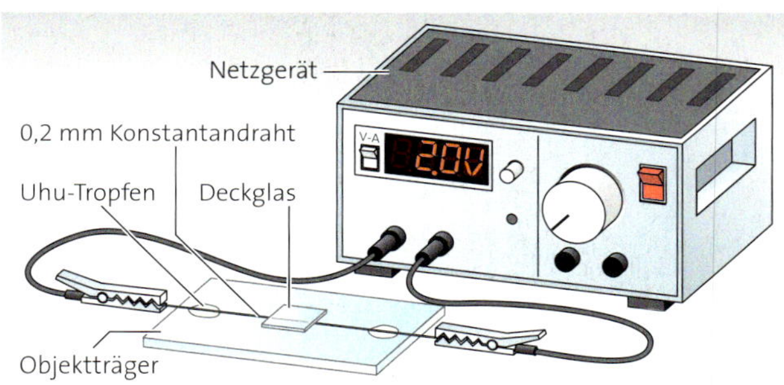

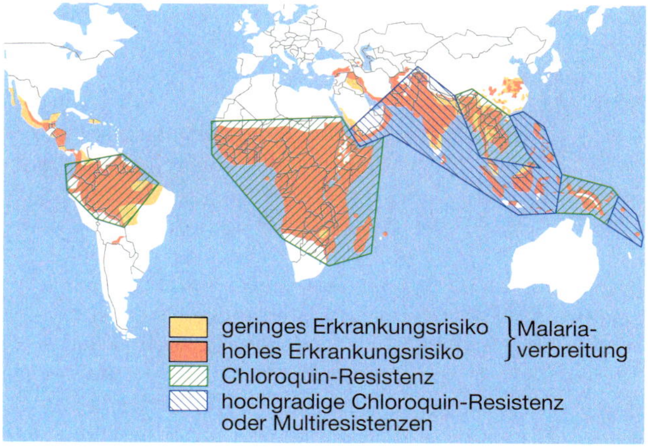

Malaria – von Einzellern verursacht

Jährlich erkranken rund 250 Millionen Menschen an Malaria, vor allem in den Tropen. Allein in Afrika sterben 500 000 Kinder pro Jahr an der Krankheit. Der Malariaerreger, der Einzeller *Plasmodium*, wird durch Stechmücken der Gattung Anopheles in den menschlichen Blutkreislauf übertragen. Zunächst befallen die Einzeller Leberzellen und vermehren sich dort ungeschlechtlich. Dann dringen sie in rote Blutkörperchen ein, wo sie sich erneut ungeschlechtlich vermehren (▶ Foto). Nach 48 Stunden platzen die Blutzellen auf und entlassen neue Erreger, die weitere Blutzellen befallen. Als äußeres Symptom erleidet der an Malaria Erkrankte einen Fieberanfall. Dieses *Wechselfieber* wiederholt sich in unregelmäßigen Schüben so lange, bis das Abwehrsystem des Menschen oder ein Medikament die Erreger eindämmt oder der Infizierte stirbt.

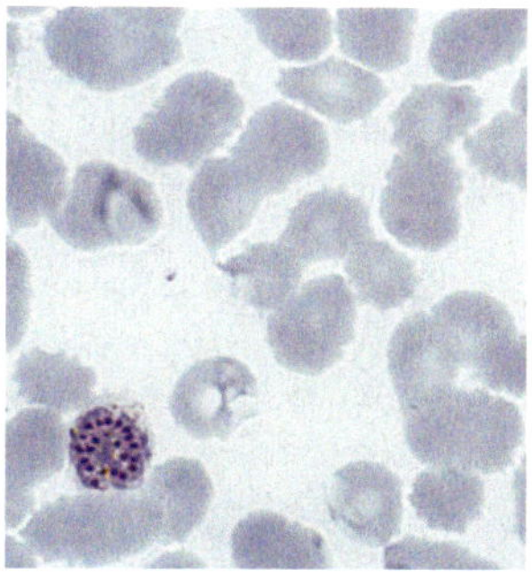

Wer in tropische Gegenden reisen will, sollte sich unbedingt *rechtzeitig* bei einem Institut für Tropenmedizin (Adressen nennt der Hausarzt) über die aktuell für das Reisegebiet vorgeschlagenen Prophylaxemaßnahmen informieren. Mit der vorbeugenden Medikamenteneinnahme muss frühzeitig begonnen werden!

---

1 **Foraminiferen und andere Meeres-Einzeller besitzen keine pulsierende Vakuole. Versuchen Sie dies zu erklären.**

2 **Gegen Malaria gibt es bislang keine Impfung, sondern nur verschiedene Medikamente. Begründen Sie mithilfe der Karte oben, weshalb man sich vor jeder Reise in tropische Gebiete neu über Vorbeugungsmaßnahmen informieren muss.**

☞ Stichworte zu weiteren Informationen

Abwasserreinigung • Sukzession • Erdölentstehung • Leitfossilien • Tropenkrankheiten • Malaria-Prophylaxe • Resistenz

Einzeller – Zellkolonie – Vielzeller

Die große Zahl heute lebender Einzeller – allein etwa 8 000 Arten von Ciliaten (Wimpertierchen) sind bekannt – zeigt, dass die unterschiedliche innere Differenzierung einer Einzelzelle ein erfolgreiches Konzept darstellt.

Wie soll man sich die Entwicklung zu den ersten vielzelligen Organismen vorstellen? Die Betrachtung heute lebender Arten aus den Protistengruppen der *Grünalgen* (Chlorophyta) und der *Kragengeißelflagellaten* kann dazu Hinweise und Modellvorstellungen liefern.

Grünalgen. *Chlamydomonas* ist eine *einzellige Grünalge*. Sie hat zwei Geißeln zur Fortbewegung, einen roten Augenfleck und einen becherförmigen Chloroplasten. Ihre Zellwand ist von einer schleimigen Gallertschicht umgeben. Bei der ungeschlechtlichen Vermehrung entstehen in zwei Teilungsschritten vier Zellen. Sie werden kurzzeitig von der gemeinsamen Gallerte zusammengehalten, trennen sich aber dann.

Die Grünalge *Gonium* bildet eine flache Scheibe aus 4 bis 16 chlamydomonasähnlichen Zellen. Die Zellen sind durch eine gemeinsame Gallerthülle dauerhaft zu einer *Zellkolonie* verbunden. Dabei ist jede Zelle weitgehend eigenständig und kann durch Zellteilung ihrerseits eine Tochterkolonie bilden. Untereinander zeigen die einzelnen Zellen keine Differenzierung. Zwischen ihnen sind aber Plasmodesmen (▶ S. 45) ausgebildet, sodass sie zu gemeinsamer Leistung fähig sind. Beim Schwimmen schlagen ihre Geißeln synchron. Werden die Zellen getrennt, ist jede für sich allein lebensfähig.

Die Grünalge *Volvox* kann als Vielzeller angesehen werden. Bei ihr bilden bis zu 20 000 chlamydomonasähnliche Zellen einen *Zellverband*. Die innen mit Schleim ausgefüllte Hohlkugel erreicht einen Durchmesser von 0,5 bis 2 mm. Die einzelnen Zellen sind durch breite Cytoplasmastränge (Plasmodesmen) miteinander verbunden. Zwischen den Zellen besteht eine *Arbeitsteilung*. Die meisten dienen als *Körperzellen* dem Stoffwechsel und der Fortbewegung. Sie sind nicht mehr teilungsfähig und haben eine *beschränkte Lebensdauer*. Wenige Zellen der hinteren Kugelhälfte sind deutlich größer und als *Fortpflanzungszellen* zur Teilung fähig. Meist teilen sie sich ungeschlechtlich und wachsen im Innern der Mutterkugel zu neuen Volvoxkugeln heran. Erst wenn die Mutterkugel zerfällt, werden sie frei.

Volvox weist damit bereits einige für Vielzeller typische Merkmale auf:

- Stoffaustausch und Erregungsleitung zwischen den Zellen werden durch Plasmodesmen ermöglicht.
- Eine Differenzierung in Körperzellen und Fortpflanzungszellen ist vorhanden.
- Die Körperzellen sterben den Alterstod.

Kragengeißelflagellaten. Auch in der Gruppe der *Kragengeißelflagellaten* finden sich sowohl Einzeller als auch Zellkolonien. Die *Schwämme*, sehr einfach organisierte vielzellige Tiere ohne echte Gewebe und Organe, enthalten in ihrem Innern *Kragengeißelzellen*, die den Kragengeißelflagellaten sehr ähnlich sehen (▶ Bild 1). Nach Auffassung vieler Biologen haben die heute lebenden Schwämme und Kragengeißelflagellaten gemeinsame Vorfahren, sind also miteinander verwandt.

---

1 **Grenzen Sie Zellkolonien nach Struktur und Funktion von echten Vielzellern ab.**

2 **Begründen Sie, weshalb man heute lebende Zellkolonien und einfach organisierte Vielzeller nur als Modelle für die Entwicklung zu vielzelligen Pflanzen und Tieren betrachten darf.**

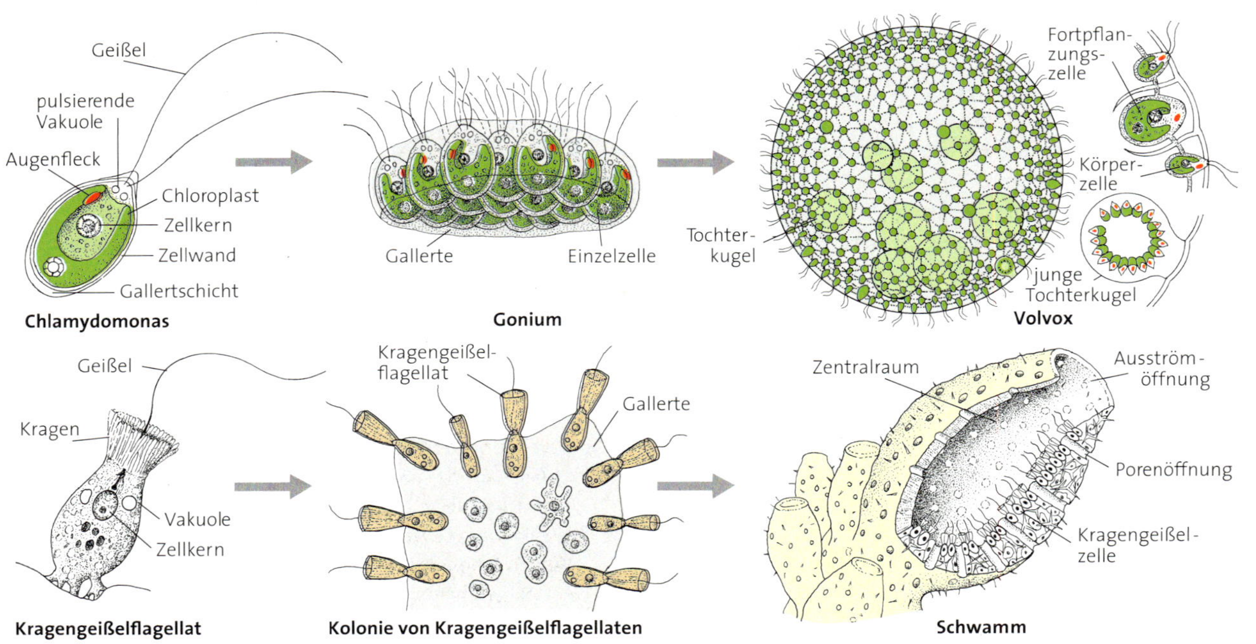

1 Heute lebende Arten können Modellvorstellungen für die Entwicklung vom Einzeller zum Vielzeller liefern.

KOMPETENZEN

Mithilfe dieses Kapitels können Sie

- wesentliche Entwicklungsschritte der Zellbiologie nennen und die physikalischen Grundlagen beschreiben, die zu leistungsfähigen Lichtmikroskopen geführt haben
- unterschiedliche Untersuchungstechniken in Abhängigkeit von der konkreten Aufgabenstellung erläutern
- die Unterschiede zwischen pflanzlichen und tierischen Zellen angeben und grafisch darstellen
- lichtmikroskopische Präparate interpretieren
- die Problematik von zweidimensionalen mikroskopischen Bildern erläutern und Lösungsmöglichkeiten aufzeigen
- die Notwendigkeit der Zellteilung für den Organismus erklären
- die Steuerung des Zellzyklus darstellen und die Abschnitte der Mitose beschreiben
- unterschiedliche Zell- und Gewebetypen bei Pflanzen- und Tierzellen benennen und unter dem Struktur-Funktions-Prinzip deuten
- den Organisationstyp Einzeller charakterisieren und an Beispielen erläutern
- die Entwicklung von der Einzelligkeit zur Vielzelligkeit modellhaft darstellen

Testen Sie Ihre Kompetenzen

Die Mitose ist ein für alle Lebewesen mit echtem Zellkern (Eukaryoten) charakteristischer Vorgang.

1. Fassen Sie kurz zusammen, welche Funktion sie bei Einzellern hat und welche bei Vielzellern.
2. Die lichtmikroskopische Aufnahme rechts zeigt einen Ausschnitt aus der Wurzelspitze einer Zwiebel. Analysieren Sie das Bild im Hinblick auf die Mitosephasen. Beschreiben Sie die für jedes Mitosestadium wichtigsten Vorgänge.
3. In der Grafik unten sind typische Abschnitte des Zellzyklus mit Buchstaben bezeichnet. Ordnen Sie diese Abschnitte den Phasen des Zellzyklus zu, ermitteln Sie deren ungefähre Dauer und beschreiben Sie, wodurch die einzelnen Phasen gekennzeichnet sind. Entscheiden Sie mithilfe der Angaben in der Tabelle auf Seite 24, um welchen Zelltyp es sich hier handelt.
4. Bei Tumorzellen sind die Regulationsmechanismen des Zellzyklus außer Kraft gesetzt. Das Medikament Vinblastin stört den Aufbau der Mikrotubuli nachhaltig. Es wird deshalb häufig zur Chemotherapie in der Krebsbehandlung eingesetzt. Entwickeln Sie Hypothesen, die die Wirkungsweise von Vinblastin auf das Tumorwachstum erklären.

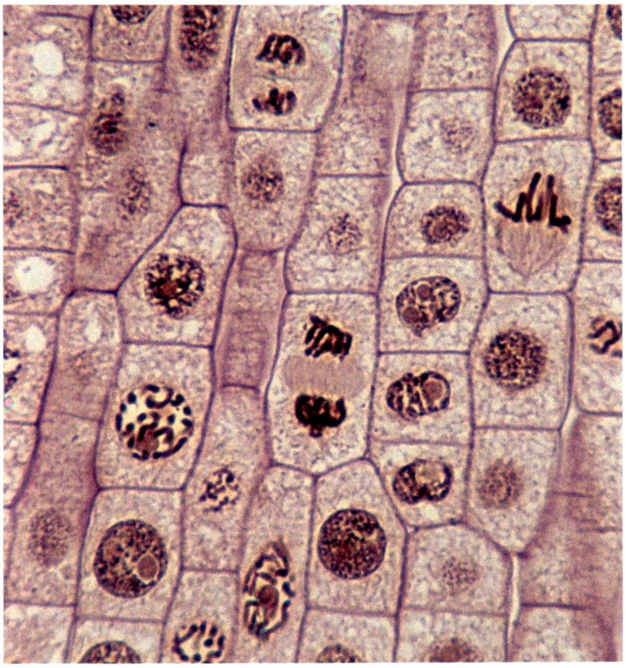

Veränderung des DNA-Gehalts im Lauf des Zellzyklus

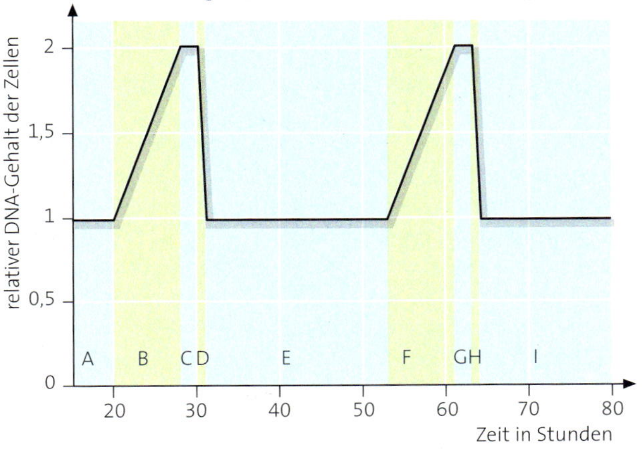

Einzeller sind ideale Modelle für das Verständnis der Lebensvorgänge auf zellulärer Ebene; zugleich sind sie (allerdings nicht die heute lebenden Arten) unter evolutionären Gesichtspunkten der Ausgangspunkt für die Vielzelligkeit.

5. Fertigen Sie eine beschriftete Skizze eines Pantoffeltiers an und geben Sie die Funktionen der lichtmikroskopisch sichtbaren Strukturen an.
6. Die Grünalge Volvox kann man als einfachen Vielzeller ansehen, dessen Lebensspanne begrenzt ist. Dagegen sind die Zellen der Grünalge Chlamydomonas potenziell unsterblich. Erläutern Sie diesen Befund.
7. Nennen und erläutern Sie weitere Unterschiede zwischen Einzelzellen eines Organismus und einem Einzeller.

Feinbau der Zelle

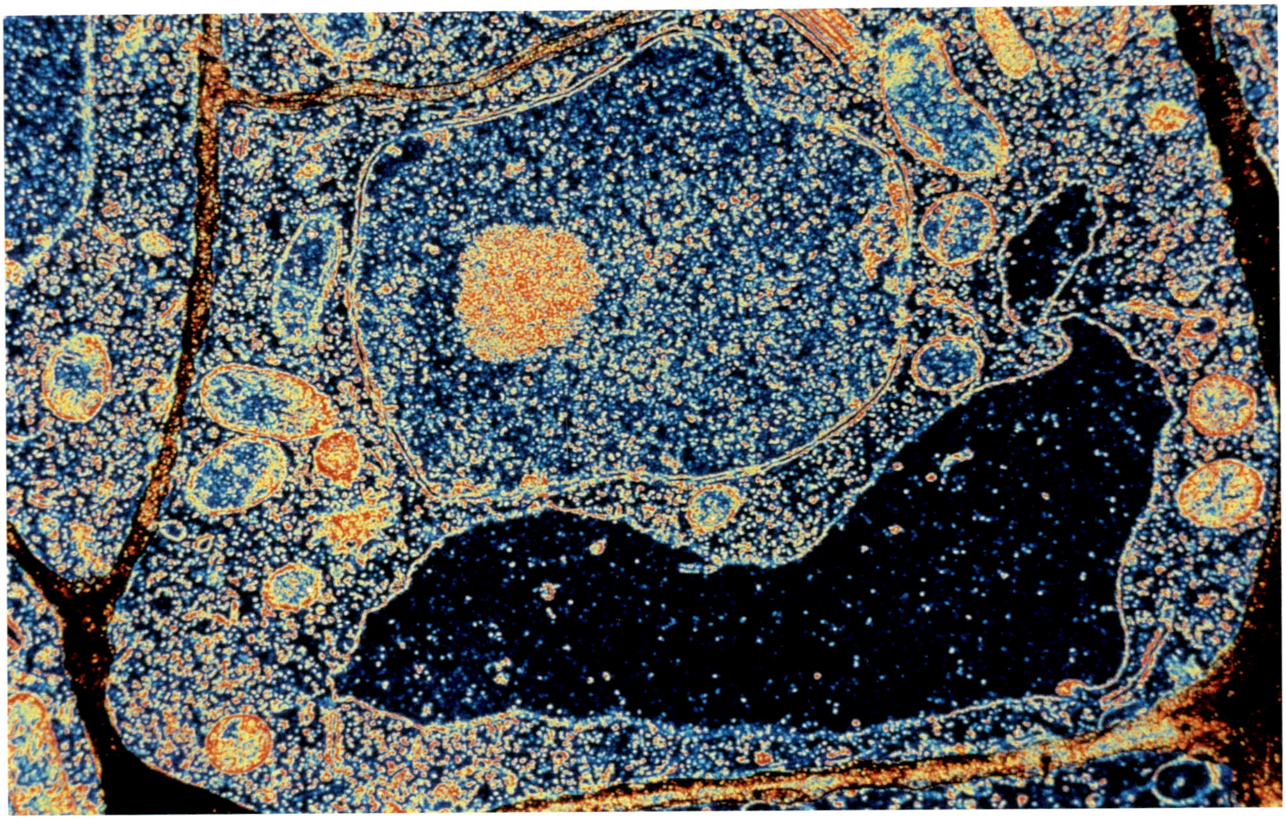

1 *Im EM-Bild einer Wurzelzelle sind Zellwand, Zellkern, Vakuole, Mitochondrien und andere Organellen zu sehen.*

Die elektronenmikroskopische Aufnahme zeigt eine Zelle aus der Wurzelspitze der Ackerschmalwand Arabidopsis thaliana. Im Vergleich zum lichtmikroskopischen Bild sind deutlich mehr Einzelheiten zu erkennen. Auffällig sind die als helle Linien sichtbaren Membranen.
Das Elektronenmikroskop liefert nur Hell-Dunkel-Bilder. Sie kommen dadurch zustande, dass die einzelnen Zellstrukturen die Elektronenstrahlen unterschiedlich stark ablenken. Die Farbe in der Aufnahme oben wurde am Computer erzeugt, indem den verschiedenen Helligkeitswerten jeweils unterschiedliche Farbwerte zugeordnet wurden.

Im Blickpunkt

- Feinbau der Zelle: die Ultrastruktur im elektronenmikroskopischen Bild
- Kompartimentierung der Zelle durch Membranen
- Lipide und Proteine als Bausteine für Biomembranen
- Wie Forschung funktioniert – Aufstellung von Hypothesen und Modellbildung am Beispiel der Biomembran
- Eigenschaften der Biomembran, ihre Bedeutung für Transportvorgänge und für die Kommunikation zwischen Zellen
- Mechanismen des Stofftransports
- Struktur und Funktion der Zellorganellen
- Entwicklung der Eukaryotenzelle aus Prokaryoten

GRUNDLAGEN Elektronenmikroskopische Aufnahmen zeigen, dass das Cytoplasma jeder Zelle von einer Membran umgeben ist. Im Cytoplasma liegen als Ultrastruktur der Zelle bezeichnete Strukturen, die im lichtmikroskopischen Bild nicht sichtbar sind. Anhand dieser „neuen" Strukturmerkmale lassen sich weitere Einzelheiten in der Funktionsweise der Zelle erklären.

Das Innere der Zellen ist durch weitere Membranen untergliedert. Sie begrenzen Räume mit besonderer Enzymausstattung, die als Organellen jeweils bestimmte Funktionen in der Zelle erfüllen. Membranen steuern den Austausch von Stoffen innerhalb der Zelle, aber auch den Kontakt der Zelle mit ihrer Umgebung. Zur Unterscheidung von technisch erzeugten Membranen werden die Membranen der Zelle auch als Biomembranen bezeichnet.

Ähnlich wie die Erbinformation sind auch die Membranen aller Lebewesen grundsätzlich gleich aufgebaut. Die spezifischen Eigenschaften der Membranen lassen sich nur auf der Grundlage ihrer molekularen Bestandteile erklären.

Man geht davon aus, dass die Entstehung von Membranbläschen, die gezielt Stoffe aufnehmen und abgeben konnten, einer der ersten Schritte zur Entwicklung der Lebewesen war. Im Lauf der Evolution wurde die Gliederung der Zelle zunehmend komplexer. Der Bau der Organellen und die Zusammensetzung der Membranen erlauben es, wichtige Schritte in der Evolution der Organismen zu rekonstruieren.

Das Elektronenmikroskop

Das *Auflösungsvermögen* von Mikroskopen ist durch die Wellenlänge der verwendeten Strahlung begrenzt. Um die lichtmikroskopisch erreichbare Auflösungsgrenze zu unterschreiten, war es notwendig, Geräte zu konstruieren, die mit kurzwelligen Strahlen arbeiten. Dies gelang ERNST RUSKA und seinen Mitarbeitern in den 30er-Jahren des 20. Jahrhunderts mit der Entwicklung des *Elektronenmikroskops*.

Anstelle von Lichtstrahlen werden *Elektronenstrahlen* benutzt. Als Elektronenquelle dient normalerweise eine Wolfram-Glühkathode. Die aus der *Kathode* austretenden Elektronen werden durch eine sehr hohe Spannung beschleunigt. Je höher diese Beschleunigungsspannung ist – bei Hochspannungselektronenmikroskopen bis zu 3 000 kV –, desto kleiner ist die Wellenlänge der Elektronen. Entsprechend nimmt das Auflösungsvermögen zu. Die Grenzauflösung liegt dabei im Bereich von 0,1 Nanometern, was dem Abstand von Atomkernen in chemischen Verbindungen entspricht. Moderne Elektronenmikroskope erreichen etwa die 1 000-fache Leistung eines Lichtmikroskops, sie vergrößern bis zu 2 000 000-fach.

Das Transmissionselektronenmikroskop (TEM). Das *TEM* funktioniert im Prinzip ähnlich wie das Lichtmikroskop. Damit die Elektronenstrahlen jedoch nicht absorbiert werden, muss das Präparat extrem dünn geschnitten sein. Das Bild kommt dadurch zustande, dass die Elektronen durch die Atome des Objekts abgelenkt, *„gestreut"* werden. Um die Streuung biologischer Präparate zu verstärken, werden diese meist mit *Schwermetallsalzen* behandelt. Die angelagerten Schwermetallionen erhöhen die *Kontraste* zwischen den Zellstrukturen. Da Elektronenstrahlen für das Auge unsichtbar sind, kann das Bild nur indirekt auf einem Leuchtschirm betrachtet werden.

Statt Glaslinsen dienen *Elektromagnete* zur Ablenkung und Bündelung der Strahlen: Ringförmige Spulen erzeugen elektromagnetische Felder, die die parallel einfallenden Elektronenstrahlen in einem Brennpunkt sammeln. Durch Veränderung der Stromstärke lässt sich die Brennweite und damit die Vergrößerung variieren. Da die Elektronen durch Zusammenstöße mit Luftmolekülen abgebremst und abgelenkt würden, muss bei allen Untersuchungen im *Hochvakuum* gearbeitet werden.

Das TEM wird hauptsächlich in der Zellbiologie eingesetzt, um die *Ultrastruktur von Zellen und Zellorganellen* zu untersuchen.

Das Rasterelektronenmikroskop (REM). Das REM eignet sich besonders zur Analyse von *Oberflächenstrukturen*. Die Untersuchungsobjekte werden nicht durchstrahlt, sondern mit einem gebündelten Primärelektronenstrahl zeilenförmig abgetastet. Dadurch werden aus der dünnen Goldschicht, die das Präparat überzieht, *Sekundärelektronen* freigesetzt. Ein seitlich angebrachter Kollektor, eine *Anode*, saugt diese Sekundärelektronen ab. Ein Rechner setzt die Zahl der herausgelösten Elektronen in Helligkeitswerte um und fügt diese Punkt für Punkt zu einem *Rasterbild* zusammen. Es entstehen Bilder von extrem großer Schärfentiefe, die einen räumlichen Eindruck von den Oberflächenstrukturen vermitteln.

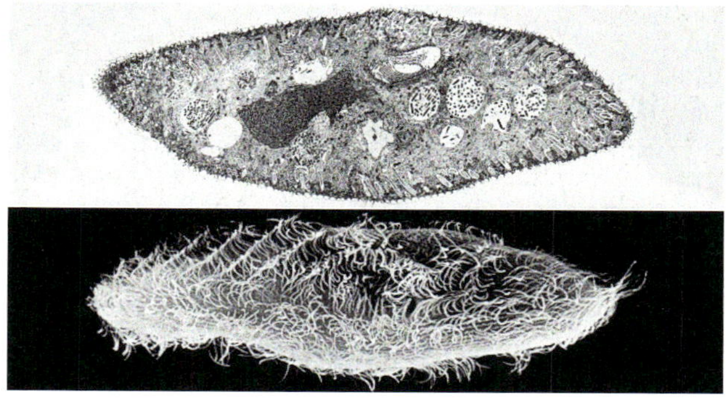

1 *Paramecium, oben im TEM-, unten im REM-Bild*

---

1 Stellen Sie tabellarisch die einander entsprechenden Teile von Licht- und Elektronenmikroskop gegenüber.

2 Erklären Sie, weshalb die Präparate bei der Arbeit im Hochvakuum vollständig entwässert sein müssen.

3 Eine kreisförmige Struktur von 0,1 nm, die im Elektronenmikroskop gerade noch auflösbar ist, erscheint auf dem Bildschirm etwa so groß wie ein Stecknadelkopf (rund 1 mm). Welchen Durchmesser hätte das Bild eines Stecknadelkopfs bei gleicher Vergrößerung?

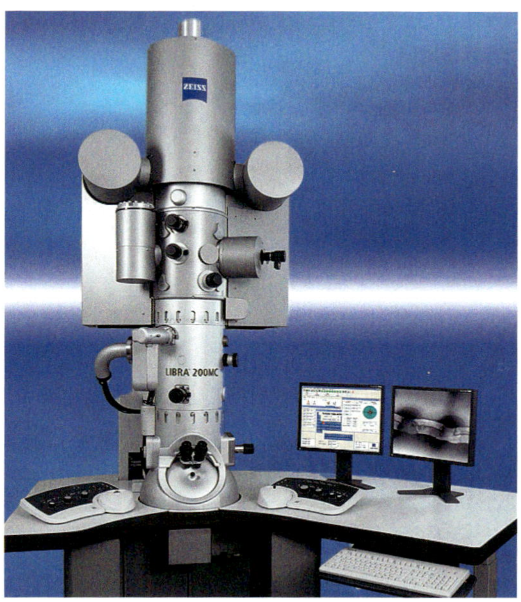

2 *Moderne Elektronenmikroskope werden über einen Computer gesteuert.*

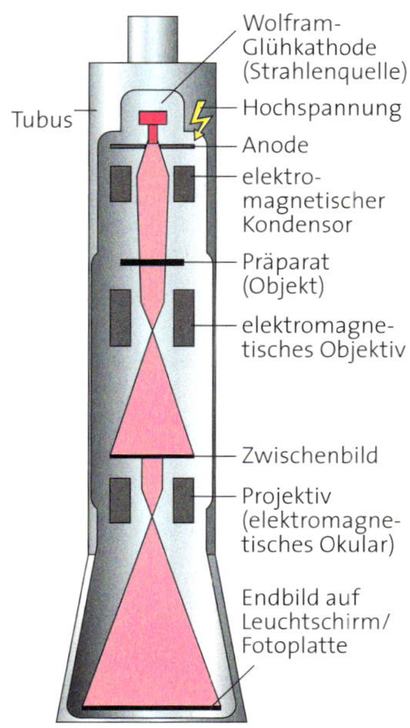

3 *Strahlengang im Transmissionselektronenmikroskop*

Elektronenmikroskopische Präparationsmethoden

Elektronenmikroskope werden vor allem in der *Grundlagenforschung* eingesetzt. Elektronenmikroskopische Aufnahmen dienen zum Beispiel dazu, die Struktur unbekannter Moleküle aufzuklären. Mithilfe von goldmarkierten Antikörpern können seltene Krankheitserreger identifiziert werden. In der biologischen Forschung ermöglicht die Ultrastruktur einzelner Zellen Rückschlüsse auf die Verwandtschaft von Tiergruppen oder die Entwicklung bestimmter Organe. Aber auch einige Industriezweige wie die *Materialentwicklung* oder die *Halbleiterindustrie* nutzen elektronenmikroskopische Techniken.

Ultradünnschnitttechnik

Selbst einzelne Zellen sind viel zu dick, um im Elektronenmikroskop durchstrahlt zu werden. Die Schnitte sollten zwischen *20 und 80 nm dick* sein. Eine Zelle der menschlichen Mundschleimhaut zum Beispiel muss dazu in 1000 Scheiben geschnitten werden. Zunächst wird das Objekt jedoch *fixiert* und vollständig *entwässert*, zum Beispiel in reinem Alkohol oder in Aceton. Anschließend bettet man es in festes, elastisches Material ein, beispielsweise in Epoxidharz. Dann wird das in Kunstharz eingeschlossene Präparat mithilfe eines *Ultramikrotoms* in extrem dünne Scheiben geschnitten. Hierbei wird das Objekt an der frischen Bruchkante eines Glasmessers vorbeigeführt und nach jedem Schnitt automatisch nach vorn geschoben (▶ Bild unten). Die Schnitte gelangen in eine kleine, wassergefüllte Wanne, die an dem Glasblock befestigt ist, und schwimmen auf der Wasseroberfläche. Von hier werden die Schnitte auf Kupfernetze übertragen.

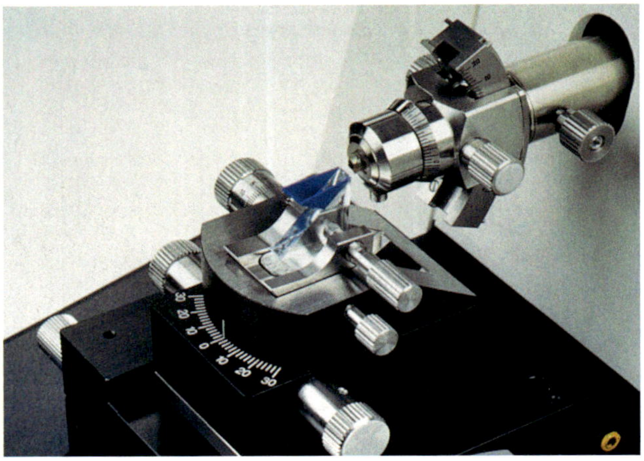

Gefrierbruch und Gefrierätzung

Das Gefrierbruchverfahren dient dazu, plastische Eindrücke von *Oberflächenstrukturen* zu gewinnen. Das Objekt wird extrem schnell auf bis zu −196 °C abgekühlt. Dadurch bleiben die Zellstrukturen weitgehend erhalten. Dann wird das Präparat im Vakuum mit einem tiefgekühlten Messer aufgebrochen, nicht geschnitten. Die *Bruchfläche* verläuft dabei oft an den Grenzen der Zellorganellen. Die Oberfläche wird mit einer feinkörnigen Kohle-Platin-Schicht bedampft. Diese Schicht gibt wie eine Matrize alle Strukturen der Oberfläche wieder. Lässt man das Präparat nach dem Aufbrechen einige Zeit stehen, so sublimiert das Eis an der

Oberfläche. Dieser als *Ätzen* bezeichnete Vorgang verstärkt die Reliefunterschiede. Die Kohle-Platin-Schicht wird vom Objekt abgelöst, gereinigt und kann dann im Elektronenmikroskop als *Abdruck* der aufgebrochenen Oberfläche betrachtet werden.

---

1 Vergleichen Sie die Herstellung von Präparaten für Licht- und Elektronenmikroskop. Erklären Sie die Unterschiede.

2 Ein Blatt Papier ist rund 0,1 mm dick. In wie viele Scheiben müssten Sie es für eine Untersuchung im TEM schneiden?

☞ Stichworte zu weiteren Informationen

elektromagnetische Wellen • Fixierung • Immun-Elektronenmikroskopie • Rastertunnelmikroskop • Rasterkraftmikroskop

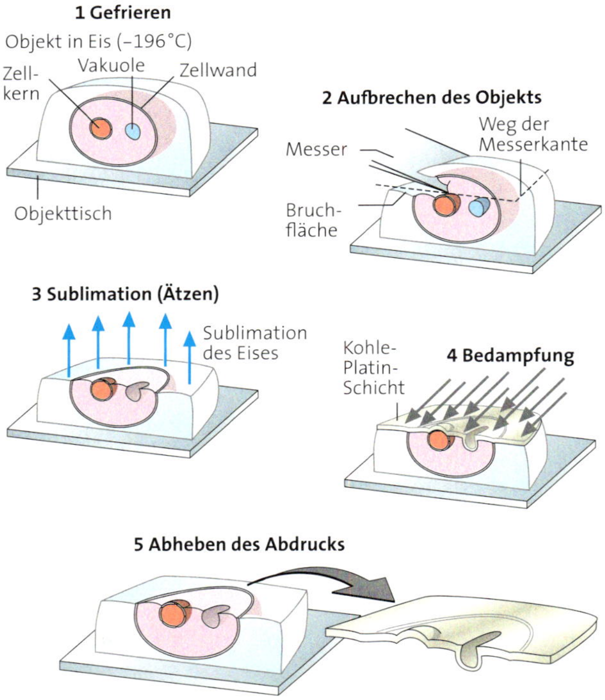

Kompartimentierung durch Membranen

Wie der vielzellige Organismus besteht auch die einzelne Zelle aus gesonderten Teilräumen. Das Prinzip der *Kompartimentierung* (► S. 6) ist dabei nicht auf die gegen das Cytoplasma abgegrenzten Zellorganellen beschränkt. Auch innerhalb der Organellen sind einzelne Kompartimente strukturell voneinander geschieden. Die elektronenmikroskopische Untersuchung zeigt, dass die Zelle als Ganzes von einer *Membran* umgeben ist. Ebenso sind viele Zellorganellen durch Membranen abgegrenzt und innerhalb der Organellen grenzen Membranen weitere Teilbereiche ab. Auch das Cytoplasma ist von ausgedehnten Membransystemen durchzogen. Die Membranen können bis zu 90 % der Trockenmasse einer Zelle ausmachen. Daran zeigt sich, welche enorme Bedeutung die Kompartimentierung für die Abläufe in der Zelle hat.

Funktionen von Membranen. Die Zellmembran grenzt die Zelle nach außen, gegen den extrazellulären Raum, ab. Sie ist sowohl eine *Barriere* gegen die Umgebung, die unbelebt sein kann oder aus Nachbarzellen besteht, als auch ein *Vermittler* zwischen der Außenwelt und dem Zellinnern.

Membranen im Zellinnern schaffen *Reaktionsräume*, die jeweils unterschiedliche Stoffwechselprozesse begünstigen. Das geschieht zum einen dadurch, dass sie den Stoffaustausch regulieren. Die Konzentration an gelösten Teilchen sowie der pH-Wert unterscheiden sich zum Teil stark zwischen den Kompartimenten. Die Kompartimentierung ermöglicht, dass in der Zelle gegenläufige Prozesse zur gleichen Zeit ablaufen können. Während etwa an bestimmten Organellen Eiweiß aufgebaut wird, kann in anderen Organellen derselben Zelle ein Eiweißabbau erfolgen. Zum anderen sind Membranen über eingelagerte *Enzyme* auch direkt am Stoffwechselgeschehen beteiligt.

Die Untergliederung der Zelle in Kompartimente trägt dazu bei, die *innere Oberfläche* der Zelle beträchtlich zu vergrößern. Bei Zellen, die große Stoffmengen aus der Umgebung aufnehmen, ist auch die *Zelloberfläche* durch feine Ausstülpungen, die *Mikrovilli*, vergrößert. Dadurch ist ein schneller und effektiver Stoffaustausch möglich. Je nach ihrer Funktion unterscheidet sich die Durchlässigkeit von Membranen für verschiedene Stoffe.

Die Struktur der Biomembran. Elektronenmikroskopische Bilder von Zellmembranen zeigen bei starker Vergrößerung einen *dreischichtigen Aufbau*: Eine mittlere helle Schicht ist von zwei dunkleren Schichten umgeben (► Bild 2). Auch die Membranen, die die Zellorganellen gegen das Cytoplasma abgrenzen, zeigen diese Grundstruktur, bei der zwei elektronendichte, dunkle Linien von jeweils 2 bis 3 nm Dicke eine helle Linie von etwa 3 bis 4 nm Dicke umgeben.

Mithilfe der *Gefrierbruchtechnik* (► S. 38) kann die Oberfläche einer Membran sichtbar gemacht werden. In der Aufsicht sind dann viele unregelmäßig angeordnete Partikel zu erkennen (► Bild 3). Da alle Membranen im elektronenmikroskopischen Bild sowohl im Querschnitt als auch in der Aufsicht einen prinzipiell gleichen Bau zeigen, spricht man auch von *Elementar-* oder *Einheitsmembran* (engl. *unit membrane*).

Die chemische Analyse von Membranen ergibt, dass sie hauptsächlich aus Lipiden und Proteinen bestehen. Zellmembranen enthalten auch Kohlenhydrate (► S. 45).

1 Neben der Abgrenzung gegenüber der Umgebung haben Membranen weitere wichtige Funktionen. Diskutieren Sie in diesem Zusammenhang den Struktur-Funktions-Aspekt.

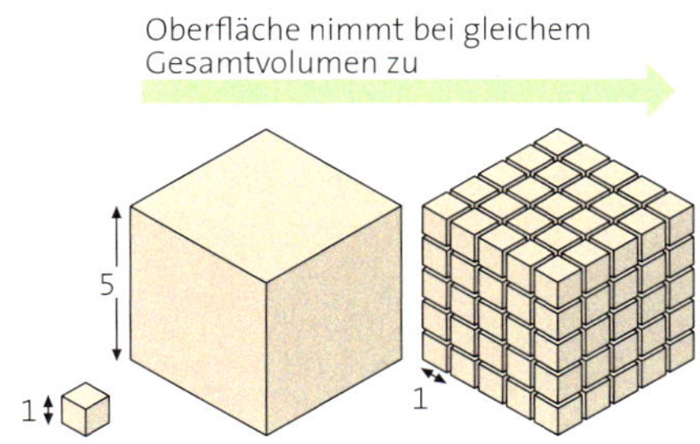

Gesamtvolumen (Höhe × Breite × Länge × Zahl der Würfel)	1	125	125
Gesamtoberfläche (Höhe × Breite × Zahl der Seitenflächen × Zahl der Würfel)	6	150	750
Verhältnis von Oberfläche zu Volumen (Fläche : Volumen)	6	1,2	6

1 Die Untergliederung der Zelle in Kompartimente bewirkt, dass die Transportwege zwischen den „Reaktionsräumen" klein sind. Gleichzeitig wird die Oberfläche, über die der Austausch stattfindet, vergrößert.

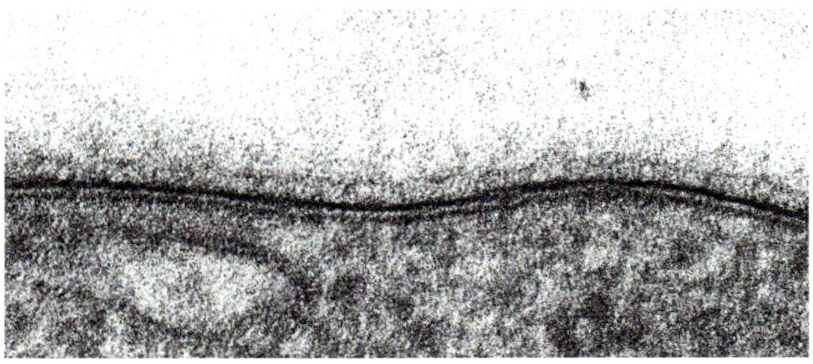

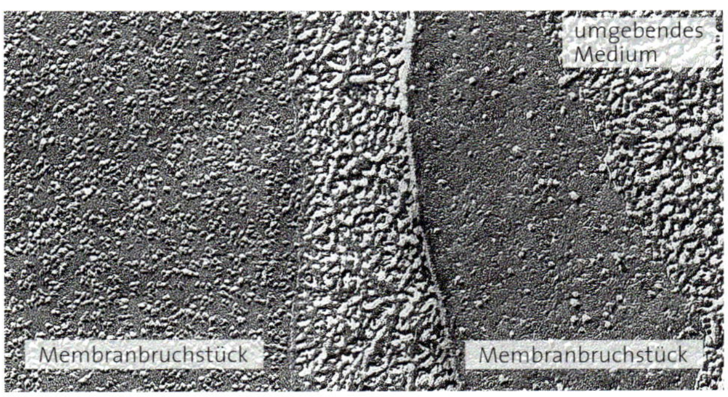

2 und 3 Alle Biomembranen zeigen im elektronenmikroskopischen Bild einen einheitlichen Bau. Oben: dreischichtige Struktur der Zellmembran eines Erythrocyten; unten: unregelmäßige Anordnung der Bestandteile in der Membran.

Chemische Grundlagen: Lipide

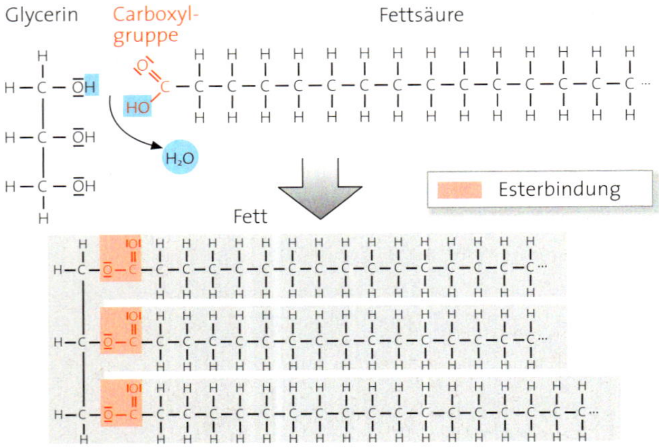

1 *Bildung eines Fettmoleküls aus Fettsäuren und Glycerin*

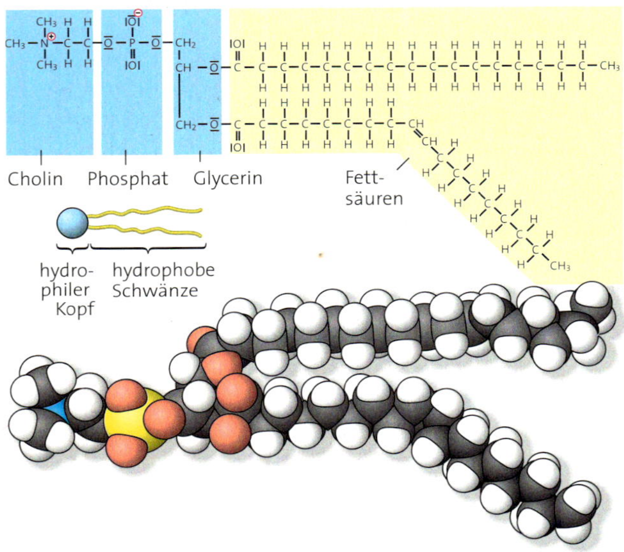

2 *Strukturformel und Modell des Phospholipids Lecithin*

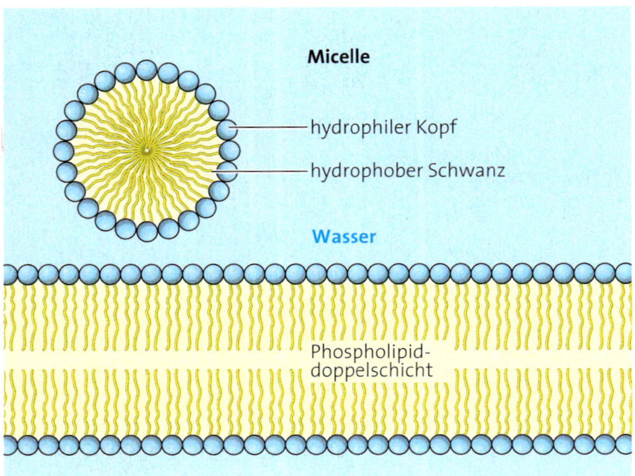

3 *Lipide bilden in Wasser Micellen oder Doppelschichten.*

Als *Lipide* werden sehr verschiedenartige Stoffe bezeichnet, zu denen unter anderem Fette, Öle und Wachse zählen. Diese in Pflanzen und Tieren vorkommenden Substanzen sind dadurch gekennzeichnet, dass sie sich schlecht oder gar nicht in Wasser lösen.

Fette sind vor allem als *Energiespeicher* von Bedeutung. Für wirtschaftliche Zwecke gewinnt man sie aus Früchten und Samen der Ölpalme, Raps, Sonnenblumenkernen, Nüssen und Oliven, aber auch aus Schweinen. Bis vor wenigen Jahrzehnten wurden große Mengen Fett auch durch Fang von Walen gewonnen. Den Tieren dienen Fettpolster nicht nur als Energiereserve, sondern auch als *Wärmeisolierung* und *Schutz* vor Verletzungen. *Wachse* schützen vor Verdunstung und bilden *Wasser abweisende Schichten*. Andere Lipide erfüllen spezifische Funktionen im Stoffwechsel, so zum Beispiel bestimmte *Hormone, Farbstoffe* und manche *Vitamine*.

Fette. Fettmoleküle sind Verbindungen aus einem dreiwertigen Alkohol, dem *Glycerin*, und *Fettsäuren*. Eine Fettsäure ist ein langkettiger Kohlenwasserstoff, der an seinem Ende eine *Carboxylgruppe* trägt. Diese kann unter Wasserabspaltung mit einer OH-Gruppe des Glycerins eine *Esterbindung* bilden (▶ Bild 1). Drei verschiedene Fettsäuren können am Aufbau eines Fettmoleküls beteiligt sein. Die Esterbindungen des Fetts sind unter Wasseraufnahme wieder spaltbar. In den langen Kohlenstoffketten der Fettsäuren liegen nur *unpolare* C–C- und C–H-Bindungen vor. Daher sind Fette in Flüssigkeiten löslich, die ebenfalls Kohlenwasserstoffketten besitzen. Sie lösen sich außerdem in Lösemitteln wie Benzol, Chloroform und Aceton. Diese Löslichkeitseigenschaft nennt man *lipophil*.

Fettsäuren, in denen nur Einfachbindungen zwischen den Kohlenstoffatomen bestehen, nennt man *gesättigt*, während *ungesättigte* Fettsäuren eine oder mehrere *Doppelbindungen* (–C=C–) aufweisen. Je höher der Anteil an ungesättigten Fettsäuren, desto niedriger liegt der Schmelzpunkt. Tierische Fette bestehen überwiegend aus gesättigten Fettsäuren, sie sind bei Zimmertemperatur fest. Pflanzliches Fett enthält dagegen mehr ungesättigte Fettsäuren, es liegt als Öltröpfchen in der Zelle vor. Mehrfach ungesättigte Fettsäuren sind für den Menschen lebensnotwendig und müssen mit der Nahrung aufgenommen werden.

Phospholipide. *Phospholipide* sind ähnlich aufgebaut wie Fette. Allerdings ist bei ihnen das Glycerin mit zwei Fettsäuren und einer Phosphorsäure verestert (▶ Bild 2). An die Phosphatgruppe, die eine negative Ladung trägt, sind meist weitere polare oder geladene Moleküle gebunden. Dieser Phosphatrest mit den angehängten Gruppen bildet einen *hydrophilen* „Kopf“, einen Teil des Moleküls, das in Wasser und anderen *polaren* Flüssigkeiten gut löslich ist. Die Fettsäure-„Schwänze“ sind dagegen *hydrophob*, sie lösen sich in *unpolaren* Stoffen.

In Wasser bilden Phospholipide eine von der Umgebung getrennte Phase. Dabei ordnen sich die Moleküle stets so an, dass nur die Köpfe mit Wassermolekülen in Kontakt treten. Die unpolaren Fettsäureketten werden vom Wasser ausgeschlossen. Dadurch entstehen spontan tröpfchenartige Strukturen, die *Micellen*, oder größere Vesikel aus *Lipiddoppelschichten*, bei denen sich die Schwänze gegeneinander, die Köpfe dagegen zum Wasser ausrichten (▶ Bild 3). Phospholipide sind wesentlich am Aufbau biologischer Membranen beteiligt.

Chemische Grundlagen: Proteine

Proteine oder *Eiweiße* bilden den größten Anteil aller organischen Substanzen im Körper. Sie sind an fast allen Lebensprozessen beteiligt. Darauf weist auch die Bezeichnung Proteine hin (von griech. *proteios:* erstrangig). Die Funktion vieler Proteine beruht darauf, dass sie andere Moleküle durch reversible Wechselwirkungen, vor allem Wasserstoffbrücken, *erkennen*, an sich *binden* und diese Bindung wieder *lösen* können.

Der rote Blutfarbstoff zum Beispiel, das Eiweiß *Hämoglobin*, bindet Sauerstoff, transportiert ihn durch den Körper und setzt ihn am Ort des Sauerstoffbedarfs frei (► S. 100). Proteine in der Zellmembran ermöglichen die *Signalübermittlung* und den *Stoffaustausch* zwischen Zellen (► S. 44). Auch für die *Bewegung* des Körpers und von Zellen sind Proteine verantwortlich (► S. 57). Andere Proteine spielen als *Hormone, Antikörper* und *Enzyme* (► S. 70) eine wichtige Rolle bei der Regulation von Körperfunktionen und des Zellstoffwechsels. *Strukturproteine* sorgen für die Festigkeit und Elastizität des Körpers. Keratin, das in Fingernägeln, Haaren, Horn und Federn vorkommt, ist eine besonders widerstandsfähige Gerüstsubstanz. In Eiern und Milch sowie in vielen Pflanzensamen sind Proteine als *Nährstoffreserven* gespeichert.

Aufbau der Proteine. Im menschlichen Körper kommen mehrere Tausend verschiedene Proteine vor. Alle diese Proteine bestehen aus nur 20 *Aminosäuren*, die in unterschiedlicher Anordnung zu langen Ketten, den *Polypeptiden*, verknüpft sind. Eine oder mehrere Polypeptidketten zusammen bilden das Protein.

Bereits für sehr kleine Proteine wie zum Beispiel Insulin, das aus nur 51 Aminosäuremolekülen besteht, ergeben sich rechnerisch mit $20^{51} \approx 10^{66}$ eine unvorstellbar große Zahl von Kombinationsmöglichkeiten. Die meisten Proteine sind jedoch sehr große Makromoleküle aus mehreren Hundert oder Tausend Aminosäure-Monomeren.

Alle Aminosäuren zeigen einen prinzipiell einheitlichen Bau (► Bild 1): An ein zentrales Kohlenstoffatom ist jeweils eine Aminogruppe ($-NH_2$), eine Carboxylgruppe ($-COOH$), ein Wasserstoffatom ($-H$) und ein Rest ($-R$) gebunden. Dieser Rest, auch als *Seitenkette* bezeichnet, ist charakteristisch für die jeweilige Aminosäure. Er kann aus einem einzelnen Wasserstoffatom bestehen – wie bei Glycin – oder verschiedene funktionelle Gruppen tragen (► Bild 3). Die Seitenketten der Aminosäuren unterscheiden sich unter anderem in ihrer *Säure-Base-Reaktion*, ihrer Polarität und ihrer Ladung sowie ihrer Fähigkeit zur Ausbildung von Wasserstoffbrücken.

Peptidbindung. Die Carboxylgruppe einer Aminosäure kann mit der Aminogruppe einer zweiten Aminosäure unter Wasserabspaltung eine *Peptidbindung* bilden (► Bild 2). Es entsteht aus den beiden Aminosäuren ein Dipeptid. Jedes Dipeptid und jede Kette von durch Peptidbindung verknüpften Aminosäuren hat eine freie Aminogruppe an dem einen Ende (N-Ende) und eine freie Carboxylgruppe am anderen Ende (C-Ende).

Primärstruktur. Die Reihenfolge oder *Sequenz* der Aminosäuren in der Kette ist für jedes Protein einzigartig. Diese Aminosäuresequenz vom N-Ende (1. Aminosäure) zum C-Ende (letzte Aminosäure) wird auch als *Primärstruktur* des Proteins bezeichnet. Sie ist durch die genetische Information festgelegt. Die Primärstruktur eines Proteins bestimmt seine spezifischen Eigenschaften.

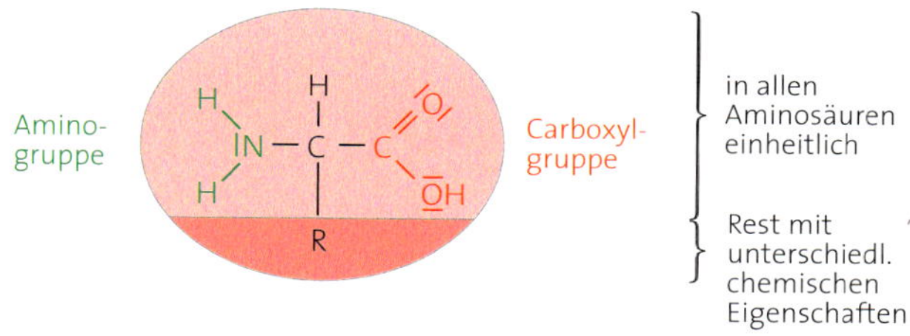

1 Allgemeines Schema einer Aminosäure

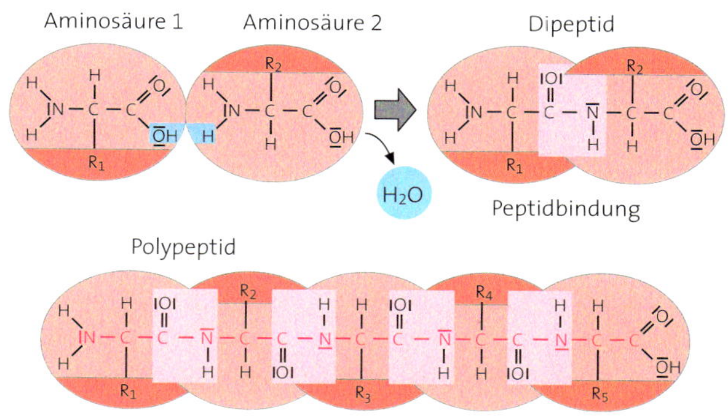

2 Die Peptidbindungen bilden das „Rückgrat" des Proteins.

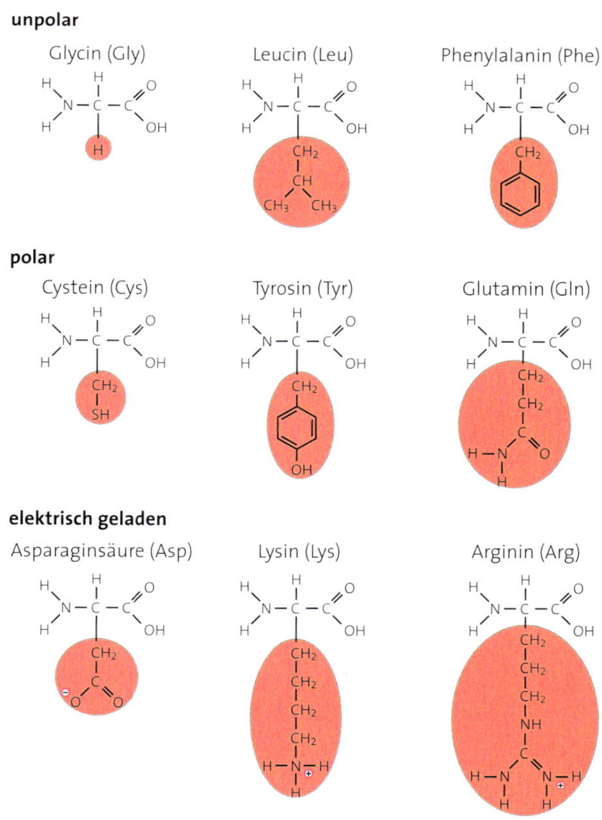

3 Aminosäuren und die Eigenschaften ihrer Seitenketten

Raumstruktur der Proteine

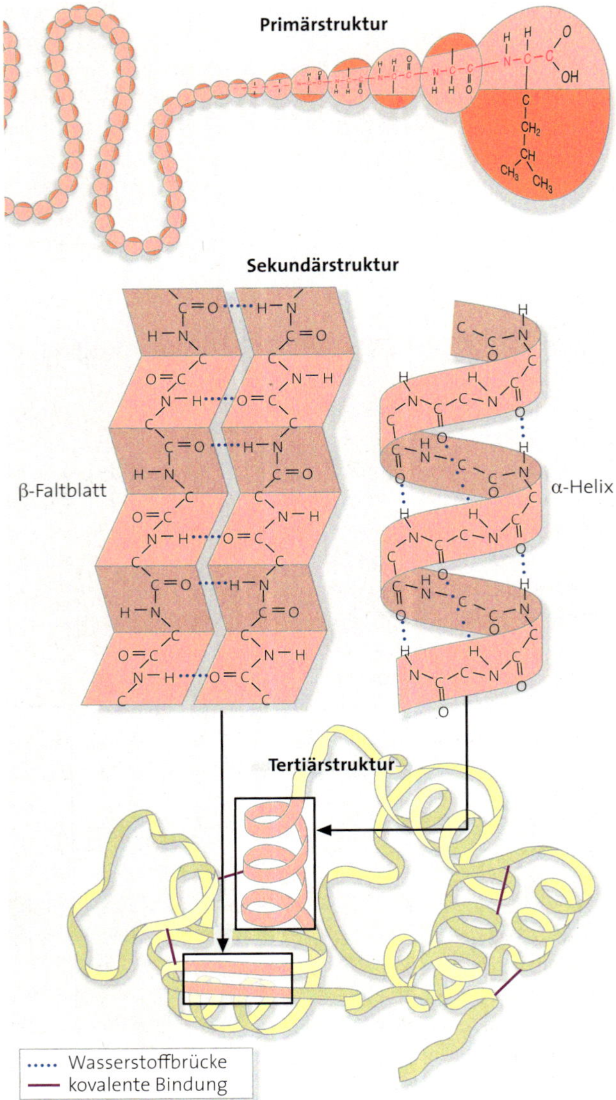

1 Die drei Strukturebenen des Lysozyms

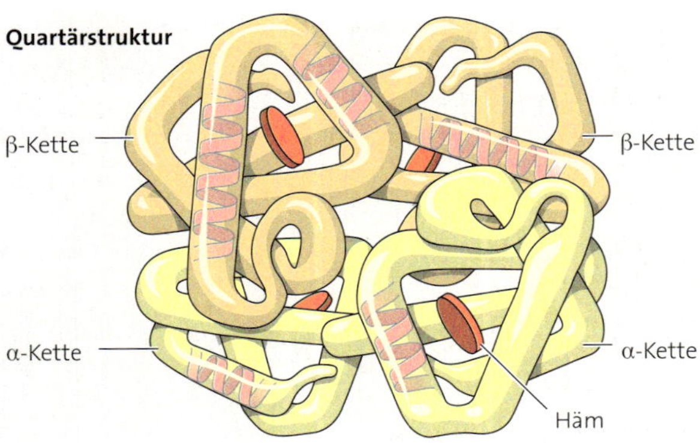

2 Hämoglobin ist aus 4 Untereinheiten zusammengesetzt.

Jedes Polypeptid oder Protein hat eine spezifische Raumstruktur oder *Konformation*. Sie kommt dadurch zustande, dass sich zwischen den Seitenketten der Aminosäuren in der Polypeptidkette chemische Bindungen ausbilden.

Sekundärstruktur. In der Aminosäuresequenz vieler Proteine treten bestimmte sich wiederholende Abschnitte auf, die jeweils einem räumlichen Muster entsprechen. Häufig sind schraubige Anordnungen, sogenannte *α-Helices* (Einzahl *α-Helix*), und gefaltete Abschnitte, die als *β-Faltblatt-Struktur* bezeichnet werden. Diese Windungen und Faltungen machen die Sekundärstruktur des Eiweißes aus. Sie basieren auf *Wasserstoffbrückenbindungen* entlang des Polypeptidrückgrats.

Tertiärstruktur. Die dreidimensionale Anordnung aller Moleküle eines Proteins nennt man *Tertiärstruktur*. Sie beruht ebenfalls auf Wechselwirkungen zwischen den Seitenketten der Aminosäuren. Dabei handelt es sich vor allem um *schwache Wechselwirkungen*: Wasserstoffbrückenbindungen, Ionenbindungen zwischen sauren und basischen Aminosäure-Resten und hydrophobe Wechselwirkungen. *Kovalente Bindungen* zwischen Schwefelatomen können als Disulfid-Brücken die räumliche Struktur zusätzlich stabilisieren. Proteine wie das Lysozym, die eine annähernd kugelige Gestalt annehmen, bezeichnet man als *globuläre* Proteine. Sie weisen meist eine Abfolge von α-Helix- und β-Faltblatt-Bereichen auf. Andere Proteine sind dagegen lang gestreckt, zum Beispiel Kollagen oder Keratin. In solchen *Faserproteinen* wiederholt sich oft eine bestimmte räumliche Anordnung über die gesamte Länge des Moleküls hinweg.

Quartärstruktur. Viele Proteine sind aus mehreren Untereinheiten zusammengesetzt. Die Untereinheiten – Polypetidketten, die jeweils in ihrer Tertiärstruktur vorliegen – lagern sich zu einem noch größeren Molekül zusammen (► Bild 2). Ihre Anordnung im Raum nennt man *Quartärstruktur*.

Struktur und Funktion als Einheit. Die *Konformation* eines Proteins *bestimmt seine Funktion*: Ein Rezeptorprotein in der Zellmembran bindet nur ein ganz bestimmtes Signalmolekül, das wie ein Schlüssel zum Schloss passt (► S.44); die Eiweißfäden der Spinnen-Seide verbinden sich an der Luft zu extrem stabilen Faltblatt-Bändern. Sekundär-, Tertiär- und gegebenenfalls Quartärstruktur des Proteins sind durch die Aminosäuresequenz festgelegt.

Temperatur, pH-Wert und Ionenkonzentration beeinflussen die Konformation eines Proteins. Je nach den Bedingungen in seiner Umgebung kann das Eiweiß biologisch inaktiv werden. Unter Umständen, zum Beispiel bei zu großer Hitze und unter Einwirkung von Schwermetallen, kommt es auch zur *irreversiblen Denaturierung*. Dabei wird die Raumstruktur vollständig zerstört.

---

1 Bei der Sichelzellenanämie, einer Erbkrankheit des Menschen, ist im Hämoglobin eine Aminosäure gegen eine andere ausgetauscht. Informieren Sie sich über die Auswirkungen.

2 Erklären Sie, weshalb selbst eine geringfügige Änderung der Primärstruktur die Funktionsfähigkeit eines Proteins beeinträchtigen kann.

3 Lysozym ist ein Enzym, das in Pflanzen und Tieren vorkommt und zum Beispiel auch in menschlicher Tränenflüssigkeit enthalten ist. Informieren Sie sich über seine Bedeutung.

Modellvorstellungen von der Biomembran

Das Bilayer-Modell. Die niederländischen Wissenschaftler GORTER und GRENDEL extrahierten um 1925 den gesamten Lipidanteil aus einer bekannten Zahl von Erythrocyten. Auf Wasser aufgebracht, bildeten die Lipide einen Fleck, der etwa doppelt so groß war wie die Gesamtoberfläche aller verwendeten Erythrocyten. Die Forscher schlossen daraus, dass die Lipide in der Membran als *Doppelschicht* angeordnet sind, wobei die hydrophilen Gruppen der Lipide jeweils nach außen, die hydrophoben in das Innere der Doppelschicht zeigen. Das elektronenmikroskopische Bild künstlich erzeugter Lipiddoppelschichten stimmt relativ gut mit dem der Biomembran überein. Das von GORTER und GRENDEL entwickelte *Bilayer-Modell* ließ allerdings den relativ großen Proteinanteil aller bekannten Biomembranen völlig außer Acht.

Das Davson-Danielli-Modell. H. DAVSON und J. F. DANIELLI stellten 1936 ein Modell vor, das auch die Proteine mit berücksichtigt. Sie nahmen an, die Proteinmoleküle seien den hydrophilen Außenseiten der Lipiddoppelschicht aufgelagert. Diese Vorstellung stellte eine gute Basis dar, um die physiologischen Eigenschaften von Membranen zu erklären. Röntgenuntersuchungen und elektronenmikroskopische Forschung unterstützten das Modell von DAVSON und DANIELLI.

Ende der 1960er-Jahre offenbarten weitere Untersuchungen jedoch die Schwachpunkte des bis dahin allgemein akzeptierten Modells: Zum einen erkannte man, dass keineswegs alle Membranen genau gleich aufgebaut sind. Während die Zellmembran zum Beispiel 7 bis 8 nm dick ist, misst die innere Mitochondrienmembran nur 6 nm. Darüber hinaus ist ihr Proteingehalt deutlich höher als der anderer Membranen. Diese Beobachtung legte den Schluss nahe, dass die Struktur und die chemische Zusammensetzung einer Membran *je nach ihrer Funktion unterschiedlich* sein können. Das zweite Problem betraf die Lage der Proteine. Im Davson-Danielli-Modell grenzen die Proteine auf beiden Seiten an hydrophile Bereiche. Aus Membranen isolierte Proteine zeigten jedoch – genau wie die Lipide, mit denen sie verbunden sind – sowohl hydrophile als auch hydrophobe Eigenschaften.

Mit der Gefrierbruchtechnik war es möglich, die beiden Lipidschichten voneinander zu trennen. So wurden unregelmäßig angeordnete Erhebungen und Vertiefungen sichtbar. Diese Partikel sind auf den beiden Schichten *asymmetrisch* verteilt. Versuche, bei denen bestimmte Proteine in der Zellmembran mit Farbstoffen markiert worden waren, erwiesen darüber hinaus, dass die Proteine in der Membran *beweglich* sind. Alle diese Befunde konnte das Davson-Danielli-Modell nicht erklären.

Das Flüssig-Mosaik-Modell der Biomembran. S. J. SINGER und G. L. NICOLSON entwickelten auf der Grundlage dieser Erkenntnisse 1972 ein neues, als *Flüssig-Mosaik-Modell* bezeichnetes Konzept. Danach besteht die Membran aus einer zähflüssigen Lipiddoppelschicht, in der Proteine „schwimmen". Während manche Proteine nur teilweise in die Doppelschicht eintauchen, durchdringen andere die Lipidschicht und ragen auf beiden Seiten der Membran in wässriges Milieu.

Naturwissenschaftliche Modelle. Jedes *naturwissenschaftliche Modell* stellt eine Annäherung an die Wirklichkeit dar. Es versucht möglichst viele *Beobachtungen* und bekannte Sachverhalte zu *erklären*. Außerdem ermöglicht es *Voraussagen*, an denen sich die weitere Forschung orientiert. Neue Befunde machen es häufig notwendig, das gültige Modell weiterzuentwickeln oder gar durch ein neues zu ersetzen. Das Flüssig-Mosaik-Modell stellt die derzeit gültige, allgemein akzeptierte Vorstellung von der Biomembran dar. Es dient als Grundlage der aktuellen zellbiologischen Forschung.

1. **Definieren Sie den Begriff „Modell". Überprüfen Sie, ob sich Ihre Definition auf die verschiedenen Membranmodelle anwenden lässt.**
2. **Erläutern Sie, welche Schritte beim Arbeiten mit Modellen unterschieden werden können. Bringen Sie die einzelnen Schritte in eine logische Reihenfolge.**
3. **Beschreiben Sie die Eigenschaften von Biomembranen und überprüfen Sie, welche sich mithilfe der beschriebenen Modelle erklären lassen.**
4. **Nennen Sie andere Bereiche der Biologie, aus denen Sie die Verwendung von Modellen kennen. Welche Bereiche sind ganz besonders auf Modelle angewiesen?**

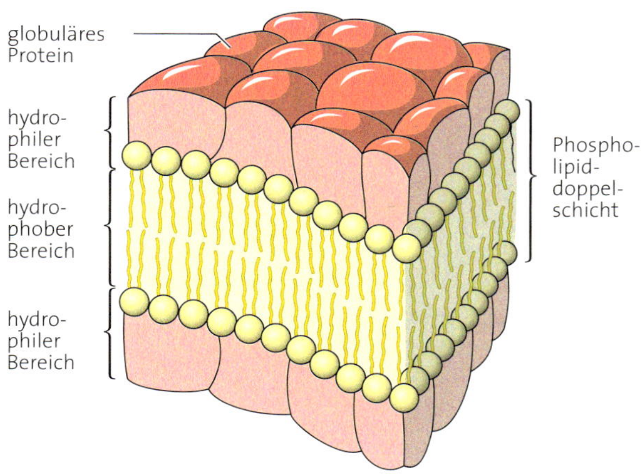

1 *Davson-Danielli-Modell*

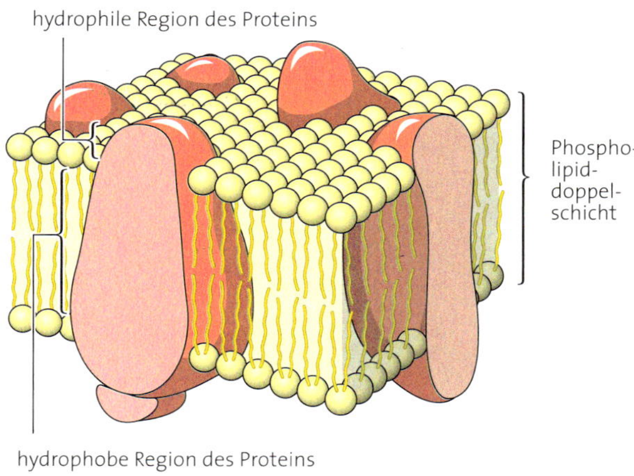

2 *Flüssig-Mosaik-Modell*

Feinbau der Biomembran

Membranlipide. Die Lipiddoppelschicht stellt die *Grundstruktur* der Biomembran dar. Sie bestimmt ihre wesentlichen Eigenschaften wie *Stabilität, Flexibilität* und *Durchlässigkeit.* Die unpolaren Bereiche der Lipide weisen zum Innern der Membran hin, während die polaren „Köpfe" nach außen zur wässrigen Phase hin gerichtet sind. Für den Zusammenhalt zwischen den Molekülen sind *hydrophobe Wechselwirkungen* verantwortlich. Daher können sich die Moleküle um ihre eigene Achse und horizontal innerhalb der Membranebene gut bewegen. Mit den in der Doppelschicht gegenüberliegenden Lipiden findet dagegen kaum ein Austausch statt.

Die Membran hat eine *zähflüssige Konsistenz.* Mit steigender Temperatur nimmt die Beweglichkeit der Moleküle zu, die Membran wird flüssiger. Bei sinkender Temperatur verfestigt sie sich gelartig. In den Membranen tierischer Zellen sorgt das Lipid *Cholesterin* dafür, dass der Flüssigkeitszustand auch bei Temperaturschwankungen weitgehend konstant bleibt.

Membranproteine. Die *Membranproteine* sind in unregelmäßigen Abständen in die Lipiddoppelschicht eingebettet. Sie sind viel größer und weitaus weniger beweglich als die Lipidmoleküle. Proteine, die mehr oder weniger weit in die Lipidschicht hineinragen *(integrale Proteine)*, sind durch hydrophobe Wechselwirkungen an Lipidmoleküle gebunden. Sie sind daher in der Membran verankert. *Periphere Proteine* stehen hingegen nur locker mit der Membran in Kontakt. Proteine sind ungleichmäßig auf die beiden Lipidschichten verteilt, sodass sich die Struktur der äußeren und inneren Membranebene unterscheidet.

Membranproteine erfüllen sehr verschiedene Aufgaben. In der Zellmembran und in den Membranen der einzelnen Organellen finden sich daher ganz verschiedene Arten von Proteinen. Auch ihre Anteile unterscheiden sich sehr stark. Dies weist darauf hin, dass Proteine die *spezifische Funktion* der Membran bestimmen.

Eine wesentliche Aufgabe von Proteinen besteht darin, den Transport von polaren oder sehr großen Molekülen und Ionen durch die Membran zu gewährleisten. *Porenproteine* sorgen dafür, dass Öffnungen in der Membran – wie beispielsweise die Kernporen (► S. 54) – nicht sofort wieder „zufließen", sondern offen gehalten werden. *Transportproteine* befördern dagegen sehr spezifisch bestimmte Stoffe durch die Membran oder bilden Kanäle für den Stoffaustausch (► S. 48/49).

Ebenso spezifisch reagieren in die Membran eingelagerte *Enzyme* und *Rezeptoren.* Diese Proteine besitzen Bindungsstellen für bestimmte Moleküle. Während Enzyme Stoffwechselprozesse innerhalb der Zelle oder eines Membranraums beschleunigen, sorgen Rezeptoren für den Austausch von Informationen zwischen der Zelle und ihrer Umgebung. Ein chemisches Signal in der extrazellulären Flüssigkeit, zum Beispiel ein Hormon oder ein Nervenüberträgerstoff *(Neurotransmitter)*, das von außen an einen Rezeptor bindet, löst eine Reaktion innerhalb der Zelle aus.

Schließlich gibt es Eiweißmoleküle mit eingebauten *Signalsequenzen.* Sie werden im Cytoplasma aufgebaut, in Membranen eingeschleust und in speziellen Zellorganellen, den Dictyosomen, verändert (► S. 54/55). Das Signal sorgt wie eine „Adresse" dafür, dass die Proteine in ihre jeweiligen Zielorganellen gelangen.

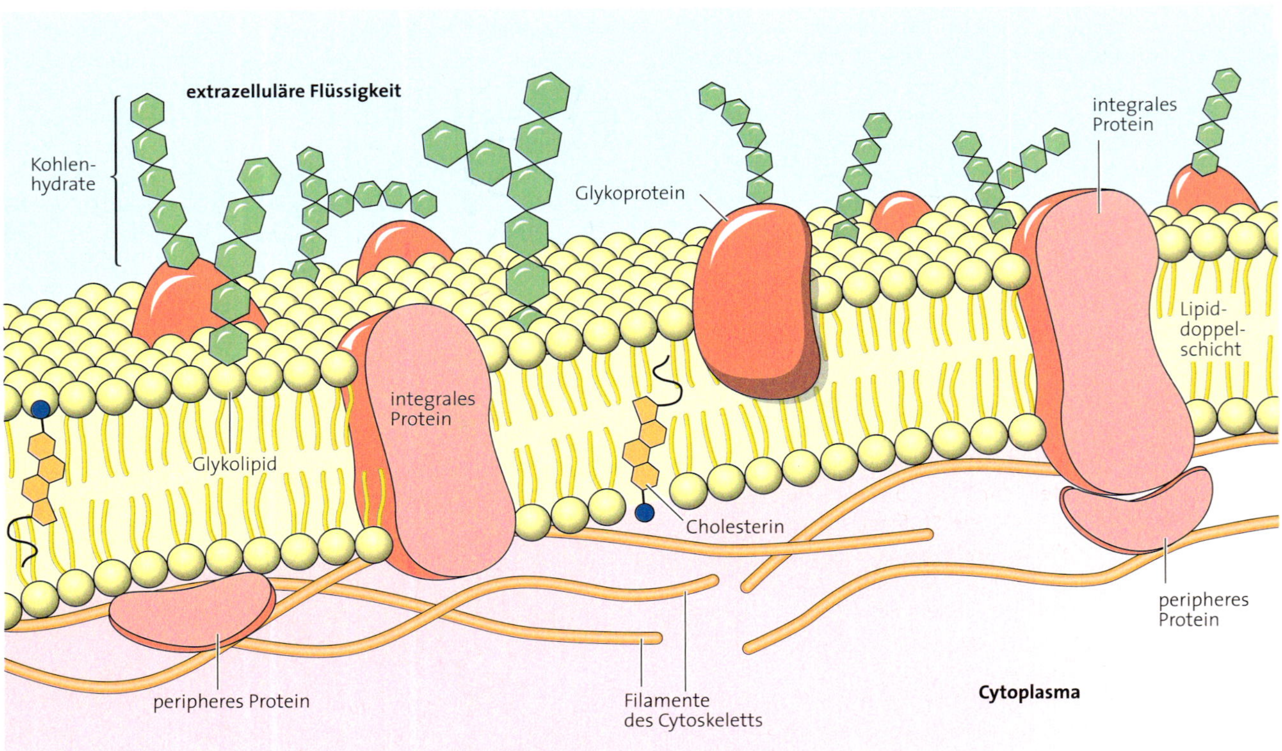

1 Feinbau der Zellmembran einer Tierzelle. In pflanzlichen Membranen kommt Cholesterin nicht vor.

Membrankohlenhydrate. Anders als die Membranen innerhalb der Zelle enthält die Zellmembran außer Lipiden und Proteinen auch *Kohlenhydrate*. Sie können rund 10% des Trockengewichts ausmachen. Bei diesen Kohlenhydraten handelt es sich um kurze, in der Regel verzweigte Zuckerketten, die an Lipid- oder an Proteinmoleküle gebunden sind. Die entstehenden Moleküle werden als *Glykolipide* beziehungsweise *Glykoproteine* bezeichnet. Sie finden sich ausschließlich in der nach außen gerichteten Schicht der Zellmembran. Die Gesamtheit der Membrankohlenhydrate nennt man *Glykokalyx*.

Die Zusammensetzung der Kohlenhydrate der Glykokalyx unterscheidet sich zwischen verschiedenen Arten, zwischen Individuen einer Art und sogar zwischen den Zellen eines Organismus. Sie dient also als *Erkennungsmerkmal* für die Zellen. Bei den Erythrocyten erfüllt sie die Funktion von *Antigenen*. Antigene dienen der Immunabwehr und sorgen für die Unterscheidung von körpereigenen und fremden Zellen.

Verbindungen zwischen Zellen. Bei vielzelligen Organismen sind Zellen zu Geweben zusammengeschlossen, die eine strukturelle und funktionelle Einheit darstellen. Benachbarte Zellen stehen in Kontakt miteinander, sodass ein Informationsaustausch möglich ist.

Bei Pflanzenzellen schließt sich nach außen an die Zellmembran eine *Zellwand* an, die scheinbar eine Barriere darstellt. Zellwände sind jedoch von Kanälen durchsetzt, durch die sich Cytoplasmastränge hindurchziehen. An diesen *Plasmodesmen* geht die Zellmembran der einen Zelle kontinuierlich in die Zellmembran der Nachbarzelle über.

Kontakte zwischen den Zellen bei Tieren werden durch Proteine vermittelt. Man unterscheidet drei Typen von Zellkontakten: solche, die dem *mechanischen Zusammenhalt* dienen und das Gewebe stabilisieren, Kontakte mit *Abdichtungsfunktion* und *Kommunikationskontakte*.

Der Stabilisierung dienen zum Beispiel *Desmosomen*. Sie bestehen aus *Haftplatten*, punktförmigen Bereichen aufgelagerter Proteine, an denen sich auf der Cytoplasmaseite ganze Bündel von Cytoskelettfilamenten anheften. Spezielle Filamente verbinden die Haftplatten der benachbarten Zellen durch beide Zellmembranen hindurch. Desmosomen verleihen dem Gewebe eine hohe mechanische Festigkeit.

Verschlusskontakte oder *tight junctions* verhindern, dass extrazelluläre Flüssigkeit in die Zellzwischenräume gelangt. Sie finden sich vor allem zwischen Epithelzellen. Tight junctions wirken wie Dichtungsringe rund um jede Zelle. Die Abdichtung entsteht dadurch, dass sich die Membranen der benachbarten Zellen direkt aneinanderlegen und – wie die Stofflagen einer Steppdecke – durch eine Art „molekularen Reißverschluss" fest verbinden. Sie verhindern auch, dass sich Membranproteine von der Oberseite zu den anderen Seiten einer Zelle verlagern.

Kommunikationskontakte oder *gap junctions* gewährleisten den Austausch zwischen benachbarten Zellen. In diesen Bereichen bilden große Proteinmoleküle Poren in der Membran. Die Poren der aneinandergrenzenden Zellmembranen stehen direkt miteinander in Kontakt. Dadurch wird die chemische Kommunikation ermöglicht.

Zusammensetzung verschiedener Membranen
(in Prozent der Gesamttrockenmasse)

Membranen	Proteine	Lipide
Zellmembran (Erythrocyt)	60	40
Zellmembran (Leberzelle)	50–70	30–50
Kernhülle (Leberzelle)	70	17
ER (Leberzelle)	70	30
Mitochondrien (Leberzelle)		
Außenmembran	41–51	48–59
Innenmembran	70–80	20–30
Chloroplasten-Thylakoide	44–50	50–56

1. Erläutern Sie die Bezeichnung Flüssig-Mosaik-Modell.
2. Erklären Sie, warum die Lipidmoleküle innerhalb einer Membranebene beweglich sind, während ein Austausch zwischen den Lipidschichten kaum möglich ist.
3. Eine künstliche Lipiddoppelschicht ist im elektronenmikroskopischen Bild etwa 4 nm dick. Die Erythrocytenmembran misst dagegen rund 8 nm. Erklären Sie, worauf sich dieser Unterschied zurückführen lässt.
4. Nennen Sie die Moleküle, aus denen Membranen aufgebaut sind. Erläutern Sie anhand von Beispielen die Funktionen der einzelnen Bestandteile.
5. Das Verhältnis von Lipiden und Proteinen ist in verschiedenen Membranen sehr unterschiedlich (►Tabelle oben). Welche Schlüsse auf die Funktion dieser Membranen erlaubt das?
6. Erläutern Sie, auf welchen Eigenschaften der Erythrocyten die Blutgruppen des AB0-Systems beruhen.

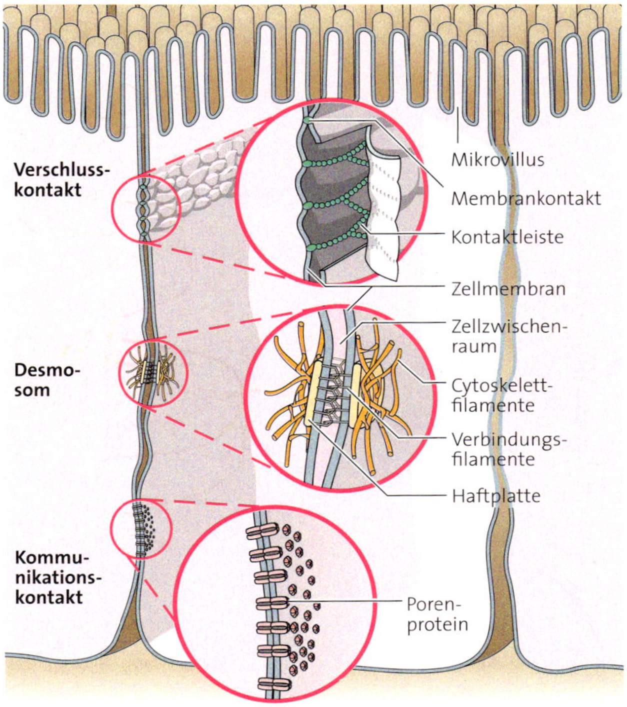

1 *Verbindungen zwischen Zellen des Dünndarmepithels*

Stofftransport: Diffusion und Osmose

Zellen sind von einer Vielzahl von Stoffen umgeben. Einige davon werden in einer ganz bestimmten Konzentration im Zellinnern benötigt. Andere werden in der Zelle aufgebaut und an die Umgebung abgegeben. Der Austausch von Molekülen zwischen der Zelle und ihrer Umgebung erfolgt über die Zellmembran. Ihm liegen verschiedene *Transportmechanismen* zugrunde, die sich durch ihre Geschwindigkeit und die dafür notwendige Energie unterscheiden.

Diffusion. Alle Teilchen eines Gases oder einer Lösung sind ständig in Bewegung. Diese Eigenbewegung ist ungerichtet und nimmt mit steigender Temperatur zu. Nach ihrem Entdecker nennt man sie die *brownsche Molekularbewegung*.

Überschichtet man in einem Glasgefäß eine konzentrierte Zuckerlösung mit Wasser, so sind die beiden Flüssigkeiten zunächst deutlich voneinander getrennt. Allmählich breiten sich die Zuckermoleküle aufgrund ihrer Eigenbewegung aus. Schließlich ist der Konzentrationsunterschied ausgeglichen, Lösemittel und gelöste Teilchen sind gleichmäßig verteilt. Diese selbstständige Durchmischung nennt man *Diffusion*. Die Geschwindigkeit, mit der die Durchmischung vor sich geht, ist unter anderem abhängig von der Art des gelösten Stoffs, der Höhe des Konzentrationsgefälles sowie von der Strecke, die überwunden werden muss.

Osmose. In Lebewesen sind Kompartimente – Zellen oder Organellen – durch Membranen voneinander abgegrenzt. Findet die Diffusion von Lösungen über Membranen statt, spricht man von *Osmose*. Die meisten biologischen Membranen sind *selektiv permeabel*, das heißt, sie lassen verschiedene Stoffe unterschiedlich gut hindurchdiffundieren. Meist kann Wasser ungehindert diffundieren, gelöste Stoffe dagegen nicht oder nur eingeschränkt.

Bringt man eine Zuckerlösung in ein Gefäß, das durch eine selektiv permeable Membran von reinem Wasser getrennt ist, diffundiert Wasser in beiden Richtungen durch die Membran. Da die Konzentration an Wassermolekülen in reinem Wasser höher ist als in der Zuckerlösung, diffundieren mehr Wassermoleküle in die Lösung hinein als von ihr nach außen. Für Zuckermoleküle ist die Membran nicht durchlässig. Diese können daher dem Bestreben, den Konzentrationsunterschied auszugleichen, nicht folgen. Das einströmende Wasser erzeugt auf der Seite der Zuckerlösung einen Druck, den man *osmotischen Druck* nennt. Er hängt vor allem von der Zahl der gelösten Teilchen ab, also dem *osmotischen Wert* der Lösung. Es kommt zu einer Volumenzunahme. Sie ist im Steigrohr eines *Osmometers* als Anstieg der Wassersäule messbar. Der osmotische Druck wirkt dem vollständigen Konzentrationsausgleich entgegen. Dadurch stellt sich nach einiger Zeit ein *Gleichgewicht* ein: Je Zeiteinheit diffundieren gleich viele Wasserteilchen durch die Membran in die Lösung, wie sie diese in umgekehrter Richtung aufgrund des steigenden Drucks wieder verlassen.

Stoffwechselvorgänge in lebenden Zellen laufen bevorzugt in einem bestimmten Milieu ab, das heißt bei einer bestimmten Konzentration verschiedener Stoffe. Da sich die Konzentration dieser Stoffe in den Zellen meist von der im umgebenden Medium unterscheidet, diffundiert stets Wasser aus den Zellen hinaus oder hinein. Osmose ist daher ein einfacher, energiesparender und effektiver Transportmechanismus für Wasser über kurze Distanz.

Viele Lebewesen können Veränderungen des osmotischen Drucks ausgleichen, indem sie Ionen oder Wasser aufnehmen beziehungsweise ausscheiden. Diese Fähigkeit bezeichnet man als *Osmoregulation*.

1 Begründen Sie die geringe Geschwindigkeit von Diffusion und Osmose. Warum reicht diese für Transportvorgänge in der Zelle trotzdem aus?

2 Reife Kirschen platzen im Regen. Erläutern Sie die Gründe dafür.

3 Lange war die ungehinderte Diffusion von Wasser über biologische Membranen völlig rätselhaft. Erklären Sie den Sachverhalt.

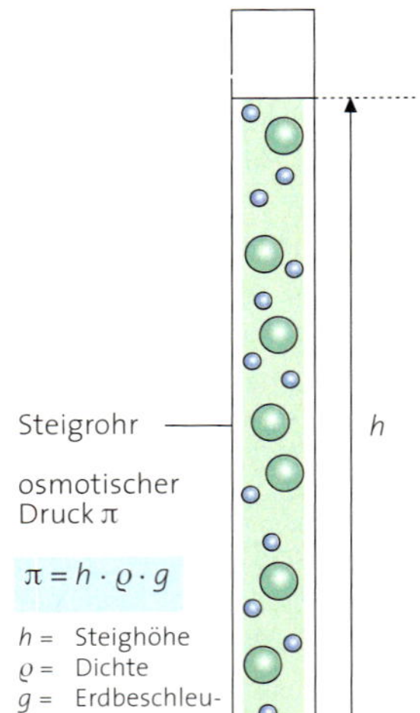

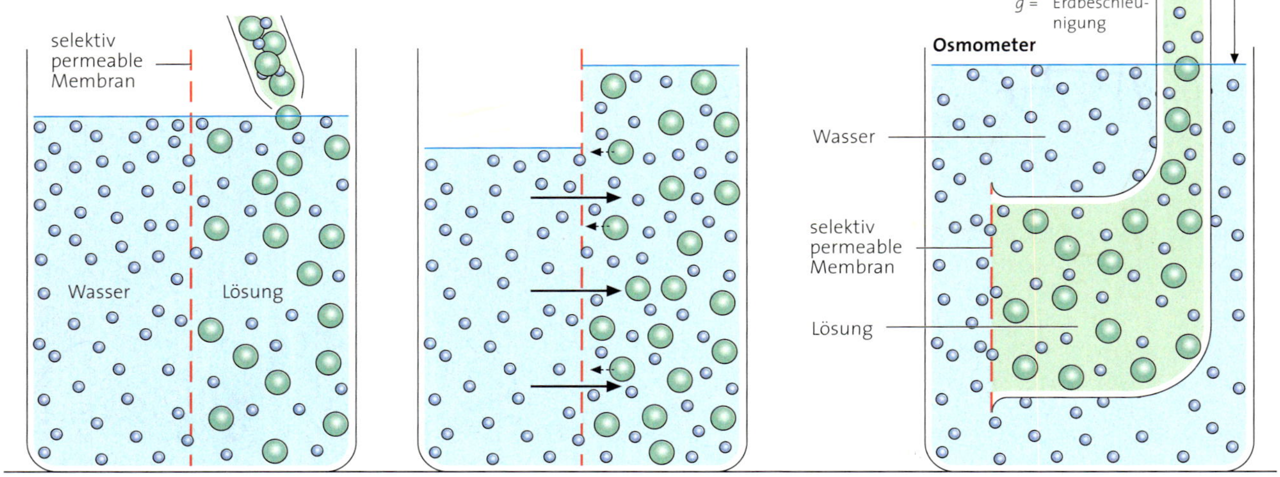

1 *Osmose durch eine selektiv permeable Membran. Der Wassereinstrom hat eine Zunahme von Volumen oder Druck zur Folge.*

Osmose und der Wasserhaushalt der Zelle

Die Biomembranen der lebenden Zelle sind selektiv permeabel. Osmose ist daher die Grundlage des Wasserhaushalts von Zelle und Organismus. Gelangen Zellen in eine Umgebung, deren osmotischer Wert von dem des Zellplasmas abweicht, ändert sich ihr Wassergehalt: In höher konzentrierter, *hypertonischer* Umgebung verlieren sie Wasser, in niedriger konzentrierter, *hypotonischer* Umgebung dringt Wasser in sie ein. Unter natürlichen Bedingungen bleibt allerdings bei vielen Lebewesen der Wassergehalt der Zellen durch *Osmoregulation* sehr konstant. Im Experiment lassen sich dagegen Situationen schaffen, die das Verhalten der Zellen zeigen.

Plasmolyse. In hypertonische Umgebung gebracht nimmt das Volumen des Zellplasmas ab, da es Wasser an die Umgebung verliert. Dieser Vorgang wird als *Plasmolyse* bezeichnet. Er lässt sich bei Pflanzenzellen unter dem Mikroskop gut beobachten (► Bild 1). Das zunehmend entwässerte Zellplasma löst sich dabei nach und nach von der Zellwand ab, zusammengedrückt durch den hohen osmotischen Druck der umgebenden Lösung. Gleichzeitig verliert auch die Vakuole durch ausströmendes Wasser an Volumen.

Tierische Zellen schrumpfen in hypertonischer Umgebung und verlieren ihre Form. Rote Blutkörperchen nehmen zum Beispiel eine kennzeichnende „Stechapfelform" an (► Bild 4).

Deplasmolyse. Die Plasmolyse lässt sich wieder rückgängig machen, wenn man die Zellen in eine ihrem osmotischen Wert entsprechende, *isotonische* Umgebung bringt (► Bilder 2 und 5). Diese *Deplasmolyse* gelingt jedoch nur so lange, wie die Zellen durch den Wasserverlust noch keinen Schaden genommen haben. Die Fähigkeit zu Plasmolyse und Deplasmolyse ist deshalb ein Testkriterium für die Lebensfähigkeit von Zellen.

Bringt man Zellen in eine hypotonische Lösung (► Bilder 3 und 6) oder gar in reines Wasser, können sie durch den Wassereinstrom platzen. Das gilt besonders für tierische Zellen. Bei Pflanzenzellen übt die etwas elastische Zellwand einen Gegendruck aus. Sie nehmen nur so viel Wasser auf, bis der osmotische Druck in der Zelle durch den Gegendruck der elastischen Zellwand gerade ausgeglichen ist. Osmotisch wirksam ist in der Pflanzenzelle vor allem der Zellsaft in der Vakuole. Der Zellsaftdruck wird auch als *Turgor* bezeichnet. Er ist für die Festigkeit pflanzlicher Gewebe entscheidend.

1 Begründen Sie, weshalb nur lebende Zellen die Erscheinung der Plasmolyse zeigen.

2 Ein Blutverlust darf unter keinen Umständen mit reinem Wasser ausgeglichen werden. Geben Sie dafür eine Erklärung.

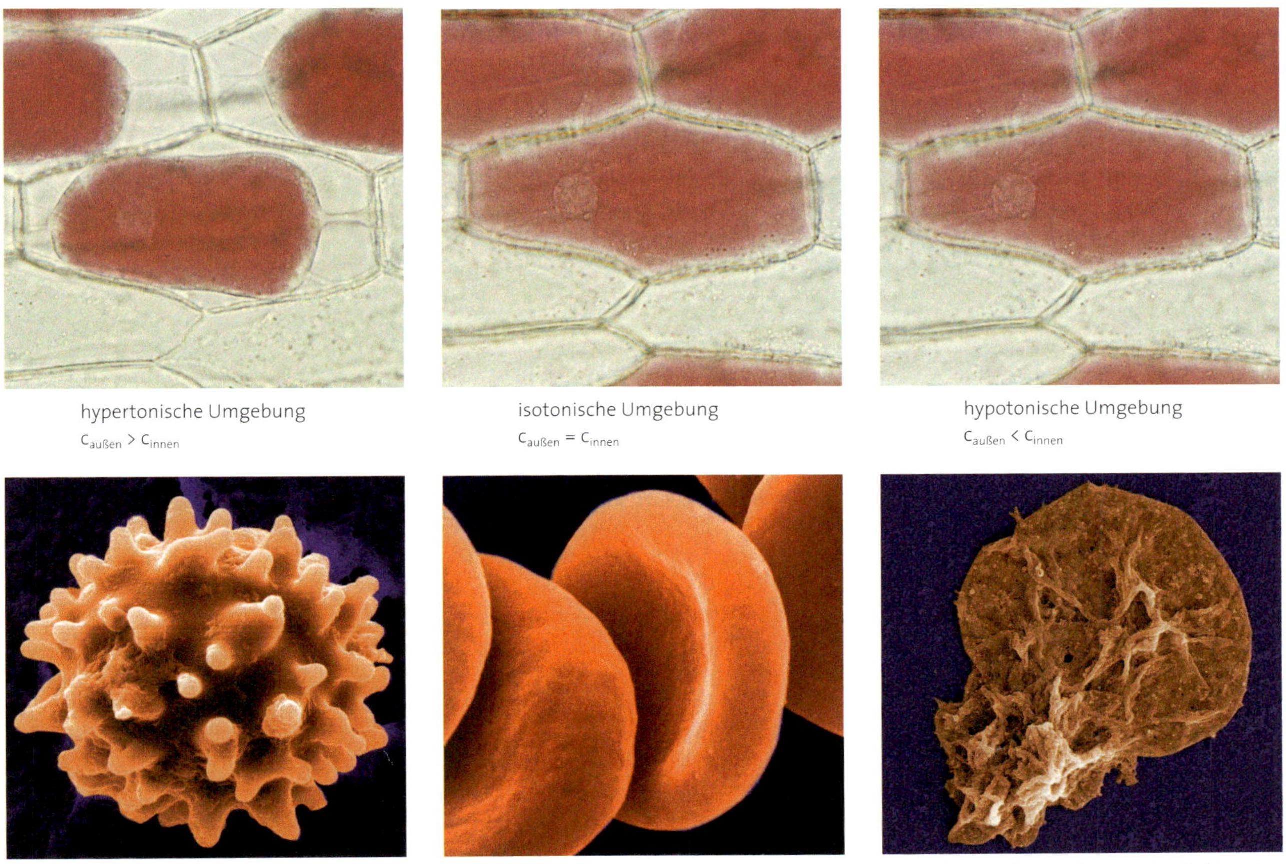

1–6 Verhalten pflanzlicher und tierischer Zellen in hypertonischer, isotonischer und hypotonischer Umgebung. Oben: Zellen aus der Epidermis einer roten Zwiebel; unten: rote Blutkörperchen des Menschen. Bild 6 zeigt Reste des geplatzten Blutkörperchens.

Stofftransport: Kanal- und Carriertransport

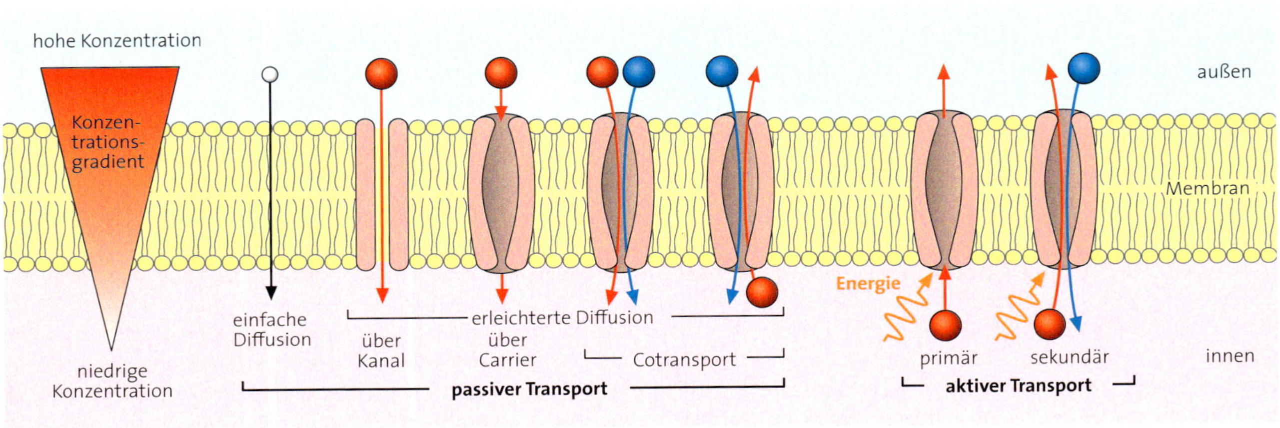

1 *Schematische Darstellung der aktiven und passiven Transportmechanismen*

Jede Zelle muss lebenswichtige Stoffe wie Zucker oder Aminosäuren durch die Zellmembran ins Cytoplasma einschleusen und Abbauprodukte des Stoffwechsels ausscheiden. Des Weiteren reguliert jede Zelle sehr genau die Konzentration verschiedener Ionen im Cytoplasma. Bis vor kurzem wurde angenommen, dass die Zellmembran für gelöste Gase wie Sauerstoff und Kohlenstoffdioxid sehr gut permeabel sei. Neuere Untersuchungen zeigen jedoch, dass der Transport von CO_2 von einem Transportprotein aus der Gruppe der Aquaporine katalysiert wird.

Für Ionen und kleine hydrophile Moleküle sowie für Makromoleküle (Proteine, Polysaccharide und Nucleinsäuren) ist das hydrophobe Innere der Lipiddoppelschicht nahezu unüberwindlich. Sie werden von besonderen Transportproteinen oder Transportern durch die Membran geschleust. Jedes dieser Proteine ist für den Transport einer bestimmten Klasse von Stoffen – etwa Ionen, Zuckern oder Aminosäuren – zuständig, oft sogar nur für ein bestimmtes Molekül dieser Stoffklasse, z. B. für Glucose.

Stofftransport und Energieaufwand. Fragt man nach der treibenden Kraft, so lassen sich grundsätzlich zwei verschiedene Transportarten unterscheiden (► Bild 1):

- Bei *passivem Transport* wandert der Stoff von sich aus – ohne Energieaufwand – von der Membranseite mit der hohen Konzentration zur der mit niedriger Konzentration. Die treibende Kraft ist also das *Konzentrationsgefälle (Konzentrationsgradient)*. Die passiven Transportmechanismen beruhen auf Diffusion (► S. 46): die einfache Diffusion durch die Lipiddoppelschicht und die erleichterte Diffusion über Kanäle oder Carrier.
- Bei *aktivem Transport* wird der Stoff von der Membranseite mit der niedrigeren Konzentration zu der Seite mit höherer Konzentration durch die Membran geschleust – also gegen den Konzentrationsgradienten. Da dieser Transport gewissermaßen „bergauf" erfolgt, benötigt er die Zufuhr von Energie aus dem Stoffwechsel der Zelle. Aktiver Transport ist nur durch Carrier möglich.

Einfache Diffusion. Sehr kleine oder fettlösliche Moleküle können ohne die Hilfe eines Transportproteins das hydrophobe Innere der Lipiddoppelschicht überwinden. Dazu gehören neben Wasser und Fettsäuren auch amphiphile Moleküle wie Ethanol.

Kanaltransport. Bei dieser erleichterten Diffusion bilden die Kanalproteine Tunnel, durch die die zu transportierenden Substanzen strömen. Das Innere des Kanals wird von polaren Aminosäuren gebildet. Dadurch können kleinere polare oder geladene Teilchen in die Zelle oder aus ihr heraus gelangen. Die am besten untersuchten Kanalproteine sind die Ionenkanäle, die in den Membranen aller Zellen, besonders aber bei Nervenzellen vorkommen. *Ionenkanäle* bestehen aus mehreren Untereinheiten von α-Helices. Diese bilden eine zentrale, nur wenige Zehntel Nanometer breite Pore, durch die die Ionen in Richtung des Konzentrationsgradienten diffundieren.

Dabei wechseln Ionenkanäle ihre Raumstruktur (Konformation), von denen nur eine durchlässig ist (► S. 49, Bild 1). Die Konformationsänderung wird durch zwei unterschiedliche Mechanismen reguliert. So gibt es einerseits spannungsabhängige Kanäle und andererseits Kanäle, die durch Signalmoleküle reguliert werden. Erstaunlicherweise sind die Kanäle in der Lage, sehr präzise zwischen ähnlichen Teilchen wie Na^+- und K^+-Ionen zu unterscheiden. Über die Spezifität entscheidet die engste Stelle des Kanals.

Eine weitere Gruppe hochspezifischer Kanalproteine sind *Aquaporine*, die für den schnellen Transport von Wasser und in speziellen Fällen auch von CO_2, Glycerin bzw. Harnstoff zuständig sind. Sie kommen in unterschiedlichen Geweben vor und sind dort an einer Vielzahl von physiologischen Prozessen wie der Erzeugung von Flüssigkeiten (z. B. Tränen, Kammerwasser in den Augen, Speichel, Schweiß, Gallensaft) oder der Rückgewinnung von Wasser in den Nieren beteiligt. Im Gegensatz zu Ionenkanälen sind Wasserkanäle permanent geöffnet.

Alle Aquaporine sind integrale Membranproteine, deren Polypeptidkette sechsmal als Helix durch die Lipiddoppelschicht gewunden ist. Diese sechs Helices bilden in ihrem Inneren einen Kanal, der hochselektiv nur für Wassermoleküle durchlässig ist. Die Selektivität kommt durch eine Besonderheit in der molekularen Architektur der Aquaporine zustande: In der Mitte des Wasserkanals verengt sich die Pore auf einen Durchmesser von 0,28 nm. Das entspricht etwa dem Durchmesser eines einzelnen Wassermoleküls. Ionen und andere kleine Moleküle können diese Stelle nicht passieren. Obwohl dadurch die Wanderung quasi im Gänse-

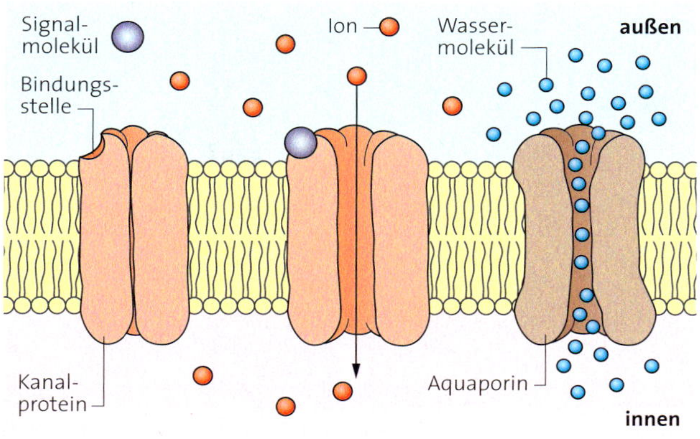

1 Ein Kanalprotein für Ionen, das durch ein Signalmolekül geöffnet wird, und ein Aquaporin für Wassermoleküle

marsch erfolgt, beträgt die Durchflussrate 3 Milliarden Wassermoleküle pro Sekunde! Das ist erheblich schneller als bei jedem anderen Kanalprotein.

Carriertransport. Die Bezeichnung Carrier leitet sich von der Art und Weise her, wie diese Transportproteine arbeiten. Im Gegensatz zu Kanalproteinen *binden* sie die zu transportierenden Moleküle und transferieren sie in diesem Zustand auf die andere Seite der Membran. Dabei sind Carrier hochspezifisch für bestimmte Moleküle. Sie verhalten sich in dieser Hinsicht wie Enzyme (► S. 72): Jedes Carrierprotein verfügt über eine spezifisch gestaltete Bindungsstelle, in die das zu transportierende Molekül passt wie ein Schlüssel in sein Schloss (► Bild 2). Die Transportgeschwindigkeit ist deshalb nicht ausschließlich vom Konzentrationsgradienten abhängig; denn je mehr Moleküle transportiert werden, desto mehr Bindungsstellen sind gleichzeitig besetzt. Wenn alle Bindungsstellen besetzt sind, hat das Carrierprotein seine Maximalgeschwindigkeit erreicht (► S. 50, Bild 1).

Carrier schleusen „ihre" Moleküle durch einen Wechsel ihrer Konformation durch die Membran (► Bild 2). Zunächst sind die Bindungsstellen für das zu transportierende Molekül zur einen Seite der Membran geöffnet. Durch Anlagerung des Moleküls ändert sich die Konformation und die Bindungsstellen werden zur anderen Membranseite geöffnet. Das Molekül löst sich vom Carrier. Da die Konzentration des transportierten Moleküls auf der einen Seite höher ist als auf der anderen, wird es sich im ersten Zustand bevorzugt anlagern und im anderen Zustand vom Carrier lösen. Dabei wird das Molekül also in Richtung seines Konzentrationsgefälles transportiert. Beispiele derartiger Carrier sind die Glucosetransporter der GLUT-Familie (► S. 50).

Cotransport. Die meisten Carrier transportieren ein Molekül von einer Seite der Membran zur anderen (► Bild 2). Einige arbeiten hingegen als Cotransport-Systeme. Hier erfolgt der Transport nur bei gleichzeitigem Transfer einer anderen Molekülart. Die beiden unterschiedlichen Moleküle können entweder in der gleichen Richtung oder entgegengesetzt transportiert werden.

Aktiver Transport. Carrier können Stoffe auch ohne oder sogar gegen ein Konzentrationsgefälle durch die Membran transportieren. Sie nutzen dazu entweder die in ATP gespeicherte Stoffwechselenergie, die die Mitochondrien liefern (► S. 56, 109), oder den Cotransport von Ionen, die dabei ihrem Konzentrationsgradienten folgen.

Ist die Spaltung von ATP direkt mit dem Transportprozess gekoppelt, handelt es sich um einen *primär aktiven Transport*. Auf diese Weise werden vor allem Ionen aktiv transportiert. So verfügen fast alle Zellen über Na^+/K^+-Pumpen, die die Spaltung von ATP mit dem gegenläufigen Transport von 3 Natrium-Ionen nach außen und 2 Kalium-Ionen nach innen koppeln und somit ein Membranpotenzial aufrechterhalten.

Ein solcher Ionengradient kann aber auch die Energie für *sekundär aktive Transportvorgänge* liefern. Zu diesen gehört der Cotransport von Glucose und Natrium-Ionen in die Epithelzellen des Dünndarms (► Bild 3). Der zum Darminneren gelegene Glucosetransporter SGLT 1 transportiert gleichzeitig Na^+-Ionen. Das Konzentrationsgefälle der Na^+-Ionen zwischen Darminnerem und Dünndarmzelle ist die treibende Kraft für den Glucoseeinstrom. Dieses Gefälle wird durch die Na^+/K^+-Pumpe an der Zellseite zum Blutgefäß aufrechterhalten. An dieser Seite wird Glucose durch einen Transporter der GLUT-Familie (► S. 50) aus der Zelle transportiert.

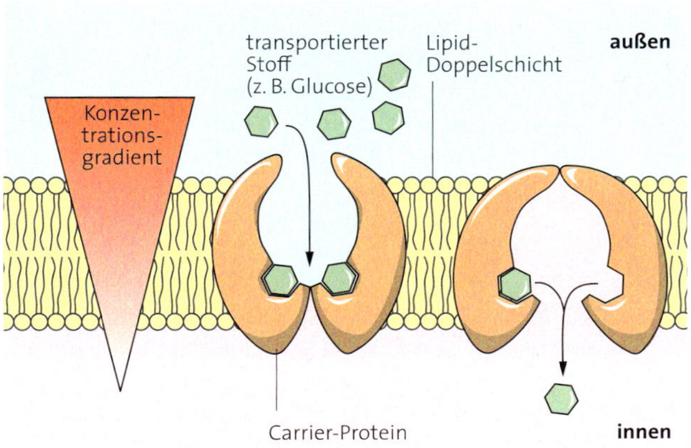

2 Ein Carrier ändert seine Konformation und schleust so „sein" Molekül durch die Membran.

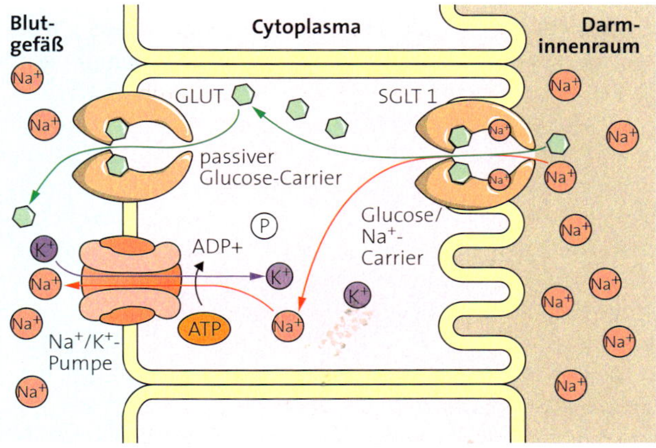

3 Natrium-Ionen-abhängiger Glucosetransport durch eine Epithelzelle des Dünndarms

Glucosetransportproteine

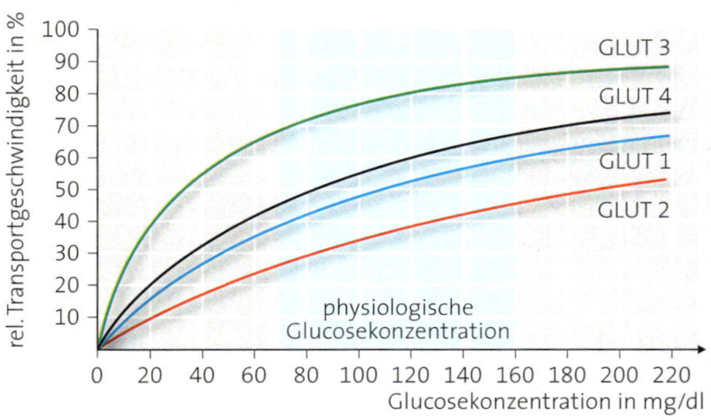

1 Transportgeschwindigkeit verschiedener Glucosetransporter

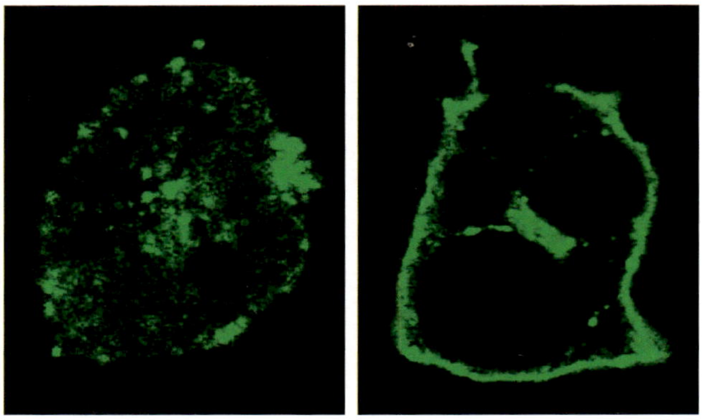

2 Nachweis von GFP-GLUT 4 ohne (links) und mit Insulin (rechts)

Für manche Stoffe existieren molekülspezifische Transportproteine. Besonders gut untersucht sind die *Glucosetransporter*. Da jeder Gewebetyp andere Anforderungen an die Versorgung mit Glucose hat, wurde vermutet, dass jeder über besondere Glucosetransporter verfügt. Tatsächlich sind bis heute insgesamt 14 verschiedene Glucosetransporter identifiziert. Sie sind einander in Struktur und Funktionsweise weitgehend ähnlich: Alle bestehen aus einer Polypeptidkette von etwa 500 Aminosäuren, die in der Hälfte der Positionen übereinstimmen oder sich zumindest sehr ähneln. Die einzelnen Glucosetransporter (kurz *GLUT* genannt) wurden in der Reihenfolge ihrer Entdeckung durchnummeriert.

Glucosetransporter. Am besten untersucht sind die Glucosetransporter 1 bis 4.

GLUT 1 findet sich in großer Menge in den Endothelzellen, welche die Blutgefäße auskleiden und auch die Blut-Hirn-Schranke bilden. Er ist darauf spezialisiert, die vom Gehirn benötigte kontinuierliche Glucosezufuhr zu gewährleisten (▶ Bild 3). In geringeren Mengen kommt er auch in anderen Geweben vor, was bedeuten kann, dass er die Glucoseversorgung sicherstellt, solange die Zellen sich in einem eher inaktiven Stadium befinden.

GLUT 2 gibt es in Organen, die Glucose ins Blut abgeben, also im Darm, in der Leber und in den Nieren, außerdem in den β-Zellen der Bauchspeicheldrüse, die Insulin freisetzen. Er transportiert Glucose erst bei hohem Blutzuckerspiegel (▶ Bild 1), d.h. er übermittelt Veränderungen des Blutzuckerspiegels bei Zufuhr von Glucose nach den Mahlzeiten oder den Glucoseverbrauch bei körperlicher Anstrengung an die Leber und an die β-Zellen.

GLUT 3 kommt vor allem im Gehirn in der Membran von Nervenzellen vor. Weil sein Transport bei niedriger Konzentration schneller verläuft als der von GLUT 1 (▶ Bild 1), stellt er sicher, dass die Nervenzellen auch bei niedrigem Blutzuckerspiegel mit Glucose versorgt werden. In diesem Falle kooperieren also zwei verschiedene Transporter und sorgen so dafür, dass das Gehirn immer ausreichend mit Energie versorgt ist und keinen Schaden nimmt.

GLUT 4 kommt ausschließlich in Muskel- und Fettzellen vor, die Glucose aufnehmen und speichern. Dieser Transporter zeichnet sich durch die ungewöhnliche Fähigkeit aus, dass er aus dem Zellinneren an die Zelloberfläche und wieder zurück gelangen kann.

Insulinempfindlichkeit. Alle vier Proteine transportieren Glucose *passiv*, also mit dem Konzentrationsgefälle durch die Zellmembran. Sie unterscheiden sich aber darin, wie sie auf *Insulin* ansprechen. Am empfindlichsten reagiert GLUT 4. Die Wirkung des Insulins auf diesen Glucosetransporter ist dramatisch. Wird Mäuse-Fettzellen Insulin zugesetzt, steigt die Glucoseaufnahme um das Fünfzehnfache.

Die Ursache dieser Steigerung lässt sich unter dem Mikroskop beobachten. GLUT 4-Moleküle wurden in Mäuse-Fettzellen mit GFP (▶ S. 53) markiert, wodurch sie in blauem Licht grünes Licht abgeben (fluoreszieren). Ohne Insulinzugabe leuchten viele grüne Punkte über die gesamt Zelle verteilt (▶ Bild 2). Nach Zugabe von Insulin aber leuchtet vor allem der Randbereich auf; also muss eine große Zahl von GLUT 4-Molekülen zur Zelloberfläche gelangt sein.

Die Zellen halten einen *Vorrat* an GLUT 4 in Membranbläschen (Vesikeln) im Zellinneren bereit, von dem sie erst unter der Einwirkung von Insulin, das bei erhöhtem Blutzuckerspiegel freigesetzt wird, einen großen Teil zur Membran bringen. Wenn die Insulinsekretion nachlässt, weil der Blutzuckerspiegel wieder fällt, holen sie die zusätzlichen Transporter aus dem Einsatz wieder zurück.

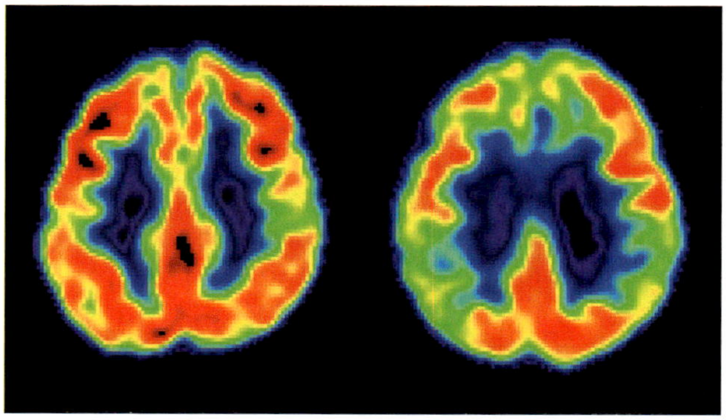

3 Aufnahme eines aktiven (links) und eines weniger aktiven Gehirns (rechts) nach Verabreichung von Fluordesoxyglucose (FDG). FDG wird über GLUT 1 wie normale Glucose zum Gehirn transportiert. Die Bereiche mit dem höchsten Glucosebedarf (höchste Aufnahme von FDG) sind rot dargestellt.

Stofftransport: Endocytose, Exocytose, Membranfluss

Wasser und kleine Moleküle diffundieren entweder durch die Membran oder werden von Transportproteinen in die Zelle geschleust. Größere Moleküle oder Nahrungspartikel dagegen können die Membran passieren, indem sie in Membranbläschen oder *Vesikel* eingeschlossen werden. Vesikel, die eine bestimmte Größe überschreiten, nennt man *Vakuolen*. Der Vorgang, bei dem Stoffe mithilfe von Vesikeln oder Vakuolen in die Zelle gelangen, heißt *Endocytose*. Der entsprechende Prozess der Stoffausscheidung wird als *Exocytose* bezeichnet.

Endocytose. Weiße Blutkörperchen können Krankheitserreger oder gealterte Blutzellen in sich aufnehmen und verdauen. Dabei senkt sich zunächst ihre Zellmembran an der Stelle ein, die mit dem Fremdkörper in Berührung kommt. Ist dieser ganz von der Membran umschlossen, schnürt sich eine Vakuole ab und befördert das aufgenommene Material in die Zelle. Dort verschmilzt die Vakuole meist mit Lysosomen, die Verdauungsenzyme enthalten (► S.55). Die Form der Endocytose, bei der feste Partikel aufgenommen werden, bezeichnet man als *Phagocytose*. Gelangen Flüssigkeitströpfchen in die Zelle, spricht man von *Pinocytose*. Bei der Pinocytose nimmt die Zelle alle in dem Tropfen gelösten Stoffe mit auf.

Sehr spezifisch verläuft dagegen die *rezeptorvermittelte Endocytose*. Rezeptorproteine ragen aus der Membran heraus. Sie tragen spezielle Erkennungsstrukturen, an die nur ganz bestimmte Moleküle binden. Die Rezeptoren finden sich gehäuft an leicht eingesenkten Membranstellen, den *coated pits*, die auf der Cytoplasmaseite besondere Proteine tragen. Sobald der Stoff an die Rezeptoren bindet, bilden sich mit Proteinen ummantelte Vesikel, die *coated vesicles*. Mithilfe der rezeptorvermittelten Endocytose können große Mengen einer Substanz aufgenommen werden, deren Konzentration in der Umgebung der Zelle sehr gering ist. So gelangt beispielsweise Cholesterin als Baumaterial für Membranen oder als Synthesevorstufe für Hormone aus dem Blut in die Zellen.

Exocytose. Abfallstoffe der Zelle, aber auch Sekrete aus Drüsenzellen werden ausgeschieden, indem Vesikel mit der Zellmembran in Kontakt treten. An der Berührungsstelle „verschmelzen" die Membranen, sodass eine Öffnung entsteht. Der Inhalt des Vesikels wird nach außen abgegeben. Auf diese Weise entleeren Einzeller ihre pulsierende Vakuole und stoßen aus den Verdauungsvakuolen unverdauliche Reste aus.

Membranfluss. Nicht nur an der Zellmembran werden Stoffe mithilfe von Vesikeln aufgenommen und abgegeben. Auch innerhalb der Zelle finden ständig Endo- und Exocytosen statt. Sie dienen dazu, Substanzen zur Weiterverarbeitung, aber auch Membranstücke von einem Organell zum anderen zu transportieren. Dadurch erneuern sich gleichzeitig auch die Membranen der Zelle. Das ständige Ineinanderübergehen der Membranen wird als *Membranfluss* bezeichnet. Nur die Membranen von Mitochondrien, Plastiden und Peroxisomen (► S.55) nehmen an diesem Austausch nicht teil.

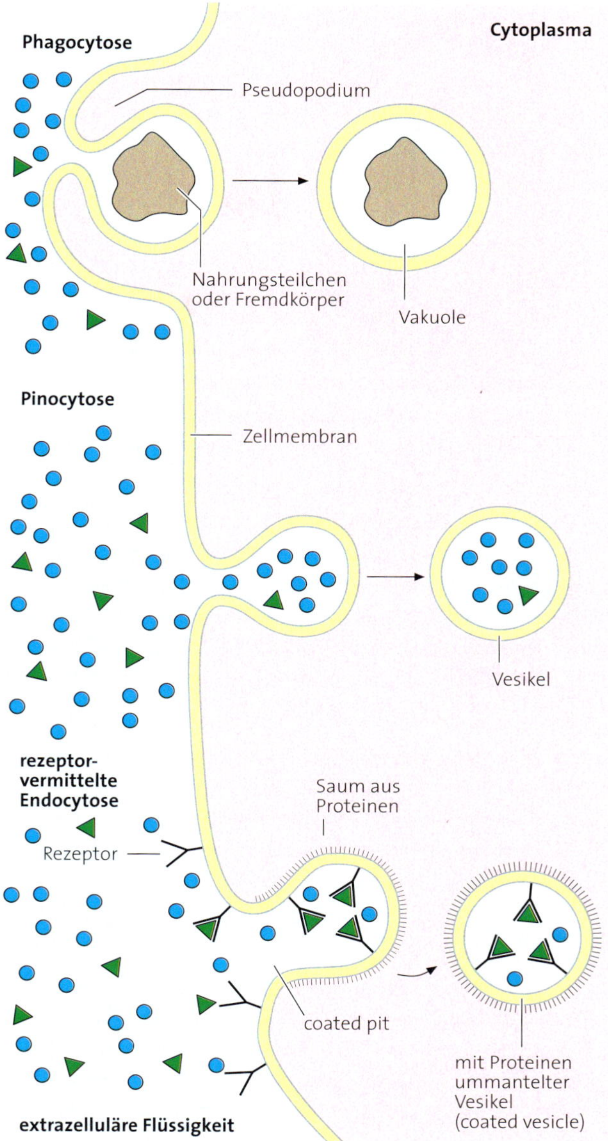

1 Verschiedene Formen der Stoffaufnahme. Phagocytose kommt nur bei Einzellern und tierischen Zellen vor.

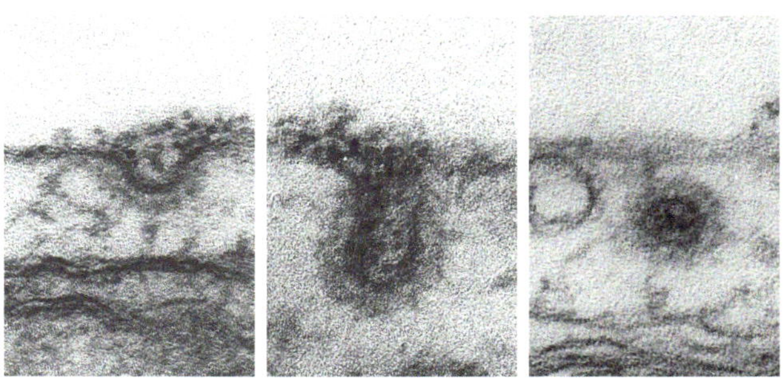

2 Bei der rezeptorvermittelten Endocytose entstehen mit Proteinen ummantelte Vesikel.

1 **Definieren Sie die Begriffe Endocytose, Exocytose und Membranfluss. Erklären Sie, wie die beschriebenen Prozesse miteinander in Zusammenhang stehen.**

Arteriosklerose und Cholesterin

1 Querschnitt durch ein Blutgefäß mit Arteriosklerose

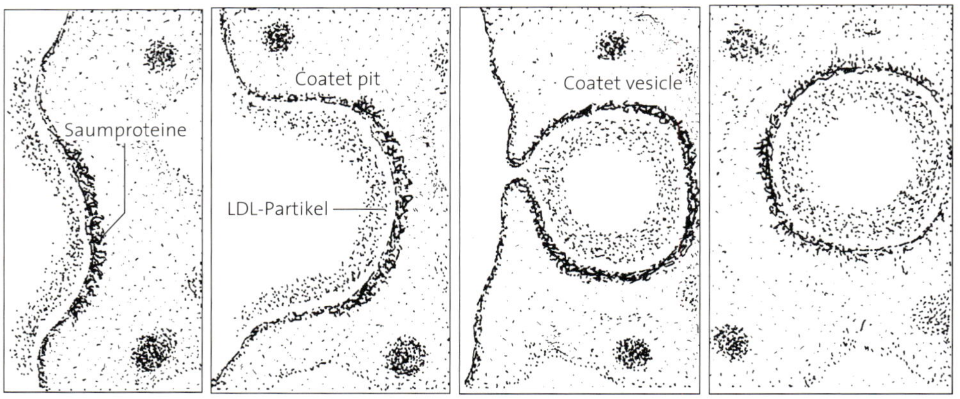

2–5 Rezeptorvermittelte Endocytose von LDL-Partikeln nach EM-Aufnahmen, von links nach rechts: Anlagerung, Einstülpung, Vesikelbildung, Abschnürung

Cholesterin ist nicht nur ein wichtiger Membranbaustein (► S. 44), sondern auch Ausgangsstoff für die Herstellung vieler Hormone. Wird es jedoch in die Wände von Blutgefäßen eingelagert, entwickeln sich dort arteriosklerotische Herde, die den Blutstrom behindern (► Bild 1). Wenn sich in einer verengten Herz- oder Hirnarterie schließlich ein Blutpfropf bildet und sie verschließt, kommt es zum *Herzinfarkt* oder *Schlaganfall*. Arteriosklerose ist die Todesursache Nummer eins in den Industrienationen der westlichen Welt.

Rezeptorvermittelte Endocytose. Das Cholesterin stammt aus im Blut zirkulierenden kugeligen Partikeln, die als *LDL* (Low-Density-Lipoprotein) bezeichnet werden. LDL-Kugeln bestehen aus Proteinen und Lipiden. Sie dienen zum *Transport* von Fettsäuren und Cholesterin im Blut. Dabei gilt die Regel: Je mehr LDL im Blut ist, desto schneller entwickelt sich eine Arteriosklerose.

Die Aufnahme von LDL in die Zellen erfolgt durch *rezeptorvermittelte Endocytose* (► Bilder 2–5): Die LDL-Partikel binden nach dem Schlüssel-Schloss-Prinzip an Rezeptorproteine, die aus der Zellmembran ragen (► S. 44). Auf der Cytoplasmaseite lagern sich Saumproteine an. An dieser Stelle stülpt sich die Membran ein (coated pit) und wird zum ummantelten Vesikel (coated vesicle), das sich nach innen abschnürt und sein Cholesterin in der Zelle freisetzt.

Cholesterin-Stoffwechsel. Die daraus freigesetzte Menge an Cholesterin reguliert den *Cholesterin-Stoffwechsel* der Zelle. Nimmt eine Zelle mehr Cholesterin auf, als sie benötigt, wird die zelleigene Herstellung gedrosselt. Zugleich wird ein Enzym aktiviert, das die Speicherung von Cholesterin in der Zelle begünstigt. Auch die Herstellung von neuen LDL-Rezeptoren wird gebremst.

Ernährungsbedingte Hypercholesterinämie. Wenn das Gesamtcholesterin im Blut eine Konzentration von 200 mg/dl übersteigt, lautet die Diagnose des Arztes: *Hypercholesterinämie*. Tatsächlich handelt es sich um erhöhte Konzentrationen von LDL. Da bis zu 90 % des Cholesterins in den Körperzellen selbst produziert wird, spielt die *Cholesterinaufnahme über die Nahrung* nur eine untergeordnete Rolle. Eine erhöhte Cholesterinzufuhr wird durch Hemmung der zelleigenen Cholesterinherstellung ausgeglichen. Aus Bevölkerungsstudien ist aber bekannt, dass hohe LDL-Spiegel dort die Regel sind, wo ein Großteil des täglichen Kalorienbedarfs mit Fetten aus Fleisch und Milchprodukten gedeckt wird. Die Fette werden über die Verdauung zu Fettsäuren abgebaut. Die Fettsäuren werden entweder zur Energiegewinnung herangezogen oder dienen als Ausgangssubstanz für die Cholesterinherstellung.

Familiäre Hypercholesterinämie. Die genetisch bedingte (familiäre) Hypercholesterinämie wird durch Mutationen im Gen für den *LDL-Rezeptor* verursacht. Menschen mit einem normalen und einem mutierten Allel (Heterozygote) besitzen weniger LDL-Rezeptoren (► Bild 6). Bei ihnen werden Blutcholesterinwerte von 250–400 mg/dl gemessen. Menschen mit zwei mutierten Allelen (Homozygote) verfügen über gar keine LDL-Rezeptoren (► Bild 6). Bei ihnen steigen die Cholesterinwerte im Blut auf 600–1 000 mg/dl. Sie müssen sich daher regelmäßig einer Art „Blutwäsche" unterziehen (LDL-Apherese), bei der 70–80 % der LDL-Partikel aus dem Blut entfernt werden.

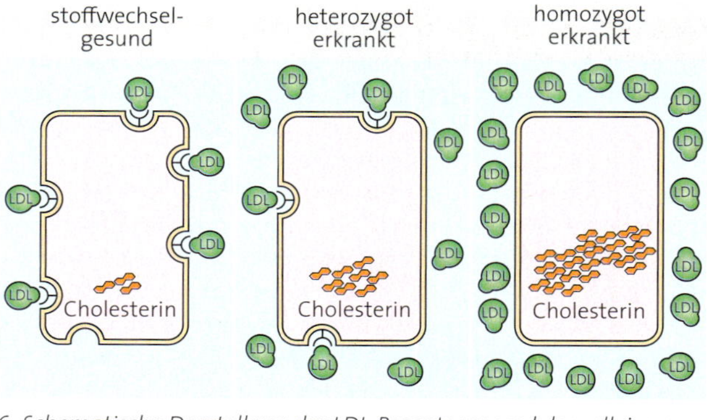

6 Schematische Darstellung der LDL-Rezeptoren und der zelleigenen Cholesterinherstellung bei Stoffwechselgesunden sowie bei Hypercholesterinämie

1. **Erläutern Sie, weshalb mit Nahrung aufgenommenes Cholesterin nur einen geringen Einfluss auf den Cholesterinspiegel im Blut hat.**
2. **Begründen Sie, weshalb auch Bewegungsmangel zu einem erhöhten Cholesterinwert beitragen kann.**

Leuchtende Zellen

1 Aequorea victoria

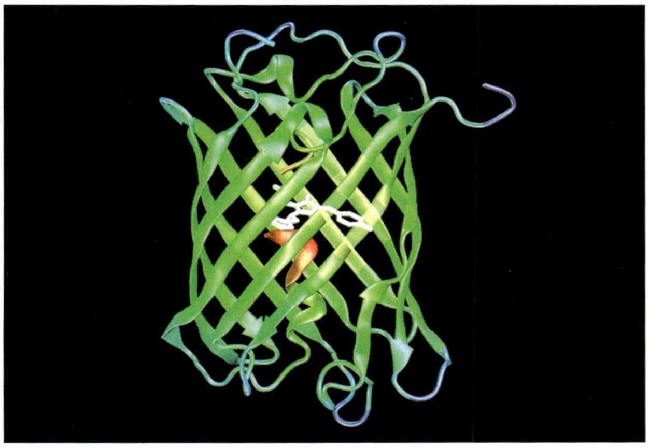

2 Raumstruktur von GFP

2008 ging der Nobelpreis für Chemie an drei Wissenschaftler, die die zell- und molekularbiologische Forschung revolutioniert haben: Sie wurden für die Entdeckung, Charakterisierung und Weiterentwicklung des *grün fluoreszierenden Proteins (GFP)* geehrt. Mit diesem Molekül können Vorgänge in Zellen sichtbar gemacht werden, die sonst unsichtbar ablaufen.

In jeder Zelle gibt es Tausende von Proteinen mit den unterschiedlichsten Aufgaben. Sie sind alle in einen komplexen Stoffwechsel eingebunden. Mit GFP ist es möglich, einzelne Proteine auf ihren Wegen durch eine Zelle zu verfolgen.

Entdeckung von GFP. In Meerestiefen unterhalb von 700 Metern produzieren 90 Prozent aller Lebewesen ihr eigenes Licht. Dazu gehört auch die etwa zehn Zentimeter große pazifische Qualle mit dem Namen Aequorea victoria. Nicht das gesamte Tier leuchtet, sondern nur die Schirmränder – und zwar grün (▶ Bild 1). Das Leuchten wird durch das *Zusammenspiel von drei Molekülen* hervorgerufen: Im Inneren eines kleinen, globulären Proteins namens Aequorin befindet sich das Molekül, das für die Lichterzeugung verantwortlich ist: Coelenterazin. Nach der Bindung von Calciumionen ändert Aequorin seine Konformation, woraufhin Coelenterazin abgespalten und umgewandelt wird und dabei blaues Licht abgibt. Zuletzt verwandelt GFP das blaue Licht in grünes Licht.

Eigenschaften von GFP. GFP besteht aus einer Kette von 238 Aminosäuren, die sich zu einem fassähnlichen Gebilde falten, dessen „Dauben" aus elf β-Faltblättern bestehen. Im Inneren windet sich eine α-Helix (▶ Bild 2). Die für die Lichtabgabe verantwortliche Komponente im Inneren entsteht von selbst aus drei Aminosäuren dieser Helix. Damit hat GFP gegenüber den bis dahin bekannten fluoreszierenden Molekülen den unschätzbaren Vorteil, dass es *keine weiteren Faktoren* benötigt, um zu leuchten.

Weiterentwicklung von GFP. Nach der erfolgreichen *Vervielfältigung des GFP-Gens* wurde es zuerst in die DNA eines Fadenwurms *eingeschleust*. Bei den Nachkommen der Würmer leuchteten die mit GFP verkoppelten Proteine nach Belichtung mit ultraviolettem Licht. GFP ist klein genug, um die Funktion eines Proteins, an das es gekoppelt wird, nicht zu beeinträchtigen. Nun setzte der Siegeszug des grünen Leuchtens in den zell- und molekularbiologischen Labors rund um die Welt ein: In jeder Zelle können die Herstellung und die Transportwege jedes beliebigen Proteins verfolgt werden (▶ S. 50, Bild 2).

Bunte Zellen. Dass es in den zell- und molekularbiologischen Labors inzwischen recht bunt zugeht, ist der Tatsache zuzuschreiben, dass die *fluoreszierende Komponente* im GFP aus drei Aminosäuren des Moleküls selbst entsteht. Durch gezielte Veränderung des GFP-Gens gelang es zunächst, blau, cyanfarben und gelb leuchtende Varianten zu erzeugen. Nur Rot war ein Problem. Inzwischen wurden vor allem bei Korallen, aber auch bei marinen Krebsen weitere GFP-ähnliche Proteine entdeckt. Daraus konnten Moleküle mit weiteren Farbvarianten optimiert werden, sodass inzwischen praktisch das gesamte Spektrum abgedeckt ist. Mit dieser Farbpalette kann die *Aktivität von mehreren Genen* und deren Proteinen *gleichzeitig beobachtet* werden (▶ Bild 3).

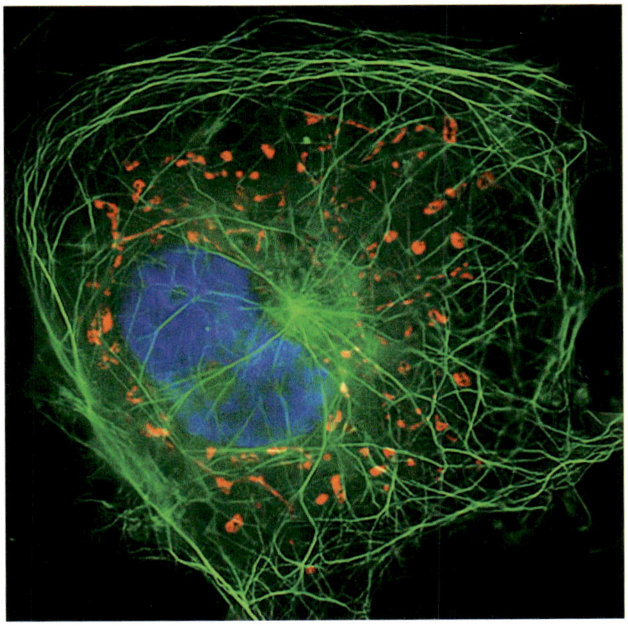

3 Die Fasern des Zellskeletts leuchten grün, ein Mitochondrien-Protein rot und ein Kern-Protein blau.

Die Zellorganellen

Die Organellen von Pflanzen- und Tierzelle erfüllen jeweils spezifische Funktionen im Stoffwechsel. Im elektronenmikroskopischen Bild erkennt man, dass ein Teil der Organellen durch eine oder zwei Membranen begrenzt ist. Anderen fehlt eine solche Abgrenzung gegenüber dem Cytoplasma.

Zellkern. Der *Zellkern*, auch Nucleus oder Karyon genannt, ist das Steuerzentrum der Zelle. Er ist von einer doppelten Membran, der *Kernhülle*, umschlossen. Die beiden Membranen der Kernhülle sind durch einen 20 bis 40 nm breiten Zwischenraum getrennt. Im Bereich der *Kernporen* gehen äußere und innere Kernmembran ineinander über. Die Kernporen, Öffnungen von rund 100 nm Durchmesser, ermöglichen den Austausch größerer Moleküle zwischen dem Innern des Zellkerns und dem Cytoplasma.

Besonders auffällig erscheint in gefärbten Präparaten der Nucleolus, das Kernkörperchen. Je nach Art und Entwicklungsstadium der Zelle können auch mehrere Nucleoli im Zellkern vorkommen. Im Nucleolus werden die Ribosomen gebildet.

2 *Äußere und innere Membran der Kernhülle mit Kernporen*

Der Zellkern enthält den Großteil der Erbinformation einer Zelle. Das genetische Material liegt in Form von *Chromosomen* vor, die jedoch nur während der Zellteilung als solche erkennbar werden (► S. 24).

Während der übrigen Zeit erscheint das *Chromatin*, ein leicht anfärbbarer Komplex aus *Desoxyribonukleinsäure* (DNA) und Strukturproteinen, als unstrukturierte Masse.

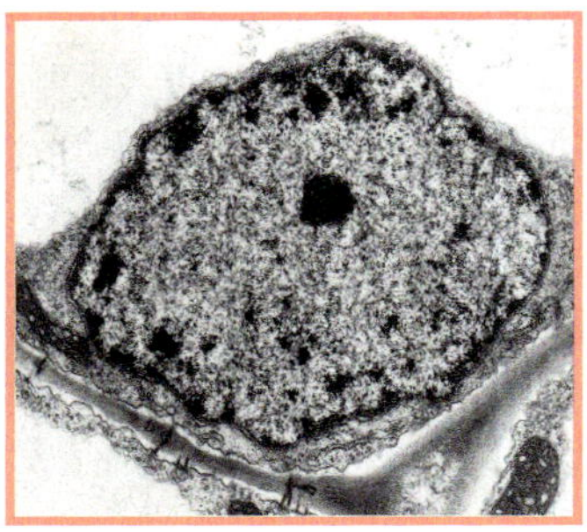

4 *Im Innern des Zellkerns ist der dunkel gefärbte Nucleolus deutlich zu erkennen.*

Der Zellkern steuert alle Stoffwechselprozesse innerhalb der Zelle mithilfe von Botenmolekülen aus *Ribonukleinsäure* (RNA), die über die Kernporen nach außen geschleust werden. Jedes RNA-Botenmolekül enthält die genetische Information für die Aminosäuresequenz eines bestimmten Proteins (Enzyms).

Ribosomen. *Ribosomen* sind die Orte der *Eiweißbildung*. Hier werden Aminosäuren miteinander zu Proteinen verbunden. Ein Teil der Ribosomen einer Zelle liegt frei im Cytoplasma. Diese sogenannten freien Ribosomen stellen vor allem Enzyme her, die Stoffwechselvorgänge im Cytoplasma katalysieren. Ribosomen können sich jedoch auch an die Membranen des endoplasmatischen Reticulums anlagern. Chemisch bestehen Ribosomen aus Proteinen und RNA. Sie sind nicht von einer Membran umgeben.

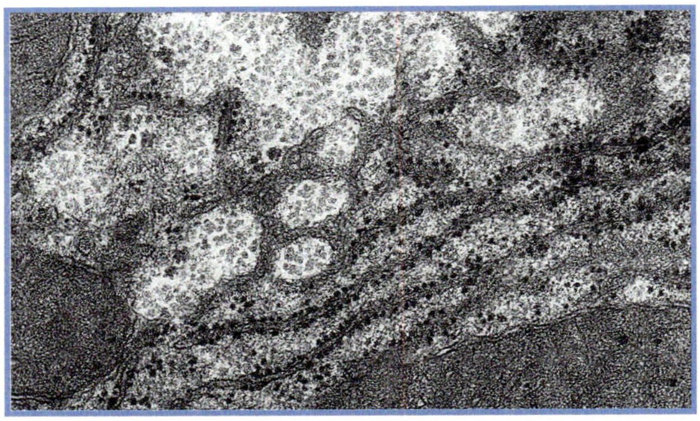

1 *Raues und glattes endoplasmatisches Reticulum*

Das endoplasmatische Reticulum. Das *endoplasmatische Reticulum* (ER) durchzieht als ausgedehntes Membransystem die gesamte Zelle. Dabei bilden die Membranen des ER flächige oder röhrenförmige Hohlräume, die als *Zisternen* bezeichnet werden. Das ER steht mit anderen Organellen in Verbindung. Es geht beispielsweise direkt in die Kernhülle über. Das ER dient neben der Synthese und der Verarbeitung verschiedener Stoffe vor allem dem *innerzellulären Stofftransport*.

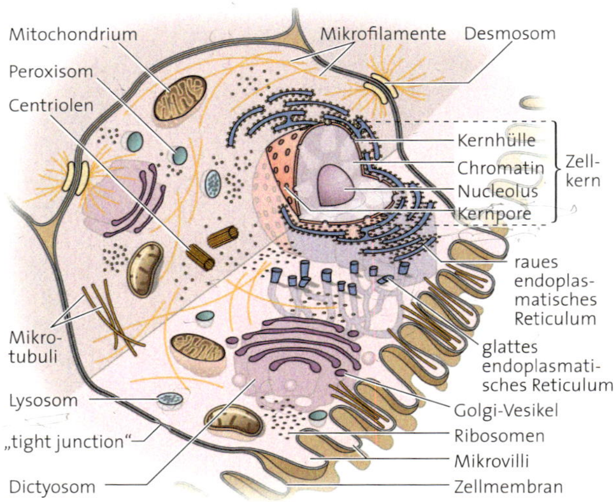

3 *Schema einer Tierzelle*

Die Bereiche des ER, an dessen Membranflächen Ribosomen angelagert sind und die im elektronenmikroskopischen Bild ein „raues" Aussehen haben, bezeichnet man als *raues ER*. Die Ribosomen des rauen ER synthetisieren Proteine, die entweder für den Einbau in Membranen bestimmt sind oder als *Sekrete*, in Vesikel verpackt, die Zelle verlassen. Drüsenzellen sind besonders stark vom rauen ER durchzogen.

Ribosomenfreie Abschnitte heißen *glattes ER*. Das glatte ER synthetisiert vor allem Lipide für neue Membranen. In tierischen Zellen stellt das glatte ER auch bestimmte Hormone wie zum Beispiel Geschlechtshormone her. In Leberzellen werden hier Gifte und Arzneimittel abgebaut.

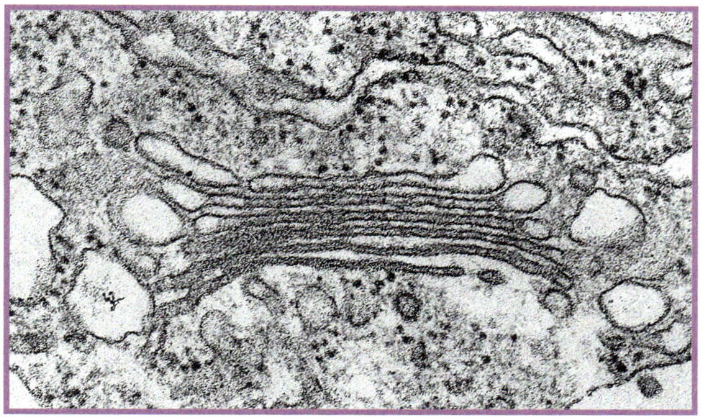

1 *An den Dictyosomen schnüren sich Golgi-Vesikel ab.*

Dictyosomen. *Dictyosomen* bestehen aus übereinandergestapelten, flachen Membranzisternen. Nach ihrem Entdecker wird die Gesamtheit aller Dictyosomen einer Zelle als *Golgi-Apparat* bezeichnet. In den Dictyosomen werden die Syntheseprodukte des ER umgewandelt, gespeichert, in sogenannte *Golgi-Vesikel* verpackt und weitertransportiert. Der Stofftransport zwischen ER, den einzelnen Zisternen der Dictyosomen und der Zelloberfläche erfolgt durch Aufnahme und Abgabe von Vesikeln. Dabei zeigen

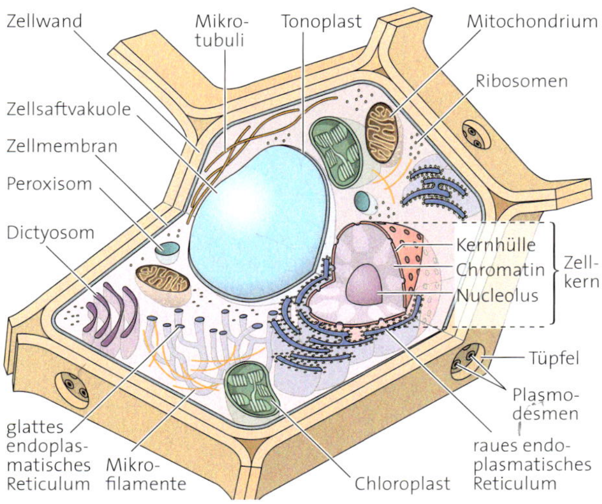

3 *Schema einer Pflanzenzelle*

die Dictyosomen eine eindeutige *Polarität*. Auf der dem Zellkern und dem ER zugewandten *Bildungsseite* werden Syntheseprodukte aufgenommen, indem vom ER abgeschnürte Transportvesikel mit der Dictyosomenmembran verschmelzen. Auf der gegenüberliegenden, der Zellmembran zugewandten *Sekretionsseite* schnüren sich Golgi-Vesikel ab, die zur Zelloberfläche oder zu den Lysosomen weitertransportiert werden.

Die Produkte des ER werden, während sie den Golgi-Apparat passieren, chemisch verändert. Hier werden zum Beispiel Membranproteine und -lipide mit Zuckerketten versehen, sodass Glykoproteine und Glykolipide entstehen (► S. 45). Ihre „individuelle Kennung" erhalten die Moleküle, indem einzelne Zuckerbausteine „angehängt" oder „abgeschnitten" werden. Die Dictyosomen stellen auch solche Kohlenhydrate her, die als *Sekrete* aus der Zelle ausgeschieden werden. Die vom Golgi-Apparat abgegebenen Sekrete können jedoch sehr unterschiedlich sein. Golgi-Vesikel pflanzlicher Zellen enthalten zum Beispiel Moleküle, die für den Aufbau der Zellwand benötigt werden. In Zellen der Dünndarmwand bilden die Dictyosomen Schleimbestandteile. Bei Einzellern, die im Süßwasser vorkommen, sind Golgi-Vesikel an der Wasserausscheidung über die pulsierende Vakuole beteiligt (► S. 30).

Lysosomen. In der Zelle kommen weitere vom Golgi-Apparat abgeschnürte Vesikel vor, die entsprechend ihrer Funktion als *Lysosomen* bezeichnet werden. Sie dienen dazu, zelleigenes und zellfremdes Material zu verdauen, um die Bausteine der Zelle für neue Synthesen zugänglich zu machen. Lysosomen enthalten Enzyme für den Abbau aller in der Zelle vorhandenen Makromoleküle. Wenn die Zelle stirbt, geben die Lysosomen ihre Enzyme nach außen ab, sodass die Zelle sich selbst verdaut. Die Abbauprodukte werden von Nachbarzellen wieder verwendet. Pflanzenzellen enthalten keine Lysosomen. Deren Funktion wird dort von der Vakuole erfüllt.

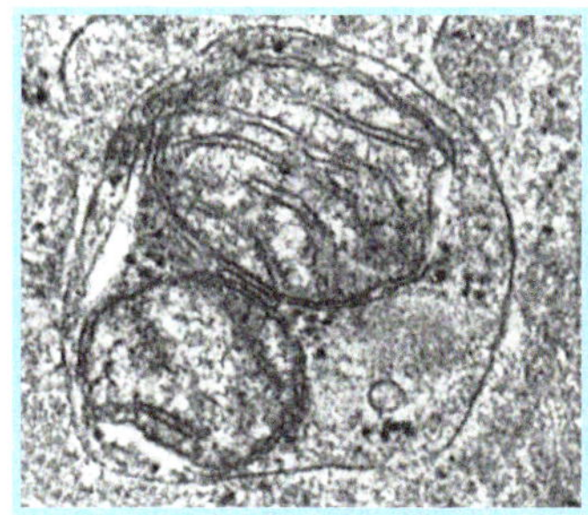

2 *Ein Lysosom verdaut ein Mitochondrium.*

Vakuolen. *Vakuolen* sind große Vesikel, die der Verdauung von Makromolekülen dienen, aber auch Produkte des Zellstoffwechsels speichern. Sie entstehen bei der Endocytose oder durch die Fusion von Vesikeln, die von ER und Golgi-Apparat abgeschnürt werden. Damit sind Vakuolen Bestandteile des inneren Membransystems. In ausgewachsenen Pflanzenzellen findet sich meist eine große, zentral gelegene Vakuole. Durch ihren osmotischen Wert sorgt die Zentralvakuole für den *Innendruck* der Pflanzenzelle, der auch *Turgor* genannt wird (► S. 47).

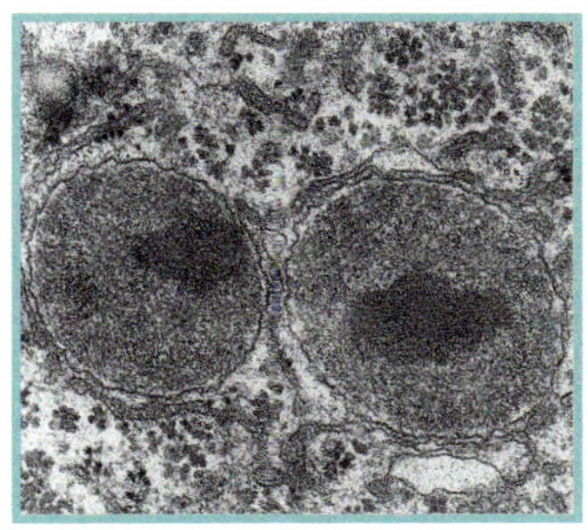

4 *Peroxisomen*

Peroxisomen. *Peroxisomen* oder *Microbodies* sind vesikelähnliche Organellen, die in unterschiedlichen Zellen sehr verschiedene Funktionen haben. Mithilfe von Enzymen bauen sie Fettsäuren und andere Substrate ab. Häufig enthalten sie *Katalase*, die das im Stoffwechsel entstehende Zellgift *Wasserstoffperoxid* in Sauerstoff und Wasser zerlegt. In Leberzellen dienen sie dazu, Alkohol und andere schädliche Verbindungen zu entgiften. Peroxisomen schnüren sich nicht vom inneren Membransystem ab, sondern vermehren sich durch Teilung.

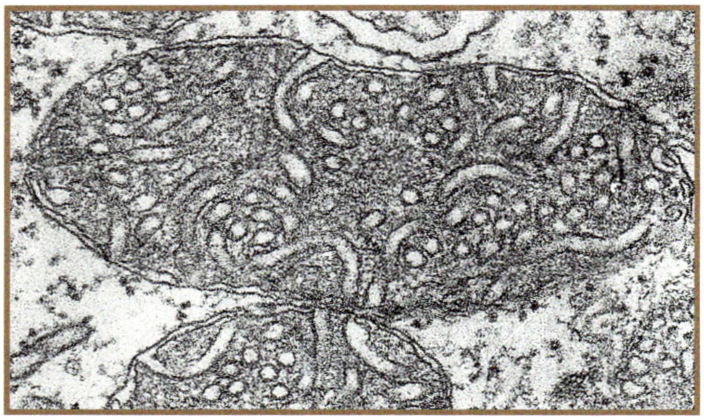

1 *Die innere Mitochondrienmembran ist stark eingefaltet.*

Mitochondrien. *Mitochondrien* sind von zwei Membranen umgeben. Die äußere Mitochondrienmembran ist glatt, die innere Membran zeigt dagegen zahlreiche Einfaltungen nach innen, die als *Cristae* (Einzahl *Crista*) bezeichnet werden. Die beiden Membranen gliedern das Mitochondrium in zwei Kompartimente: den *Intermembranraum* zwischen den Membranen und die *Matrix* im Innern des Mitochondriums. Die Matrix enthält Ribosomen, mitochondriale DNA und zahlreiche Enzyme des Kohlenhydrat- und Lipidstoffwechsels.

Mitochondrien sind die Organellen der *Zellatmung*. Bei diesem Stoffwechselvorgang wird aus Zuckern, Fetten und anderen Nährstoffen mithilfe von Sauerstoff Energie gewonnen und in eine chemische, für die Zelle nutzbare Form umgesetzt (▶ S. 104). In Zellen mit hoher Stoffwechselrate finden sich daher besonders viele Mitochondrien. Leberzellen enthalten beispielsweise über 1000 Mitochondrien, manche Algenzellen dagegen nur ein einziges.

Chloroplasten. *Chloroplasten* gehören zu den *Plastiden* (▶ S. 21), sie kommen nur in Pflanzenzellen vor. Wie die Mitochondrien sind sie durch zwei Membranen gegen das Cytoplasma abgegrenzt. Im Innern des Chloroplasten befindet sich ein weiteres Membransystem aus flachen Zisternen, den sogenannten *Thylakoiden*. Bereiche, in denen die Faltungen der Thylakoidmembran wie dicht übereinandergestapelte Münzen aussehen, nennt man *Grana*. Sie erscheinen im elektronenmikroskopischen Bild dunkel gefärbt. Der Raum außerhalb der Thylakoide heißt *Stroma*. Im Chloroplasten lassen sich demnach drei Kompartimente unterscheiden: der schmale Intermembranraum zwischen äußerer und innerer Membran, das Stroma und der Thylakoid-Innenraum. Die Chloroplasten sind die Organellen der *Fotosynthese* (▶ S. 128).

Mitochondrien und Chloroplasten im Vergleich. Mitochondrien und Chloroplasten sind die wichtigsten Energieumwandler der Zellen. Beide sind von Membranen umschlossen, die keine Verbindung zum inneren Membransystem der Zelle haben. Beide Organellen besitzen auch eigene DNA und RNA sowie Ribosomen, die einen Teil der Eiweiße synthetisieren. Mitochondrien wie Chloroplasten vermehren sich unabhängig vom Zellteilungszyklus durch Zweiteilung.

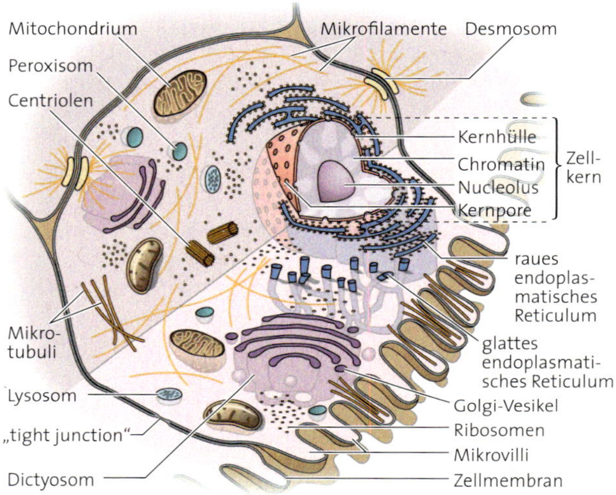

Cytoskelett. Das Cytoplasma ist von einem Netzwerk feiner Proteinstrukturen durchzogen, das in seiner Gesamtheit als *Cytoskelett* bezeichnet wird. Es sorgt für die *mechanische Festigkeit* der Zelle und hält die Zellorganellen an ihrem Platz im Cytoplasma. In tierischen Geweben, deren Zellen keine festen Zellwände haben, gewährleistet das Cytoskelett Zusammenhalt und Stabilität. Daneben ist das Cytoskelett für *Bewegungsvorgänge* verantwortlich. Dazu gehören Formveränderungen ganzer Zellen wie zum Beispiel die Bildung von Pseudopodien bei Amöben (▶ S. 30), aber

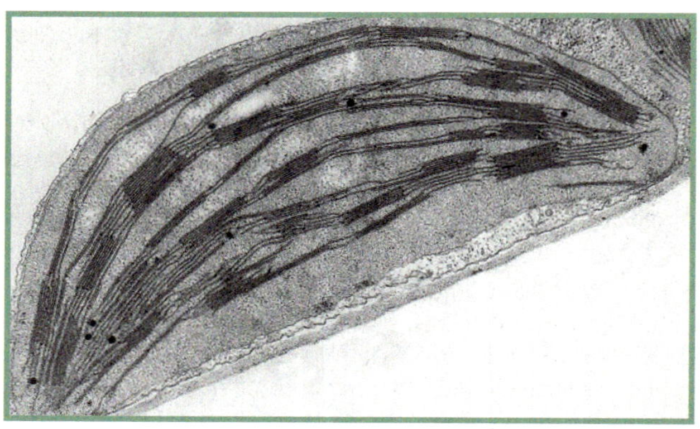

2 *Chloroplasten sind in drei Kompartimente gegliedert.*

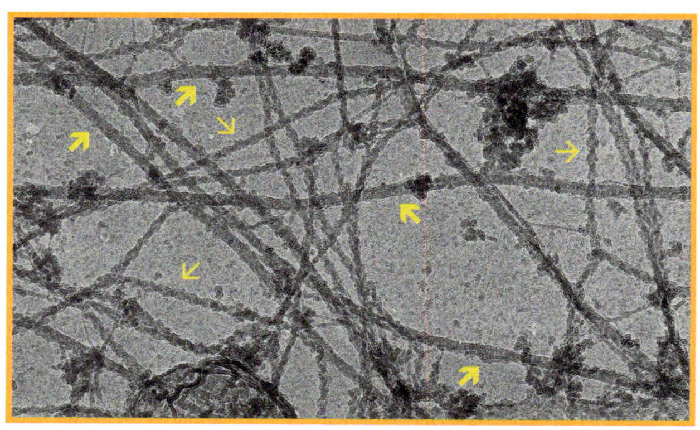

3 *Mikrofilamente (→) und Mikrotubuli (→) des Cytoskeletts*

auch Transportvorgänge innerhalb der Zelle wie die Cytoplasmaströmung und der Transport von Vesikeln. Man unterscheidet röhrenförmige und fadenartige Bestandteile:

Mikrotubuli sind Röhren von rund 25 nm Durchmesser, deren Wand aus Tubulin, einem globulären Protein, besteht. Mikrotubuli wachsen, indem sich an einem Ende neue Tubulinmoleküle anlagern. Werden Tubulinbausteine abgebaut, so verkürzt sich die Röhre. Durch Auf- und Abbau von Mikrotubuli kommt die Bewegung der Chromosomen bei der Kernteilung zustande (► S. 24). Aber auch Geißeln und Cilien enthalten Mikrotubuli. Diese zeigen im Querschnitt ein Muster von neun kreisförmig angeordneten Doppelröhren und zwei zentralen Einzelröhren (► Bild 1).

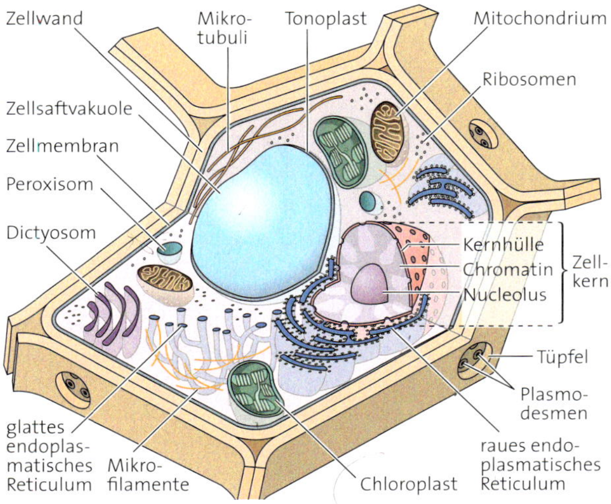

Geißeln und Cilien sind stets durch den *Basalkörper* in der Zelle „verankert". In diesem Bereich finden sich Mikrotubuli nicht als Doppelröhren, sondern in Dreiergruppen angeordnet. Genau dieselbe Struktur weisen *Centriolen* auf, die bei Tierzellen paarweise und senkrecht zueinander in der Nähe des Zellkerns liegen. Die Centriolen gelten als Zentren zur Organisation der Mikrotubuli. Sie verdoppeln sich, bevor sich die Zelle teilt, und können am Aufbau des Spindelapparats in der als Centrosom bezeichneten Region beteiligt sein (► S. 24).

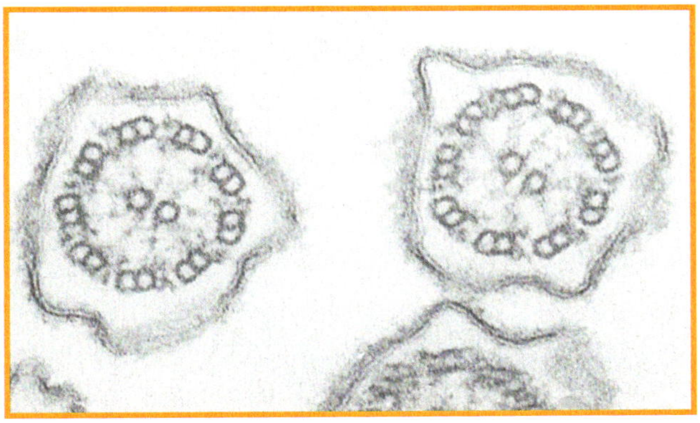

2 Geißelquerschnitte: typische Anordnung der Mikrotubuli

Mikrofilamente sind sehr dünne, aber dennoch stabile Proteinfäden. Sie bestehen aus Aktin und Myosinelementen. Aktinmoleküle reihen sich wie Perlen aneinander. Je zwei „Perlschnüre" bilden, kordelartig umeinandergewunden, das Mikrofilament (► Bild 3, gegenüberliegende Seite). Die Bewegung entsteht dadurch, dass Aktinfilamente an Myosinmolekülen entlangwandern. So kommt beispielsweise die Cytoplasmaströmung in Pflanzenzellen zustande. In Muskeln gibt es auch reine Myosinfilamente. Bei der Muskelanspannung verkürzt sich die Faser, indem Aktin- und Myosinfilamente ineinandergleiten (► S. 117). In Darmwandzellen versteifen fest miteinander verbundene Mikrofilamente die Mikrovilli.

Die Zellwand. Nur Pflanzenzellen besitzen eine *Zellwand*. Sie wird an der Außenseite der Zellmembran gebildet. Die Zellwand verleiht der Zelle eine feste Form. Sie wirkt dem osmotischen Innendruck (► S. 47) entgegen und verhindert so, dass die Zelle zu viel Wasser aufnimmt und platzt. Zusammen mit der Vakuole gewährleistet die Zellwand die Stabilität krautiger Pflanzenteile. Poren in der Zellwand ermöglichen den Durchtritt von *Plasmodesmen*. Plasmodesmen sind membranumhüllte Cytoplasmastränge, die das Zellinnere benachbarter Pflanzenzellen miteinander verbinden. Sie treten gehäuft im Bereich sogenannter *Tüpfel* auf.

Die Zellwand besteht aus 20 bis 30 nm dicken *Cellulosefasern*, die in eine Grundsubstanz aus anderen Kohlenhydraten und Proteinen eingebettet sind. Nach einer Zellteilung entsteht zunächst eine Mittellamelle aus Pektin. Dieses gelartige Kohlenhydrat hält die Tochterzellen zusammen. Dann wird die Primärwand aufgelagert, die unregelmäßig angeordnete Cellulosefasern enthält. Ist die endgültige Zellgröße erreicht, wird die Sekundärwand gebildet. Da die Cellulosefasern parallel und sehr dicht angeordnet sind, ist die Sekundärwand nicht mehr dehnbar. Die Tüpfel werden bei der Sekundärwandbildung ausgespart. Einlagerung des Holzstoffs Lignin in die Zellwand kann ihre Druckfestigkeit verstärken, Auflagerung der Korkstoffe Suberin und Cutin die Wasserdurchlässigkeit der Zellwand einschränken.

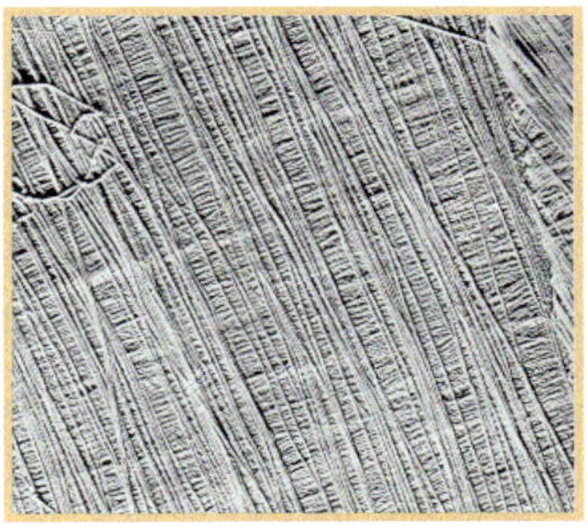

1 Anordnung der Cellulosefibrillen in der Zellwand

---

1 **Zellorganellen sind gegenüber dem Cytoplasma unterschiedlich abgegrenzt. Stellen Sie in einer Tabelle Organellen mit zwei, einer und ohne Membran zusammen und erklären Sie die jeweilige Funktion der Organellen.**

2 **Überlegen Sie, welche Zellbestandteile durch Membranfluss miteinander in Verbindung stehen.**

3 **Vergleichen Sie die Schemazeichnungen von Tier- und Pflanzenzelle miteinander und machen Sie sich Gemeinsamkeiten und Unterschiede klar.**

Isolierung von Zellbestandteilen

Einen wichtigen Fortschritt in der Erforschung der Zellorganellen brachten Methoden, mit denen man die Zellbestandteile voneinander trennen kann. Sie ermöglichen es, bestimmte Organellen anzureichern, um ihre jeweilige Funktion zu untersuchen. So lassen sich auch die Stoffwechselprozesse gut analysieren, die dort stattfinden. Das Verfahren, mit dem die Zellorganellen getrennt und angereichert werden, heißt *Zellfraktionierung*.

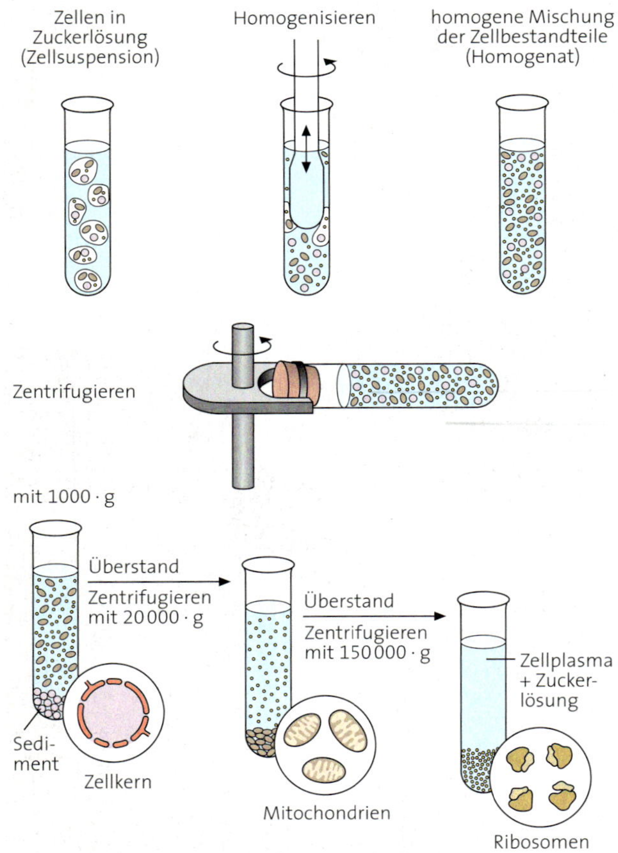

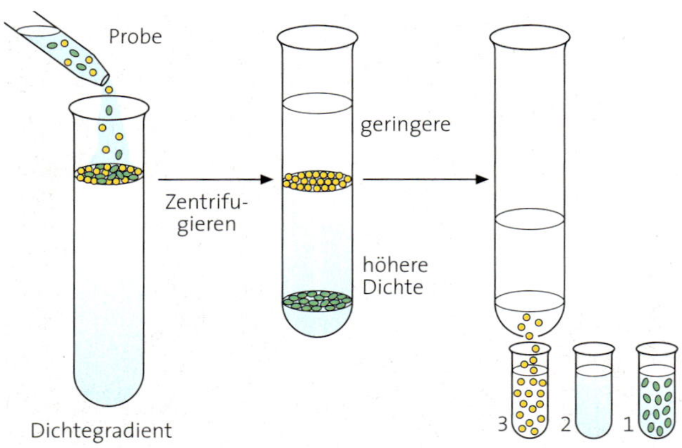

Zellfraktionierung

Homogenisieren. Zunächst wird das Gewebe vorsichtig in einer Lösung zerkleinert, die einen ähnlichen osmotischen Wert hat wie das Zellinnere, sodass die Organellen funktionsfähig bleiben. Man erhält ein Gemisch aus verschiedenen Zellbestandteilen, das *Zellhomogenat*.

Zentrifugieren. Durch Zentrifugieren werden die Zellbestandteile voneinander getrennt. Moderne *Ultrazentrifugen* erreichen mehr als 100 000 Umdrehungen pro Minute. Große und schwere Zellbestandteile setzen sich schon bei niedriger Drehzahl als *Sediment* am Boden des Gefäßes ab. Die Flüssigkeit darüber, der *Überstand*, enthält kleine und leichte Zellstrukturen. Er wird in ein anderes Glas gegossen und bei höherer Drehzahl erneut zentrifugiert. Das mehrmalige Wiederholen der Schritte bei zunehmender Drehzahl dient der Auftrennung der Zellbestandteile: Man spricht von *differenzieller Zentrifugation*.

Eine Trennmethode, bei der durch einmaliges Zentrifugieren Bestandteile ähnlicher Größe, aber verschiedener Dichte voneinander getrennt werden können, ist die *Dichtegradientenzentrifugation* (▸ unten links). Sie eignet sich zur Feinauftrennung von Proben, die bereits durch differenzielle Zentrifugation gereinigt sind, aber auch zur Isolierung von Makromolekülen. Dazu füllt man ein Zentrifugengefäß mit einer Lösung, deren Dichte von oben nach unten zunimmt. Um einen solchen *Dichtegradienten* zu erzeugen, verwendet man beispielsweise Rohrzuckerlösung mit steigender Konzentration. Dann gibt man das Zellhomogenat zu und zentrifugiert. Die Zellbestandteile reichern sich in der Zone an, die ihrer eigenen Dichte entspricht. Die einzelnen Schichten mit Organellen gleicher Dichte können getrennt entnommen werden.

---

1 **Erläutern Sie, warum die Zellfraktionierung zu den wichtigsten Methoden der Zellbiologie gehört.**

2 **Vergleichen Sie die beiden Trennverfahren. Welche Vorteile bietet die Dichtegradientenzentrifugation gegenüber der differenziellen Zentrifugation?**

3 **Aus den Volumenanteilen der Organellen kann man auf die Funktion der Zellen rückschließen. Das Bild unten zeigt das Ergebnis der Zellfraktionierung von wachsenden und ausdifferenzierten Zellen einer Erbsenpflanze. Erklären Sie.**

☞ Stichworte zu weiteren Informationen

Sedimentationskoeffizient • Svedberg-Einheit • Herstellung von Dichtegradienten • Zonenzentrifugation

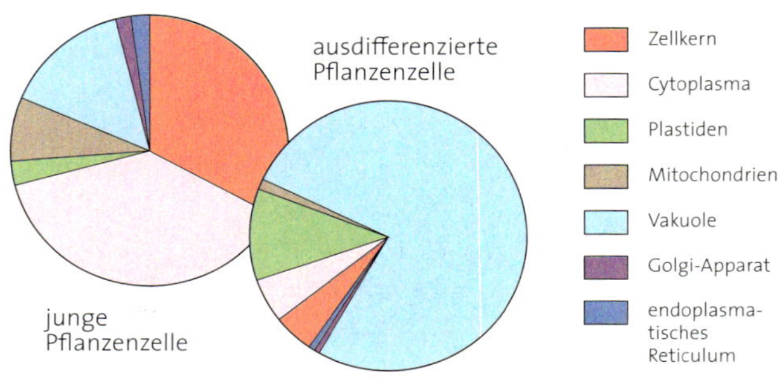

Interpretation elektronenmikroskopischer Bilder

Das Elektronenmikroskop bildet winzige Strukturen mit einer sehr hohen Auflösung ab. Allerdings sind die Abbildungen nicht immer leicht zu deuten, vor allem weil *keine lebenden Gewebe* untersucht werden können. Die Objekte müssen fixiert und meist auch kontrastiert werden. Durch die Präparation können künstliche Veränderungen, sogenannte *Artefakte*, entstehen. Zudem zeigen die Bilder äußerst dünne Schnitte räumlicher Strukturen. Unter dem Einfluss der Elektronenstrahlen werden die Präparate extrem erhitzt, sodass leicht flüchtige Elemente verdampfen. Elektronenmikroskopische Aufnahmen zeigen daher oft eher ein lebensnahes Modell als ein „Foto" der ursprünglichen Strukturen.

1. **Licht- und elektronenmikroskopische Aufnahmen unterscheiden sich grundlegend. Erörtern Sie, woran man erkennt, von welchem Mikroskoptyp eine Aufnahme stammt.**
2. **Diskutieren Sie, welche Schwierigkeiten bei der Interpretation der EM-Bilder aufgetreten wären, hätte man das Elektronenmikroskop vor dem Lichtmikroskop erfunden.**
3. **Die Abbildungen auf dieser Seite wurden nach verschiedenen Präparationstechniken angefertigt. Benennen Sie die Methoden und erklären Sie die jeweils notwendigen Arbeitsschritte. Vergleichen Sie, welches Verfahren bestimmte Strukturen besser sichtbar macht.**
4. **Das Bild unten zeigt einen Ausschnitt aus einer Hefezelle. Fertigen Sie eine Schemazeichnung des Zellausschnitts an, die den Feinbau der Organellen verdeutlicht.**
5. **Benennen Sie die Strukturen, die in den beiden Abbildungen rechts mit Ziffern versehen sind. Handelt es sich um tierische oder pflanzliche Zellen? Begründen Sie. Erklären Sie, welche Aufgaben die beschrifteten Zellbestandteile haben.**
6. **Legen Sie eine Folie über das Bild unten rechts und zeichnen Sie die verschiedenen Organellen mit unterschiedlichen Farben nach. Ermitteln Sie mithilfe von Karopapier den ungefähren Flächenanteil der Organellen an der Gesamtfläche. Aus welchem Organ könnte die abgebildete Zelle stammen? Begründen Sie Ihre Meinung.**

Stichworte zu weiteren Informationen
Kontrastierung • Einbettung • Artefakt • Serienschnitte

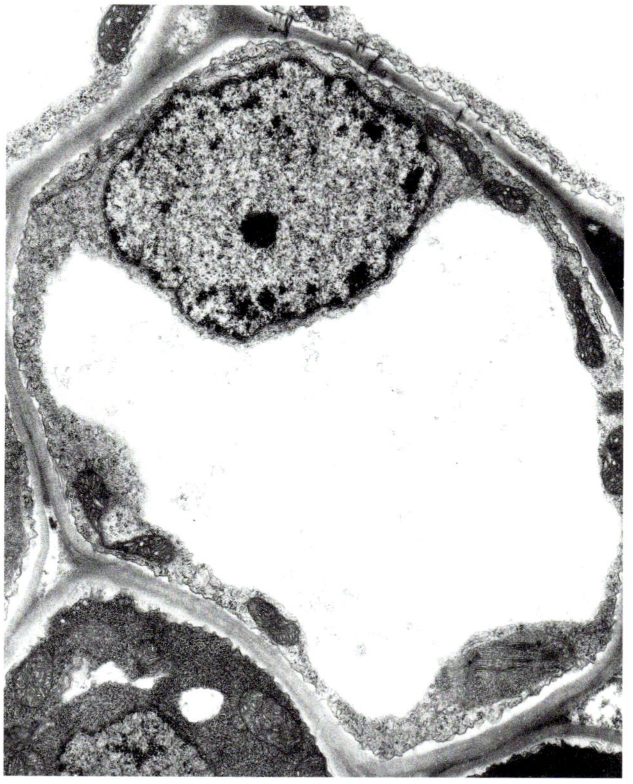

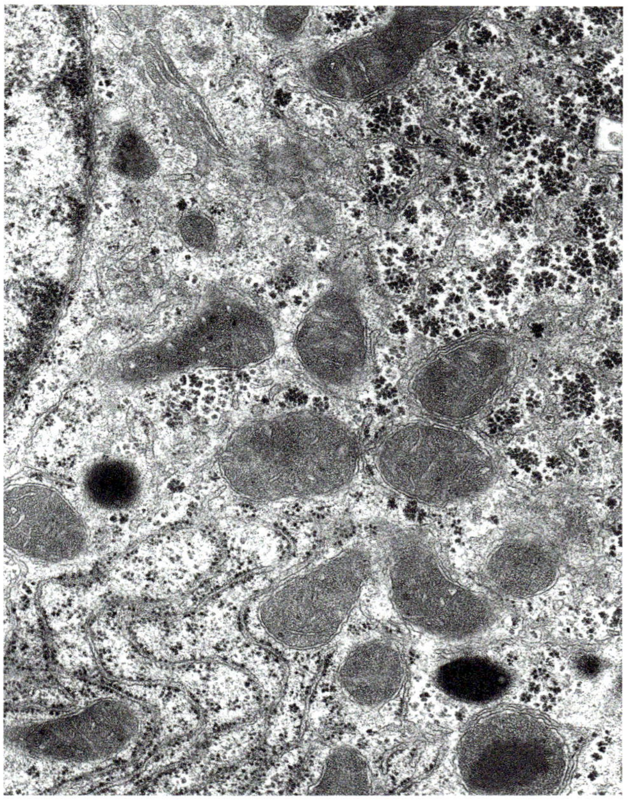

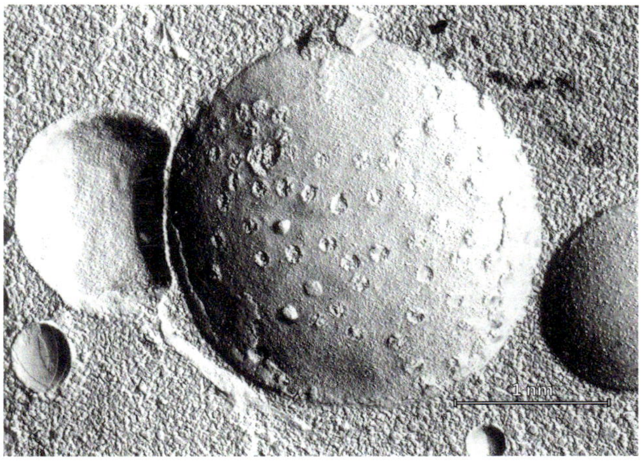

Prokaryoten

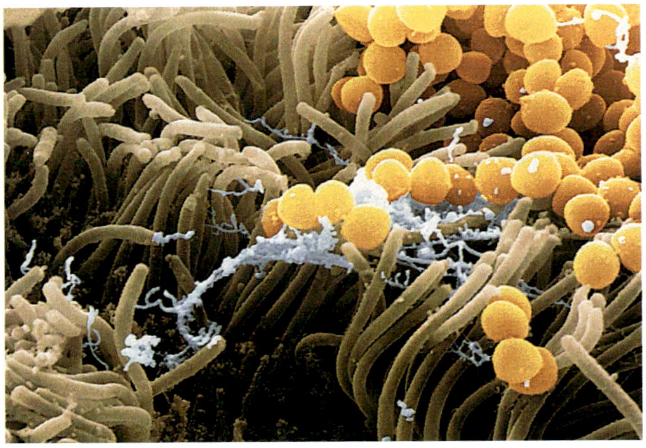

1 Staphylococcus aureus lebt auf der Nasenschleimhaut.

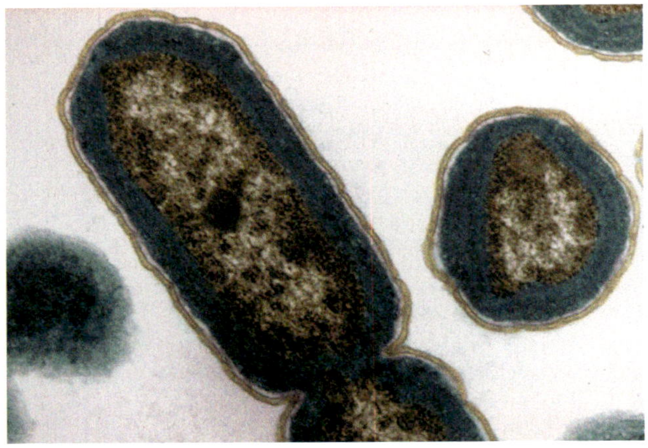

2 Die Zellmembran des Cyanobakteriums bildet Thylakoide.

Fast alle für uns sichtbaren Lebewesen in unserer Umgebung – Tiere, Pflanzen und Pilze – sind *Eukaryoten*. Sie bestehen aus Zellen, die sich vor allem durch den Besitz eines Zellkerns auszeichnen. Weitaus häufiger sind jedoch Organismen, deren Zellen keinen Kern haben und die nicht in Kompartimente oder Organellen gegliedert sind: die *Prokaryoten*.

Die größte Gruppe unter den bisher bekannten Prokaryoten sind die *Bakterien*. Sie besiedeln in unvorstellbar großer Zahl fast alle Lebensräume der Erde. Im Alltag nehmen wir Bakterien am ehesten als *Verursacher von Infektionen* oder durch verdorbene Lebensmittel wahr. Dabei sind Bakterien für das Leben auf der Erde unentbehrlich. Als *Destruenten* sorgen sie für den Abbau organischer Stoffe. Sie sind verantwortlich dafür, dass Stickstoff, Kohlenstoff und andere Elemente aus der Körpersubstanz der Lebewesen den Stoffkreisläufen in mineralischer Form wieder zugeführt werden. Darüber hinaus spielen sie eine wichtige Rolle als Symbionten beispielsweise im Magen von Wiederkäuern. *Escherichia coli (E. coli)* aus dem Warmblüter-Darm ist als ein Modellorganismus der Biologie besonders gut untersucht.

Die meisten Bakterien sind relativ klein, ihre Länge liegt bei 1 bis 10 µm. Die Zellen sind sehr unterschiedlich geformt. Im Mikroskop lassen sich kugelige, stäbchenförmige und spiralartig gewundene Arten unterscheiden. Die Zellgestalt ist aber nicht typisch für eine bestimmte Bakteriengruppe. Viele Arten bilden zwei- oder mehrzellige Verbände.

Bei fast allen Bakterien ist der Zellmembran nach außen eine *Zellwand* aufgelagert. Deshalb wurden Bakterien früher den Pflanzen zugerechnet. Die Bakterienzellwand unterscheidet sich jedoch grundsätzlich von der der Pflanzen (► S. 57). Sie besteht aus *Murein*, einem Makromolekül aus Zuckerketten, die durch Proteine verbunden sind. Das Mureinmolekül umhüllt die Zelle wie ein festes Netz.

Die Erbsubstanz liegt als einziges, ringförmiges Chromosom im Cytoplasma. Diesen Bereich in der Zellmitte nennt man *Nucleoid*. Weitere kleine DNA-Ringe, die *Plasmide*, tragen meist nur wenige Gene. Diese sind vor allem für „Sonderaufgaben“ wie die Resistenz gegen Antibiotika oder den Abbau ungewöhnlicher Substanzen verantwortlich.

Bakterien vermehren sich asexuell durch *Zweiteilung*. Unter günstigen Bedingungen verdoppelt sich die Population bei manchen Arten alle 20 Minuten. Die extrem kurze Generationsdauer ermöglicht es den Bakterien, sich sehr rasch an veränderte Umweltbedingungen anzupassen. Voraussetzung dafür sind genetische Veränderungen. Bei der *Konjugation* wird durch den Austausch von Plasmiden genetische Information zwischen zwei Zellen übertragen. Hauptursache für genetische Variabilität sind jedoch Mutationen.

Cyanobakterien. *Cyanobakterien* sind ähnlich aufgebaut, jedoch meist 5- bis 10-mal größer als die übrigen Bakterien. Wegen ihrer oft blaugrünen Färbung und der Fähigkeit, Fotosynthese zu betreiben, bezeichnete man sie früher als *Blaualgen*. Ihre Zellmembran ist – ähnlich wie die innere Membran der Chloroplasten – vielfach eingefaltet, sodass Thylakoide entstehen. Die meisten Arten kommen im Boden und im Süßwasser vor. Sie bilden häufig fadenförmige Zellkolonien (► S. 17 Bilder 1–6). Manche leben in Symbiose mit Pilzen als *Flechten*. Auffällig ist das oft massenhafte Vorkommen von Cyanobakterien an extremen Standorten. Neben der Toleranz vieler Arten gegenüber Kälte und Trockenheit kommt ihnen dabei die Fähigkeit zugute, *Luftstickstoff* für die Proteinsynthese zu nutzen.

Archaeen. *Archaeen* sind einzellige, von einer Zellwand umgebene Organismen, die vor allem extreme Lebensräume besiedeln. Sie werden auch als *Archaebakterien* (von griech. *archeios*: urtümlich) bezeichnet. Der Name weist darauf hin, dass Archaeen an solche Lebensbedingungen angepasst sind, wie sie vermutlich in der Frühzeit der Erdentwicklung geherrscht haben. Da sie ähnlich gebaut sind wie Bakterien, hielt man sie lange Zeit für sehr ursprüngliche Bakterien. Erst molekulargenetische Untersuchungen zeigten, dass Archaeen zwar wie Bakterien Prokaryoten sind, in bestimmten Merkmalen aber den Eukaryoten näherstehen.

---

1. **Informieren Sie sich über Bakterien in der Biotechnologie, bei der Abwasserreinigung und als Indikatororganismen.**
2. **Das Cyanobakterium Spirulina wird als Nahrungszusatz angeboten. Informieren Sie sich über seine ernährungsphysiologischen Vorteile und beschreiben Sie diese.**

Eukaryoten, Prokaryoten und Viren im Vergleich

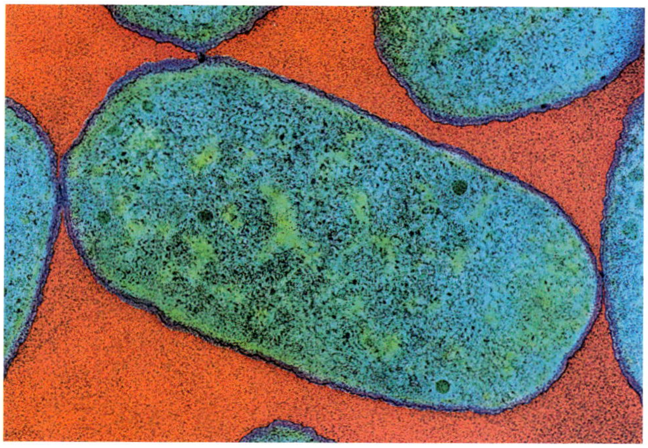

1 TEM-Aufnahme des Bakteriums Escherichia coli

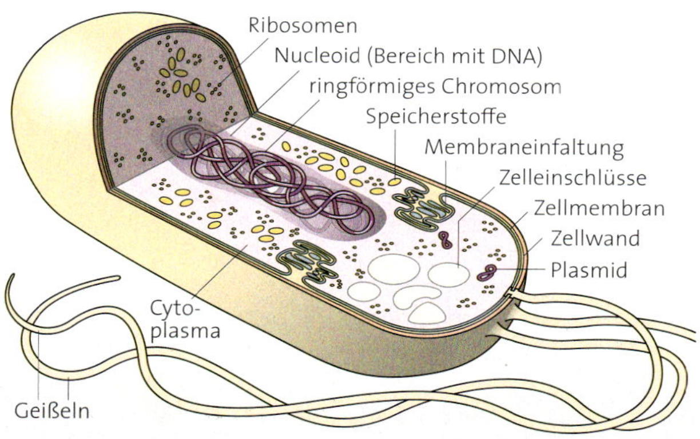

2 Schematischer Aufbau einer Bakterienzelle

Eucyte. Eukaryotische Zellen haben charakteristische Merkmale, die im Elektronenmikroskop sichtbar gemacht werden können. Dazu gehören die Kompartimentierung durch Biomembranen und das Cytoskelett. Die Erbsubstanz ist in mehrere Chromosomen gegliedert, deren Anzahl typisch ist für Arten oder Verwandtschaftsgruppen. Bei Vielzellern sind besondere Strukturen ausgebildet, um die einzelnen Zellen miteinander zu verbinden. Die Organisationsform der eukaryotischen Zelle wird als *Eucyte* bezeichnet. Man nimmt an, dass die Eucyte aus einer Symbiose prokaryotischer Vorläuferorganismen hervorgegangen ist (► S. 62).

Protocyte. Die *Protocyte*, die Organisationsform der Prokaryoten, ist deutlich einfacher strukturiert. Die Zellen sind im Durchschnitt wesentlich kleiner, sie unterscheiden sich untereinander nur wenig in ihrem Bau. Die Erbsubstanz ist in einem einzigen Chromosom konzentriert, dessen DNA-Gehalt nur etwa ein Tausendstel der DNA einer Eukaryotenzelle ausmacht. Von Membranen umgebene Organellen, wie sie für die Eucyte typisch sind, treten nicht auf. An einigen Stellen faltet sich die Zellmembran ins Zellinnere ein. In diesen Bereichen findet die Zellatmung statt. Die Ribosomen der Protocyte sind etwas kleiner als die der Eucyte. Ihre Masse wird in Svedberg-Einheiten (abgekürzt S), einem Maß für die Sedimentationsgeschwindigkeit, angegeben. Prokaryotische Ribosomen haben eine Masse von 70 S, während im Cytoplasma der Eucyte 80-S-Ribosomen vorliegen. Echte Vielzelligkeit ist bei den Prokaryoten nicht entstanden. Bei einigen Arten gibt es jedoch Zellverbände, die eine Arbeitsteilung erkennen lassen, wie sie auch bei Einzellerkolonien vorkommt (► S. 16, 34).

Viren. Im Gegensatz zu Prokaryoten sind *Viren* keine Zellen. Sie bestehen nur aus einem Nukleinsäurefaden, der von einer Eiweißhülle umgeben ist. Komplizierter gebaute Viren sind zusätzlich von einer Membran umhüllt. Der Nukleinsäurefaden enthält die Erbinformation. Da Viren keinen eigenen Stoffwechsel haben, können sie sich nicht selbst vermehren. Indem sie ihre Erbinformation in eine Wirtszelle einschleusen, bringen sie diese dazu, infektiöse Viren herzustellen. Bestimmte Viren, die *Bakteriophagen*, befallen ausschließlich Bakterien. Andere sind auf Pflanzen oder Pilze spezialisiert. Im menschlichen Körper sind sie als Erreger für Krankheiten wie Grippe, Masern und Tollwut verantwortlich. Ihre Größe liegt mit 10 bis 300 nm nochmals deutlich unter der der Prokaryoten.

Vergleich zwischen Eukaryoten und Prokaryoten

Merkmal	Eukaryoten	Prokaryoten
membranumgrenzte Organellen	+	–
Erbsubstanz	mehrere Chromosomen	1 ringförmiges Chromosom, Plasmide
genet. Austausch	Geschlechtszellen	Konjugation
Ribosomen	80 S	70 S
Cytoskelett	+	–
Geißeln	Aufbau aus Mikrotubuli (9 × 2 + 2-Muster)	Proteinfilamente, außen an der Zelle befestigt
Zellgröße	2–20(–300) µm	0,2–10(–50) µm
Vielzelligkeit	(+)	–

1 **Ergänzen Sie die Tabelle: Vergleichen Sie die entsprechenden Merkmale für Mitochondrien und Plastiden mit denen der Prokaryoten. Welche Schlüsse legt der Vergleich nahe?**

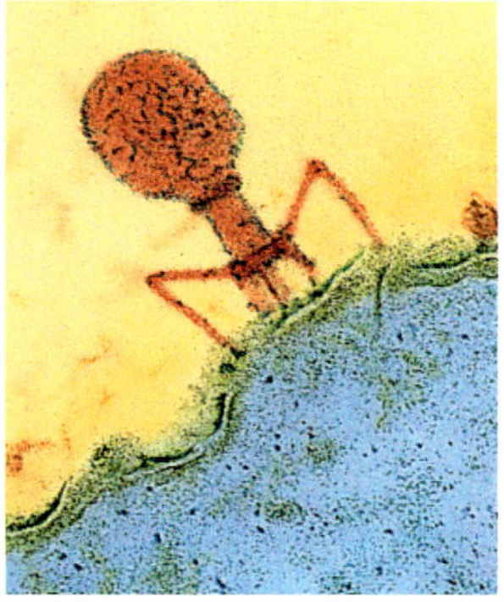

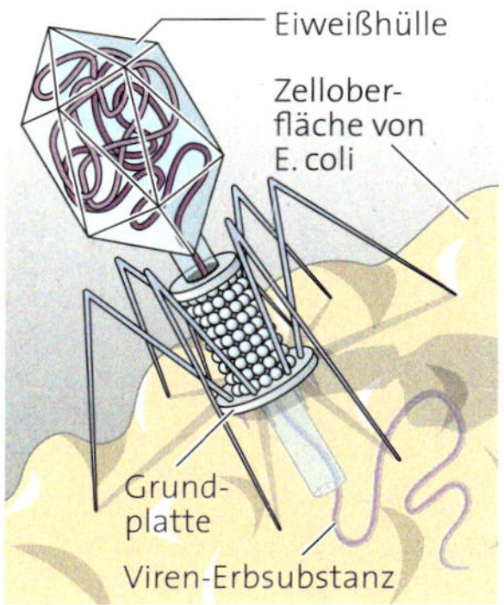

3 und 4 Ein Bakteriophage befällt ein E.-coli-Bakterium.

Herkunft der Eukaryotenzelle

Alle bekannten Lebewesen lassen sich auf die Zelltypen Protocyte und Eucyte zurückführen. Trotz ihrer grundsätzlichen Verschiedenheit weisen Übereinstimmungen wie die einheitliche Verschlüsselung der Erbinformation und die Art der Proteinsynthese auf eine *Verwandtschaft von Prokaryoten und Eukaryoten* hin. Man nimmt an, dass sich die eukaryotische Zelle aus der evolutiv wesentlich älteren prokaryotischen Zelle entwickelt hat. Wie dieser Prozess verlaufen sein könnte, ist eine der fundamentalen Fragen der Biologie.

Die Endosymbiontentheorie. Schon Ende des 19. Jahrhunderts machten Wissenschaftler die Beobachtung, dass sich Mitochondrien und Plastiden unabhängig vom Zellzyklus durch Zweiteilung vermehren. Der Biologe R. ALTMANN stellte daraufhin die Hypothese auf, die beiden Organellen könnten von ursprünglich frei lebenden Einzellern abstammen.

Aus dieser Hypothese entstand die *Endosymbiontentheorie*. Sie geht davon aus, dass große, organellenfreie Prokaryoten kleinere, bakterienähnliche Organismen zum Beispiel als Beute in die Zelle aufnahmen. Diese wurden aber nicht verdaut, sondern lebten im Cytoplasma der Wirtszelle weiter, zunächst vielleicht als Parasiten. Das Verhältnis zwischen den Zellen entwickelte sich jedoch so, dass beide Partner Vorteile daraus zogen. Indem Wirt und Symbiont immer stärker voneinander abhängig wurden, entstand ein *Organismus*, dessen einzelne Bestandteile nicht mehr getrennt voneinander existieren konnten. Als Vorläufer der Mitochondrien werden Prokaryoten angenommen, die mithilfe von Sauerstoff aus organischer Nahrung Energie gewinnen konnten. Die Plastiden könnten dagegen aus blaualgenähnlichen, Fotosynthese betreibenden Prokaryoten hervorgegangen sein.

Aus der Vorstellung, dass die Vorläufer von Mitochondrien und Plastiden durch Phagocytose in die Wirtszelle gelangten, ergibt sich von selbst, dass die Organellen von einer *doppelten Membran* umgeben sind: Die äußere Membran entspricht demnach dem Phagocytosevesikel, also der Zellmembran der Wirtszelle, die innere Membran entspricht der Zellmembran des Prokaryoten. Auch die Entdeckung, dass Mitochondrien und Plastiden eine *eigene Erbsubstanz* besitzen, stützt die Endosymbiontentheorie.

Außerdem ähneln sich Mitochondrien, Plastiden und heute lebende Prokaryoten in einigen Merkmalen. Sie stimmen beispielsweise in der *Größe* gut überein. Auch die *Größe der Ribosomen* entspricht sich: Sie haben eine Masse von 70 S. *Die Proteine der inneren Membranen* von Plastiden und Mitochondrien stimmen mit denen der Zellmembran von Prokaryoten überein. Sie unterscheiden sich dagegen erheblich von allen anderen Membranen der eukaryotischen Zelle.

Endosymbiontische Beziehungen zwischen heute lebenden Organismen können als Modell für die Entstehung der Eucyte angesehen werden. Die Amöbe *Pelomyxa palustris* zum Beispiel besitzt keine eigenen Mitochondrien. Sie nimmt stattdessen Bakterien auf, die Zellatmung betreiben und die gewonnene Energie an die Wirtszelle abgeben. Das Grüne Pantoffeltier *Paramecium bursaria* enthält in der Natur stets zahlreiche Zellen der Grünalge *Chlorella* als Endosymbionten. Im Licht kommt es völlig ohne organische Stoffe aus.

Offene Fragen. Die Endosymbiontentheorie konzentriert sich auf die Entstehung von Mitochondrien und Chloroplasten. Daher reicht sie als Erklärung für die Entwicklung der Eucyte nicht aus. Um die Entstehung des inneren Membransystems zu verstehen, muss man andere Vorstellungen heranziehen. Die Kernhülle, das endoplasmatische Reticulum, der Golgi-Apparat und verwandte Strukturen sind vemutlich durch *Einstülpungen der Zellmembran* entstanden. Dabei wurden Bereiche mit speziellen Aufgaben, also einer bestimmten Enzymausstattung, voneinander abgegrenzt und zum Teil DNA-Ringe und Ribosomen umschlossen. Unklar ist jedoch, wie es zur Gliederung der Erbinformation in Chromosomen, zur Entwicklung des Spindelapparats und zu den Abläufen bei der Zellteilung kam. Auch über die Entstehung der Eukaryotengeißel mit ihrer typischen Anordnung von Mikrotubuli gibt es noch verschiedene Auffassungen.

1. **Stellen Sie die Merkmale der Eucyte zusammen, die durch die Endosymbiontentheorie erklärt werden.**
2. **Erläutern Sie, welche Vorteile die beiden Partner aus einer Endosymbiose ziehen.**

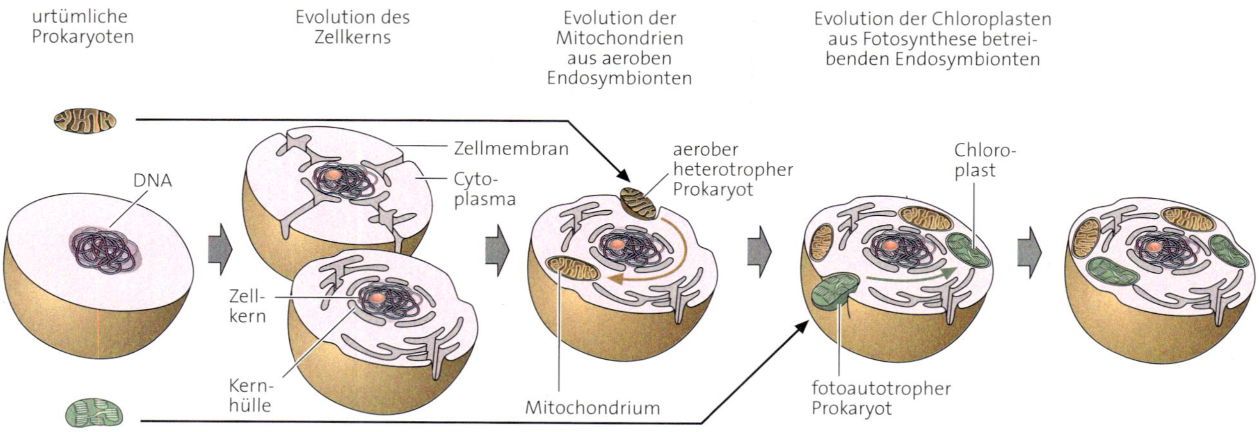

1 Um die Entstehung der Eucyte zu erklären, müssen verschiedene Vorstellungen herangezogen werden.

Kompetenzen

Mithilfe dieses Kapitels können Sie

- erläutern, wie das lichtmikroskopische Bild der Zelle durch das Elektronenmikroskop erweitert und der Feinbau der Organellen in weiten Bereichen geklärt werden konnte
- das biologische Prinzip der Kompartimentierung am Beispiel der Zellkompartimente der Eucyte erläutern
- den Bau der Biomembran beschreiben
- die verschiedenen Mechanismen des passiven und aktiven Transports erläutern, mit deren Hilfe Stoffe durch Biomembranen hindurchgelangen
- wichtige Schritte zur Isolierung von Zellbestandteilen für die weitere Analyse nennen
- den Feinbau der Eucyte skizzieren und die Aufgaben der verschiedenen Zellorganellen nennen
- am Beispiel des Flüssig-Mosaik-Modells der Biomembran beschreiben, wie wissenschaftliche Forschung zu Modellvorstellungen der Wirklichkeit führt
- einfache elektronenmikroskopische Bilder interpretieren
- Unterschiede und Gemeinsamkeiten zwischen eukaryotischen und prokaryotischen Zellen nennen und beide gegenüber Viren abgrenzen
- die Endosymbiontentheorie zur Herkunft der Eukaryotenzelle begründen

Testen Sie Ihre Kompetenzen

Eukaryotische Zellen können sich nicht nur in ihrer äußeren Gestalt, sondern auch in der Ausstattung mit Organellen unterscheiden.

1. Die Grafik rechts zeigt die Volumenanteile der verschiedenen Zellorganellen in einer Zelle der Ratte und in einer Pflanzenzelle. Vergleichen Sie die unterschiedlichen Volumenanteile der Zellorganellen. Ziehen Sie Schlussfolgerungen zur Funktion der Zellen.
2. Im elektronenmikroskopischen Bild unten ist ein Ausschnitt aus der Rattenzelle zu sehen. Benennen Sie die mit Ziffern versehenen Organellen und Strukturen und geben Sie deren Funktion im Zellstoffwechsel an.
3. Beim Zellorganell 2 lässt sich eine äußere Hüllmembran von einer inneren Membran unterscheiden. Erläutern Sie an diesem Beispiel das biologische Prinzip der Kompartimentierung.

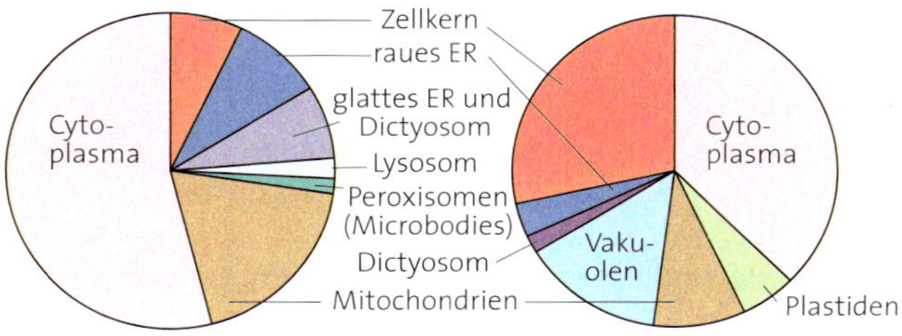

Membranen haben für den Stofftransport in und zwischen eukaryotischen Zellen große Bedeutung.

4. Erläutern Sie den Begriff Membranfluss.
5. Definieren Sie die in der Grafik unten dargestellten Transportvorgänge. Gehen Sie dabei auch auf den Aspekt ein, ob Energie benötigt wird und ob eine Stoffanreicherung gegen das Konzentrationsgefälle möglich ist.

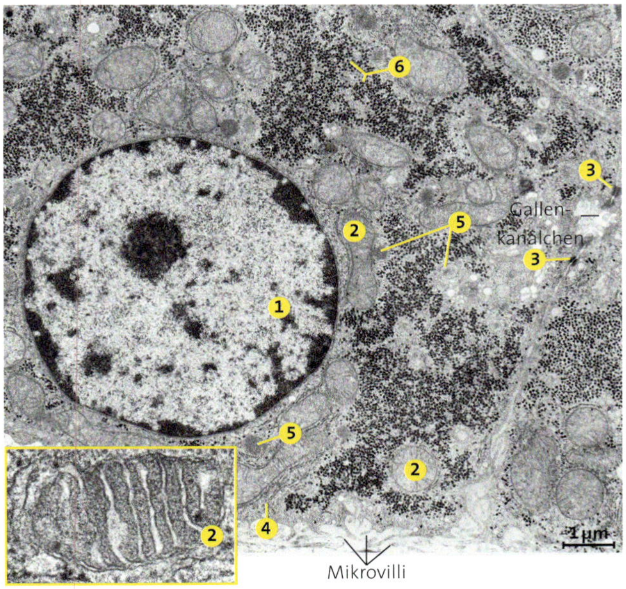

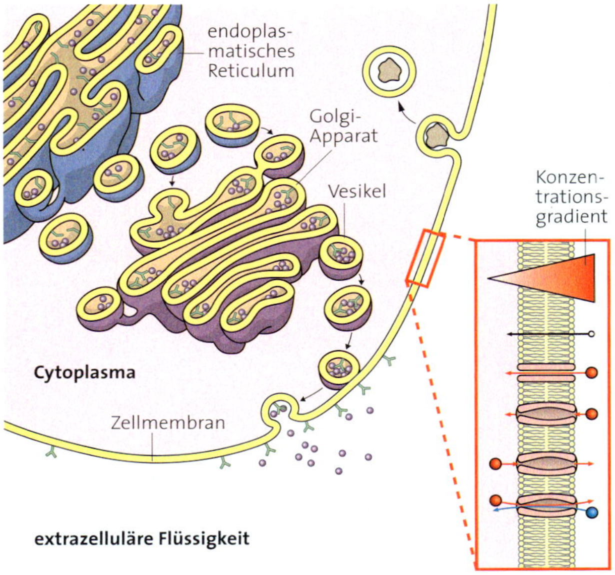

Biologische Prinzipien: Zellbiologie

KOMPARTIMENTIERUNG

Die Zelle ist die Baueinheit aller Lebewesen, ob Einzeller oder Vielzeller. Zellen untergliedern zum einen den vielzelligen Organismus vieltausendfach (► S. 22), zum anderen sind in der eukaryotischen Zelle selbst membranumhüllte Räume als Zellkompartimente abgegrenzt (► S. 39).
Beide Ebenen der Kompartimentierung hängen mit dem Prinzip der Arbeitsteilung zusammen. Durch die Abgrenzungen entstehen Räume, in denen unterschiedliche biologische Prozesse ablaufen können: entweder in verschiedenen, oft auch unterschiedlich ausgestatteten Zellen (► S. 28/29) oder in verschiedenen Zellkompartimenten innerhalb der Eucyte wie Zellkern, Cytoplasma, endoplasmatischem Reticulum, Dictyosomen, Lysosomen und Microbodies (► S. 54–57). Die von einer Doppelmembran umhüllten Mitochondrien und Chloroplasten sind sogar noch in weitere Kompartimente untergliedert (► S. 56).

Hefezelle, Gefrierbruch. Die Kompartimentierung ist deutlich zu erkennen.

STRUKTUR UND FUNKTION

Alle eukaryotischen Zellen verfügen grundsätzlich über die gleichen Zellbestandteile, doch können sich verschieden differenzierte Zellen in ihrer Struktur und im Anteil der verschiedenen Zellbestandteile stark unterscheiden (► S. 28/29).

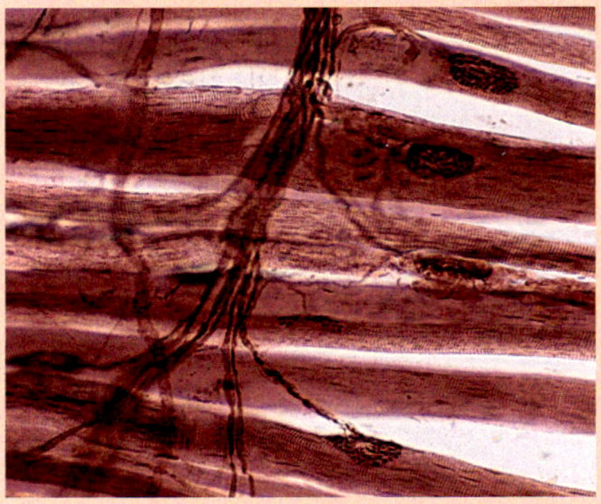

Muskelfaser und Endigungen einer Nervenzelle. Von der Nervenzelle sieht man nur einen kleinen Ausschnitt, dennoch ist die unterschiedliche Struktur unverkennbar.

Bei manchen Zellen zeigt sich nur in ihrer biochemischen Ausstattung, dass sie eine bestimmte Funktion haben. Bei anderen lässt sich der Zusammenhang von Struktur und Funktion auch mikroskopisch gut erschließen: Nervenzellen nehmen Informationen über die weitverzweigten Dendriten auf und leiten sie über das Axon weiter. Muskelzellen können sich dank kontraktiler Filamente zusammenziehen, wozu ihre vielen Mitochondrien die Energie liefern (► S. 116). Mit rauem ER angefüllte Plasmazellen produzieren auf Hochtouren Proteine zur Herstellung von Antikörpern.

REPRODUKTION

Zellen vermehren sich durch Teilung. Bei dieser Reproduktion entstehen zwei kleinere Tochterzellen, die durch Wachstumsprozesse schließlich das Volumen der Ausgangszelle erreichen und sich dann ihrerseits teilen. Jede Zelle durchläuft so einen charakteristischen Zellzyklus, währenddessen die genetische Information kopiert und dann geordnet auf die beiden Tochterzellen verteilt wird (► S. 22/23).
Bei Vielzellern dient die Zellreproduktion nicht nur zur Fortpflanzung – dabei werden häufig besondere Fortpflanzungszellen ausgebildet –, sondern ist auch Grundlage von Wachstum, Entwicklung und Regeneration.

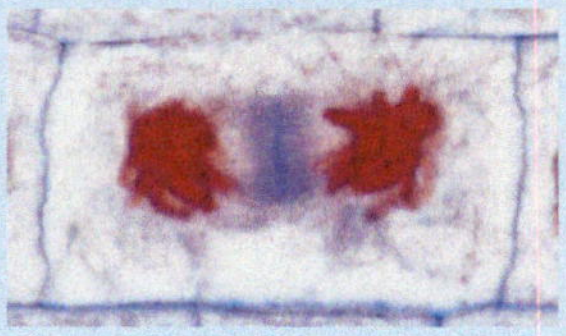

Reproduktion einer Pflanzenzelle. Die Kernteilung (Mitose) ist fast beendet, die Zellwand bildet sich aus.

Regeneration durch Zellreproduktion bei einem Seestern nach Verlust dreier Arme

STOFF- UND ENERGIEUMWANDLUNG

Jede Zelle ist eine biochemische Fabrik im Miniaturformat, in der unzählige Stoffe abgebaut, umgebaut und aufgebaut werden. Die Reaktionen, die dabei stattfinden, werden von Enzymen katalysiert (► S. 71, 91). Fast alle Zellen besitzen die erforderlichen Enzyme, um sich durch Abbau von Stoffen mit Energie zu versorgen (► S. 104), die sie zum Beispiel für den aktiven Transport durch die Zellmembran (► S. 48/49), den Aufbau von Stoffen oder für Bewegungsvorgänge (► S. 30/31) benötigen.
Pflanzliche Zellen mit Chloroplasten sind zusätzlich fähig, die Energie des Sonnenlichts zum Aufbau energiereicher Substrate zu nutzen (► S. 134/135). Manche prokaryotischen Zellen können ihre Energie aus der Oxidation anorganischer Stoffe beziehen (► S. 132).

Wie Pflanzen verfügt auch der zu den Protisten gehörende Einzeller Euglena über Chloroplasten und betreibt Fotosynthese. Dabei entsteht das stärkeähnliche Paramylon, dessen Abbau Euglena mit Energie für die Lebensvorgänge versorgt.

STEUERUNG UND REGELUNG

Viele Stoffe, die in einer Zelle entstehen, dienen der Steuerung und Regelung des Zellgeschehens. Es handelt sich größtenteils um Proteine, vor allem Enzyme, deren Bauanleitungen in der DNA gespeichert sind und die bei Bedarf abgerufen werden. Die Signale für diese Genregulation können aus der Zelle selbst, von anderen Zellen oder aus der Umwelt des Organismus kommen. Aber nicht nur die Herstellung, sondern auch die Aktivität der Proteine wird reguliert (► S. 82).

Steuerungs- und Regelungsprozesse sorgen zum Beispiel für den korrekten Ablauf des Zellzyklus (► S. 22/23). So kann eine Zelle nur dann in die nächste Phase des Zellzyklus eintreten, wenn bestimmte Enzyme von Regulatorstoffen aktiviert werden, die in der vorhergehenden Phase des Zyklus gebildet wurden.

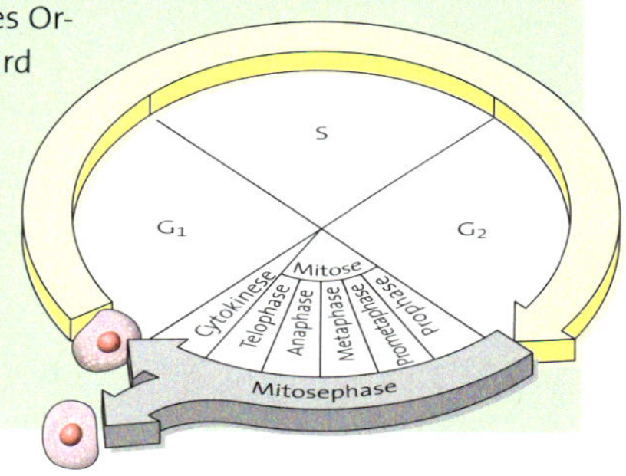

Der Ablauf des Zellzyklus wird durch Enzyme streng geregelt.

INFORMATION UND KOMMUNIKATION

Zellen stehen mit ihrer Umgebung und mit anderen Zellen in einem Informationsaustausch. Sie geben selbst Botenstoffe ab und empfangen Signale anderer Zellen, etwa in Form von Hormonen (► S. 44) oder – im Fall von Nervenzellen – Neurotransmittern (► S. 44). Entscheidend für die Kommunikation zwischen Zellen ist die Zellmembran, genauer die Proteine mit Bindungsstellen für bestimmte Moleküle (Rezeptorproteine oder Rezeptoren) in der Membran. Die Bindung der Moleküle an die Rezeptoren bewirkt Folgereaktionen in der Zelle, zum Beispiel bei Kanälen deren Öffnung (► S. 49), bei der rezeptorvermittelten Endocytose die rasche Aufnahme des gebundenen Stoffs in die Zelle (► S. 51/52), bei vielen Hormonen die Aktivierung von Enzymen in der Zellmembran, was eine ganze Kette weiterer Reaktionen zur Folge haben kann.

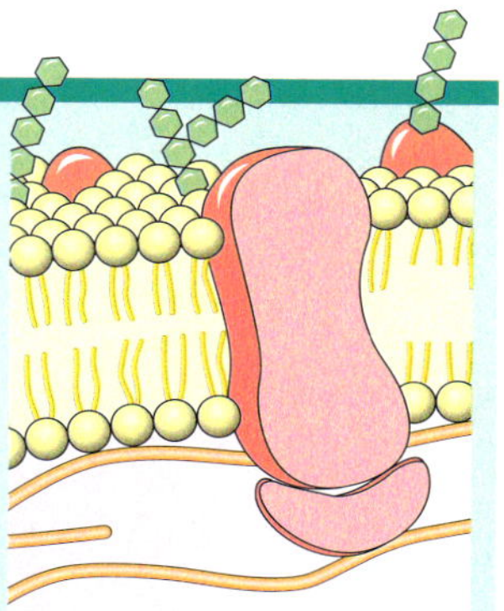

Ausschnitt aus der Zellmembran einer tierischen Zelle (Schema). Die Bestückung der Zellmembran mit Rezeptorproteinen entscheidet darüber, welche Informationen die Zelle empfangen kann.

GESCHICHTE UND VERWANDTSCHAFT

Die heute bestehende Vielfalt zellulärer Strukturen, Funktionen und Organisationsformen ist das Ergebnis einer etwa 3,5 Milliarden Jahre dauernden Evolution. Die ersten Zellen waren einfache, unkompartimentierte Gebilde, die den heutigen Bakterien ähnelten. Aus bereits spezialisierten Prokaryoten (► S. 60/61) entstanden vor etwa 2 Milliarden Jahren durch Endosymbiose die ersten Eukaroyten, die sich in der Folge zu vielzelligen Organismen weiterentwickelten (► S. 62). Alle heute existierenden Organismen haben somit einen gemeinsamen Ursprung und sind miteinander verwandt.

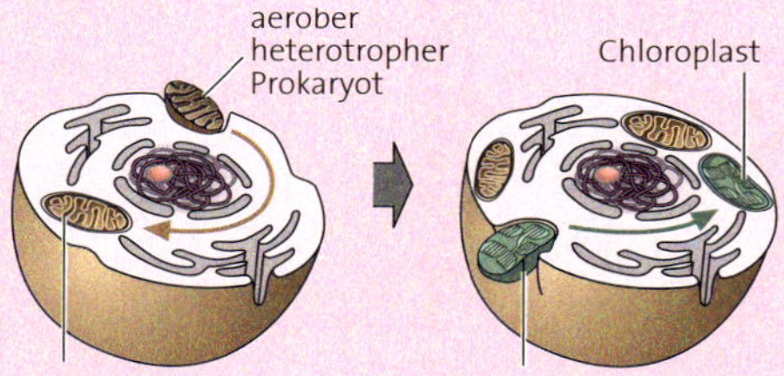

Entstehung der Eucyte nach der Endosymbiontentheorie

VARIABILITÄT UND ANGEPASSTHEIT

Zellen und zelluläre Strukturen können sich veränderten Umweltbedingungen oder Anforderungen bis zu einem gewissen Grad anpassen. So ist beispielsweise bei Ausdauersportlern die Zahl der Mitochondrien in den Muskelzellen erhöht (► S. 116, 124) oder die Anzahl synaptischer Verbindungen im Gehirn nimmt durch Lernvorgänge zu. In diesen Fällen beruht die Variabilität auf Modifikation und wird nicht vererbt. Größere Bedeutung für die Geschichte des Lebens auf der Erde hat jedoch die genetisch bedingte Variabilität.

Schon prokaryotische Zellen existieren in einer großen Vielfalt an Gestalt und Leistung (► S. 146), jeweils angepasst an die unterschiedlichen Erfordernisse ihrer Umwelt. Mit der Entwicklung der Vielzelligkeit ist die Differenzierung von Zellen verbunden (► S. 28, 34). Sie hat auf der Basis genetischer Variabilität im Verlauf der Evolution zu immer neuen Varianten zellulärer Strukturen und Funktionen geführt.

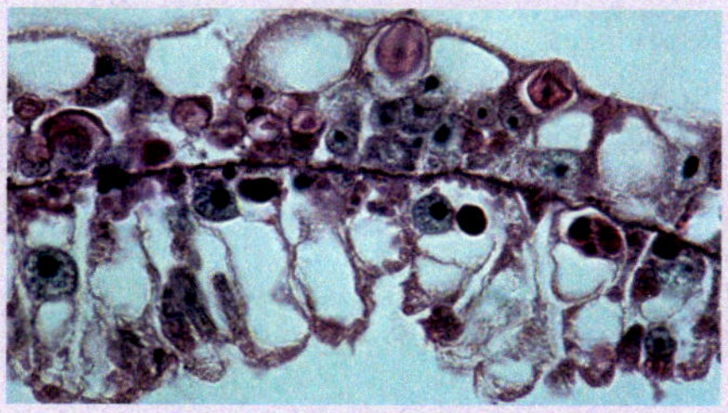

Schnitt durch die zweischichtige Körperwand des Süßwasserpolypen Hydra. Trotz seiner relativ einfachen Organisation weist Hydra eine Reihe verschiedener Zelltypen auf.

Regelung des Wasserhaushalts – die Niere

Während des 18. und 19. Jahrhunderts begannen sich Forscher mit den chemischen Vorgängen im Körper zu befassen. Eine der wichtigsten Entdeckungen machte der französische Arzt CLAUDE BERNARD (1813–1878). Aufgrund vieler Versuche an Tieren und im Reagenzglas behauptete er, dass der Körper über Mechanismen verfügt, die seine innere Beschaffenheit aufrechterhalten und stabilisieren – zum Beispiel Wasserhaushalt, Nährstoffvorrat und Temperatur. Dieser Gedanke führte ihn zum Konzept der „Homöostase" oder der „Aufrechterhaltung des inneren Milieus".
Dieses Bestreben des Körpers nach Aufrechterhaltung des inneren Milieus spüren wir zum Beispiel, wenn sich bei körperlicher Anstrengung oder Hitze ein quälendes Durstgefühl einstellt. Maßgeblich an der Regelung des Wasserhaushalts beteiligt ist die Niere.

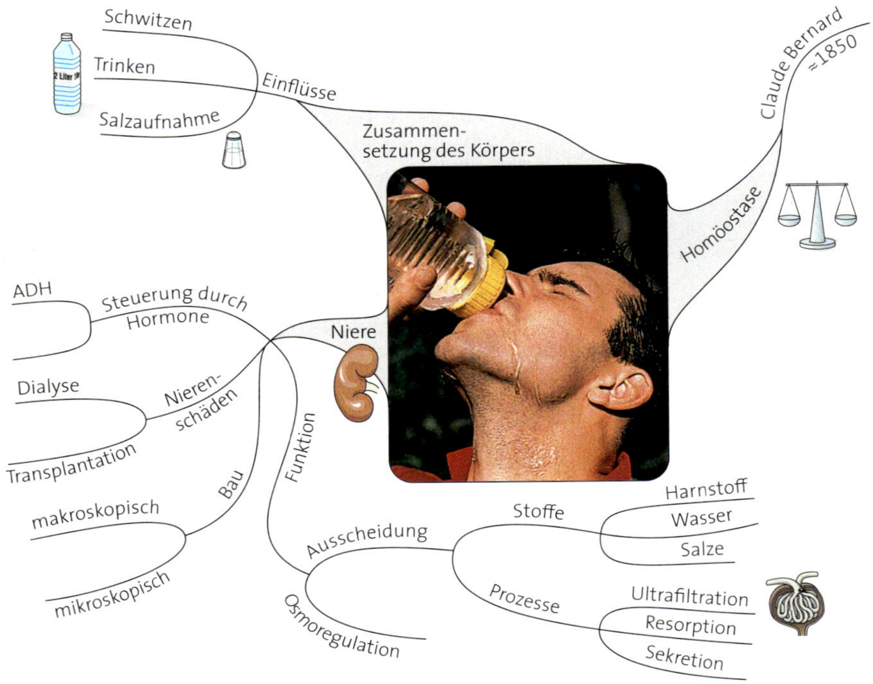

GRUNDLAGEN Unser Körper besteht zu zwei Dritteln aus Wasser. Der größte Teil liegt intrazellulär vor (► Bild 1) und dient als Lösemittel. Bei extremer körperlicher Belastung oder großer Hitze verliert der Körper bis zu 8 Liter Schweiß am Tag. Bei einem Wasserverlust von mehr als 10 % des Körpergewichts tritt bereits ein Abbau der körperlichen und geistigen Fähigkeiten ein. Ein Verlust von 15 bis 20 % führt zum Tod, da die Körperzellen so starke Schwankungen nicht verkraften. Durch das Trinken von reinem Wasser wird der Flüssigkeitsverlust zwar ausgeglichen, doch ohne entsprechende Salzaufnahme nimmt die Ionenkonzentration ab und führt zu einer Verringerung des osmotischen Drucks. Auch die Aufnahme von Salz mit der Nahrung führt zu einer Störung der Ionenkonzentration. Als Folge solcher Schwankungen der Osmolarität kommt es zu Volumenänderungen der Zellen. Mithilfe der Nieren sind wir in der Lage, durch regulierte Ausscheidung von Ionen die ständigen Änderungen in der Ionenzusammensetzung der Körperflüssigkeit auszugleichen und das Volumen der extrazellulären Flüssigkeit konstant zu halten: Osmoregulation. Die beim erwachsenen Menschen normalerweise produzierte Urinmenge von etwa 1,5 l pro Tag kann bei Wassermangel auf 0,7 l reduziert werden, bei Wasserüberschuss auf mehrere Liter am Tag ansteigen.

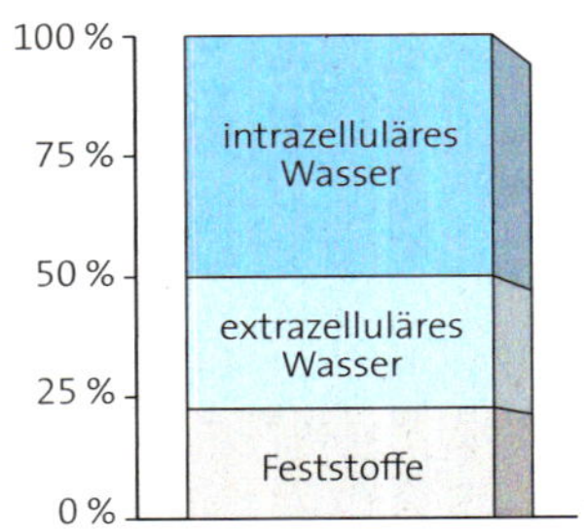

1 Zusammensetzung des menschlichen Körpers

Die Tätigkeit der Nieren wird durch Hormone gesteuert. Eines davon ist das Adiuretin (ADH), das im Hypothalamus produziert wird. Bei starken Wasserverlusten durch Schwitzen wird ADH freigesetzt und führt in den Nieren zu verminderter Wasserausscheidung.

Zweite Hauptaufgabe der Niere neben der Osmoregulation ist die Ausscheidung nicht mehr verwertbarer Stoffwechselendprodukte, die bei Anreicherung den Organismus vergiften würden. Dazu gehört Ammoniak (NH_3). Er entsteht beim Eiweißabbau und wird in der Leber in den ungiftigen Harnstoff umgewandelt.

Basisinformationen
Diffusion und Osmose (► S. 46) • Ausscheidung (► S. 118)

1 Seewasser hat einen Salzgehalt von etwa 3 %. Die maximale Salzkonzentration im Harn beträgt 2 %. Erläutern Sie unter diesem Gesichtspunkt die Aussage von Bild 2.

2 Seewasser trinken bedeutet den sicheren Tod.

Bau der Niere – makroskopisch und mikroskopisch

Die zwei bohnenförmigen Nieren hängen beiderseits der Wirbelsäule etwa in Ellbogenhöhe an der hinteren Bauchwand. Obwohl ihr Gewicht weniger als 1 % des Körpergewichts ausmacht, werden sie erstaunlich gut durchblutet: Sie enthalten stets 20 % des arteriellen Blutes. Die Blutzufuhr erfolgt über eine Abzweigung der Aorta, die *Nierenarterie*, die Ableitung des Blutes über die *Nierenvene*. Aus dem *Nierenbecken* führt der *Harnleiter* heraus, der in die Harnblase mündet.

Außen ist jede Niere von einer derben *Nierenkapsel* umgeben. Nach innen folgen die körnige *Nierenrinde* und das streifige *Nierenmark* mit 8 bis 16 *Nierenpyramiden*, deren Spitzen in das Nierenbecken hineinragen.

Die den Harn produzierenden Systeme der Niere sind die *Nephrone*. Die Zahl dieser mikroskopisch kleinen Funktionseinheiten wird auf 1 bis 1,2 Millionen pro Niere geschätzt. Sie bestehen aus einem *Nierenkörperchen* und einem mehrere Zentimeter langen *Nierenkanälchen*.

Die Nierenkörperchen werden von einer bläschenartigen Anschwellung des Nierenkanälchens gebildet, der *bowmanschen Kapsel*, in deren Hohlraum sich die zuführende Arterie zu einem dichten Knäuel feiner Kapillaren verzweigt, dem *Glomerulus*. Die Kapillaren bilden keinen dichten Abschluss, sondern haben feinste Poren (50–100 nm). Die bowmansche Kapsel besteht aus einem einschichtigen *Plattenepithel* (► S. 29), das außen die Wand der Kapsel bildet und innen als sogenannte *Podocyten* die porösen Kapillaren des Glomerulus umhüllt. Die Cytoplasmafortsätze dieser Podocyten greifen ineinander und bilden dadurch Schlitze aus, deren Weite 5 bis 20 nm beträgt.

An die bowmansche Kapsel schließt sich das Nierenkanälchen an, das in einen absteigenden Ast *(proximaler Tubulus)* und einen aufsteigenden Ast *(distaler Tubulus)* gegliedert ist, dazwischen liegt ein dünner, haarnadelförmig gebogener Abschnitt, die sogenannte *henlesche Schleife*. Der distale Tubulus geht in das *Sammelrohr* über, das nach Vereinigung mit weiteren Sammelrohren an der Spitze der Nierenpyramide letztlich in das Nierenbecken mündet.

Die vom Glomerulus fortführende Arteriole verzweigt sich erneut zu einem Kapillarnetz, das den Tubulusapparat umspinnt. Von dort aus gelangt das Blut in Venolen und dann in die Nierenvene.

Basisinformationen

Zell- und Gewebetypen (► S. 28/29) • Blutkreislauf (► S. 98) • Ausscheidung (► S. 118)

Untersuchung einer Schweineniere

MATERIAL: frische Schweineniere, scharfes Messer, Lupe

DURCHFÜHRUNG: Suchen Sie die drei Ausführgänge der Niere (Harnleiter, Arterie und Vene) und stellen Sie mithilfe einer Lupe die Unterschiede fest.

Schneiden Sie die Niere der Länge nach auf und vergleichen Sie mit Bild 1. Benennen Sie die verschiedenen Bereiche. Schauen Sie diese auch mit der Lupe an.

Betrachten Sie, wenn möglich, Präparate der Niere unter dem Mikroskop. Vergleichen Sie mit den Mikrofotos rechts.

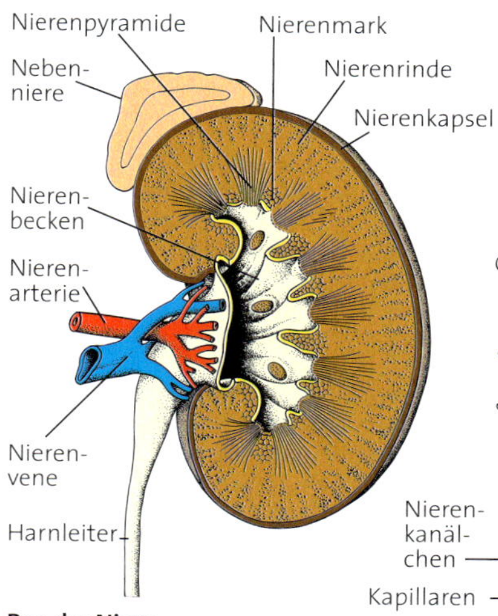

Bau der Niere

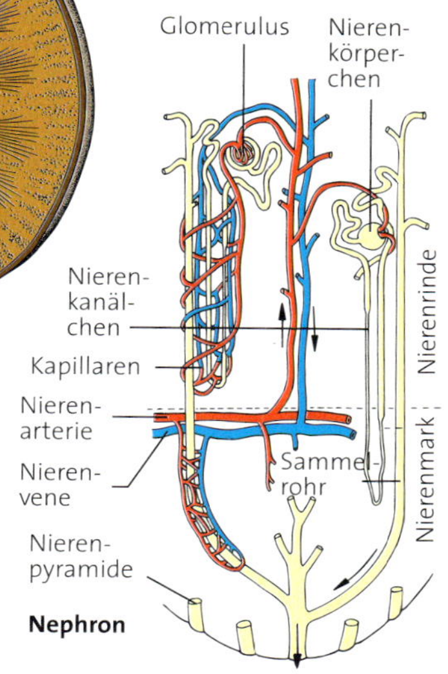

Nephron

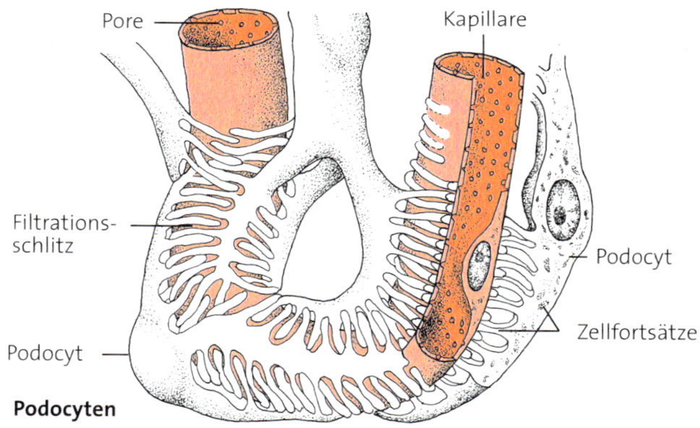

Podocyten

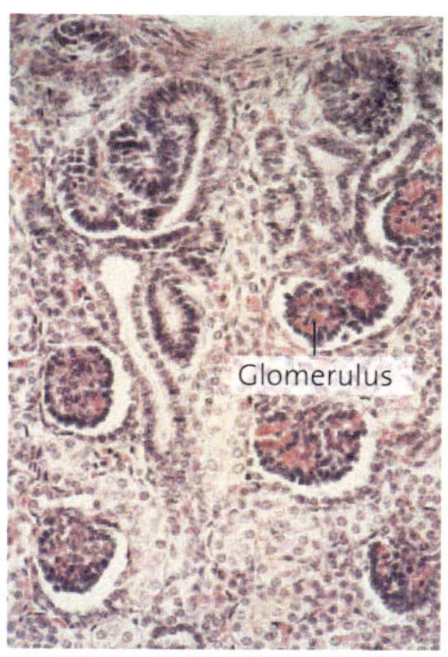

Nierenrinde, Längsschnitt

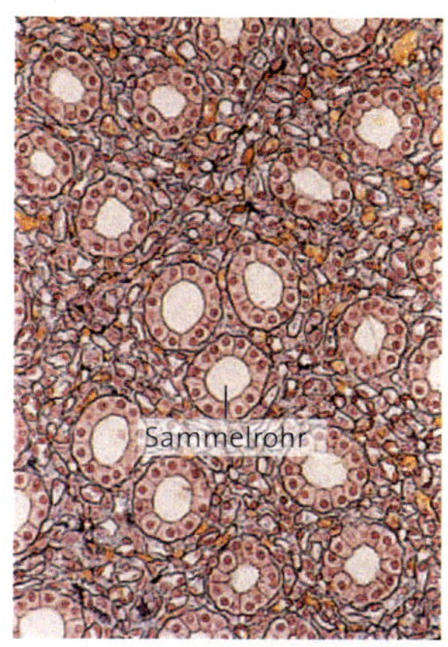

Nierenmark, Querschnitt

1–5 Bau der Niere

Funktion der Niere im Detail

Täglich werden die Nieren von mehr als 1000 l Blut durchspült. Dabei haben sie zwei wesentliche Aufgaben zu erfüllen:

- das Blut zu reinigen, also die meisten Abfallstoffe, die im Stoffwechsel anfallen („harnpflichtige Stoffe"), auszuscheiden und
- die Konzentration der Salze in der extrazellulären Flüssigkeit sowie die Flüssigkeitsmenge selbst konstant zu halten.

Diese Funktionen der Niere beruhen auf drei Prozessen: *Ultrafiltration, Resorption* und *Sekretion*.

Ultrafiltration findet in den Nierenkörperchen statt. Dort werden aufgrund der Differenz zwischen Blutdruck und Kapseldruck täglich etwa 180 l Flüssigkeit aus den Kapillaren in den Hohlraum der bowmanschen Kapsel gepresst: *Primärharn*. Dabei wirken die Wände der Kapillaren und die Schlitze der Podocyten als Filter, durch die nur Wasser und gelöste Stoffe hindurchtreten. Die Ultrafiltration wirkt völlig unselektiv, da sie nur von der Größe der Stoffe abhängt; Blutzellen und große Proteinmoleküle gelangen nicht in die bowmansche Kapsel. Aufgrund dieses Filtrationsvorgangs ergibt sich die Notwendigkeit, den Harn zu konzentrieren und verwertbare Moleküle zurückzugewinnen. Durch *aktiven Transport* werden Glucose, Aminosäuren, NaCl und andere wichtige Stoffe mithilfe von *Carriern* (► S. 48/49) der Tubulusflüssigkeit entzogen. Das führt zu einer zunehmenden Erhöhung des osmotischen Drucks im Nierenmark, durch das der absteigende Ast der henleschen Schleife führt. Da dieser Teil der Nierenkanälchen wasserdurchlässig ist, tritt hier Wasser passiv aus. Durch die Resorption wird eine Konzentrierung des Harns und eine Verringerung der Harnmenge um bis zu 70 % erreicht. Weiterhin wird im Endabschnitt der Nierenkanälchen und im Sammelrohr Wasser in das angrenzende Gewebe abgegeben und durch die Kapillaren abtransportiert.

In diesen Abschnitten steht der Wassertransport unter der Kontrolle des Adiuretins (ADH). Bei Flüssigkeitsmangel veranlasst ADH, dass in den Wandzellen des Sammelrohrs membranumhüllte Vesikel zur Oberfläche ihrer Zelle wandern und mit der Plasmamembran verschmelzen. Die Vesikelmembranen enthalten vorgeformte *Wasserschleusen (Aquaporine)*, durch die die Wasseraufnahme auf das 20-Fache und mehr gesteigert werden kann (► Bild 1).

Manche Substanzen gelangen nicht durch Filtration, sondern durch Sekretion in die Nierenkanälchen. Durch diesen aktiven Transportprozess werden Medikamente wie Penicillin und Stoffwechselprodukte wie Harnsäure aus dem Körper entfernt.

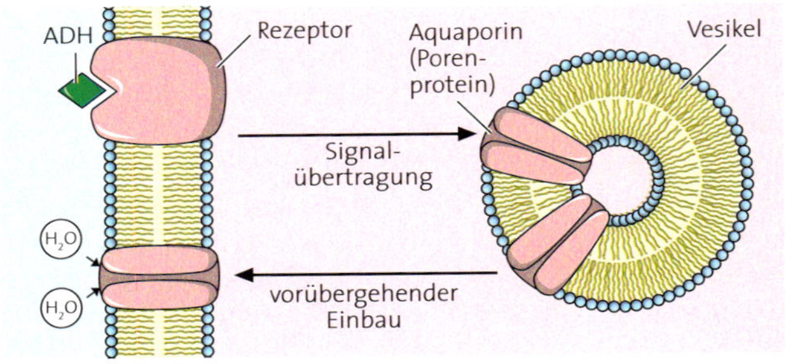

1 Modellvorstellung zur Wirkung von ADH

Basisinformationen

Feinbau der Membran (► S. 44) • Diffusion und Osmose (► S. 46) • Stofftransport (► S. 48–51)

Stoffmengen während eines Tages			
Stoff	**im Blut**	**im Primärharn**	**im Endharn**
Wasser	1000 l	150 l	1,5 l
Natrium	7500 g	1500 g	5,0 g
Harnstoff	250 g	50 g	30,0 g
Glucose	900 g	180 g	Spuren

1 Vergleichen Sie die in der Tabelle angegebenen Stoffmengen, die während eines Tages durch die Nieren fließen. Geben Sie an, welche Mechanismen der Nierenfunktion hieran zu erkennen sind.

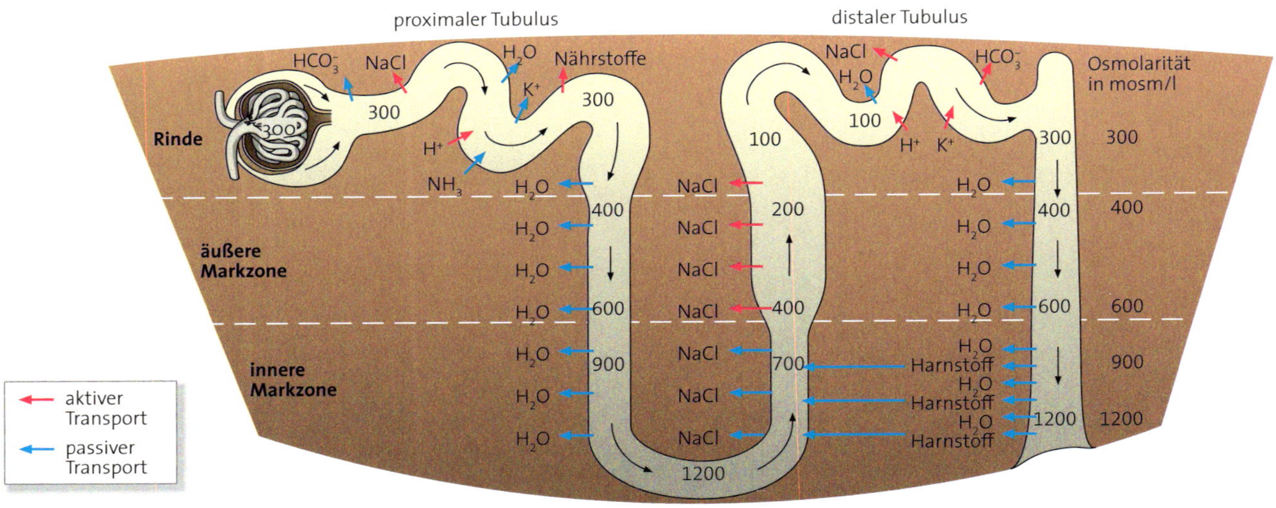

2 Funktion der Niere, Schema

Nieren zur Osmoregulation

Fehlende Osmoregulation – Auswirkungen von schwankenden Salzgehalten auf Erythrocyten

MATERIAL: Blut vom Schlachthof oder Metzger, dest. Wasser, physiologische Kochsalzlösung, 5%ige Kochsalzlösung
DURCHFÜHRUNG: Geben Sie einen Tropfen Blut auf einen Objektträger und streichen Sie ihn mit einem zweiten Objektträger aus. Geben Sie dazu physiologische Kochsalzlösung und betrachten Sie das Präparat unter dem Mikroskop. In gleicher Weise mikroskopieren Sie einen Blutausstrich in destilliertem Wasser und in 5%iger Kochsalzlösung.

Vergleichen Sie das Aussehen der Erythrocyten in den unterschiedlichen Lösungen. Erklären Sie die Ursachen für diese Unterschiede mithilfe Ihrer Kenntnisse zur Osmose.

Stellen Sie einen Bezug her zur Resorption von Wasser im Tubulus.

Wirkung von ADH in der Niere

Eine schwere Nierenfunktionsstörung stellt der *Diabetes insipidus* dar. Betroffene Patienten scheiden ohne Behandlung 4 bis 10 l Urin pro Tag aus. Da der Organismus viel Wasser verliert, trocknet er aus, und es entsteht ein starkes Durstgefühl. Die meisten Formen des Diabetes insipidus sind durch das Fehlen oder einen Mangel an Adiuretin (ADH) bedingt.

Resorption und Sekretion von Stoffen in der Niere

Mithilfe sehr feiner Kanülen kann man kleine Flüssigkeitsmengen aus verschiedenen Abschnitten der Niere entnehmen und sie chemisch analysieren. So gewinnt man Informationen über die stoffliche Zusammensetzung und Veränderungen des Primärharns. Das gestattet auch Rückschlüsse auf die Transportvorgänge in der Niere. Die Leistungsfähigkeit der Resorption wird am Beispiel der Glucose, die Sekretion am Beispiel des Phenolrots gezeigt (► Bild 1; T_m = Transportmaximum). Dabei erweist sich, dass die Gesamtausscheidung in einem Fall gleich der Differenz, im anderen Fall gleich der Summe aus der filtrierten und absorbierten bzw. sezernierten Stoffmenge ist.

Die künstliche Blutwäsche

Fallen die Nieren durch Erkrankung oder Schädigung aus, bleibt als einzige Behandlungsmöglichkeit – neben der Transplantation – die Blutwäsche mithilfe eines *Hämodialysators (künstliche Niere)*. Die ersten Versuche zur Blutreinigung außerhalb des Körpers wurden bereits 1924 durchgeführt, jedoch traten damals Probleme bei der Verhinderung der Blutgerinnung auf. 1943 wurde der erste Hämodialysator gebaut. Sein Funktionsprinzip besteht in einem diffusionsgetriebenen Substanztransport an einer selektiv permeablen Membran. Im *Gegenstromprinzip* wird das Blut entlang der Membran an der Dialyseflüssigkeit vorbeigeleitet, die so zusammengesetzt ist, dass Substanzen, die entfernt werden sollen, entlang eines Konzentrationsgefälles aus dem Blut in das Dialysat abdiffundieren. Proteine und zelluläre Blutbestandteile werden von der Dialysemembran zurückgehalten. Nach dem Durchfluss durch den Dialysator wird das gereinigte Blut dem Kreislauf wieder zugeführt. Die Dialyse ist lebenserhaltend, doch kann die Maschine die Nieren nicht voll ersetzen, da zum Beispiel Vitamine und Aminosäuren bei der Dialyse verloren gehen.

---

1. **Erläutern Sie das Schema zur Wirkung von ADH (► linke Seite Bild 1). Überlegen Sie mögliche Ursachen des Diabetes insipidus.**
2. **Beschreiben Sie die Unterschiede, die bei der Ausscheidung von Glucose und Phenolrot auftreten, anhand von Bild 1.**
3. **Erklären Sie die Ursachen für die Begrenzung der Transportvorgänge durch Membranen, die in Bild 1 durch das Transportmaximum T_m demonstriert wird.**
4. **Informieren Sie sich über die Ursachen des Diabetes mellitus. Patienten mit unbehandeltem Diabetes mellitus haben einen erhöhten Blutzuckerspiegel und in ihrem Harn lässt sich Glucose nachweisen. Erklären Sie dies mithilfe der Grafik.**
5. **Informieren Sie sich über mögliche Ursachen und die Symptome von Nierenschäden.**
6. **Beschreiben Sie das Dialyseprinzip anhand von Bild 2.**

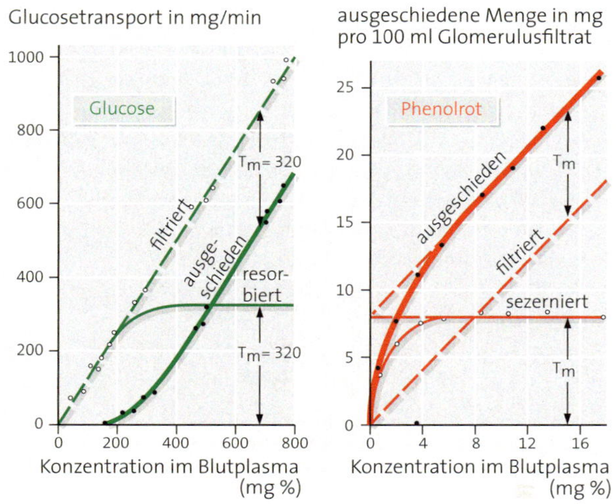

1 *Resorption und Sekretion in der Niere*

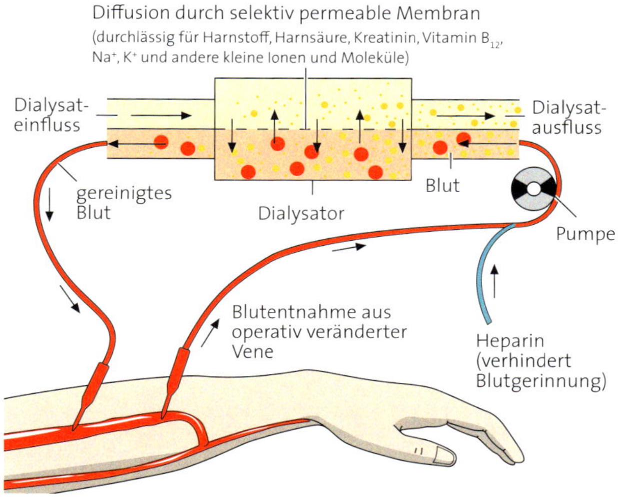

2 *So funktioniert die künstliche Blutwäsche.*

Biokatalyse

1 Weibchen des einheimischen Kleinen Leuchtkäfers. Das Leuchten beginnt spätabends und hält etwa drei Stunden an.

In lauen Sommernächten kann man die „Glühwürmchen" genannten Leuchtkäfer an Waldrändern tanzen sehen. Leuchten können Männchen wie Weibchen, fliegen jedoch nur die Männchen. Das gelbliche Licht, das im Hinterleib in Leuchtorganen entsteht, dient bei den Weibchen zum Anlocken der fortpflanzungsfähigen Männchen.
In den Leuchtorganen wird mithilfe eines Enzyms, der Luciferase, das Leuchtmittel Luciferin umgewandelt. Die Lichtausbeute ist dabei hoch: 96 % der frei werdenden Energie werden in Licht umgesetzt. Der Wirkungsgrad herkömmlicher Glühbirnen liegt im Vergleich dazu nur bei etwa 5 %. Die enzymatische Umsetzung von Luciferin ist ein sehr spektakuläres Beispiel für das Wirken von Enzymen. Tatsächlich sind aber Enzyme die Grundlage fast aller Lebensäußerungen von Organismen.

Im Blickpunkt

- Katalysatoren im Organismus: die Enzyme
- Wirkungsweise und Spezifität von Enzymen erklären sich aus ihrem Bau
- Wer ist wer bei den Biokatalysatoren?
- Enzymaktivität: Aktivierung, Hemmung, Regulation
- Experimente mit Enzymen
- Enzyme als Helfer in Medizin und Biotechnologie

GRUNDLAGEN Alle Lebensvorgänge beruhen darauf, dass Reaktionen in den Zellen mit hinreichender Geschwindigkeit, geordnet und regulierbar verlaufen. Die dafür verantwortlichen Wirkstoffe sind die Enzyme: hoch spezialisierte Katalysatoren, die Stoffwechselreaktionen beschleunigen, ohne sich dabei selbst chemisch zu verändern. Im Prinzip wirken diese „Biokatalysatoren" wie anorganische Katalysatoren, doch ist ihre katalytische Wirkung fast immer um ein Vielfaches größer. Da sie fast immer Proteine sind, werden sie nach der in den Genen gespeicherten Information hergestellt (Ein-Gen-ein-Enzym-Hypothese).
Die jeweilige Ausstattung mit verschiedenen Enzymen bestimmt die Leistung von Zellkompartimenten, Zellen, Geweben, Organen und letztlich die Leistung des ganzen Organismus:

- Im Zellkern steuern Enzyme die Replikation der DNA und die Umsetzung der genetischen Information.
- In den Mitochondrien sind sie entscheidend für die Energiegewinnung der Zelle (► S. 107–112).
- Die Fotosynthese in den Chloroplasten der grünen Pflanzen beruht auf einer Vielzahl enzymatisch katalysierter Reaktionen (► S. 133–135).
- Nahezu alle Zellen bilden zudem extrazellulär, also außerhalb der Zelle wirkende Enzyme. Bekannte Beispiele dafür sind Bakterien sowie Zellen des Immunsystems, des Verdauungstrakts und der Schleimhäute von Tieren.

Enzyme – Katalysatoren biologischer Reaktionen

Im Jahr 1897 entdeckte der Chemiker EDUARD BUCHNER, dass ein Hefepresssaft, der keine intakten Hefezellen mehr enthält, trotzdem die alkoholische Gärung einer Zuckerlösung bewirkt. Diese Entdeckung revolutionierte die bis dahin verbreitete Ansicht, dass die für das Leben typischen Vorgänge an eine „Lebenskraft" gebunden und nur innerhalb lebender Zellen möglich sind (Vitalismus; von lat. *vis vitalis:* Lebenskraft). Die Unterscheidung zwischen mikroskopisch sichtbaren „geformten Fermenten", zu denen Bakterien und Hefen gerechnet wurden, und „löslichen Fermenten oder Enzymen" erwies sich als unhaltbar. Als immer mehr solcher *Enzyme* als Ursache von Lebensreaktionen gefunden wurden, erkannte man zu Beginn des 20. Jahrhunderts ihre zentrale Bedeutung als *Katalysatoren aller Stoffwechselreaktionen*.

Aktivierungsenergie. Wie alle chemischen Reaktionen sind auch die Reaktionen im Stoffwechsel mit *Energieumwandlungen* verknüpft:

Erfordern sie – wie die Synthese großer Moleküle aus einfachen Bausteinen – die *Zufuhr von Energie*, spricht man von *endergonischen Reaktionen* (Differenz der freien Energie $\Delta G > 0$).

Wird *Energie frei*, wie beim Stoffabbau durch Zellatmung (► S. 104), handelt es sich um *exergonische Reaktionen* ($\Delta G < 0$).

Höchst selten laufen endergonische wie exergonische Reaktionen von selbst ab: Aus Glucose entsteht spontan weder Stärke noch reagiert sie mit Sauerstoff zu Kohlenstoffdioxid und Wasser. Solche Stoffgemische, die unter gegebenen Bedingungen nicht spontan miteinander reagieren, nennt man *metastabil*. Sie benötigen zur Überwindung einer für die Reaktion spezifischen Energiebarriere eine „Starthilfe". Diese von außen zuzuführende Energiemenge wird als *Aktivierungsenergie* bezeichnet. Sie ist notwendig, um bestehende chemische Bindungen in den Ausgangsstoffen zu lösen und neue Bindungen zur Bildung der Reaktionsprodukte zu knüpfen.

Herabsetzung der Aktivierungsenergie. Ein Weg, um die Energiebarriere zu überwinden, die die Aktivierungsenergie darstellt, besteht darin, die Ausgangsstoffe zu erhitzen.

Eine Temperatur deutlich über 40 °C wird jedoch nur von wenigen Organismen toleriert. Anders als bei Reaktionen in der anorganischen Chemie kann die benötigte Aktivierungsenergie für Stoffwechselreaktionen in lebenden Zellen daher nur in geringem Umfang als Wärme zugeführt werden. Stattdessen wird die Aktivierungsenergie durch Enzyme herabgesetzt (► Bild 1): Als Katalysatoren sind sie in der Lage, chemische Bindungen in Molekülen auch bei niedrigen Temperaturen zu lockern und in veränderter Weise neu zu bilden.

Beschleunigung von Reaktionen. Wird die Aktivierungsenergie einer Reaktion herabgesetzt, kann sich das Gleichgewicht zwischen Ausgangsstoffen und Endprodukten schneller einstellen (► Bild 2). Darin liegt die entscheidende Wirkung aller Katalysatoren: Sie können ein Reaktionsgleichgewicht *nicht* verschieben, auch die Differenz der freien Energie ΔG zwischen Ausgangsstoffen und Endprodukten *nicht* verändern, aber sie können Reaktionen beschleunigen.

Schon eine geringfügige Herabsetzung der Aktivierungsenergie bewirkt eine enorme Beschleunigung der Reaktion. So braucht eine Reaktion mit einer Aktivierungsenergie von 125 kJ/mol rund 12 Jahre, um die Hälfte der Moleküle umzusetzen, mit 63 kJ/mol nur 5 Millisekunden.

Katalyseweltmeister Enzyme. Gegenüber technischen Katalysatoren zeigen sich Enzyme weit überlegen:

- Enzyme sind höchst spezifisch. Jedes Enzym katalysiert in der Regel nur eine einzige Reaktion eines bestimmten Stoffs, der als sein *Substrat* bezeichnet wird.
- Ein Enzymmolekül kann bis zu 10 Millionen Substratmoleküle in der Sekunde umsetzen und ist damit rund tausendmal wirksamer als technische Katalysatoren.
- Enzyme können in ihrer Wirksamkeit reguliert (► S. 82) und so an wechselnde Anforderungen angepasst werden.

1 **Begründen Sie, weshalb die Aussage missverständlich ist, dass ein Enzym einen Stoff spaltet oder herstellt.**

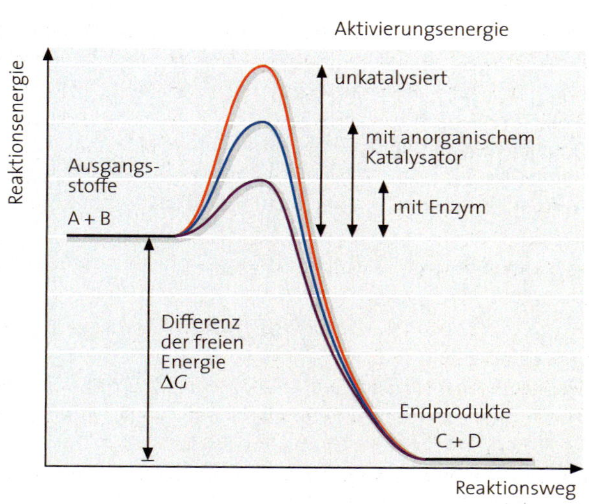

1 *Enzymatisch katalysierte Reaktionen benötigen eine geringere Aktivierungsenergie als unkatalysierte Reaktionen.*

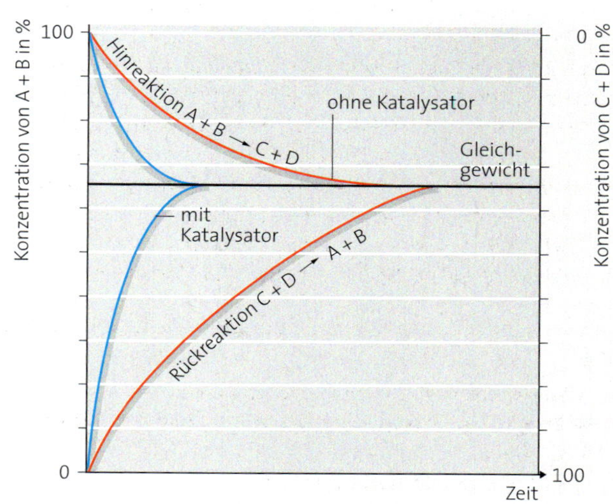

2 *Katalyse beschleunigt die Geschwindigkeit von Reaktionen, verändert jedoch nicht die Lage des Reaktionsgleichgewichts.*

Struktur und Wirkungsweise von Enzymen

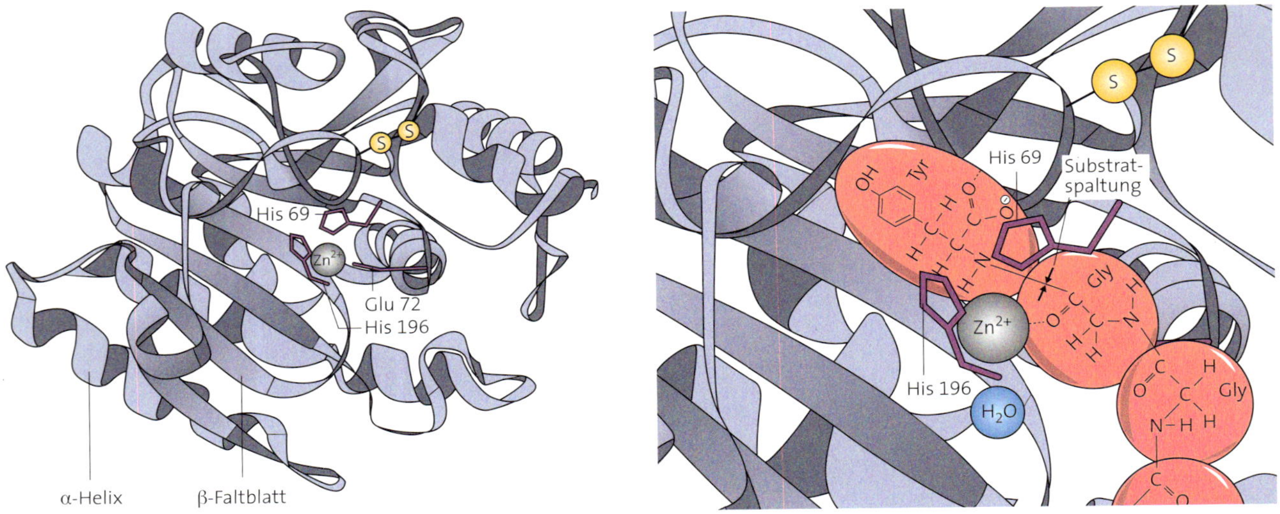

1 und 2 Aufbau und Funktion des Verdauungsenzyms Carboxypeptidase. Das Enzym, hier dargestellt als Bändermodell, hat ein Zinkion als Cofaktor im aktiven Zentrum (links). Es katalysiert die Abspaltung der endständigen Aminosäure eines Proteins als Substrat. Rechts: Enzym-Substrat-Komplex, Blick auf das aktive Zentrum. Wichtige Aminosäurereste sind hervorgehoben.

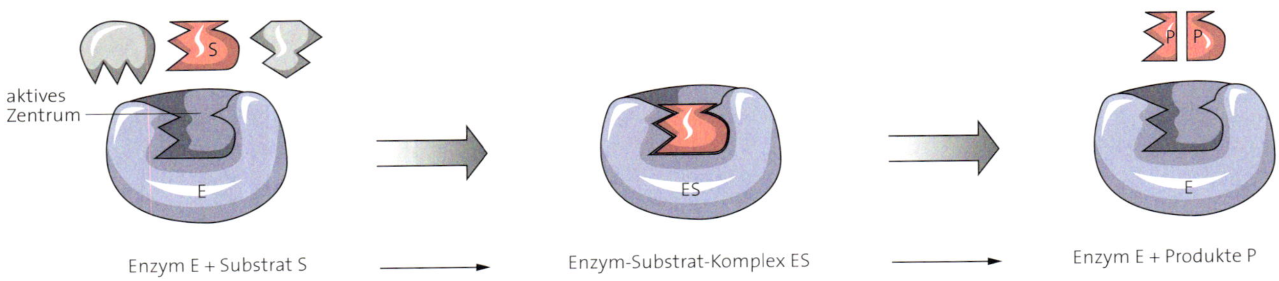

3 Ablauf einer enzymatisch katalysierten Reaktion, allgemeines Schema

Enzyme sind fast immer ***Proteine***, die noch durch weitere Bestandteile ergänzt sein können. Proteine eignen sich als Biokatalysatoren besonders wegen ihrer ungeheuren Vielfalt zusammen mit der Fähigkeit, zwischenmolekulare Kräfte, besonders ***Wasserstoffbrückenbindungen***, auszubilden. Dieselben Kräfte, auf denen die Sekundär- und Tertiärstruktur der Proteine beruht (► S. 42), sind auch für die Bindung der Substratmoleküle an die Enzyme maßgeblich.

Aktives Zentrum. Die räumliche Struktur der Enzymproteine ist für ihre katalytische Funktion entscheidend. In einer taschen- oder spaltenförmigen Einbuchtung des Proteinmoleküls, dem ***aktiven Zentrum***, spielt sich die Reaktion ab, nachdem das Substrat hier gebunden wurde. Das aktive Zentrum ist so geformt, dass Moleküle des Substrats hineinpassen wie ein Schlüssel in ein Schloss. Dieses ***Schlüssel-Schloss-Prinzip*** hatte der Chemiker EMIL FISCHER bereits 1894 als Grundlage der enzymatischen Katalyse erkannt.

In einigen Fällen wird diese Passform erst bewirkt, indem das Substrat bei seiner Bindung eine Konformationsänderung des Proteins verursacht. Man spricht dann vom ***Induced-fit-Mechanismus***.

Aus der genauen Passung zwischen Enzym und Substrat ergibt sich die hohe ***Substratspezifität*** der Enzyme: Die meisten binden nur einen einzigen Stoff als Substrat oder aber wenige chemisch eng verwandte Stoffe.

Enzym-Substrat-Komplex. Das Substrat wird in einer für die Reaktion günstigen Position im aktiven Zentrum vorübergehend an das Enzym gebunden. Es entsteht ein ***Enzym-Substrat-Komplex (ES-Komplex)***.

Dass der Katalysator dabei direkt an der Reaktion beteiligt ist, lässt sich aus verschiedenen Beobachtungen schließen:

- Bei gleichbleibender Enzymkonzentration erreicht die Reaktionsgeschwindigkeit einer enzymatisch katalysierten Reaktion auch dann einen Maximalwert, wenn man die Substratkonzentration immer weiter erhöht (► S. 79). Da die Substratmoleküle an die Enzymmoleküle binden, bevor sie umgesetzt werden, kann die Reaktionsgeschwindigkeit nicht mehr zunehmen, sobald die aktiven Zentren aller Enzymmoleküle besetzt sind.
- Viele ES-Komplexe absorbieren Licht anderer Wellenlängen als die beteiligten Enzyme oder Substrate allein.

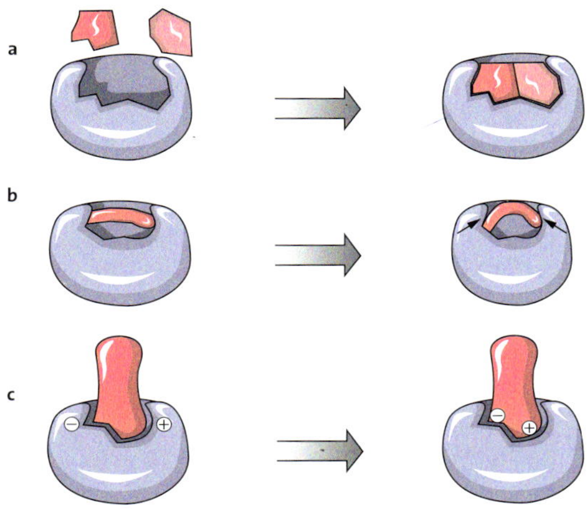

1 Enzyme versetzen ihr Substrat in einen Übergangszustand mit verringerter Aktivierungsenergie. Das kann durch passende räumliche Ausrichtung (a), physikalische Spannung (b) oder Hinzufügen von Ladungen erfolgen (c).

Übergangszustand mit verringerter Aktivierungsenergie. Bei einer chemischen Reaktion müssen sich Bindungen der Ausgangsstoffe lösen, bevor sich neue Bindungen bilden können. Die Überwindung dieses *Übergangszustands* erfordert Aktivierungsenergie. Der „Trick" der Enzyme besteht darin, dass die Bildung des ES-Komplexes praktisch einen neuen Reaktionsweg eröffnet, dessen Übergangszustand mit deutlich weniger Aktivierungsenergie überwunden wird als bei der unkatalysierten Reaktion. Das geschieht zum Beispiel dadurch, dass beim Binden an das aktive Zentrum im Substratmolekül Bindungen gestreckt und dadurch instabil werden oder dass vom Enzym hinzugefügte Ladungen Bindungen instabil machen (► Bild 1). Verantwortlich für den energieärmeren Übergangszustand – und damit für die Wirkungsspezifität des Enzyms, das nur eine ganz bestimmte Reaktion zu katalysieren vermag – sind die Ladungseigenschaften von Aminosäureresten im aktiven Zentrum, zum Teil auch weitere Wirkgruppen des Enzyms wie das Zinkion der Carboxypeptidase.

Zusammengesetzte Enzyme. Viele Enzyme sind reine Proteine. Andere bestehen aus einem Proteinanteil, den man dann als *Apoenzym* bezeichnet, und anderen Wirkgruppen. Solche *zusammengesetzten Enzyme* sind nur funktionsfähig, wenn beide Anteile zusammen als *Holoenzym* vorliegen. Man unterscheidet drei Wirkgruppen (► Tabelle unten):

- *Coenzyme* sind kleine organische Moleküle und nur lose mit dem Apoenzym verbunden. Sie übertragen während der Katalyse bestimmte Molekülgruppen wie Wasserstoff, Phosphat- oder Acetylgruppen, werden wie das Substrat verändert und daher oft auch *Cosubstrat* genannt (► Bild 2). Dabei können unterschiedliche Enzyme das gleiche Coenzym verwenden. Wichtige Coenzyme enthalten oder bestehen aus einem *Vitamin*, vor allem der B-Gruppe.
- *Prosthetische Gruppen* sind dauerhaft an das Apoenzym gebunden. Die meisten von ihnen übertragen vor allem Wasserstoff und Elektronen.
- *Cofaktoren* sind mit dem Apoenzym fest verbundene *Metallionen* wie das Zinkion der Carboxypeptidase. Ihre elektrische Ladung stabilisiert das Enzymprotein und polarisiert zugleich das Substrat derart, dass die zu seiner Umsetzung erforderliche Aktivierungsenergie herabgesetzt wird. Viele lebenswichtige *Spurenelemente* sind Cofaktoren von Enzymen.

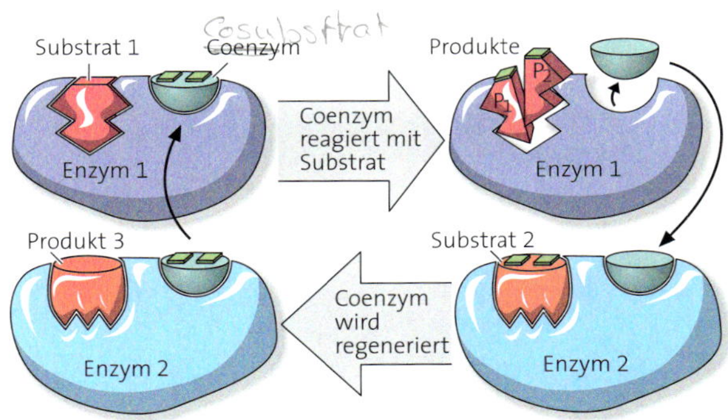

2 Wirkungsweise von Coenzymen

1 Beschreiben Sie anhand von Bild 2 die Wirkungsweise von Coenzymen.

Wirkgruppen zusammengesetzter Enzyme		
Coenzyme	NAD^+	Übertragung von Elektronen und Wasserstoff (► S. 106); Vitaminbestandteil: Niacin
	FAD	Übertragung von Elektronen und Wasserstoff (► S. 108); Vitaminbestandteil: Vitamin B_2
	Coenzym A	Übertragung der Acetylgruppe (► S. 108); Vitaminbestandteil: Pantothensäure
	ATP	Übertragung von Phosphat (► S. 105)
prosthetische Gruppen	Häm	Übertragung von Elektronen in Cytochrom (► S. 109) Katalyse der Wasserstoffperoxidspaltung in Katalase (► S. 55, 88)
	Retinal	Lichtabsorption in Rhodopsin
Cofaktoren	Zn^{2+}	in Carboxypeptidase, Carboanhydrase, Alkoholdehydrogenase
	Fe^{2+} / Fe^{3+}	Übertragung von Elektronen in Ferredoxin (► S. 134) und Cytochrom
	Cu^{2+}	Übertragung von Elektronen auf Sauerstoff in Cytochromoxidase (► S. 109)
	Ni^{2+}	in Urease (► S. 76)
	Mn^{2+}	Wasserspaltung in Fotosystem II (► S. 134)
	Co^{4+}	Stickstofffixierung in Nitrogenase

Werkzeuge der Zellen: Übersicht Enzyme

Zwischen 4 000 und 5 000 Enzyme sind der Wissenschaft bekannt. Wie viele in den Zellen aller Arten als chemische Werkzeuge tatsächlich im Einsatz sind, weiß niemand. Man schätzt, dass schon eine lebende Zelle mindestens 100, meist aber mehrere Tausend verschiedene Enzyme besitzt. Da praktisch jeder einzelne Stoffwechselschritt enzymatisch katalysiert wird und Enzyme meist sehr spezifisch wirken, verwundert die große Zahl nicht.

Um jedes Enzym eindeutig identifizieren zu können, werden Enzyme entsprechend einer internationalen Übereinkunft benannt und in Gruppen geordnet.

Systematische Benennung. Enzyme werden wissenschaftlich nach ihrer Substrat- und Wirkungsspezifität benannt. Danach setzt sich der Name eines Enzyms zusammen aus

- der Bezeichnung des Substrats,
- der Bezeichnung der Reaktion, die das Enzym katalysiert,
- der Endung -ase, die allen Enzymnamen gemeinsam ist.

Es entstehen so zwar zungenbrecherische, aber kennzeichnende Namen. Zum Beispiel wird vom Enzym *Succinatdehydrogenase* im Citratzyklus (► S. 108) das Substrat *Succinat dehydrogeniert*, also Wasserstoff von ihm abgespalten.

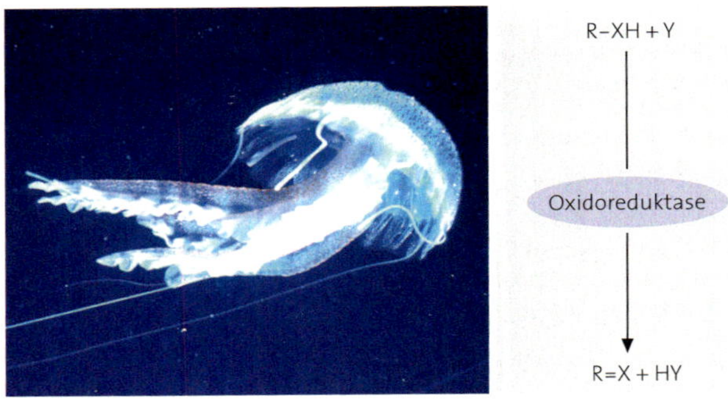

1 Die Oxidoreduktase Luciferase bewirkt biologisches Leuchten durch Oxidation von Luciferin.

Oxidoreduktasen
katalysieren Oxidationen und Reduktionen durch Übertragung von Sauerstoff, Wasserstoff oder Elektronen.

BEISPIELE

Katalase (► S. 55, 88): Spaltung von H_2O_2

Glucoseoxidase (► S. 83): Oxidation von Glucose

Cytochromoxidase: Oxidation von Wasserstoff mit Sauerstoff; Abschluss der Atmungskette (► S. 109)

Ferredoxin: Reduktion von $NADP^+$, letzter Schritt der Fotosynthese-Primärreaktion (► S. 134)

Nitrogenase: Reduktion von Stickstoff N_2 zu Ammoniak NH_3 durch Knöllchenbakterien

2 Bei der Milchzuckerbildung überträgt eine Transferase Galaktose auf Glucose.

Transferasen
katalysieren die Übertragung chemischer Gruppen (wie Methyl-, Amino-, Phosphatgruppe).

BEISPIELE

Hexokinase (► S. 107): Übertragung einer Phosphatgruppe von ATP auf Glucose als Glykolysestart

Phosphofructokinase (► S. 109): Übertragung einer Phosphatgruppe auf Fructose-6-phosphat

DNA-Polymerase: Kettenverlängerung eines DNA-Strangs

reverse Transkriptase: Kettenverlängerung des DNA-Strangs mit RNA als Matrize

3 Eine Krabbenspinne injiziert ihren Verdauungssaft aus Hydrolasen in die Beute.

Hydrolasen
katalysieren Substratspaltung durch Hydrolyse, also Umsetzung eines Wassermoleküls je gespaltener Bindung.

BEISPIELE

Proteasen, Peptidasen (► S. 92): Spaltung von Peptidbindungen bei Proteinen und Peptiden

Amylasen (► S. 92): Spaltung von glykosidischen Bindungen bei Oligo- und Polysacchariden

Lipasen (► S. 92): Spaltung der Lipid-Esterbindungen

DNAse: Spaltung der Zucker-Phosphat-Esterbindung bei DNA

Acetylcholinesterase: Spaltung der Esterbindung bei Acetylcholin

Historische Namen. Neben den wissenschaftlichen Namen existieren gerade für verbreitete und schon lange bekannte Enzyme auch noch *historische Bezeichnungen*. Wegen ihrer Kürze werden sie – selbst in Lehrwerken der Biochemie – weiterhin neben den wissenschaftlichen Bezeichnungen verwendet.

Die Verdauungsenzyme *Pepsin* (von griech. *pepsis:* das Kochen), *Trypsin* (von griech. *tryein:* aufreiben) und *Chymotrypsin* (von griech. *chymos:* Saft, Speisebrei) sind dafür Beispiele. Auch *Katalase*, *Luciferase* oder *Lysozym* sind solche historischen Namen, die noch häufig in Gebrauch sind.

Einteilung. Nach einer internationalen Klassifikation der *Enzyme Commission* (EC) werden alle Enzyme, dem Typ der katalysierten Reaktion entsprechend, in *sechs Hauptgruppen* zusammengefasst (► tabellarische Übersicht S. 74 und unten). Die Hauptgruppen werden nach bestimmten Merkmalen der Reaktionen weiter unterteilt. Mithilfe eines vierstelligen Ziffernsystems lässt sich dann jedem Enzym eine eindeutige EC-Codenummer zuweisen.

Das Reaktionsschema in der tabellarischen Übersicht zeigt für jede Hauptgruppe nur ein Beispiel. (R, X, Y bezeichnen organische Reste und Gruppen.)

1 *Für die Bildung von CO_2 bei der alkoholischen Gärung ist eine Lyase verantwortlich, die Pyruvatdecarboxylase.*

Lyasen
katalysieren nichthydrolytische Spaltungsreaktionen durch Addition an Doppelbindungen oder ihre Umkehrung.

BEISPIELE

Adenylatcyclase: Bildung von cyclischem Adenosinmonophosphat (cAMP) aus ATP

Ribulose-bisphosphat-Carboxylase/Oxidase (Rubisco, mengenmäßig häufigstes Enzym der Biosphäre) (► S. 135): Einbau von CO_2 in Ribulose-bisphosphat bei der Fotosynthese

Pyruvatdecarboxylase (► S. 112): Abspaltung von CO_2 aus Pyruvat (Brenztraubensäure) bei der alkoholischen Gärung

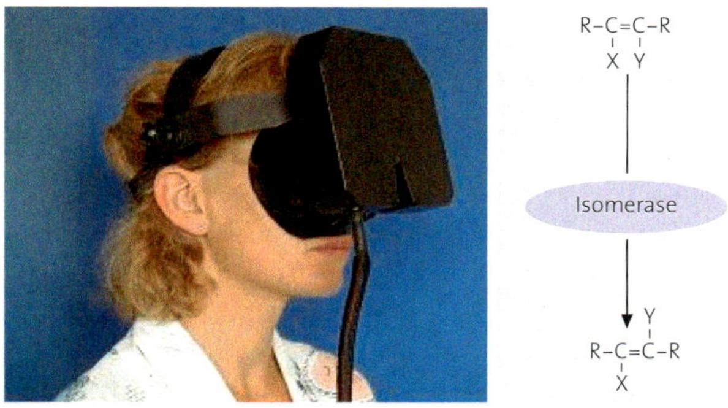

2 *Mit Adaptationsbrillen wird getestet, wie Sehfarbstoff durch eine Isomerase (Retinal-isomerase) regeneriert wird.*

Isomerasen
katalysieren Umlagerungen innerhalb von Molekülen.

BEISPIELE

Triosephosphat-Isomerase: Umwandlung von Glycerinaldehyd-3-phosphat in Dihydroxyacetonphosphat in der Glykolyse (► S. 107)

Glucose-Isomerase: Umwandlung von Glucose-6-phosphat in Fructose-6-phosphat zu Beginn der Glykolyse (► S. 107)

Retinal-Isomerase: Umwandlung von alltrans-Retinal in 11-cis-Retinal zur Regeneration von belichtetem Sehfarbstoff im Wirbeltierauge

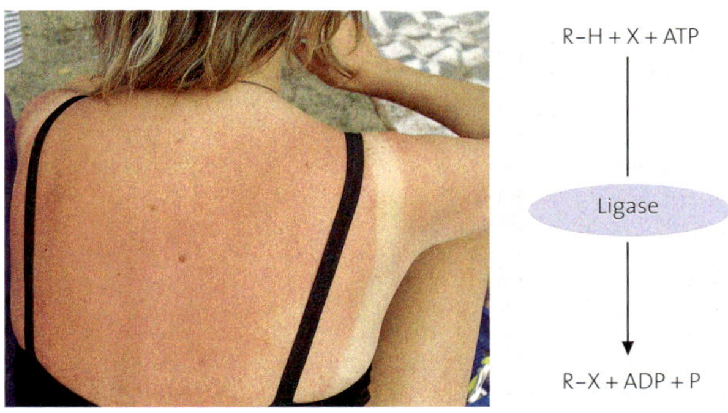

3 *Ligasen sind an der Beseitigung von DNA-Schäden durch UV-Strahlung beteiligt.*

Ligasen
katalysieren die Ausbildung neuer Bindungen unter Spaltung von ATP.

BEISPIELE

Glutaminsynthetase: Bildung von Glutamin aus Glutaminsäure und Ammoniak

Aminoacyl-tRNA-Synthetase: Bindung von Aminosäuren an tRNA bei der Proteinbiosynthese

DNA-Ligase: Herstellen einer Bindung zwischen Phosphat und Desoxyribose in einem Strang der DNA, zum Beispiel bei der Replikation, bei der DNA-Reparatur oder in der Gentechnik

Urease – ein Enzym im Experiment

Im Jahr 1926 gelang es dem amerikanischen Chemiker JAMES B. SUMNER (Nobelpreis 1946), das Enzym *Urease* aus dem Mehl der in Afrika und Asien angebauten Schwertbohne in reiner Form zu gewinnen und zu kristallisieren. Er konnte so zum ersten Mal schlüssig beweisen, dass ein Enzym ein Protein ist. Dies wurde bis dahin nach allgemeiner Lehrmeinung als abwegig angesehen.

Auch heute noch ist die Kristallisation von Proteinen eine anspruchsvolle Aufgabe. Sie ist von großer Bedeutung, da die Aufklärung der Molekülstruktur durch Röntgenstrahlenbeugung nur mit kristallinen Substanzen möglich ist (► Bild unten: Urease eines Bakteriums, Bändermodell).

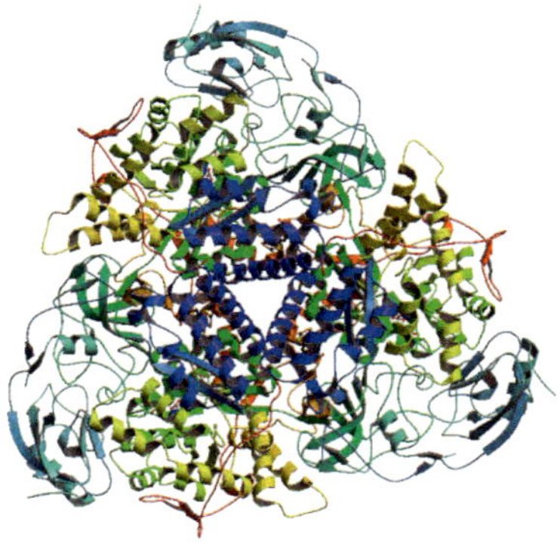

Urease ist eine Hydrolase (► S. 74), die die Hydrolyse der C-N-Bindung in Harnstoff katalysiert und dadurch den Harnstoff in Ammoniak NH_3 und Kohlenstoffdioxid CO_2 spaltet. NH_3 bildet in Wasser NH_4^+- und OH^--Ionen:

$$O{=}C(NH_2)_2 + H_2O \xrightarrow{\text{Urease}} 2\,NH_3 + CO_2 \xrightarrow{2\,H_2O} 2\,NH_4^+ + OH^- + HCO_3^-$$

Das Enzym kommt in Pflanzen, Pilzen, Krebstieren, Muscheln und Bakterien vor. Es spielt insbesondere bei der Tätigkeit von Bodenbakterien im Stickstoffkreislauf eine wichtige Rolle.

Für Experimente ist Urease gut geeignet, da das Enzym nicht sehr empfindlich ist und sich seine Katalyse an der Bildung von OH^--Ionen in Wasser leicht verfolgen lässt.

Gewinnung von Urease aus Sojabohnen

MATERIAL: Sojabohnenmehl oder 2–4 Tage angekeimte Sojabohnen, Mörser, Reibesand, Filtertrichter und Filtrierpapier oder Zentrifuge, Becherglas

DURCHFÜHRUNG: Zerreiben Sie Sojabohnen bzw. Sojabohnenmehl in Portionen mit wenig Sand und Wasser. Filtrieren oder zentrifugieren Sie den Brei. Das Filtrat bzw. der Überstand enthält Urease und kann für die weiteren Versuche verwendet werden (Wirksamkeit zuvor prüfen!).

Wirkung von Urease auf Harnstoff

MATERIAL: Reagenzgläser, Ureaselösung (bei Einsatz käuflicher Urease: 1 Spatelspitze in 5 ml Wasser), Harnstofflösung (ca. 1 %ig), Phenolphthaleinlösung *(Xn)*, gekochte Ureaselösung

DURCHFÜHRUNG: Befüllen Sie 4 Reagenzgläser wie in der Tabelle angegeben.

Glas-Nr.	1	2	3	4
Ureaselösung	1 ml	1 ml	–	1 ml gekocht
Phenolphthaleinlsg.	2 Tr.	2 Tr.	2 Tr.	2 Tropfen
Harnstofflösung	5 ml	–	5 ml	5 ml

Protokollieren Sie das Experiment. Erklären Sie jeweils das Ergebnis und begründen Sie die Versuche in Glas 2 und 3.

Wirkung von Urease auf Stoffe mit ähnlicher Molekülstruktur wie Harnstoff

Das Bild unten zeigt Versuche mit demselben Ansatz wie im Versuch oben in Glas 1. Die Gläser 2–4 enthalten statt des Harnstoffs die angegebenen Stoffe. Erklären Sie die Versuchsergebnisse.

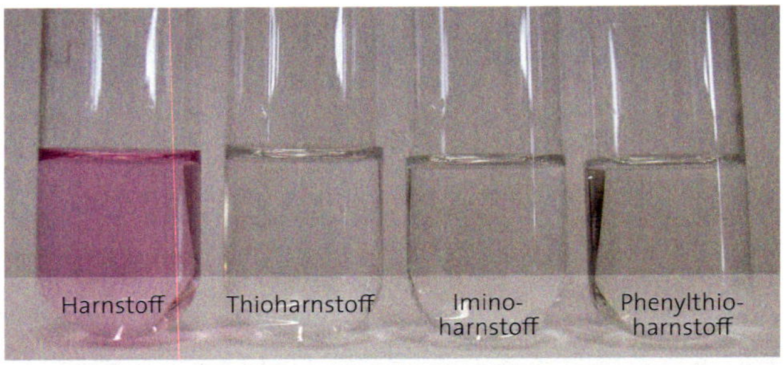

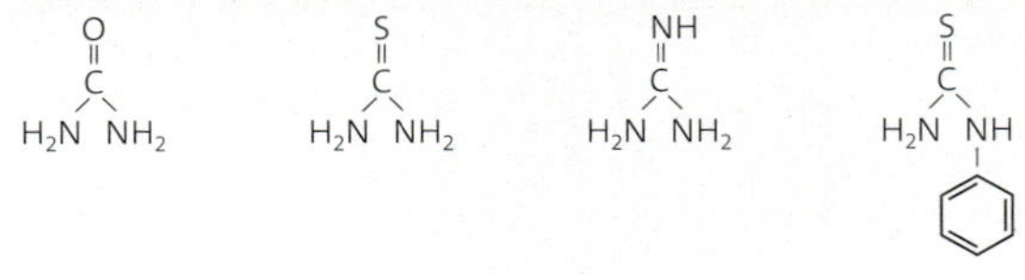

Urease und Schwermetallionen

MATERIAL: Reagenzgläser, Tropfpipetten, destilliertes Wasser, Kupfersulfatlösung (1%ig), Harnstofflösung (5%ig), Phenolphthaleinlösung *(Xn)*, Salzsäure (0,01 mol/l), EDTA-Lösung (0,1 mol/l), Ureaselösung (bei Einsatz käuflicher Urease: 1 Spatelspitze in 5 ml Wasser), Indikatorpapier

DURCHFÜHRUNG: Befüllen Sie 3 Reagenzgläser wie in der Tabelle angegeben.

Glas-Nr.	1	2	3
Harnstofflösung	5 ml	5 ml	5 ml
Phenolphthaleinlsg.	2 Tropfen	2 Tropfen	2 Tropfen
dest. Wasser	1 ml	1 ml	–
EDTA-Lösung	–	–	1 ml *
(* Vorsichtig mit Salzsäure neutralisieren, bis farblos!)			

Geben Sie in 3 weitere Reagenzgläser (Nr. 4–6) je 1 ml Ureaselösung und in Glas 5 und 6 je 5 Tropfen Kupfersulfatlösung. Lassen Sie die Kupfersulfatlösung 2–3 min auf die Ureaselösung einwirken. Vereinigen Sie dann den Inhalt der Gläser 1 und 4, 2 und 5, 3 und 6. Erklären Sie die Versuchsergebnisse.

Verlauf der Harnstoffspaltung durch Urease

MATERIAL: Leitfähigkeitsmessgerät, Magnetrührer mit Rührstab, Stoppuhr, Becherglas (250 ml), Messzylinder (100 ml), Pipette (1 ml), Harnstofflösung (1%ig), Ureaselösung (bei Einsatz käuflicher Urease: 1 Spatelspitze in 5 ml Wasser), Kupfersulfatlösung (1%ig), dest. Wasser

DURCHFÜHRUNG: Bauen Sie die Messgeräte auf (▶ Bild unten). Füllen Sie 100 ml Harnstofflösung in das Becherglas und schalten Sie den Rührer mit kleiner Drehzahl ein. Messen Sie die Leitfähigkeit der Lösung und verwenden Sie diesen Wert als Ausgangswert („Nullwert"). Fügen Sie nun 1 ml Ureaselösung zu, starten Sie die Stoppuhr und lesen Sie 15 Minuten lang jede Minute die Leitfähigkeit ab. (Messgerät immer nur zur Messung kurz einschalten!)

Wiederholen Sie den Versuch, wobei Sie aber nach 5 Minuten einmalig 1 ml Kupfersulfatlösung hinzufügen.

Zeichnen Sie aus den Messwerten Diagramme. Erklären Sie deren Verlauf.

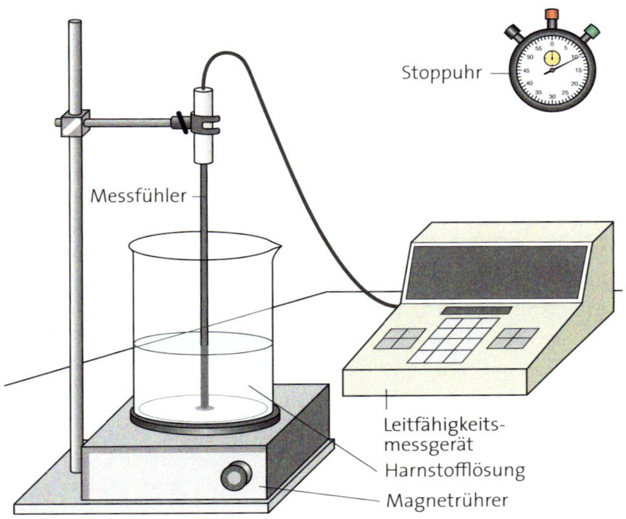

Ureasewirkung und Substratkonzentration

MATERIAL: Wasserbad (auf 40 °C vorgewärmt), Waage, Stoppuhr, Bechergläser (50 ml), Spatel, Glasstäbe, dest. Wasser, Harnstoff, Ureaselösung (bei Einsatz käuflicher Urease: 1 Spatelspitze in 10 ml dest. Wasser), Bromthymolblaulösung (20 mg in 50 ml dest. Wasser)

DURCHFÜHRUNG: Geben Sie in 6 Bechergläser jeweils 20 ml dest. Wasser und dann zum ersten 0,05 g Harnstoff, zum zweiten 0,1 g, zum dritten 0,2 g, zum vierten 0,4 g, zum fünften 0,8 g und zum sechsten 1,6 g. Rühren Sie um, bis der Harnstoff jeweils vollständig aufgelöst ist.

Geben Sie in nun jedes Glas einen Tropfen Bromthymolblaulösung. Pipettieren Sie zu jedem Ansatz 1 ml der Ureaselösung. Stellen Sie die Ansätze in das vortemperierte Wasserbad. Schütteln Sie die Gläser alle 60 Sekunden und messen Sie die Zeit bis zum Farbumschlag des Indikators in den 6 Gläsern.

Stellen Sie das Ergebnis des Experiments in geeigneter Form dar und erklären Sie es.

Urease in der Medizin

Obwohl Urease kein Enzym ist, das beim Menschen oder allgemein bei Säugetieren vorkommt, hat es Bedeutung in der Medizin. Schon länger wird das aus Pflanzen oder Bakterien gewonnene Enzym verwendet, um bei Urinuntersuchungen die Menge des ausgeschiedenen Harnstoffs zu bestimmen.

In neuerer Zeit ist der Helicobacter-Urease-Test (HUT) wichtig geworden. Mit ihm wird geprüft, ob sich das für das Entstehen von Entzündungen und Geschwüren im Magen verantwortliche Bakterium Helicobacter pylori in der Magenschleimhaut angesiedelt hat. Das Bakterium spaltet Harnstoff mithilfe seiner zelleigenen Urease. Darauf beruht auch der Test: Ist Helicobacter in einer durch Magensondierung gewonnenen Probe enthalten, vermehren sich die Keime im Testmedium und spalten den hier ebenfalls vorhandenen Harnstoff mit Urease. Ein Indikator wird durch das bei der Reaktion gebildete Ammoniak umgefärbt und zeigt so das Vorhandensein von Helicobacter an.

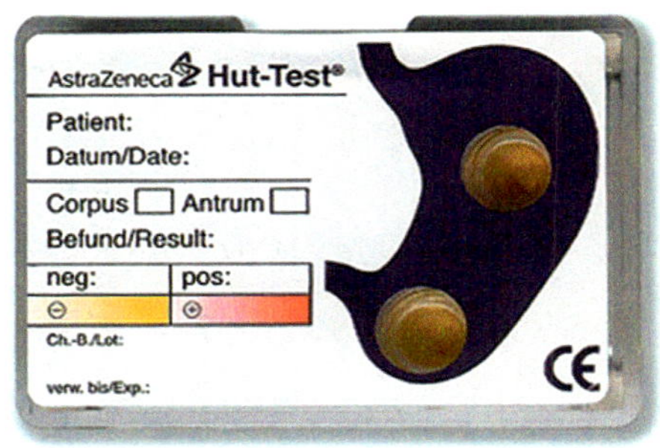

1. **Planen Sie ein Experiment zur Abhängigkeit der Ureasewirkung von der Enzymkonzentration und führen Sie das Experiment durch.**
2. **Begründen Sie, warum man statt der Leitfähigkeit (▶ Experiment oben links) auch den pH-Wert messen kann, um den Verlauf der Harnstoffspaltung durch Urease zu ermitteln.**
3. **Urease ist ein Metalloenzym mit Nickelionen als Cofaktor. Untersuchen Sie in einem Experiment, ob das Enzym damit unempfindlich gegenüber Nickelsalzen ist.**
4. **EDTA (▶ Experiment S. 76 unten) ist ein Chelatbildner. Informieren Sie sich über Chelatbildner und ihre Verwendung bei der Behandlung von Schwermetallvergiftungen.**
5. **Die Harnstoffspaltung bewirkt einen basischen „Schutzmantel" um die Helicobacter-Zelle. Erklären Sie mithilfe der durch Urease katalysierten Reaktion, wie er entsteht. Warum ist er für das Bakterium im Magen lebenswichtig?**
6. **Neben dem HUT-Test, der eine Magenbiopsie erfordert, gibt es einen nicht invasiven ^{13}C-Harnstoff-Atemtest. Recherchieren Sie und erläutern Sie das Testprinzip.**

☞ Stichworte zu weiteren Informationen

Enzymes Structures Database • Proteinkristallisation • Enzymtests • Metalloenzyme

Einflüsse auf die Enzymwirkung

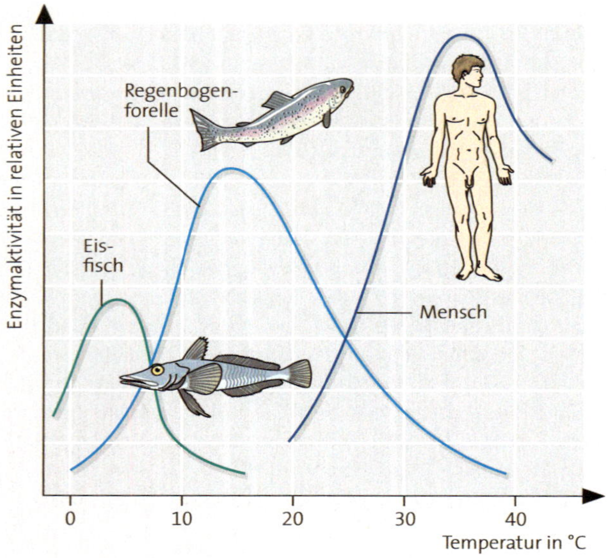

1 *Temperaturabhängigkeit der Pyruvatkinase*

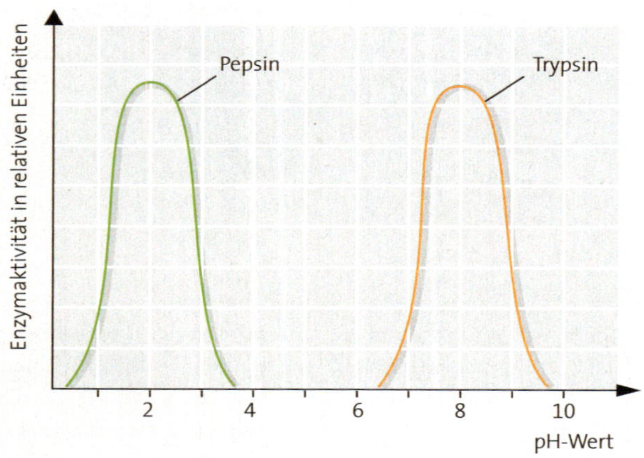

2 *pH-Abhängigkeit menschlicher Verdauungsenzyme*

3 *Grüner Knollenblätterpilz. Sein Gift blockiert die RNA-Polymerase.*

Auch wenn sich beinahe jede Leistung eines Lebewesens auf die Wirkung von Enzymen zurückführen lässt und sie für das Überleben notwendig sind, handelt es sich letztlich „nur" um Proteine, die von äußeren Faktoren beeinflusst werden.

Temperatur. Eine Erhöhung um 10 °C steigert die Reaktionsgeschwindigkeit von Enzymen auf das 2- bis 3-Fache. Diese ***Reaktionsgeschwindigkeit-Temperatur-Regel*** (RGT-Regel) gilt grundsätzlich für alle biochemischen Reaktionen in den Zellen der Lebewesen. Da Enzyme komplexe Makromoleküle sind, wird zugleich auch ihre ***Konformation*** beeinflusst: Die Tertiär- und Quartärstruktur von Proteinen wird vor allem durch schwache Bindungen wie Wasserstoffbrücken aufrechterhalten (► S. 42). Solche Bindungen können schon durch die thermische Bewegung der Moleküle beeinflusst werden. Im Extremfall – meist oberhalb 70 °C – kommt es zur irreversiblen ***Denaturierung*** der Enzyme. Doch selbst geringe Temperaturänderungen können über eine graduelle Veränderung der schwachen Bindungen im Molekül zu einer ebenso graduellen Veränderung der Enzymaktivität führen. Daher werden einige Enzyme bereits bei Temperaturen inaktiv, bei denen eine Denaturierung ausgeschlossen ist. Da sich Enzyme mit gleicher Funktion in ihrer Aminosäuresequenz von Art zu Art unterscheiden können – man spricht in diesem Fall von ***Isoenzymen*** –, sind diese Temperaturgrenzen artspezifisch (► Bild 1).

pH-Wert. Die Tertiärstruktur der Enzyme kann vom ***pH-Wert*** ihrer Umgebung beeinflusst werden. Einige Aminosäurereste in Proteinen reagieren nämlich als schwache Säuren oder Basen. So ist ein Glutaminsäurerest in neutralem oder alkalischem Milieu negativ geladen, in saurem Milieu dagegen ungeladen. Solche Ladungsunterschiede wirken sich auf die Konformation aus. Enzyme sind deshalb dem pH-Wert des Milieus, in dem sie Reaktionen katalysieren, jeweils angepasst. Sie haben nicht nur ein Temperatur-, sondern auch ein ***pH-Optimum***, bei dem die Enzymaktivität – und damit auch die Reaktionsgeschwindigkeit – am größten ist.

Enzymgifte. Neben Wasserstoffionen können auch andere Ionen die Konformation eines Enzyms und damit seine Wirkung beeinflussen. Ionen, die sich so an das Enzym binden, dass es dadurch ***vollkommen inaktiviert*** wird, bezeichnet man als ***Enzymgifte***. Viele ***Schwermetallionen*** wie Blei-, Cadmium-, Arsen- oder Quecksilberionen sind solche Gifte. Sie reagieren bevorzugt mit den für die Molekülgestalt wichtigen ***Schwefelbrücken*** der Enzymproteine. Damit deformieren sie auch das aktive Zentrum, sodass das Substrat nicht mehr gebunden und umgesetzt werden kann.

Auch andere Stoffe wirken als Enzymgifte:

- *Amanitin*, das Hauptgift des Knollenblätterpilzes, blockiert die RNA-Polymerase und damit den Start der Proteinbiosynthese. 0,1 mg Amanitin, enthalten in 0,5 Gramm des Pilzes, sind für einen Menschen tödlich.
- *Cyanide* inaktivieren irreversibel, also unumkehrbar das Enzym *Cytochromoxidase*. Da dieses Enzym eine Schlüsselfunktion in der Atmungskette (► S. 109) besitzt, führen Cyanidvergiftungen sehr schnell zu innerem Ersticken.
- *E 605*, ein inzwischen verbotenes Insektizid, bindet sich an das aktive Zentrum von ***Acetylcholinesterase*** und blockiert dieses wichtige Enzym der Nervenzellen.

Substratkonzentration. Je mehr Substrat zur Verfügung steht, desto wahrscheinlicher wird es, dass sich Enzym- und Substratmoleküle treffen und eine Katalyse stattfinden kann. Daher wird die Reaktionsgeschwindigkeit der enzymatischen Katalyse von der *Substratkonzentration* beeinflusst. Ein linearer Zusammenhang besteht aber nur bei geringen *Substratkonzentrationen*. Sind alle Enzymmoleküle mit Substrat gesättigt, haben also jeweils ein Substratmolekül gebunden, hat eine Erhöhung der Substratkonzentration keinen Einfluss mehr auf die Reaktionsgeschwindigkeit. Dann wird eine Maximalgeschwindigkeit V_{max} gemessen, die nicht mehr von der Substratkonzentration abhängt (► Bild 1).

Nach LEONOR MICHAELIS und MAUD MENTEN, die 1913 diesen Zusammenhang untersuchten, wird diejenige Substratkonzentration, bei der die halbe Maximalgeschwindigkeit erreicht ist, *Michaelis-Menten-Konstante* K_m genannt. Sie lässt sich im Unterschied zur Sättigungskonzentration genau bestimmen und ist charakteristisch für jedes Enzym-Substrat-System. Je kleiner K_m, umso stärker nimmt die Reaktionsgeschwindigkeit mit der Substratkonzentration zu.

Als Maß für die Aktivität von Enzymen lässt sich jedoch die *Wechselzahl* leichter vorstellen. Sie gibt die Anzahl von Substratmolekülen an, die von einem Enzymmolekül in der Sekunde umgesetzt werden kann, wenn das Enzym vollständig mit Substrat gesättigt ist. Eine besonders hohe Wechselzahl hat Katalase, deren Substrat das Zellgift Wasserstoffperoxid ist (► Tabelle rechts).

Inhibitoren und Aktivatoren. Manche Stoffe hemmen durch ihre Anwesenheit die Enzymaktivität. Bei diesen *Inhibitoren* oder *Hemmstoffen* unterscheidet man zwei verschiedene Wirkungstypen:

- Bei der *kompetitiven Hemmung* tritt der Inhibitor mit dem Substrat in einen „Wettbewerb“ um die Bindung am aktiven Zentrum. Seine Hemmwirkung nimmt daher mit zunehmender Substratkonzentration ab, während V_{max} unverändert bleibt (► Bild 2).
- Bei der *nichtkompetitiven Hemmung* bindet der Inhibitor an einer anderen Stelle als dem aktiven Zentrum des Enzyms. In diesem Fall wird V_{max} kleiner. Diese Form der Hemmung tritt nur bei bestimmten Enzymen mit einer zweiten Bindungsstelle auf.

Andere Enzyme mit zweiter Bindungsstelle benötigen bestimmte Ionen wie K^+, Ca^{2+}, Mg^{2+} oder Mn^{2+} als *Aktivatoren*, um ihre maximale Aktivität zu erreichen. Neben Ionen können auch manche Aminosäuren, AMP (Adenosinmonophosphat) oder ATP als Aktivatoren wirken.

Sowohl Aktivierung als auch Hemmung von Enzymen sind von großer Bedeutung für die Regulation der Enzymaktivität (► S. 82) und liegen vielfach auch der Wirkung von Arzneimitteln zugrunde (► S. 83).

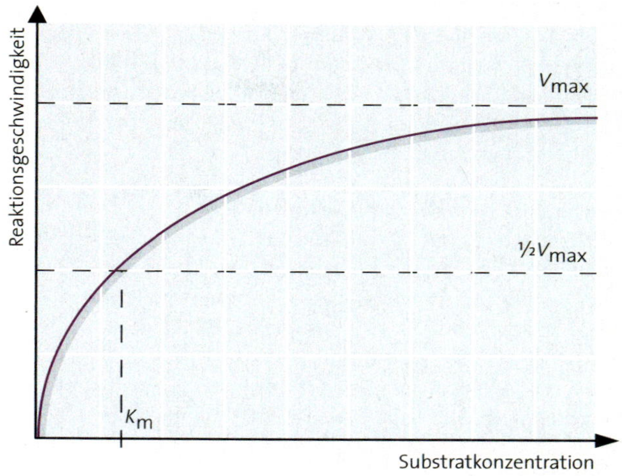

1 Abhängigkeit der Reaktionsgeschwindigkeit von der Substratkonzentration

Maximale Wechselzahlen einiger Enzyme	
Enzym	**Wechselzahl [s^{-1}]**
Katalase	40 000 000
Carboanhydrase	600 000
Lactatdehydrogenase	1 000
Chymotrypsin	100
DNA-Polymerase	15
Tryptophan-Synthetase	2
Lysozym	0,5

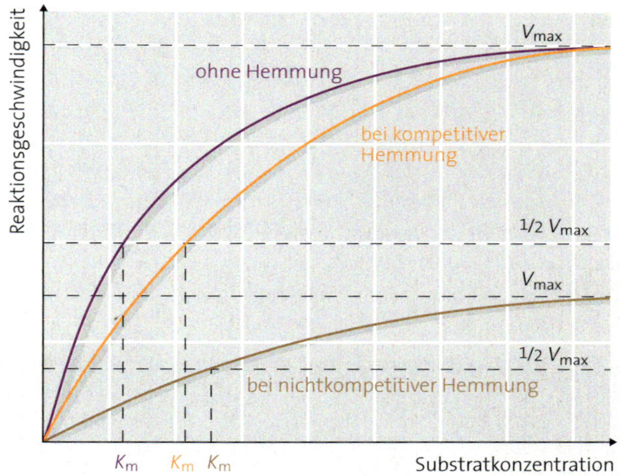

2 Reaktionsgeschwindigkeit und Substratkonzentration mit und ohne Hemmwirkung

1 Erläutern Sie, weshalb Konformationsänderungen eines Enzyms in jedem Fall seine Aktivität beeinflussen.

2 Isoenzyme kommen nicht nur bei verschiedenen Arten vor, sondern auch bei verschiedenen Individuen derselben Art und in unterschiedlichen Geweben desselben Individuums. Erklären Sie Ursachen und Bedeutung dieser Tatsache.

3 Schwermetalle binden in Enzymen bevorzugt an schwefelhaltige Aminosäuren. Erklären Sie die Folgen.

4 Belegen Sie mit Bild 2 auf der linken Seite, dass Enzyme dem pH-Wert des Milieus angepasst sind, in dem sie Reaktionen katalysieren.

5 Informieren Sie sich über Amanitin und seine Wirkungsweise.

Enzyme in Waschmitteln

Noch vor 50 Jahren war Waschen Schwerarbeit: Eigelb, Schokolade und Blut ließen sich nur mühevoll beseitigen. Die Wäschestücke mussten eingeweicht, vorgewaschen und schließlich gekocht werden. Unter der Behandlung litt nicht nur die Wäsche, sie kostete die Hausfrauen auch viel Zeit. Der Einsatz von Enzymen schuf Abhilfe, ist aber nicht ganz problemlos.

Verdauungsenzyme verbessern Waschmittel

Durch einen Blick auf die Verpackungen moderner Vollwaschmittel kann man sich schnell davon überzeugen, dass die meisten von ihnen protein- und lipidabbauende Enzyme, also Proteasen und Lipasen, enthalten. Allerdings sind die Bedingungen, unter denen diese Enzyme in der Waschtrommel wirken sollen, für die meisten Lebewesen – und damit auch für ihre Enzyme – zu extrem: Die Waschtemperaturen liegen mit 60–80 °C deutlich über den Körpertemperaturen (fast) aller Lebewesen und auch das alkalische Milieu der Waschlauge (pH 8–10) beeinträchtigt oder hemmt die Wirkung der meisten Enzyme. Es ist daher verständlich, dass die Industrie großes Interesse an Enzymen hat, die auch unter den oben beschriebenen Bedingungen ihre Wirkung entfalten können.

Archaeen – manche mögen's heiß

In den letzten 20 Jahren fanden Forscher an Orten, an denen man die Existenz von Leben bisher für ausgeschlossen hielt, so genannte Archaebakterien oder Archaeen (► S. 60). Die einzelligen, kernlosen Archaeen leben in heißen Quellen, in Salzseen oder in Thermalquellen der Tiefsee. Sie gleichen im Bau den Bakterien, sind aber mit diesen nicht näher verwandt. Dass die Archaeen an so lebensfeindlichen Orten existieren können, liegt im Wesentlichen an ihrer Enzymausstattung: Ihre Enzyme bleiben selbst unter extremen Bedingungen noch funktionsfähig, weshalb man auch von Extremozymen spricht. Für viele solcher Extremozyme sind interessante wirtschaftliche Anwendungen denkbar. Zwei Beispiele:
In Sodaseen in Ägypten, Ostafrika und den USA leben alkalophile (= Alkalien liebende) Archaeen. Sie können den pH-Wert in ihrem Innern auch bei sehr alkalischem Außenmilieu nahe dem Neutralpunkt halten. Die so genannte „stone washed"-Optik von Jeans lässt sich durch Behandlung mit Enzymen aus solchen alkalophilen Bakterien erzielen.

Heiße Quellen im Yellowstone-Nationalpark in den USA (► Bild oben) oder unterseeische Hydrothermalquellen und Heißwasserkamine der Tiefsee sind der Lebensraum thermophiler Archaeen (► Bild oben rechts), die sich noch bei 85 °C vermehren. Einzelne Vertreter können selbst noch bei Temperaturen bis 110 °C überleben, was ihnen nur deshalb möglich ist, da in der Tiefsee hydrostatische Drucke herrschen, die Wasser auch noch bei Temperaturen über 100 °C flüssig halten. Ihre Enzyme sind für Waschmittelhersteller hochinteressant, da sie auch bei hohen Temperaturen aktiv bleiben. Der Grund für die Hitzetoleranz liegt offenbar nicht in einer grundsätzlich anderen Bauweise als bei anderen Enzymen, sondern in der größeren Anzahl innermolekularer Bindungen, zum Beispiel zwischen ionischen und polaren Gruppen.

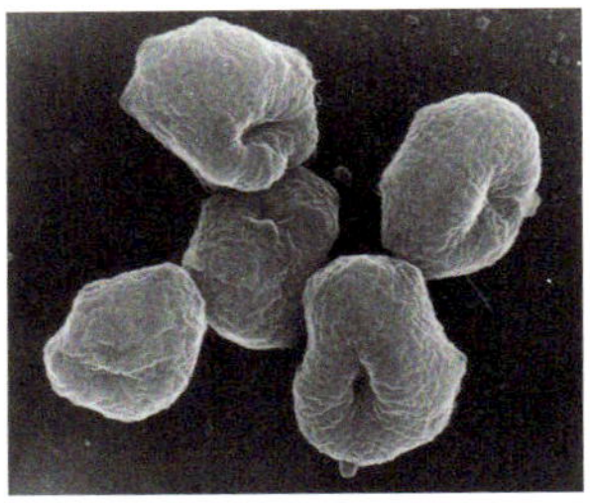

Extremozymproduktion mithilfe der Gentechnik

Will man die Enzyme aus den natürlichen Produzenten, den extremophilen Archaeen, gewinnen, benötigt man sehr große Mengen, um wirtschaftlich lohnende Ausbeuten zu erzielen; allerdings findet man sie fast nie in so großen Mengen in ihren Lebensräumen. Man nimmt an entsprechender Stelle Proben, reinigt diese im Labor und isoliert die gewünschte Archaeenart. Schon das gelingt oft nicht wegen der extremen Ansprüche, die die Archaebakterien an ihren Lebensraum stellen.

Die großtechnische Aufzucht und Haltung ist meist noch komplizierter. Deshalb bedient man sich gentechnischer Verfahren, um die Probleme in den Griff zu bekommen: Der Aufbau eines jeden Enzyms ist im Erbgut der Archaeen festgelegt. Man schneidet das entsprechende Stück mit so genannten Restriktionsenzymen aus der Archaeen-DNA heraus und pflanzt es in das Erbgut von Laborbakterien ein. Diese lassen sich in der Regel leicht züchten und produzieren fortan mithilfe des verpflanzten DNA-Stücks das gewünschte Enzym in großen Mengen.

Nachweis von Enzymen in Waschmitteln

Material: ein Esslöffel Wollwaschmittel (ohne Enzym – vergleichen Sie mit den Angaben auf der Packung!), ein Esslöffel Vollwaschmittel (mit Enzym), jeweils aufgelöst in 50 ml Wasser, ein Päckchen Götterspeise, zwei Petrischalen, Glasstäbe, Brenner, Dreifüße, Keramikdrahtnetze

Durchführung: Die Götterspeise wird nach Anleitung zubereitet und zum Erstarren in die Petrischalen gegossen. Geben Sie auf die Götterspeiseproben einen Esslöffel von einer der Waschmittellösungen. Schließen Sie den Deckel und beobachten Sie nach einiger Zeit die Konsistenz der Götterspeise.

Erweiterung: Wiederholen Sie den oben beschriebenen Versuch mit anderen Substraten als Götterspeise. Auch aus Stärke und Agar-Agar (einem aus Algen gewonnenen Stoff) lassen sich feste Gele gießen. Finden Sie heraus, welche Enzyme in der Waschmittellösung enthalten waren und woraus die jeweiligen Gele bestehen. Erklären Sie die Ergebnisse.

Enzyme in Waschmitteln und ihre Funktion

Enzyme	hergestellt seit	Waschwirkung
Proteasen	1960	höhere Wasserlöslichkeit der Eiweiße durch Peptidspaltung
Amylasen	1975	höhere Wasserlöslichkeit der Kohlenhydrate (Stärkespaltung)
Lipasen	1985	Spaltung von Fett in wasserlösliche Fettsäuren und Glycerin
Cellulasen	1985	bessere Farbwirkung (Anti-Aging-System) durch Cellulose-spaltung

Bedingungen für die Denaturierung von Eiweiß

MATERIAL: Eiklar, verdünnte Salzsäure, verdünnte Natronlauge, Kochsalz, pH-Teststreifen oder pH-Meter, Pipetten, Bechergläser, Reagenzgläser, Wasserbad mit Thermometer

DURCHFÜHRUNG: Mit dem Eiklar eines Hühnereies und Wasser wird eine wässrige Eiweißlösung hergestellt, die völlig klar und durchsichtig sein soll. Verteilen Sie diese Stammlösung auf vier verschiedene Reagenzgläser. Pipettieren Sie in eines der Reagenzgläser tropfenweise verdünnte Salzsäure. Schütteln Sie nach jedem Tropfen den Inhalt des Reagenzglases gründlich. Fügen Sie so lange Salzsäure hinzu, bis die Eiweißlösung deutlich trüb wird. Anschließend wird der pH-Wert der Lösung ermittelt und festgehalten. Verfahren Sie in einem zweiten Ansatz analog mit verdünnter Natronlauge.

Pipettieren Sie in ein drittes Reagenzglas gesättigte Kochsalzlösung, bis es zur Trübung kommt. Erhitzen Sie in einem vierten Ansatz die Eiweißlösung im Wasserbad bis zur Trübung und ermitteln Sie die hierfür notwendige Temperatur.

Temperaturoptimum von Waschmittelenzymen

MATERIAL: Wasserbad mit Thermometer, Iod-Kaliumiodid-Lösung, Speisestärke, enzymhaltiges Vollwaschmittel, Reagenzgläser, Bechergläser, Messpipetten, Stoppuhr

DURCHFÜHRUNG: Stellen Sie in einem Becherglas eine 1%ige Stärkelösung her, indem Sie Speisestärke in kochendes Wasser einrühren. Versetzen Sie die abgekühlte Stärkelösung mit einem Tropfen Iod-Kaliumiodid-Lösung, sodass sich eine tiefe Blaufärbung ergibt. Lösen Sie in einem zweiten Becherglas Vollwaschmittel in destilliertem Wasser auf. Die Konzentration der Lösung sollte nicht unter 5 % liegen.
Die Bechergläser mit der gefärbten Stärkelösung und der Waschmittellösung werden nun im Wasserbad temperiert. Der Versuch sollte im Temperaturbereich zwischen 10 °C und 90 °C in 10-°C-Intervallen durchgeführt werden.

Pipettieren Sie bei Erreichen der gewünschten Temperatur je 2 ml der beiden Lösungen in ein Reagenzglas. Schwenken Sie das Reagenzglas leicht im Wasserbad und stoppen Sie die Zeit, die bis zur völligen Entfärbung des Reagenzglasinhalts verstreicht. Die Zeit wird protokolliert.

Stellen Sie Ihre Messwerte grafisch dar, indem Sie die Geschwindigkeit der Entfärbung über der Temperatur auftragen.

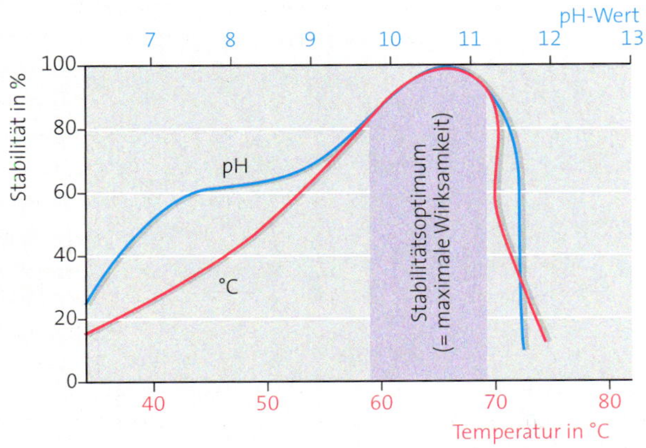

Waschmittelallergien und ihre Ursachen

80 bis 90 % aller Waschmittel enthalten heute Enzyme (vergleichen Sie auch mit der Tabelle oben links). Damit ist die Produktion von Biokatalysatoren für Waschmittel zur größten kommerziellen Anwendung der Enzymtechnik weltweit geworden. Insgesamt beträgt der Umsatz mit Enzymen im Welthandel mehr als zwei Milliarden Euro.

Die verwendeten Proteasen greifen nicht nur Eiweißflecken an, sondern unter Umständen auch die Haut des Menschen. Vor allem aber werden sie häufig aus Bakterien gewonnen und sind mit Bestandteilen der Bakterienzellwand verunreinigt. Diese können bei sensiblen Personen und unzureichend gespülter Wäsche allergische Reaktionen auslösen. Wissenschaftlich nachgewiesen sind solche Nebenwirkungen aber bisher nicht. Deshalb sind Warnhinweise auf den Waschmittelpackungen noch nicht vorgeschrieben. Um die Gefahren so klein wie möglich zu halten, gingen die Herstellerfirmen dazu über, die Enzympartikel mit wachsartigen Substanzen zu ummanteln. Diese „Prills" verhindern den direkten Hautkontakt und verbessern zudem die Lagerfähigkeit der Produkte.

---

1. **Im Versuch haben Sie ermittelt, unter welchen Bedingungen Hühnereiweiß denaturiert. Beschreiben Sie diese Bedingungen (auch quantitativ). Vergleichen Sie sie mit den Bedingungen, denen Enzymproteine in einer Waschlauge ausgesetzt sind.**
2. **Erklären Sie, wie sich die Struktur eines Proteins verändert, wenn es denaturiert.**
3. **Weshalb kann ein denaturiertes Enzym keine katalytische Wirkung mehr entfalten?**
4. **Vergleichen Sie die von Ihnen selbst erstellte Kurve zum Temperaturoptimum von Waschmittelenzymen mit der Abbildung links. Setzen Sie diese Werte auch zu den Temperaturen in Beziehung, die in der Mehrzahl aller Lebewesen herrschen. Was zeigen Ihre Ergebnisse in Bezug auf die Herkunft der Waschmittelenzyme?**

Stichworte zu weiteren Informationen

Gentechnik • Restriktionsenzyme • Verdauungsenzyme • Archaebakterien • Anti-Aging-System

Enzymregulation

In jeder Zelle laufen zur gleichen Zeit mehrere Tausend Stoffwechselprozesse ab. Um sie zu steuern und zu regeln, sind Enzyme die idealen Werkzeuge:
- Praktisch jeder Stoffwechselschritt erfordert ein Enzym.
- Enzyme bestehen im Wesentlichen aus Proteinen, die gemäß der Erbinformation hergestellt werden.
- Die Aktivität der Enzyme ist in vielfältiger Weise regulierbar.

Regulation durch Neubildung von Enzymen. Enzyme werden ständig neu synthetisiert und abgebaut. Ihre „Lebensdauer“ liegt bei Vielzellern zwischen wenigen Stunden und einigen Wochen. Dazu können Gene an- und abgeschaltet und so die Enzymmengen je nach Bedarf reguliert werden. Diese Form der Stoffwechselregulation benötigt allerdings einige Zeit und ist für schnelle Anpassungen zu träge.

Schnell und flexibel kann die Enzymaktivität dagegen durch *Aktivatoren* und *Inhibitoren* (► S. 79) beeinflusst werden, die sich reversibel an die Enzymmoleküle binden:

Regulation durch kompetitive Hemmung. Substratähnliche *kompetitive Hemmstoffe* binden an das aktive Zentrum, ohne umgesetzt zu werden (► Bild 1, links). Sind sie in höherer Konzentration vorhanden als das eigentliche Substrat, kommt die Reaktion zum Erliegen, da fast nur noch Hemmstoff an die Enzymmoleküle gebunden ist. Bei genügend hoher Substratkonzentration wird dagegen der Hemmstoff vom Substrat verdrängt und das Substrat kann umgesetzt werden.

Bei einigen Stoffwechselprozessen ist das Produkt der Reaktion zugleich der Hemmstoff. Die enzymatische Reaktion wird dann durch *negative Rückkopplung* reguliert: Je mehr Produkt, desto weniger aktive Enzymmoleküle, desto weniger Produkt usw. Diese *Endprodukthemmung* sorgt dafür, dass ein Stoff im Organismus nur so lange synthetisiert wird, bis er sich anzusammeln beginnt. Das erspart dem Organismus unnötigen Rohstoff- und Energieaufwand und findet sich häufig bei Stoffwechselwegen, die aus mehreren aufeinanderfolgenden Reaktionen bestehen (► Bild 2).

Regulation durch allosterische Enzyme. *Allosterische Enzyme* besitzen an einer vom aktiven Zentrum räumlich getrennten Stelle ein regulatorisches Zentrum für Inhibitoren oder Aktivatoren (► Bild 1, rechts). Deren Bindung – nach dem Schlüssel-Schloss-Prinzip – verändert die Enzymstruktur und damit das aktive Zentrum. Der Vorteil allosterischer Enzyme liegt darin, dass sie die Reaktionsgeschwindigkeit der Katalyse sehr empfindlich regeln können, wenn sich die Substratkonzentration ändert. Sie finden sich daher besonders an Knotenpunkten des Stoffwechsels, wo sie als Schlüsselenzyme wie „Stellschrauben“ wirken.

Allosterische Hemmung tritt oft bei Enzymen für Stoffwechselwege auf, die letztlich der Produktion von ATP (► S. 105) dienen. Ist genügend Energie in Form von ATP vorhanden, werden Schlüsselenzyme, die im Dienst der ATP-Produktion stehen, allosterisch durch ATP gehemmt.

Multienzymkomplexe. Viele Stoffwechselwege bestehen aus mehreren aufeinanderfolgenden Reaktionen, wobei das Produkt der ersten enzymatisch katalysierten Reaktion das Substrat einer zweiten Reaktion ist und so fort. Ihre Enzyme sind häufig zu *Multienzymkomplexen* zusammengefasst (► Bild 2). Der Vorteil solcher Multienzymkomplexe liegt in einer Beschleunigung von Stoffwechselprozessen: Enzyme und ihre Substrate finden völlig ungerichtet durch Diffusion zueinander. Liegen die Enzyme, die die Einzelschritte katalysieren, räumlich benachbart, kann das Substrat über sehr kurze Diffusionswege von einem Enzym zum nächsten wie am Fließband „weitergereicht“ werden. Es durchläuft dabei in kurzer Zeit eine Reihe von Umwandlungen.

Beispiele für Multienzymkomplexe sind die Ribosomen, das Enzymsystem zur DNA-Synthese im Zellkern oder der Pyruvat abbauende Komplex, der auf dem Weg zum Citratzyklus Pyruvat zu Acetyl-Coenzym A umsetzt (► S. 108). Die Multienzymkomplexe von Atmungskette und Fotosynthese sind Bestandteile der inneren Mitochondrienmembran (► S. 109) bzw. der Thylakoidmembran (► S. 133).

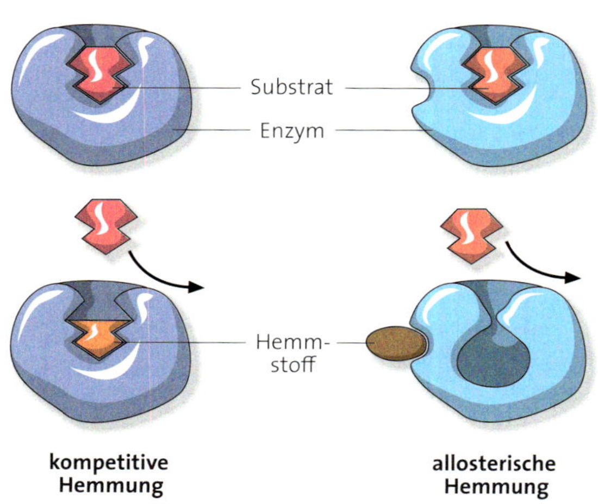

1 Kompetitive Enzymhemmung (links) und allosterische Enzymhemmung (rechts), Schema

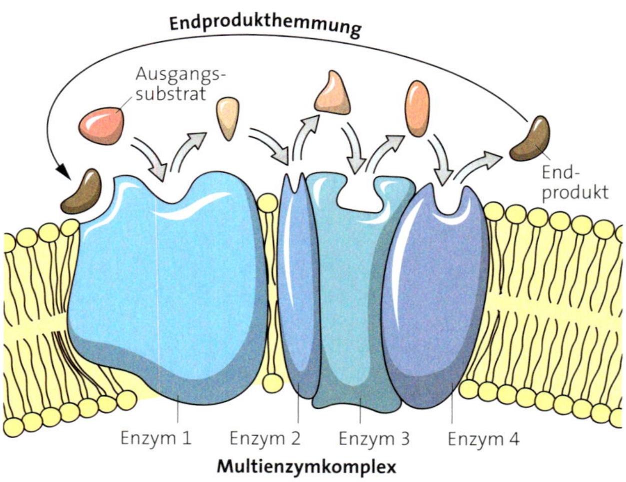

2 Negative Rückkopplung über das Endprodukt bei einem Multienzymkomplex, Schema

Enzyme in der Medizin

Wenn wir erkranken, sind fast immer Stoffwechselprozesse betroffen. Daher kommt Enzymen als den zentralen Wirkstoffen im Stoffwechselgeschehen auch große medizinische Bedeutung zu.

Enzyme in der Diagnose von Krankheiten. Als Folge krankhafter Prozesse können Enzyme aus geschädigten Zellen in Körperflüssigkeiten wie das Blutserum gelangen (Nekrose ► S. 27). Da verschiedene Organe unterschiedliche Enzyme besitzen, kann deren Nachweis im Blut zur *Diagnose* von Krankheiten dienen. So weist *Kreatinkinase* auf einen Herzinfarkt, *Lipase* auf eine Erkrankung der Bauchspeicheldrüse hin.

Auch viele medizinische Tests verwenden Enzyme als hochspezifische Reagenzien auf Teststreifen oder in Messgeräten. Mit dem Enzym *Glucoseoxidase* arbeitende Blutzuckermessgeräte (► Bild 1) für Diabetiker können beispielsweise die Glucosekonzentration in einem winzigen Blutstropfen sehr genau messen.

Beeinflussung körpereigener Enzyme. Zu geringe oder zu hohe Aktivität bestimmter Enzyme kann selbst *Ursache* von Krankheiten sein. Die Wirkung zahlreicher Medikamente beruht daher auf der Beeinflussung der Enzymaktivität.

- Organische Salpetersäure-Ester wie Nitroglycerin (genauer: das daraus freigesetzte Stickstoffmonooxid) beseitigen die für Menschen mit Herzkrankheiten häufig lebensgefährliche Gefäßenge durch rasche Aktivierung der *Guanylatcyclase*.
- Gebräuchliche Schmerzmittel wie Acetylsalicylsäure hemmen das Enzym *Cyclooxygenase*, das für die Bildung von Signalstoffen für Entzündungsprozesse (*Prostaglandine*) entscheidend ist.
- Das Gichtmedikament Allopurinol hemmt das Enzym *Xanthinoxidase* kompetitiv. Damit wird die Bildung von Harnsäure unterbrochen, deren Ablagerung in den Gelenken die schmerzhafte Gelenkentzündung Gicht zur Folge hat.
- Blutdrucksenkende Medikamente sind die ACE-Hemmer. Dabei handelt es sich um kompetitive Hemmstoffe des *Angiotensin-Converting Enzymes ACE*. Ihr Wirkprinzip wurde in einem Schlangengift entdeckt (► Bild 2). Das Enzym ACE spaltet aus einer Vorstufe des Hormons Angiotensin zwei Aminosäuremoleküle ab, sodass das blutdrucksteigernde Hormon Angiotensin entsteht.

Enzymhemmung bei Krankheitserregern. Im Stoffwechsel von Pro- und Eukaryoten gibt es Unterschiede. Die Wirkung wichtiger Antibiotika beruht darauf, dass sie Enzyme beeinflussen, die nur bei Bakterien vorkommen. Penicillin zum Beispiel tötet Bakterien bei der Teilung, indem es irreversibel das aktive Zentrum der *Transpeptidase* blockiert. Das Enzym ist für die Quervernetzung der Polysaccharidketten (Murein) in der Bakterienzellwand verantwortlich.

Wirksame Komponente des Penicillins ist der β-Lactamring. Gegen Penicillin resistente Bakterien zerstören ihn mit ihrem Enzym *β-Lactamase* und heben so die Wirkung des Medikaments auf. Penicillinderivate gegen resistente Bakterien erhält man dadurch, dass man mit dem Enzym *Penicillinacylase* eine Seitengruppe des Penicillinmoleküls abspaltet und durch andere Reste ersetzt.

---

1 Erklären Sie mit Bild 3, warum Penicillinderivate auch gegen penicillinresistente Bakterien wirken.

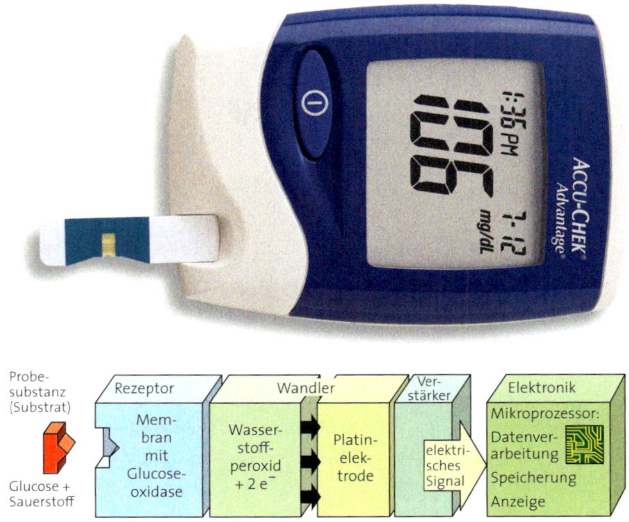

1 Blutzuckermessgerät und Funktionsschema

2 Das Gift der Lanzenotter (Foto) wirkt als Inhibitor des Enzyms ACE. Es war Vorbild für blutdrucksenkende Medikamente.

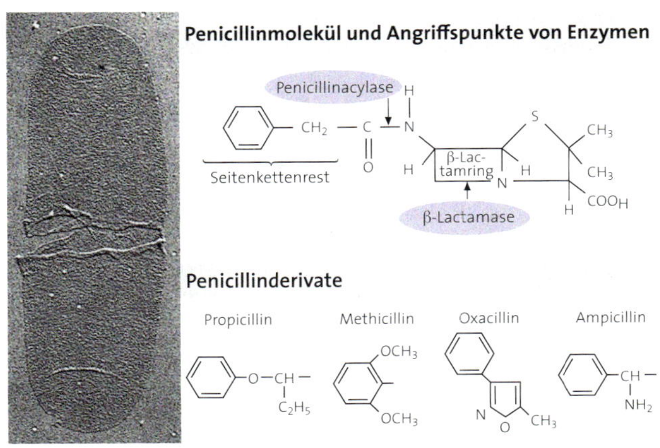

3 Penicillin: Wirkung auf die Bakterienzelle (Foto links), Bau des Moleküls und Derivate sowie Angriffspunkte von Enzymen

Enzyme in der Biotechnologie

1 Für die Käseherstellung benutzt man das Enzym Chymosin, das früher nur aus Kälbermägen gewonnen wurde.

2 Heute wird Chymosin oft in solchen Biofermentern von gentechnisch veränderten Bakterien produziert.

Werden Lebewesen, Zellen oder Zellbestandteile in technisch-industriellen Prozessen verwendet, spricht man von *Biotechnik* oder *Biotechnologie*. Viele biotechnologische Verfahren sind uralte Kulturtechniken: Wein-, Bier- und Essigbereitung, Brotbacken oder die Herstellung von Sauermilch und Käse. Heute wissen wir, dass diese klassische Biotechnologie auf der Leistung von Mikroorganismen beruht und diese wiederum auf deren Ausstattung mit Enzymen. Immer häufiger werden daher in biotechnologischen Verfahren nicht mehr lebende Organismen eingesetzt, sondern die aus ihnen gewonnenen Enzyme (▶ Tabelle unten).

Vorteile biotechnologischer Verfahren. Gegenüber rein chemischen Verfahren bietet die Biotechnologie Vorteile:

- Die Ausgangsstoffe, aus denen Mikroorganismen ihre Stoffwechselprodukte erzeugen, zum Beispiel Stärke, sind billig.
- Da Mikroorganismen die gewünschten Stoffe durch enzymatisch katalysierte Reaktionen herstellen, läuft die Reaktion bei niedrigen Temperaturen ab. Unkatalysierte Synthesereaktionen benötigen dagegen oft hohe Temperaturen.
- Enzymreaktionen vollziehen sich in wässriger Lösung bei einem pH-Wert in der Nähe des Neutralpunkts. In der chemischen Industrie werden dagegen oft aggressive Säuren, Laugen oder organische Lösemittel benötigt.
- Enzyme wirken äußerst spezifisch. So entstehen in enzymatisch katalysierten Reaktionen kaum Nebenprodukte. Die Ausbeute beträgt daher oft 100 %, das heißt, alle Ausgangsstoffe werden ausschließlich zum gewünschten Endprodukt umgesetzt.

Biotechnologische Verfahren haben sich deshalb in vielen Bereichen durchgesetzt, zum Beispiel in der Lebensmittelproduktion, der Umwelttechnik und in der Pharma-, Textil-, Leder- und Kosmetikindustrie.

Gentechnisch erzeugte Enzyme. Durch *gentechnisch veränderte Mikroorganismen* hat die Verwendung von Enzymen in der Biotechnologie eine neue Dimension erreicht. Werden artfremde Gene in das Erbgut geeigneter Mikroorganismen übertragen, können deren Enzymsysteme so verändert werden, dass sie erwünschte Stoffwechselprodukte in enorm gesteigerter Menge produzieren. Viele Enzyme lassen sich auch in gereinigter Form gewinnen und so in industriellem Maßstab preiswert produzieren. *Rund 60 %* der etwa 150 heute industriell verwendeten Enzyme *stammen aus gentechnisch veränderten Mikroorganismen*.

Enzyme in biotechnologischen Prozessen

Produkte	Enzyme	Enzymwirkung und technischer Anwendungszweck
Backmischungen	Amylasen	Verbesserung der Verarbeitungs- und Backeigenschaften von Teig
Fruchtsäfte Fruchtaromen	Pektinasen	Abbau von Pektinen der pflanzlichen Zellwand, dadurch höhere Saftausbeute sowie Aroma- und Farbstoffgewinnung aus den Fruchtschalen; auch zum Klären von Fruchtsäften
Käse	Protease Chymosin	Abbau von Proteinen zur „Dicklegung" von Milch
Zuckersirup	Amylasen, Glucoseisomerase	Abbau von (Mais-, Kartoffel-, Weizen-)Stärke zu Maltodextrin (Stärkebruchstücke und Maltose) und Umwandlung zu Glucose und Fructose
Futtermittel	Phytase	Freisetzen von Phosphat aus Phytinsäure in Pflanzennahrung, dient zur Nahrungsoptimierung in der Geflügel- und Schweinehaltung, Zufüttern von Phosphat entfällt
Waschmittel	Proteasen, Lipasen, Amylasen	Abbau von Proteinen, Fetten und Stärke in verschmutzter Kleidung durch gentechnisch erzeugte Enzyme
Textilien	Lipasen, Amylasen, Cellulasen	Entfernen von Fett, Wachs und Stärke als natürliche oder technische Begleitstoffe, Entfernen störender Baumwollfusseln vor dem Färben
Leder	Proteasen, Lipasen	Enthaaren und Entfetten von Tierhäuten
Zellstoff, Papier	Lipasen, Laccase, Xylanasen	Entfärben von bedrucktem Altpapier beim Recycling, Entfernen des Holzstoffs Lignin

KOMPETENZEN

Mithilfe dieses Kapitels können Sie

- begründen, warum Enzyme zu den wichtigsten Wirkstoffen der belebten Natur zählen
- die Funktion der Enzyme als Biokatalysatoren erläutern und mit anorganischen Katalysatoren vergleichen
- den Aufbau von Enzymen beschreiben
- die typischen Eigenschaften der Enzyme nennen und aus ihrem Bau begründen
- die Bildung eines Enzym-Substrat-Komplexes und seine Bedeutung erklären
- Beispiele für Enzyme und ihre Benennung und Einteilung angeben
- Mechanismen zur Regulation der Enzymaktivität an Beispielen beschreiben und erklären
- die Giftigkeit von Schwermetallen für Lebewesen aus ihrer Wirkung auf Enzyme begründen
- Experimente zur Abhängigkeit der Enzymwirkung von verschiedenen Faktoren planen, durchführen, auswerten und in geeigneter Form darstellen
- das Prinzip der Verwendung von Enzymen in der Medizin an Beispielen erklären
- Beispiele für den Einsatz von Enzymen in der Biotechnologie angeben

Testen Sie Ihre Kompetenzen

Chymotrypsin ist ein Verdauungsenzym, das von der Bauchspeicheldrüse als inaktives Chymotrypsinogen produziert und in den Dünndarm ausgeschieden wird. Hier, an seinem Wirkungsort, wird es zu Chymotrypsin (► Bild rechts) aktiviert, indem eine einzige Peptidbindung im Chymotrypsinogen-Molekül durch Trypsin, ein anderes Verdauungsenzym, gespalten wird.

Chymotrypsin katalysiert die hydrolytische Spaltung von Peptidbindungen in Proteinen, die auch durch Erhitzen mit konzentrierter Säure erreicht werden kann. Produkte der Hydrolyse durch Chymotrypsin sind Peptide unterschiedlicher Kettenlänge mit den Aminosäuren Phenylalanin (Phe) oder Tyrosin (Tyr) am Ende:

(H_2N)Val-Glu-Ala-Ala-Lys-Tyr(COOH)
(H_2N)Glu-Leu-Cys-Ser-Asp-Tyr(COOH)
(H_2N)Leu-Gly-Gly-Ser-Phe(COOH)
(H_2N)Ile-Glu-Glu-Arg-Phe(COOH)
(H_2N)Gly-Leu-Phe(COOH)

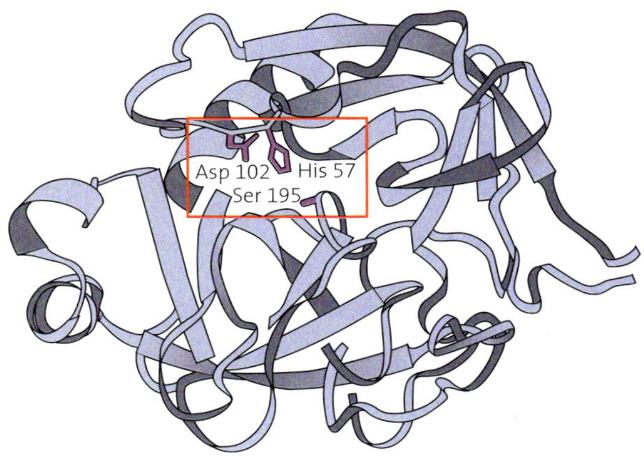

1. Erklären Sie an diesem Beispiel die Funktion eines Enzyms.
2. Die Reaktionsprodukte der Chymotrypsinkatalyse sind vor allem Peptide mit Tyrosin oder Phenylalanin am Ende. Erklären Sie den Sachverhalt mit einer typischen Enzymeigenschaft. Ziehen Sie dazu auch Bild 3 auf Seite 41 sowie Aufgabe 6 heran.
3. Chymotrypsin wird als inaktive Vorstufe gebildet. Erläutern Sie die Bedeutung dieser Tatsache.
4. Erklären Sie, warum eine kleine Veränderung im Molekül, wie sie beispielsweise der Aktivierung von Chymotrypsin zugrunde liegt, für ein Enzym große Bedeutung haben kann.

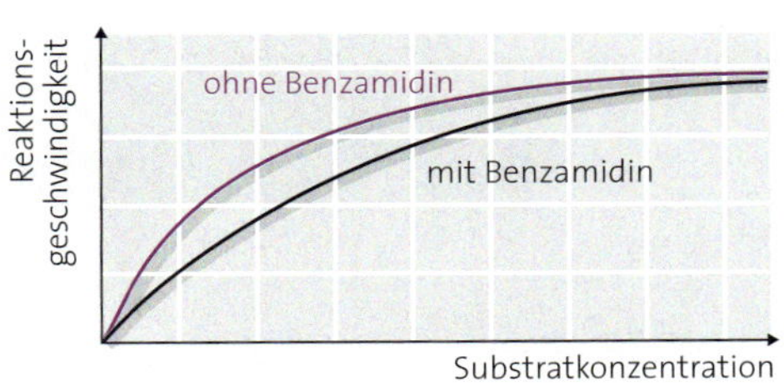

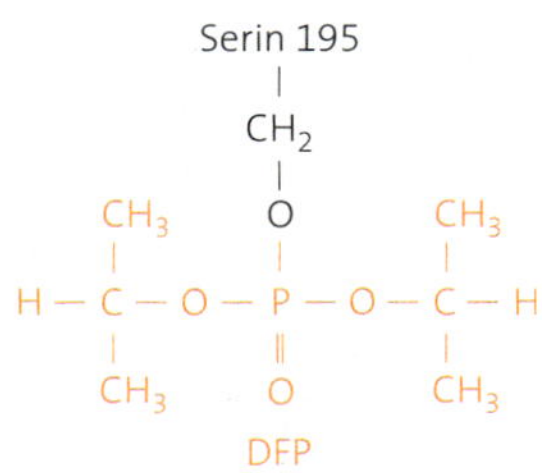

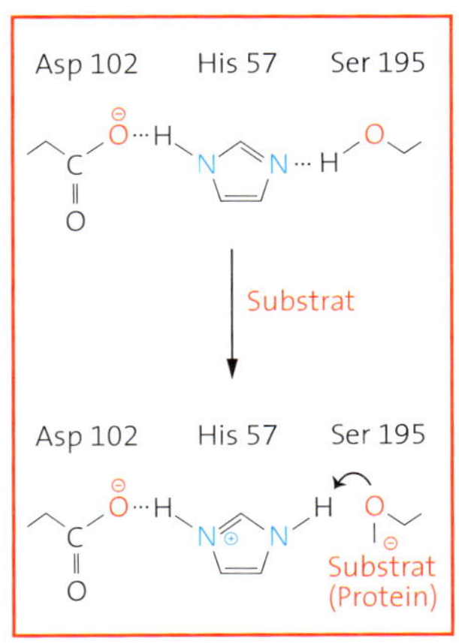

5. Das Chymotrypsinmolekül enthält 28 Aminosäurereste der Aminosäure Serin. Die Substanz Diisopropylfluorophosphat (DFP) bindet sich nur an den Serinrest in Position 195 (► kleines Bild oben) und macht das Enzym dadurch unwirksam. Entwickeln Sie eine Hypothese zur Funktion dieses Serinrests und seiner Nachbarschaft Asparaginsäure (Asp) 102 und Histidin (His) 57 (Bild oben und Mitte rechts).
6. Interpretieren Sie den im Diagramm links dargestellten Einfluss des Stoffs Benzamidin auf Chymotrypsin.

Tolle Knolle – Untersuchungen an der Kartoffel

Im 16. Jahrhundert lernten die Spanier bei der Eroberung von Peru und Chile die Kartoffel kennen. Zahllose Kultursorten wurden von den Indios bis in 4000 m Höhe angebaut.
In Europa entstanden zunächst bescheidene Pflanzungen in der Nähe der spanischen Häfen, zumeist von Apothekern angelegt. Noch 1565 waren Kartoffeln so kostbar, dass der spanische König Philipp II. dem erkrankten Papst Pius IV. einige Knollen zum Geschenk machte.
In Deutschland wurde die Kartoffel erst um 1770 auf Betreiben der preußischen Könige Friedrich Wilhelm I. und Friedrich II. zum Volksnahrungsmittel.
Heute hat die „tolle Knolle“ bei uns nicht nur als Nahrungsmittel in allen Variationen Bedeutung, sondern zunehmend auch als nachwachsender Rohstoff für die Industrie.

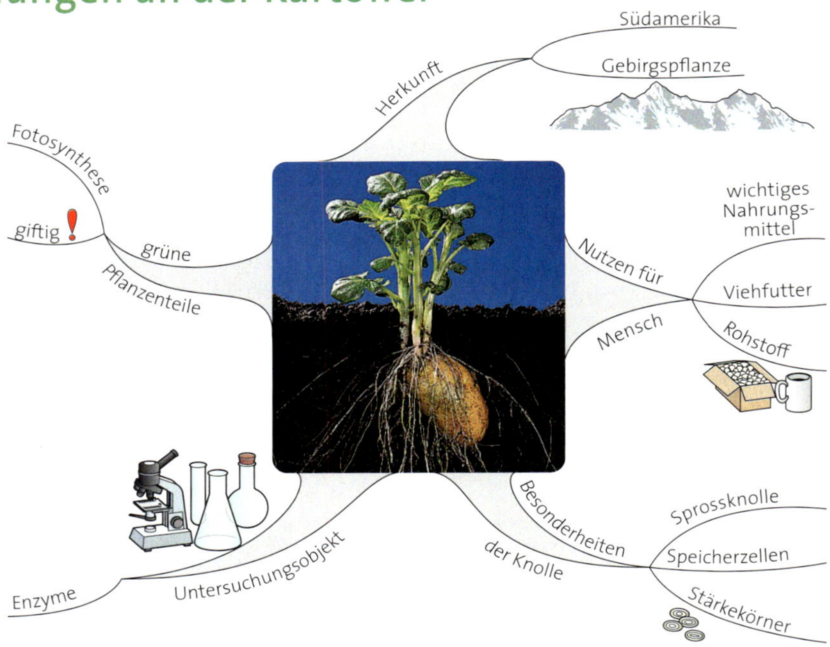

GRUNDLAGEN Die Kartoffel (Solanum tuberosum) gehört wie die Tomate zu den Nachtschattengewächsen (Solanaceae). Essbar sind nur die Sprossknollen, die als Speicherorgane am Ende der unterirdischen Ausläufer sitzen und mit Reservestoffen vollgepackt sind. Sie dienen der vegetativen Vermehrung der Mutterpflanze. Alle anderen Pflanzenteile enthalten Solanin, ein Glykoalkaloid, das Vergiftungserscheinungen bis hin zum Tod durch Atemstillstand hervorrufen kann.

Die Kartoffel zählt zu den „Säulen der Welternährung“. Frisch enthalten die Knollen ca. 78 % Wasser. Das Trockengewicht setzt sich aus 66 % Stärke, 4 % Zucker, 9 % Eiweiß, 0,5 % Fette und aus Mineralstoffen sowie elf verschiedenen Vitaminen zusammen, darunter Niacin, die Vorstufe des Coenzyms NAD. Vitamin C ist mit 10 bis 25 mg pro 100 g Kartoffel reichlich vorhanden. Die Kartoffel kann unter den verschiedensten Bedingungen angebaut werden, ihre Knollen lassen sich gut lagern und vielseitig verwenden. All dies macht sie zu einem der wichtigsten Grundnahrungsmittel. Daneben wird sie auch als Viehfutter genutzt. Kartoffelstärke spielt in zunehmendem Maße als nachwachsender Rohstoff für die Industrie eine wichtige Rolle. Dafür ist vor allem eine genau definierte Stärkequalität erwünscht, die durch Züchtung und den Einsatz gentechnischer Methoden erreicht wird (► S. 87, 89).

Basisinformationen
Stärke (► S. 94/95) • Coenzyme (► S. 73)

1. Die Kartoffel stammt ursprünglich aus den Anden. Informieren Sie sich über die heutigen Kartoffelanbaugebiete und über die Bedingungen, unter denen sich die Knollen ausbilden.
2. Kartoffeln – nein, danke! Kartoffeln gelten oft als „Dickmacher“. Trifft diese Einschätzung zu? Beurteilen Sie die Kartoffel und Kartoffelgerichte unter ernährungsphysiologischen Gesichtspunkten.

Nutzpflanze	Jährlicher Ertrag in Mio. t
Zuckerrohr	1147
Reis	550
Weizen	541
Mais	514
Kartoffel	281
Zuckerrübe	265
Maniok	163
Gerste	142
Sojabohne	125
Süßkartoffel	122
Bananen	84
Zitrusfrüchte	80
Hirsen	80
Tomaten	78
Weintrauben	77
Baumwollsamenöl	57
Äpfel	49

1 Stellung der Kartoffel unter den übrigen „Säulen der Welternährung“. Die Angaben beziehen sich auf das Frischgewicht der jeweils verwendeten Pflanzenteile.

Ein Blick in die Kartoffelzelle

Betrachtet man einen Schnitt durch die Kartoffelknolle unter dem Mikroskop, wird deutlich, dass es sich tatsächlich um ein Speicherorgan handelt. Die Zellen sind mit *Stärkekörnern* dicht gefüllt. Entsprechend ihrer Funktion zeigen die *Speicherzellen* Abwandlungen vom Grundbauplan der Pflanzenzelle.

Die Stärke wird in den *Amyloplasten* gespeichert, das sind *Leukoplasten*, also farblose Plastiden, mit spezieller Funktion. Sie bauen aus Glucosemolekülen Stärke auf und lagern sie als Stärkekorn ab. Dabei entsteht eine deutlich sichtbare Schichtung aufgrund der unterschiedlichen Dichte der Stärkemoleküle. Bei der Kartoffel sind die Schichten exzentrisch (Gegensatz: konzentrisch), weil das Stärkebildungszentrum nicht in der Mitte des Amyloplasten liegt.

Man kann verschiedene Formen der Stärke unterscheiden: die unverzweigte, in heißem Wasser lösliche *Amylose* (aus 250 bis 500 Glucosemolekülen) und das verzweigte, wasserunlösliche *Amylopektin* (aus über 2 000 Glucosemolekülen). Die charakteristische Farbreaktion (Iod-Stärke-Reaktion), die als *Stärkenachweis* dient, entsteht durch die Einlagerung der Iodmoleküle in das Amylosemolekül (► Bild 2).

Stärkekörner, die aufgrund einer gentechnischen Veränderung keine Amylose enthalten (► S. 88, Amflora-Kartoffel), färben sich statt blau nur schwach rot. Diese Färbung ist auf die Dextrine zurückzuführen, die beim Abbau von Stärke entstehen und nur aus wenigen Glucosemolekülen bestehen.

Basisinformationen

Pflanzenzelle (► S. 20/21, 54–57) • Plastiden (► S. 19) • Stärke (► S. 94/95)

Mikroskopische Untersuchung der Kartoffelknolle

MATERIAL: Kartoffelknolle in Stücken, Iod-Kaliumiodid-Lösung, Messer, Mikroskopierausrüstung

DURCHFÜHRUNG: Von der frischen Schnittfläche einer Kartoffel wird mit einem Messer etwas Material abgeschabt, auf einen Objektträger übertragen und mit einem Deckglas abgedeckt. Zum Mikroskopieren und Zeichnen eignet sich eine etwa 500-fache Vergrößerung.

Anschließend wird mit einer Pipette ein Tropfen (!) der Iod-Kaliumiodid-Lösung an den Rand des Deckglases gegeben und durch Anlegen eines Filterpapierstreifens auf der gegenüberliegenden Seite durch das Präparat gesaugt. Mikroskopieren Sie dann erneut.

Andere Formen von Stärkekörnern lassen sich aus dem Mehlkörper von Weizen- und Reiskörnern gewinnen und zum Vergleich mikroskopieren.

1. **Vergleichen Sie den Bau der Speicherzelle aus der Kartoffelknolle mit einer typischen Pflanzenzelle und benennen Sie die in Bild 1 mit Ziffern bezeichneten Zellbestandteile.**
2. **Beschreiben und vergleichen Sie den Aufbau von Amylose und Amylopektin.**
3. **Erläutern Sie die Bedeutung der Stärkekörner in der Kartoffelknolle und im Weizenkorn.**
4. **Erklären Sie, weshalb es bei den in Bild 3 gezeigten Stärkekörnern zu unterschiedlichen Färbeergebnissen gekommen ist.**

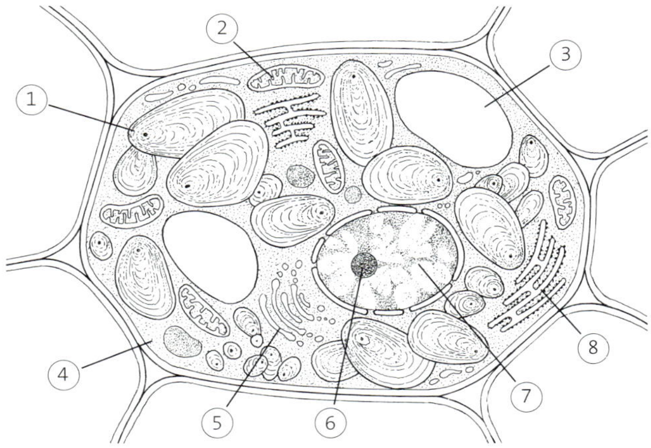

1 Zelle aus dem Speichergewebe einer Kartoffelknolle. Grafik nach einer TEM-Aufnahme

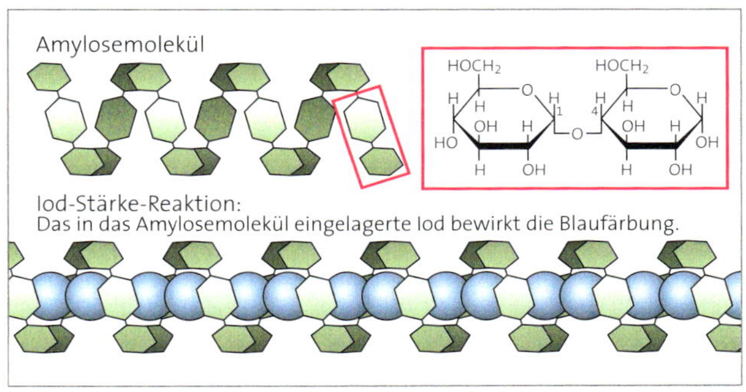

2 Iod-Stärke-Reaktion

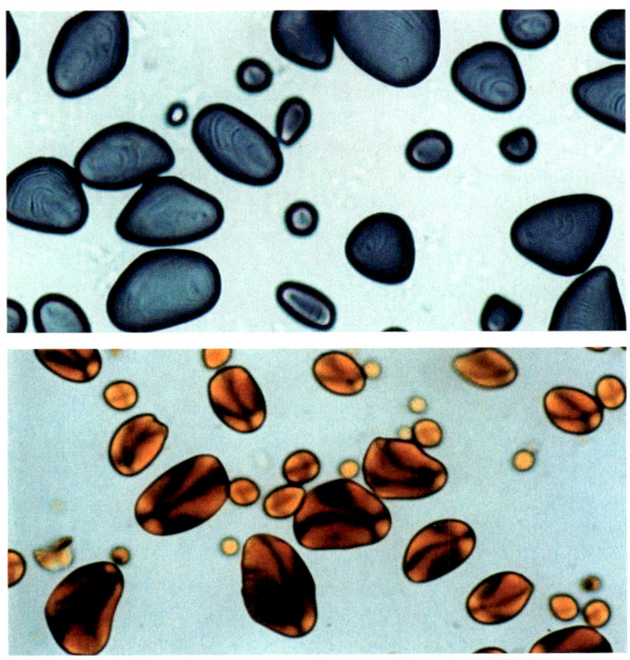

3 Lichtmikroskopisches Bild von Stärkekörnern aus einer „normalen" (oben) und einer Amflora-Kartoffelzelle (unten)

Die Kartoffel und ihre Enzyme

Keimt die Kartoffelknolle aus, wird die Reservestärke aus den Amyloplasten benötigt. Bevor die Stärke wieder in den Stoffwechsel eintreten kann, muss sie erst mobilisiert werden. Dazu wird sie durch *Enzyme* in kleine, transportfähige Untereinheiten zerlegt. Eines dieser Enzyme ist die *α-Amylase*, die Amylose in den Doppelzucker Maltose spaltet.

In den Zellen der Knolle kommen noch weitere Enzyme vor, zum Beispiel die *Katalase*. Katalase spaltet das im Zellstoffwechsel anfallende giftige Wasserstoffperoxid in Wasser und Sauerstoff. Sie befindet sich in winzigen Zellorganellen, den *Peroxisomen*. Deren Aufgabe konnte durch spezielle Färbetechniken geklärt werden, die gerade ihre Enzymausstattung nutzen. Katalase ist in den Peroxisomen zu 40 % enthalten.

☞ Basisinformationen

Struktur und Wirkungsweise von Enzymen (► S. 72/73) • Amylase (► S. 74, 92) • Peroxisomen (► S. 55) • Katalase (► S. 55)

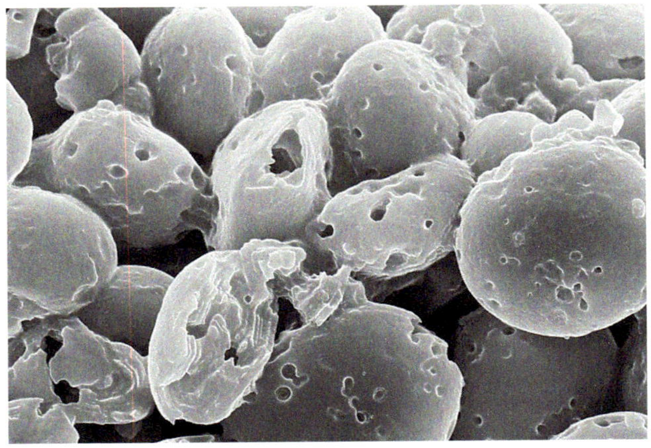

1 Stärkekörner der Gerste nach Behandlung mit Amylase. Es sind bereits tiefe Abbaukrater entstanden.

Wirkungsweise von Katalysatoren

Material: Kartoffelstückchen als Katalasepräparat, Reagenzgläser, Wasserstoffperoxidlösung H_2O_2 (5 %; *Xi*), Sand, Braunsteinpulver (MnO_2; *Xn*), Holzspan, Schutzbrille

Durchführung: Füllen Sie in drei Reagenzgläser je 2 ml Wasserstoffperoxidlösung. Geben Sie in das erste Reagenzglas etwas Sand, in das zweite etwas Braunsteinpulver, in das dritte ein etwa erbsengroßes Kartoffelstück. Untersuchen Sie das frei werdende Gas mit einem glimmenden Holzspan.

Verteilen Sie den Inhalt des kartoffelhaltigen Reagenzglases nach dem Aufhören der Gasentwicklung auf zwei leere Reagenzgläser. (Kartoffelstück in 2 gleiche Teile schneiden!) Geben Sie dann zu dem einen Glas 2 ml frisches Wasserstoffperoxid, zu dem anderen ein Stückchen frische Kartoffel.

Abhängigkeit von der Enzymkonzentration

Material: Kartoffelstückchen als Katalasepräparat, Wasserstoffperoxidlösung H_2O_2 (5 %; *Xi*), Reibschale, Pistill

Durchführung: Zerreiben Sie ein erbsengroßes Stück Kartoffel in der Reibschale und geben Sie 2 ml Wasserstoffperoxid dazu. Vergleichen Sie mit dem Versuch oben.

Abhängigkeit vom pH-Wert

Material: wie oben, zusätzlich verdünnte Natronlauge, dest. Wasser, verdünnte Salzsäure, Reagenzgläser

Durchführung: Geben Sie in drei Reagenzgläser jeweils ein kleines Stückchen Kartoffel, das zuvor in der Reibschale zerquetscht wurde. Füllen Sie in das erste Reagenzglas 2 ml dest. Wasser, in das zweite 2 ml verdünnte Natronlauge, in das dritte 2 ml verdünnte Salzsäure. Fügen Sie anschließend jeweils 2 ml Wasserstoffperoxid hinzu.

Wirkung eines Gifts auf die Enzymaktivität

Material: wie oben, zusätzlich Kupfersulfatlösung

Durchführung: Geben Sie zu einem Stückchen Kartoffel einige Tropfen Kupfersulfatlösung. Nach einigen Minuten fügen Sie 2 ml Wasserstoffperoxid hinzu.

Temperaturabhängigkeit der Enzymaktivität

Material: 1%ige Lösung aus löslicher Stärke (aufgekocht und abgekühlt), 0,5%ige Amylaselösung, Iod-Kaliumiodid-Lösung (0,01 mol/l), Reagenzgläser, 5-ml- und 1-ml-Pipetten, Pasteurpipetten, Tüpfelplatte, Wasserbad, Bunsenbrenner, Eiswürfel, Stoppuhr

Durchführung: Füllen Sie 5 ml Stärkelösung in ein Reagenzglas und stellen Sie es in ein Wasserbad von etwa 35 °C. Durch Zugabe von 1 ml Amylaselösung starten Sie die Reaktion. Nach kurzem Durchmischen der Reagenzien entnehmen Sie direkt und dann jeweils im Minutenabstand mit einer Pasteurpipette drei Tropfen und mischen Sie sie auf der Tüpfelplatte mit zwei Tropfen Iod-Kaliumiodid-Lösung (► Bild unten). Die Probeentnahme wird so lange weitergeführt, bis der Stärkenachweis negativ ausfällt, also keine Verfärbung der Iod-Kaliumiodid-Lösung mehr auftritt. Stoppen Sie die dazu notwendige Zeit.

In gleicher Weise werden entsprechende Versuchsansätze bei Raumtemperatur, bei 80 °C und im Eisbad durchgeführt. Temperieren Sie jeweils auch die Amylaselösung vor.

Führen Sie zum Schluss den Versuch wie oben beschrieben, jedoch mit gut aufgekochter Amylaselösung durch.

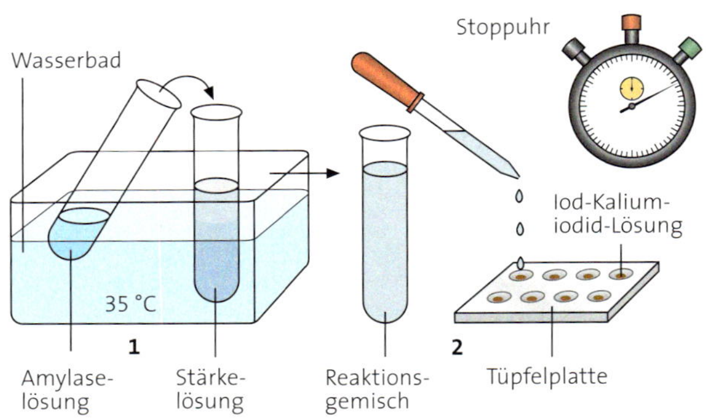

❶ Stellen Sie anhand Ihrer Versuchsprotokolle die Eigenschaften von Enzymen zusammen.

Kartoffelstärke als nachwachsender Rohstoff

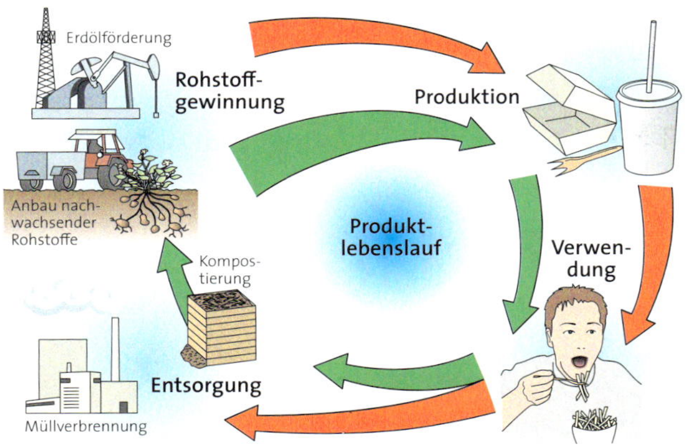

1 Lebensläufe von Produkten aus fossilen und aus nachwachsenden Rohstoffen

2 Herstellung biologisch abbaubarer Folien aus Kartoffelstärke

Was sind nachwachsende Rohstoffe? Begriffsbestimmung: „Nachwachsende Rohstoffe sind land- und forstwirtschaftlich erzeugte Produkte, die einer Verwendung im Non-Food-Bereich zugeführt werden. Sie können stofflich oder energetisch genutzt werden."

Problemlöser Stärke? Eines der größten Einsatzgebiete für Kunststoffe auf fossiler Basis ist der Verpackungsbereich. Haltbarkeit und vergleichsweise geringes Gewicht machen sie hierfür besonders geeignet. Inzwischen hat die Menge des Verpackungsmaterials, das wieder verwertet oder entsorgt werden muss, beängstigende Ausmaße angenommen.

Als Ersatz für Kunststoffe kommen Rohstoffe aus verschiedenen Pflanzenarten infrage, zum Beispiel Stärke aus Kartoffeln oder aus Mais. Es wurden Verfahren entwickelt, mit denen durch Backen oder Spritzgusstechnik Tassen und Teller aus Stärke hergestellt werden können. Auch Verpackungsmaterial aus Stärke gibt es schon.

☞ **Basisinformationen**
Polysaccharide (► S. 94/95)

Herstellung von Folien aus Kartoffelstärke

MATERIAL: 2,5 g Kartoffelstärke, 25 ml Wasser, 2 ml Glycerinlösung (55%ig), 3 ml Salzsäure (0,1 mol/l), ca. 3 ml Natronlauge (0,1 mol/l), Erlenmeyerkolben (100 ml), Messzylinder, Pipetten, Magnetrührer mit Heizplatte, Indikatorpapier, PVC-Folie (Größe Din A4, z. B. Schnellhefterdeckel)

DURCHFÜHRUNG: Verrühren Sie die Kartoffelstärke in dem Wasser. Geben Sie die Salzsäure und das Glycerin dazu und lassen Sie das Ganze 15 Minuten auf dem Magnetrührer kochen. Neutralisieren Sie anschließend die Lösung mit Natronlauge (mit Indikatorpapier überprüfen!).
Gießen Sie die noch heiße Lösung auf die PVC-Folie und verteilen Sie sie gleichmäßig darauf. Nach dem Trocknen (mindestens zwei Tage bei Raumtemperatur oder 1,5 bis 2 Stunden bei 100 °C im Trockenschrank) können Sie die fertige Folie von der PVC-Folie abziehen.

Amflora – die Amylopektin-Kartoffel. Normale Kartoffelstärke enthält zwei Stärkekomponenten, Amylopektin und Amylose, in einem Verhältnis von etwa 4 : 1. Die Geliereigenschaft der Amylose ist für die industrielle Nutzung unerwünscht. Besonders bei der Herstellung von Kleb- und Baustoffen sowie in der Papier- und Textilindustrie wird vielmehr die Kleistereigenschaft des Amylopektins benötigt.
Mit Hilfe der Gentechnik konnte bei der neuen Kartoffelsorte „Amflora" die Stärkezusammensetzung so zu Gunsten des Amylopektins verändert werden, dass sie sich besser für die industrielle Nutzung eignet. Um diese Eigenschaft zu erreichen, wurde ein Gen ausgeschaltet, das die Stärkesynthetase codiert, ein Enzym, das für die Bildung von Amylose verantwortlich ist.
Da die Reststoffe, die bei der Verarbeitung anfallen, als Futtermittel verwertet werden sollen, ist für Amflora eine Genehmigung als Lebens- und Futtermittel beantragt. Die Amylopektin-Kartoffeln werden seit 2006 auch in Deutschland versuchsweise angebaut und dabei auf Ertragseigenschaften, Resistenzen sowie Auswirkungen auf Menschen, Tiere und Umwelt untersucht.
Gegner kritisieren vor allem, dass als Markergen eine Resistenz gegen das Antibiotikum Kanamycin verwendet wird: Ein Transfer dieses Gens von der Kartoffel auf Bakterien ist zwar sehr unwahrscheinlich, aber nicht grundsätzlich auszuschließen – und könnte so Krankheitserreger resistent machen.

1. **Nennen Sie weitere Beispiele für Produkte aus nachwachsenden Rohstoffen. In welchen Bereichen hat die Verwendung von nachwachsenden Rohstoffen eine lange Tradition?**
2. **Beschreiben Sie anhand von Bild 1 die Lebensläufe von Produkten aus fossilen und von Produkten aus nachwachsenden Rohstoffen am Beispiel von Einweggeschirr.**
3. **Informieren Sie sich, weshalb Umweltschutzorganisationen den Anbau der Kartoffelsorte Amflora ablehnen und wie der derzeitige Stand des Genehmigungsverfahrens ist. Recherchieren Sie, ob es klassisch gezüchtete Amylopektin-Kartoffeln gibt.**
4. **Erläutern Sie, welche Probleme sich durch die zunehmende Nutzung nachwachsender Rohstoffe ergeben.**

Betriebsstoffwechsel und Energieumsatz

1 *Blattschneiderameisen zerlegen Blätter und transportieren sie in ihren Bau, fressen sie aber nicht.*

Blattschneiderameisen leben in den Subtropen und Tropen Amerikas, vom Süden der USA bis nach Argentinien. Sie legen mit dem eingetragenen und zu Brei zerkauten Blattmaterial in ihrem Bau Pilzgärten an. Anders als die Ameisen sind die von ihnen kultivierten Pilze in der Lage, Cellulose enzymatisch zu zerlegen. Sie speichern die Nährstoffe in keulenförmigen Verdickungen ihres Mycels. Diese Pilzteile stellen die einzige Nahrung der Blattschneiderameisen dar. Gründet eine Ameisenkönigin ein neues Nest, bringt sie Pilzmycel aus dem alten Nest mit.

Im Blickpunkt

- Grundmuster im Netzwerk Stoffwechsel
- Bereitstellung von Energie – die zentrale Aufgabe des Stoffwechsels
- Verdauung: Auftakt zum Bau- und Betriebsstoffwechsel
- von der äußeren zur inneren Atmung: der Blutkreislauf
- ATP – die universelle „Energiewährung" der Lebewesen
- Zellatmung: Sauerstoff ermöglicht die effektivste Form biologischer Energiegewinnung
- Gärung: Notversorgung mit Energie oder Lebensweise von Spezialisten
- Wie lässt sich der Energieumsatz messen?
- Beispiel für den Einsatz von Energie: Muskeltätigkeit
- Ausscheidung als wichtiges Stoffwechselfinale

GRUNDLAGEN Alle chemischen Reaktionen, die im Organismus ablaufen und der Aufnahme, dem Auf-, Um- und Abbau sowie der Ausscheidung von Stoffen dienen, fasst man als Stoffwechsel zusammen. Diese Stoff- und Energieumwandlung ist ein Prinzip des Lebendigen. Man unterscheidet zwischen anabolem und katabolem Stoffwechsel.

Im anabolen Stoffwechsel, auch Assimilation oder Baustoffwechsel genannt, werden körperfremde Stoffe in körpereigene überführt, zum Beispiel bei der Fotosynthese der Pflanzen oder beim Aufbau von Zell- und Körpersubstanz aus den Stoffen der Nahrung bei Tieren.

Im katabolen Stoffwechsel werden die Stoffe dagegen zur Gewinnung von Energie für die Lebensvorgänge abgebaut. Er wird auch als Dissimilation oder Betriebsstoffwechsel bezeichnet. Anaboler und kataboler Stoffwechsel sind vielfältig miteinander verknüpft.

Die Hauptwege des Stoffwechsels haben sich schon früh in der Evolution entwickelt. Sie gehören zu den Gemeinsamkeiten aller Lebewesen. Unterschiede ergeben sich vor allem aus der Nutzung unterschiedlicher Stoff- und Energiequellen: So besitzen Pflanzen besondere Stoffwechselwege, durch die sie bei der Fotosynthese Strahlungsenergie der Sonne in chemisch gebundene Energie überführen können (► S. 128). Dagegen sind Tiere, Pilze, manche Protisten und die meisten Bakterien auf die Aufnahme energiereicher Stoffe angewiesen.

Untersuchungsmethoden und Grundmuster des Stoffwechsels

Wie lässt sich Stoffwechsel untersuchen? Nach ersten Experimenten in der Renaissance (► Bild 1) wurden vom 19. Jahrhundert an verschiedene spezielle *Methoden zur Untersuchung des Stoffwechselgeschehens* bei Tieren und Pflanzen entwickelt:

- Messungen der Stoffwechselbilanz ermitteln den Umsatz von Stoffen und Energie des gesamten Organismus.
- Funktionsausfälle nach dem Entfernen von Organen geben Aufschluss über deren Leistung.
- Funktionen werden an isolierten Organen, Geweben, Zellen oder Zellorganellen (► S. 58) gezielt überprüft.
- Hemmung von Enzymen (► S. 82) kann Stoffwechselschritte blockieren und so Stoffwechselwege aufdecken.
- Radioaktiv markierte Substanzen zeigen über ihre Abbau- und Umbauprodukte Stoffwechselwege auf (► S. 135).
- Genetisch bedingte Stoffwechselkrankheiten, heute auch die gezielte gentechnische Ausschaltung einzelner Erbanlagen geben Aufschluss über den normalen Stoffwechsel.

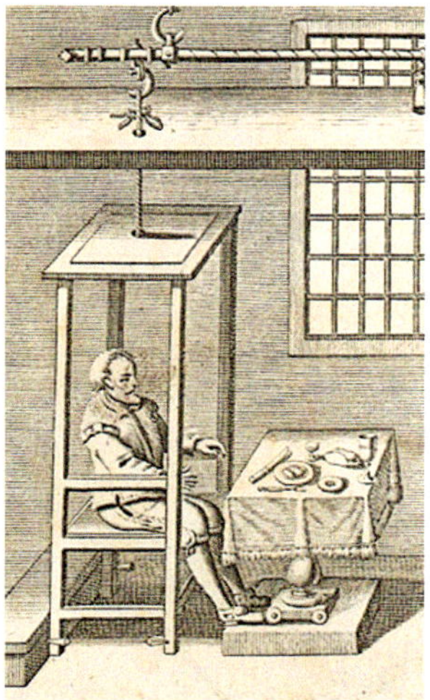

1 Wägestuhl des Santorio von Padua (1614): ein erster Versuch zur Bilanzierung des Stoffwechsels

Grundmuster im Stoffwechselgeschehen. Stoffwechsel stellt sich als verwirrendes Netzwerk von Stoffen und Reaktionen dar – mehrere Tausend verschiedene in einer einzigen Zelle. Doch lassen sich wiederkehrende Grundmuster erkennen:

- *Energetische Kopplung.* Jede der zahllosen Reaktionen gibt entweder Energie ab oder benötigt Energie: Stoffwechsel ist immer auch Energiewechsel. Die chemische Energie der Stoffwechselschritte wird dabei fast immer durch energiereiche Phosphate übertragen. Am wichtigsten ist *Adenosintriphosphat (ATP)*, das durch Hydrolyse zu *Adenosindiphosphat (ADP)* 29 kJ je mol Energie liefert oder bei seiner Bildung aus ADP speichert (► S. 105). Die *energetische Kopplung* einer Energie erfordernden *endergonischen Reaktion mit der ATP-Hydrolyse* oder einer Energie liefernden *exergonischen Reaktion mit der ATP-Bildung* ist ein Grundmuster im Stoffwechsel.
- *Kleinschrittigkeit.* Da bei jeder Reaktion im Stoffwechsel nur ein relativ kleiner Energiebetrag übertragen wird, bestehen Stoffwechselwege aus vielen einzelnen Schritten. Sie ermöglichen zahlreiche Verzweigungen und eine Vernetzung von anabolem und katabolem Stoffwechsel (► S. 90).
- *Regelung durch Enzyme.* Nahezu jeder Stoffwechselschritt wird durch ein spezielles *Enzym* katalysiert, das bedarfsabhängig durch Umsetzung der Erbinformation gebildet wird. Auf diese Weise unterliegt der Stoffwechsel der Kontrolle durch die Gene. Da sich außerdem die Aktivität vieler Enzyme durch Inhibitoren oder Aktivatoren wirksam regeln lässt, sind Enzyme die entscheidenden „Stellschrauben" des Stoffwechsels (► S. 82).
- *Bausteinprinzip.* An den verschiedensten Stellen des Stoffwechsels finden sich immer wieder die gleichen Moleküle. So ist beispielsweise *Adenin* Bestandteil des Energieüberträgers ATP (► S. 105), des Wasserstoff und Elektronen übertragenden NAD (► S. 106), des Coenzyms A (CoA) und der DNA. Während der Evolution haben einzelne Stoffe offenbar immer wieder neue Aufgaben bekommen, wodurch sich der Stoffwechsel vielseitig und ökonomisch zugleich entwickeln konnte.

Brennpunkte des Stoffwechsels bei Tieren. Anders als bei Einzellern, bei denen alle Lebensfunktionen in einer Zelle ablaufen, sind bei Vielzellern Gewebe und Organe auf verschiedene Teile des Stoffwechsels spezialisiert. *Verdauung, Atmung, Bewegung* und *Ausscheidung* sind die „Brennpunkte" des Stoffwechsels bei Tieren.

1 Durch viele Wägungen seines Körpers (► Bild 1) konnte Santorio von Padua – neben Gewichtsveränderungen infolge von Essen und Ausscheidung – auch sonst nicht wahrnehmbare Gewichtsverluste messen, die er „perspiratio insensibilis" nannte. Erklären Sie, worum es sich dabei handelt.

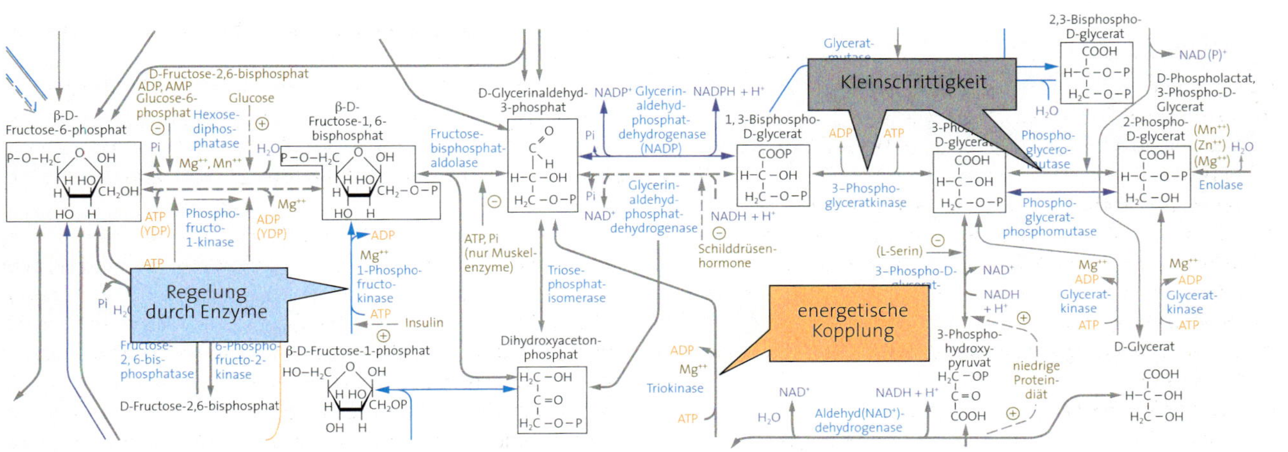

2 Ein kleiner Ausschnitt aus dem Stoffwechsel. Bestimmte Grundmuster finden sich darin immer wieder.

Bereitstellung von Stoffen aus der Nahrung: Verdauung

Die *Verdauung* gilt als Inbegriff des Stoffwechsels. Eigentlich ist sie aber nur der Auftakt, um an körperfremde Stoffe zu gelangen und sie sich einzuverleiben.

Verdauungsorgane. Bei *Einzellern* verläuft die Verdauung *intrazellulär* in Nahrungsvakuolen und Lysosomen (► S. 30/31). *Tiere* haben eine *extrazelluläre Verdauung* durch spezialisierte Organe. Bei Hohltieren und Plattwürmern erfolgt sie in sackartigen Hohlräumen mit nur einer Öffnung, bei allen anderen Tieren in einem *Darmrohr* mit Mund- und Afteröffnung. Der Vorteil eines Darmrohrs liegt vor allem darin, dass in einzelnen Abschnitten, unterstützt durch *Darmanhangsdrüsen*, unterschiedliche Stufen des Verdauungsvorgangs „fließbandartig" aufeinanderfolgen können (► Bild 1). Zudem bleiben die körperfremden Stoffe während der Verdauung im Darmkanal genau genommen außerhalb des Körpers. Nur die erwünschten Stoffe passieren die Zellmembranen und werden *resorbiert*, also in den Körper aufgenommen, die übrigen als Kot ausgeschieden.

Die Gliederung des Darmkanals in einzelne Abschnitte und Funktionen ist bei den meisten Tieren ähnlich. Typisch sind:

- eine *große innere Oberfläche* für den Stoffaustausch, zum Beispiel durch Falten, Zotten und Mikrovilli;
- *Transporteinrichtungen* für den Darminhalt, die aus Flimmerhärchen wie bei Muscheln oder aus darmeigener Muskulatur wie bei Gliederfüßern und Wirbeltieren bestehen können;
- *Schutz gegen Selbstverdauung*, zum Beispiel durch eine Schutzmembran bei Wirbellosen, durch die Glykokalyx (► S. 45) der Darmschleimhautzellen bei Wirbeltieren oder durch die Bildung inaktiver, erst zur Verdauung aktivierter Enzyme.

Bei *Ernährungsspezialisten* gibt es außerdem in Sonderbildungen des Darms (Wiederkäuermagen, Blinddarm bei Pferd und Kaninchen, Gärkammern bei Termiten) *Mikroorganismen*, die als *Symbionten* die Verdauung unterstützen.

Nahrung. Die Stoffe der Nahrung bestehen hauptsächlich aus großen Molekülen und sind in Wasser nicht löslich. *Kohlenhydrate, Fette* und *Proteine* müssen daher durch die Verdauung in kleine, resorbierbare und wasserlösliche Bestandteile zerlegt werden. Das ist für die einzelnen Stoffe unterschiedlich schwierig. So sind Proteine wegen ihrer sehr stabilen Peptidbindung und Cellulose aufgrund ihrer enorm großen, meist mit dem Holzstoff Lignin verknüpften Moleküle schwer anzugreifen. Letztlich widersteht zwar kein Naturstoff dem Abbau, doch ist er als *Nährstoff* für ein Lebewesen nur dann von Bedeutung, wenn seine Verdauung rasch und effizient verläuft. Ohne die katalytische Wirkung von *Enzymen* ist das nicht möglich.

Verdauungsenzyme. Alle *Verdauungsenzyme* gehören zu den *Hydrolasen* (► S. 74). Sie werden nach den Stoffgruppen ihrer Substrate zusammengefasst als *Carbohydrasen* (Abbau von Kohlenhydraten), *Lipasen* (Abbau von Fetten), *Proteasen* (Abbau von Proteinen) und *Nucleasen* (Abbau von Nukleinsäuren).

Die Grundausstattung mit Verdauungsenzymen ist bei allen Tiergruppen ähnlich. Bei verschiedenen Arten zeigen sich jedoch – als Anpassung an das jeweilige Nahrungsspektrum – große Unterschiede in der Menge und Aktivität der Enzyme. Oft gibt es Unterschiede sogar zwischen verschiedenen Entwicklungsstadien derselben Art.

Die Verdauungsenzyme werden von *Drüsenzellen der Darmwand*, vor allem aber von den Darmanhangsdrüsen gebildet, bei Wirbeltieren von der *Bauchspeicheldrüse (Pankreas)*.

Wenn Symbionten an der Verdauung beteiligt sind – wie fast immer bei Cellulosenahrung –, steuern sie die Enzyme zum Celluloseabbau bei: Ihre spezielle Enzymausstattung ist die Grundlage für die Symbiose.

Verdauungsverlauf. Verfolgt man den Ablauf der Verdauung, wird der Zusammenhang zwischen den Teilschritten deutlich:

- Die mechanische *Zerkleinerung* durch Mundwerkzeuge, der jeweiligen Nahrung angepasst, *vergrößert die Oberfläche* der Nahrung, an der dann die Enzyme angreifen können.
- In jedem Abschnitt des Verdauungskanals herrschen *spezifische Bedingungen*, zum Beispiel ein bestimmter *pH-Wert*, die für die hier verlaufenden Abbauprozesse der Nährstoffe günstig sind.
- *Vorbehandlung* der Nahrung, wie *Einweichen*, *Proteindenaturierung* durch Magensäure oder *Emulgierung der Fette* zu kleinsten Tröpfchen durch Gallensekret, verbessert den sich anschließenden enzymatischen Abbau.

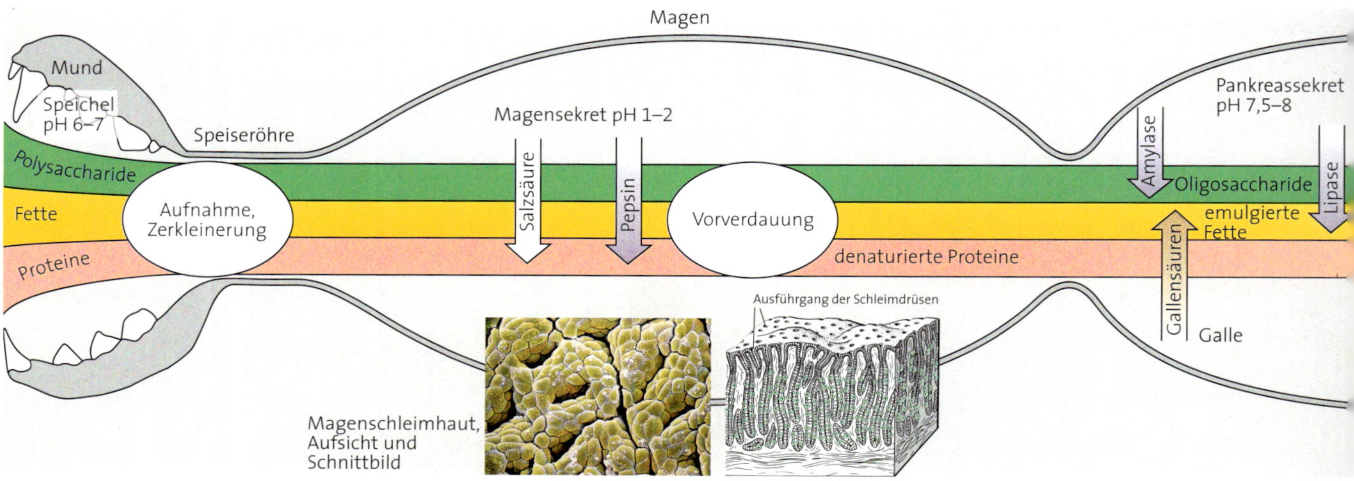

1 *Verdauungssystem und Verdauungsverlauf bei Säugetieren, stark vereinfachtes Schema*

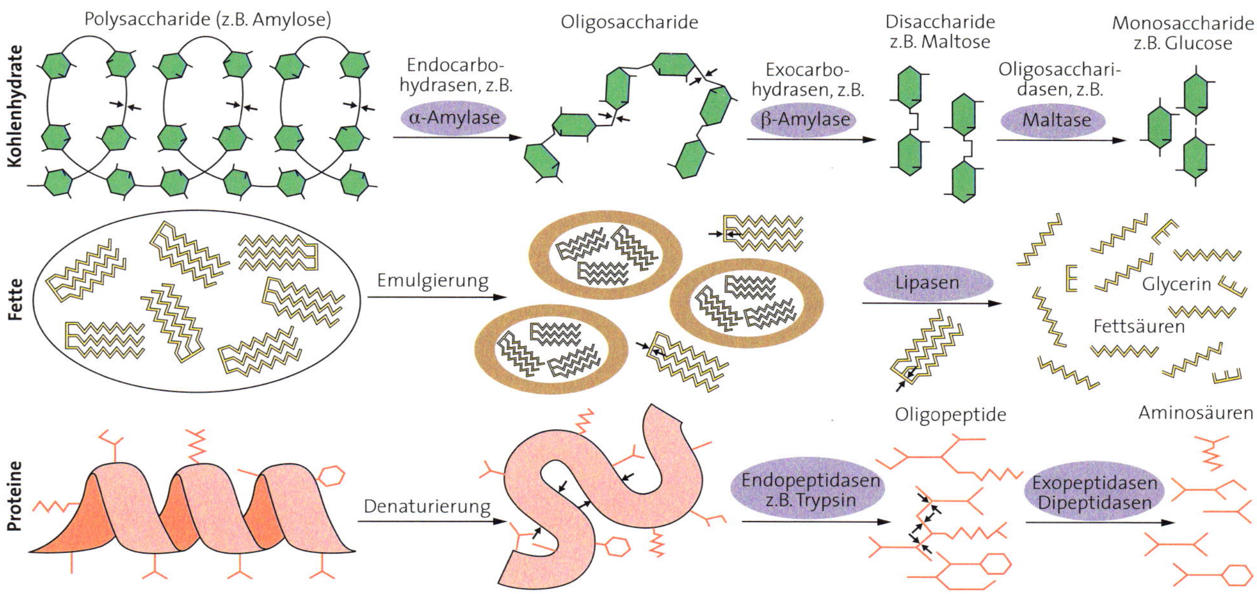

1 *Enzymatischer Abbau der Grundnährstoffe als Stufenprozess*

- Der *enzymatische Abbau* selbst, die *Endverdauung*, ist ein *Stufenprozess*, bei dem mehrfach hintereinander die *Produkte* vorangegangener Reaktionen als *Substrate* nachfolgender Reaktionen weiterverarbeitet werden (▶ Bild 1).
- Die *Endprodukte* der Verdauung sind *Monosaccharide, Aminosäuren, Glycerin* und *Fettsäuren*. Sie werden durch passive und aktive Transportmechanismen (▶ S. 48/49) in die Zellen des Dünndarms aufgenommen und über Blut (Monosaccharide und Aminosäuren) oder Lymphe (Glycerin und Fettsäuren) weitertransportiert. Diese *Resorption* (von lat. *resorbere*: wieder aufschlürfen) umfasst auch große Mengen Wasser, die im Verlauf der Verdauung dem Speisebrei zugesetzt wurden und im letzten Abschnitt des Dünndarms und im Enddarm zurückgewonnen werden.

1 **Die Verdauung im Darm wird manchmal als intraintestinale Verdauung bezeichnet. Es gibt im Tierreich auch extraintestinale Verdauung. Recherchieren Sie und nennen Sie Beispiele.**

2 **Bei Pflanzenfressern stellt man eine hohe Aktivität von Amylase fest, beim Maulwurf von Chitinase, beim Pfauenauge von Saccharase, bei Schmeißfliegenlarven von Proteasen und Lipasen, bei erwachsenen Schmeißfliegen von Saccharase und Maltase. Erklären Sie die hohe Enzymaktivität jeweils aus der Lebensweise der Tiere.**

3 **Immer häufiger werden im Supermarkt lactosefreie Lebensmittel angeboten (Lactose: Milchzucker). Informieren Sie sich über den Zusammenhang von Milch als Nahrungsmittel und der Aktivität des Enzyms Lactase.**

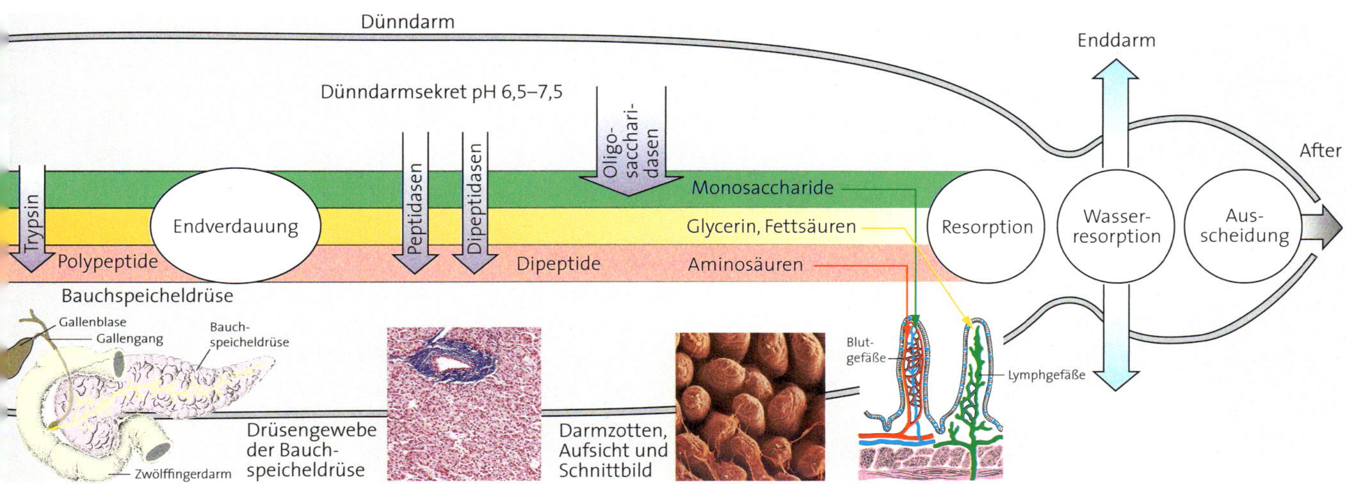

Chemische Grundlagen: Kohlenhydrate

1 Kohlenhydratreiche Pflanzen und Pflanzenteile: Zuckerrohr und Zuckerrübe, Maiskolben und Kartoffelknolle

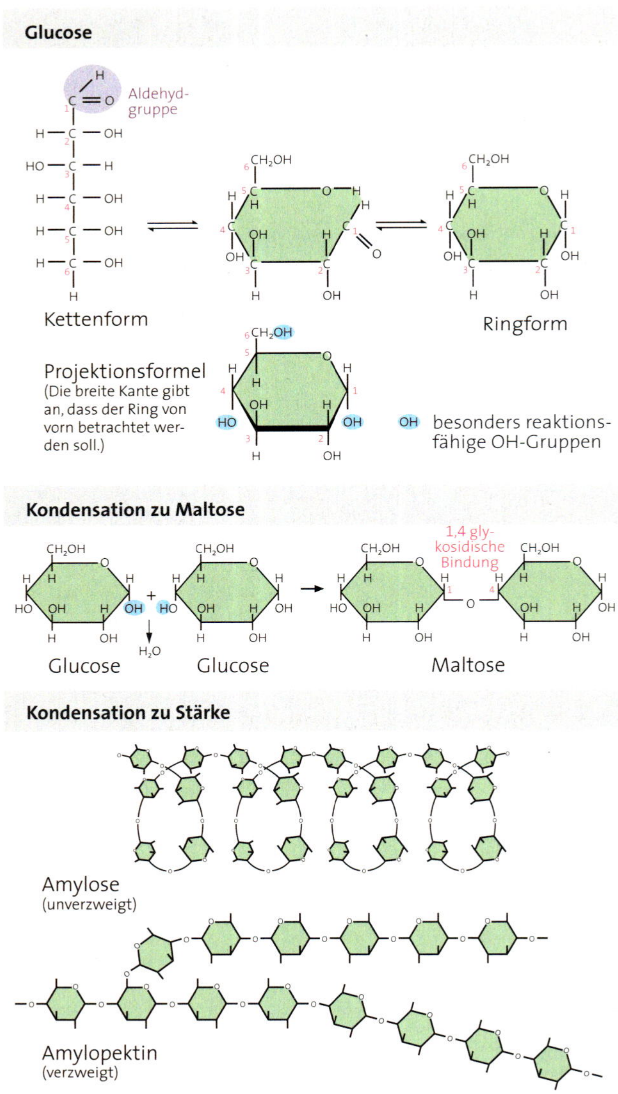

2 Vom Monosaccharid Glucose zum Polysaccharid Stärke

Kohlenhydrate sind als Bau- und Gerüstsubstanzen, als Reservestoffe und als Grundlage des Energiestoffwechsels in der Natur weit verbreitet. Dabei handelt es sich um Aldehyde und Ketone mit zahlreichen Hydroxylgruppen. Viele Kohlenhydrate schmecken süß („Zucker").

Monosaccharide. Die einfachsten Zucker sind die *Monosaccharide*. Ihr Molekülgerüst besteht aus 3 bis 7 C-Atomen, wonach sie zum Beispiel als *Triosen* (C_3), *Pentosen* (C_5) oder *Hexosen* (C_6) benannt werden. Biologisch wichtig sind die Pentosen *Ribose* und *Desoxyribose* als Bestandteil der Nucleinsäuren RNA bzw. DNA und die Hexosen *Fructose* (Fruchtzucker) und *Glucose* (Traubenzucker). Die Glucose ist Endprodukt der Fotosynthese und kann von den Zellen der Lebewesen direkt zur Energieversorgung genutzt werden.

Die C-Atome im Glucosemolekül sind als Kette angeordnet oder bilden eine Ringstruktur aus, indem die Aldehydgruppe (–CHO) am C_1-Atom mit der Hydroxylgruppe (–OH) am C_5-Atom reagiert. Dabei können zwei unterschiedliche Glucosemoleküle entstehen, je nachdem ob die Hydroxylgruppe am C_1-Atom von der Ringebene aus nach unten (α-Glucose) oder nach oben weist (β-Glucose). In der Kettenform wirkt die freie Aldehydgruppe reduzierend, worauf Nachweisreaktionen für Glucose und ähnlich gebauten Zuckern beruhen.

Monosaccharide können sich zu Di-, Tri- usw., schließlich zu Polysacchariden verbinden. Dabei ist stets die reaktionsfähigste OH-Gruppe am C_1-Atom beteiligt. Sie reagiert mit einer OH-Gruppe eines anderen Zuckermoleküls unter Wasserabspaltung, wobei eine *glykosidische Bindung* über ein Sauerstoffatom entsteht.

Große Bedeutung im Stoffwechsel haben phosphorylierte Zucker mit einer oder mehreren Phosphatgruppen (▶ S. 107).

Disaccharide. *Disaccharide* (Zweifachzucker) bestehen aus zwei Monosaccharidbausteinen verbunden über ein Sauerstoffatom. Bei zwei α-Glucosemolekülen erfolgt die Bindung zwischen dem C_1-Atom des einen und dem C_4-Atom des anderen Moleküls. Man spricht daher von einer *α-1,4-glykosidischen Bindung*. Das entstandene Disaccharid ist *Maltose* (Malzzucker). *Saccharose* (Rohrzucker) ist ein Disaccharid aus Glucose und Fructose in einer α-1,2-Bindung.

Polysaccharide. Polysaccharide sind Makromoleküle aus vielen Monosaccharidmolekülen. Sie bilden verzweigte oder unverzweigte Ketten. Viele dienen als Reservestoffe, aus denen sich die Monosaccharide leicht wieder mobilisieren lassen. Wichtigster Reservestoff bei Pflanzen ist die *Stärke*, die als Amylose und Amylopektin vorkommt. Beide bestehen aus α-Glucose-Bausteinen, unterscheiden sich aber in Molekülgröße und -struktur: *Amylose* besteht aus einigen Hundert Glucose-Bausteinen, ist unverzweigt und schraubig gewunden. *Amylopektin* hat eine 10-fach größere Molekülmasse und ist über α-1,6-Bindungen zusätzlich verzweigt. Noch stärker verzweigt ist *Glykogen* aufgebaut, der Reservestoff tierischer Zellen. *Cellulose*, der Hauptbestandteil pflanzlicher Zellwände, besteht aus β-Glucose-Molekülen, die in 1,4-Bindung zu langen Ketten verknüpft sind. Da die Bindung nur mithilfe von Enzymen gespalten werden kann, die Säugetiere nicht haben, ist Cellulose der Hauptballaststoff in unserer Nahrung. Auch die meisten anderen Tiere können Cellulose nur mithilfe symbiontischer Bakterien und Einzeller verwerten.

Monosaccharide

Triosen

Glycerinaldehyd
(wichtig in Glykolyse
und Calvinzyklus)

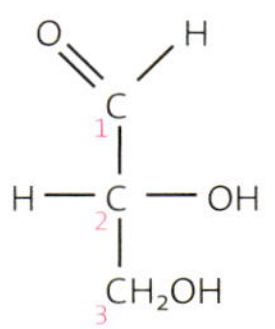

Pentosen

β-Ribose
(Bestandteil der RNA)

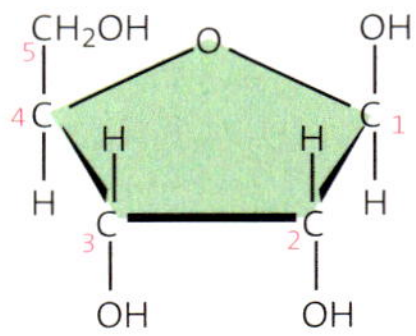

β-Desoxyribose
(Bestandteil der DNA)

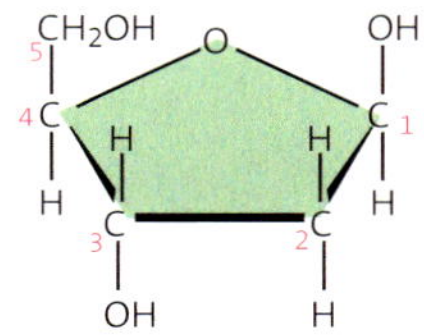

Ribulose
(wichtige Verbindung
im Calvinzyklus der Fotosynthese)

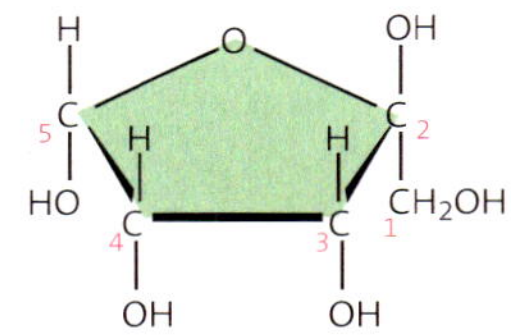

Hexosen

β-Fructose
(Fruchtzucker; in süßen
Früchten, Honig,
Baustein von Saccharose)

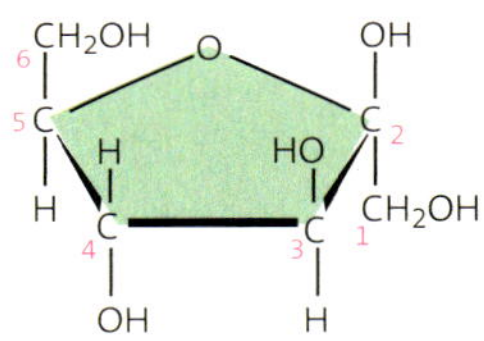

α-Glucose β-Glucose
(Traubenzucker; Endprodukt der Fotosynthese und
Ausgangsstoff für die Zellatmung; in süßen Früchten;
Baustein von Di- und Polysacchariden)

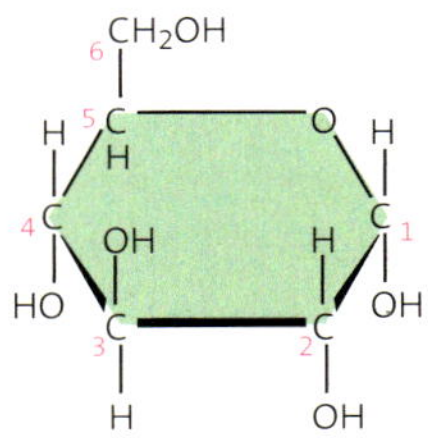

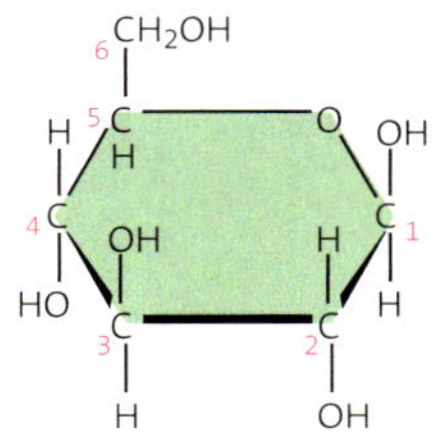

β-Galactose
(in Milch;
Baustein von Lactose)

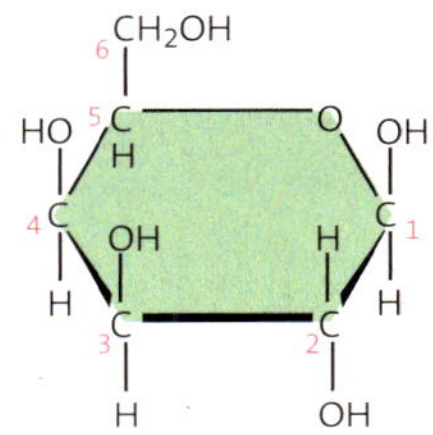

Disaccharide

Saccharose
(Rohrzucker, Haushaltszucker;
Reservestoff bei Zuckerrohr
und -rübe)

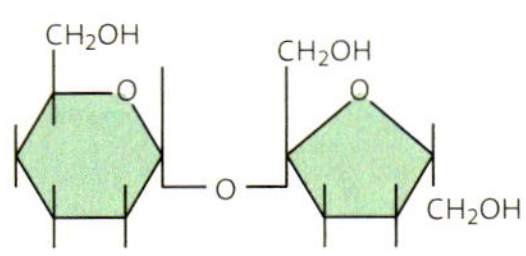

α-1,2-Bindung

Maltose
(Malzzucker;
Abbauprodukt bei der Stärke-
spaltung durch Amylase)

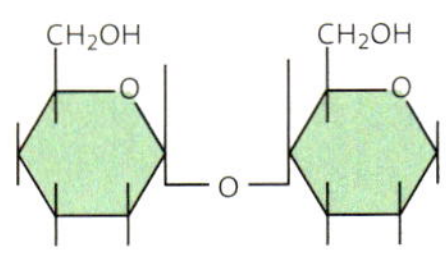

α-1,4-Bindung

Cellobiose
(Abbauprodukt bei der
Cellulosespaltung)

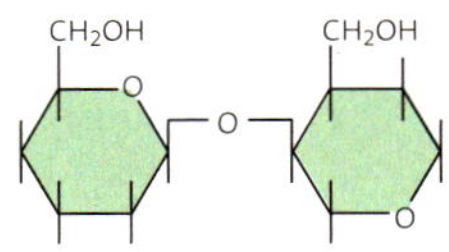

β-1,4-Bindung

Lactose
(Milchzucker;
Hauptkohlenhydrat der Milch)

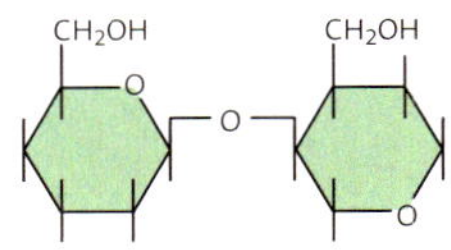

β-1,4-Bindung

Polysaccharide

Amylose Amylopektin
(Bestandteile der Stärke)

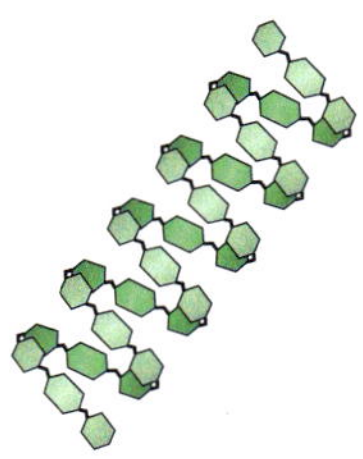

α-1,4-Bindung

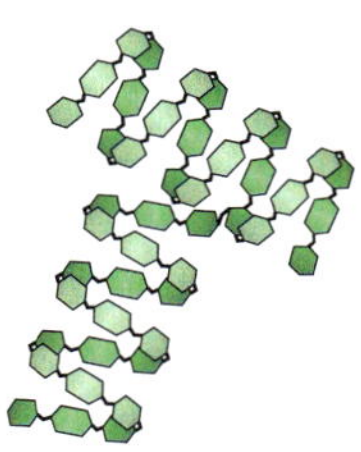

α-1,4- und α-1,6-Bindung

Glykogen
(tierische Stärke;
Reservestoff in Leber und Muskel)

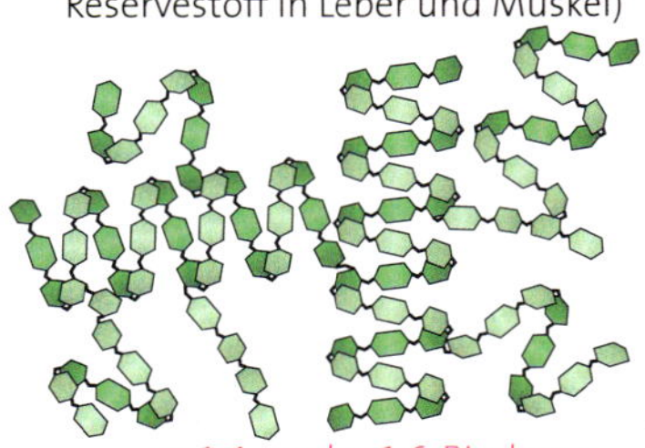

α-1,4- und α-1,6-Bindung

Cellulose
(Gerüstsubstanz
pflanzlicher Zellwände)

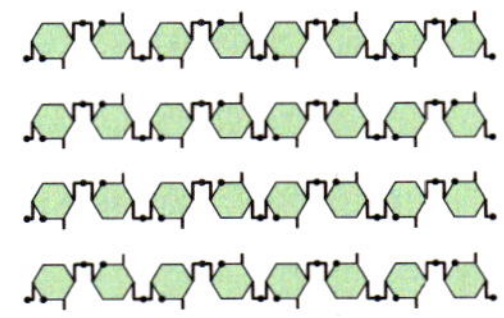

β-1,4-Bindung

MATERIAL · METHODE · PRAXIS

Nachweisreaktionen in der Kriminalistik

Nicht nur im Fernsehen sind Kommissarinnen und Kommissare beim Lösen von Mordfällen auf die Ergebnisse des Autopsieberichts angewiesen. Dabei spielt die Festlegung des Todeszeitpunkts eine große Rolle. Normalerweise wird er über den Grad der Auskühlung der Leiche errechnet. Wo das – wie im Fallbeispiel unten – nicht möglich ist, kommen verschiedene Nachweisreaktionen zum Tragen, durch die sich der Todeszeitpunkt ebenfalls eingrenzen lässt.

Fallbeispiel

Die Leiche eines erstochenen Mannes wird an einem Freitagabend um 23:00 Uhr in einer Tiefkühltruhe gefunden. Da die Leiche sehr schnell abgekühlt ist, kann die Todesstunde auf die übliche Art nicht festgestellt werden.

Die Polizei ermittelt, dass das Mordopfer am Donnerstagabend ein vegetarisches Restaurant besucht hat und dort eine Reispfanne aß. Zu diesem Zeitpunkt wurde es letztmals lebend gesehen.

Der *Polizeipathologe* untersucht nun, wie weit die Verdauung der Mahlzeit vorangeschritten ist (► S. 92/93). Nur so sind sichere Aussagen darüber möglich, ob der Mann kurz nach dem Essen oder erst viel später ermordet wurde. Da der Pathologe weiß, woraus die letzte Mahlzeit bestand, konzentrieren sich seine Untersuchungen auf den Verdauungsgrad der *Kohlenhydrate*. Zunächst untersucht er die Leber auf ihren *Glykogengehalt*. Ein hoher Glykogengehalt würde bedeuten, dass der Mann eine kohlenhydratreiche Mahlzeit zu sich genommen hat, der Zeitpunkt des Essens jedoch schon weiter zurückliegt.

Der Test ergibt jedoch, dass die Leber wenig Glykogen enthält. Der Pathologe fährt daher fort mit der Untersuchung des Dünndarminhalts. Mit der *Fehling-Probe* stellt er fest, dass sich kaum *Monosaccharide* im Darminhalt befinden. *Disaccharide* überwiegen bei weitem. Damit wird klar, dass der Mord kurz nach dem Restaurantbesuch stattfand. Das Untersuchungsergebnis wird noch dadurch gestützt, dass sich im Dünndarm weniger Nahrungsreste finden als im Magen.

Isolierung und Nachweis von Glykogen

MATERIAL: 20 g grob gewürfelte, frische Leber, 30 %ige KOH *(C)*, 96 %iges Ethanol *(F)*, Benedict-Reagenz *(C)*, 10 %ige NaOH *(C)*, Zentrifuge, Wasserbad, Reagenzgläser

DURCHFÜHRUNG: Die Leberstückchen werden mit 20 ml 30 %iger KOH versetzt und bis zur Auflösung des Gewebes 20 Minuten im Wasserbad gekocht. Zentrifugieren Sie dann die Lösung. Lassen Sie den Überstand abkühlen. Geben Sie anschließend 50 ml Ethanol zum Überstand und kochen Sie diese Lösung 10 Minuten im Wasserbad. Es fällt Glykogen aus, das nach dem Abkühlen durch Zentrifugieren gewonnen wird. Der Niederschlag muss nochmals mit 5 ml Ethanol ausgewaschen und zentrifugiert werden. Nehmen Sie dann den Niederschlag in 10 ml heißem Wasser auf.

Versetzen Sie 2 ml der abgekühlten Glykogenlösung mit 2 ml BENEDICT-Reagenz. BENEDICT-Reagenz lässt sich mit FEHLING-Reagenz vergleichen. Werden die Cu^{2+}-Ionen reduziert, zum Beispiel in Anwesenheit von Glucose, fällt rotes Kupfer(I)-oxid aus. Welche Färbung ergibt sich mit Glykogen?

Fehling-Nachweis

MATERIAL: Aqua dest., Fehling(I)-Lösung, Fehling(II)-Lösung *(C)*, Glucose, Maltose, Saccharose, Stärke, Reagenzgläser, Bunsenbrenner, Spatel

DURCHFÜHRUNG: Lösen Sie jeweils eine Spatelspitze der Kohlenhydrate in 2 ml Aqua dest. (Stärkelösung dabei leicht erwärmen). Geben Sie zu den Lösungen je 2 ml Fehling(I)-Lösung. Anschließend wird bis zur intensiven Blaufärbung Fehling(II)-Lösung zugesetzt.

Erwärmen Sie alle Versuchsansätze 2 Minuten lang bei kleiner Brennerflamme. Führen Sie zusätzlich zum Vergleich eine Blindprobe mit Wasser durch.

Die Fehling-Probe ist ein typischer Nachweis auf Aldehydgruppen. Bei positiver Reaktion färbt sich die Lösung rötlich.

Disaccharidspaltung durch Säuren

MATERIAL: Fehling(I)-Lösung, Fehling(II)-Lösung *(C)*, Saccharoselösung, 2 N HCl, Glucoseteststäbchen, Reagenzgläser, Bunsenbrenner

DURCHFÜHRUNG: 15 Tropfen Saccharoselösung werden mit Fehling(I)- und Fehling(II)-Lösung versetzt und erwärmt.

In einem zweiten Versuch werden zu 15 Tropfen Saccharoselösung 0,5 ml Salzsäure gegeben. Führen Sie dann erneut die Fehling-Probe durch.

In einem dritten Versuch wird in ein Reagenzglas Saccharoselösung und in ein anderes Saccharoselösung mit Salzsäure gegeben. Untersuchen Sie beide Ansätze mit Glucoseteststäbchen.

---

1 Das Polysaccharid Glykogen kommt nicht nur im Tierreich vor. Von welchen Lebewesen ist es Ihnen noch bekannt?

2 Wie unterscheidet sich Glykogen von Stärke in der Reaktion mit Iod-Kaliumiodid-Lösung? Entwickeln Sie einen sinnvollen Versuch und führen Sie ihn durch!

3 Was würde ein anderer Ausgang der vom Pathologen durchgeführten Nachweisreaktionen im geschilderten Fallbeispiel bedeuten?

Stichworte zu weiteren Informationen

Autopsie • Todeszeitpunktbestimmung • Carbonylverbindung • Hydrolyse • Cellulose (► S. 94) • Glykogen-Stoffwechsel

Gelelektrophorese

Bei der Gelelektrophorese werden verschieden geladene Moleküle, z.B. DNA-Bruchstücke oder Proteine, aber auch ganze Zellen, mit Hilfe von elektrischem Strom aufgetrennt. Wie bei der Chromatographie (► S. 131) wird eine mobile und eine stationäre Phase unterschieden. Die stationäre Phase besteht meistens aus einem Agarose-Gel. Agarose ist ein Polysaccharid (► S. 94) und wird aus bestimmten Rotalgen gewonnen (Hauptkomponente des Geliermittels Agar). Ein weiterer Gelbildner ist das Polyacrylamid. Agarose bildet ein relativ engmaschiges molekulares Netz. Dieses wirkt wie ein Sieb (Molekularsieb) und behindert dabei die Bewegung der Moleküle unterschiedlich. Ionische Pufferlösungen werden als mobile Phase eingesetzt. Sie dienen dem Transport der elektrischen Ladung.

Die Auftrennbarkeit der Moleküle beruht auf zwei Eigenschaften: ihrer elektrischen Ladung (plus oder minus) sowie ihrer Größe. Je höher die Ladung ist und je kleiner die Teilchen sind, desto schneller ist der Transport und desto weiter der Transportweg.

Nutzt man die Methode zur Auftrennung von DNA-Molekülen, müssen diese anschließend sichtbar gemacht werden. In großen Laboreinrichtungen wird häufig Ethidiumbromid verwendet, das allerdings akut toxisch ist und im Verdacht steht, krebserzeugend zu sein; es kann deshalb nicht in der Schule eingesetzt werden. Auch der alternativ zum Einsatz kommende Farbstoff SYBR Green I eignet sich nur bedingt für den Einsatz in der Schule, da er mit hohen Kosten verbunden ist. Für die Schule stehen als Alternativen Methylenblau oder Azur B zur Verfügung.

Gelelektrophorese von Farbstoffen

MATERIAL: Margarinedose, fester flacher Kunststoff (z.B. Margarinendosendeckel), Alufolie, 2 Kabel mit Krokodilklemmen, 5 Batterien (9-Volt-Blöcke), Filterpapier (oder Kaffeefilter), 0,1%iger Bicarbonatpuffer (0,2 g in 200 ml Wasser), 1%ige Agarlösung (1 g Agar in 100 ml Puffer; alternativ Tortenguss), wasserlösliche Filzschreiber

DURCHFÜHRUNG: Schneiden Sie aus dem Kunststoff einen Kamm (► Bild oben) und stellen Sie ihn in die Dose. Die Zähne dürfen den Boden nicht berühren. Schneiden Sie die Alufolie in zwei Streifen und legen Sie diese laut Abbildung an die Wände der Dose. Befestigen Sie die Alufolie mit den Klemmen. Durch Lösen von 0,2 g Natriumhydrogencarbonat in 200 ml Wasser wird der Puffer hergestellt. Lösen Sie den Agar durch Aufkochen im Puffer (Tortenguss ohne Zucker im Puffer zubereiten). Nachdem der Agar etwas abgekühlt ist, füllen Sie ihn ca. 1 cm hoch in die Dose. Der untere Teil der Alufolie sollte ebenfalls 1 cm hoch im Agar „stehen". Stellen Sie den Kamm in die Mitte. Nach ca. 15 bis 20 Minuten ist der Agar fest. Ziehen Sie den Kamm vorsichtig heraus. Es sind nun kleine „Kammern/Taschen" im Gel entstanden.
Schneiden Sie Filterpapier in Streifen auf Taschenbreite und färben Sie es im unteren Bereich beidseitig mit dem Filzschreiber ein. Die Papierstreifen werden nun in die Geltaschen gestellt und die Pufferlösung wird vorsichtig eingefüllt, dabei sollte der Puffer maximal 0,5 mm über dem Gel stehen. Schalten Sie die Batterien in Reihe und verbinden Sie sie über Kabel und Klemmen mit der Alufolie (► drittes Bild von oben). Nach etwa 45 Minuten „Laufzeit" ist der Versuch beendet.

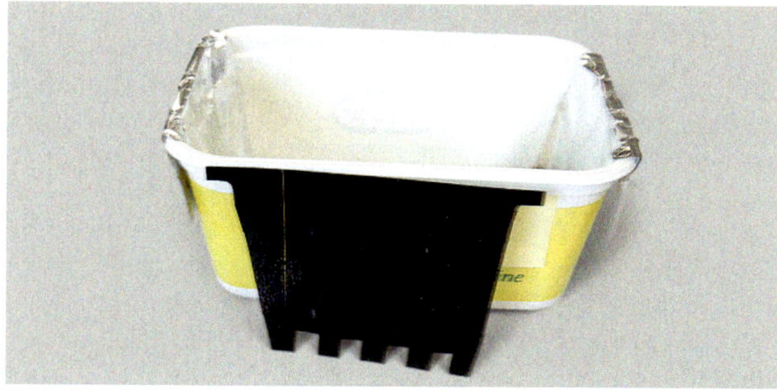

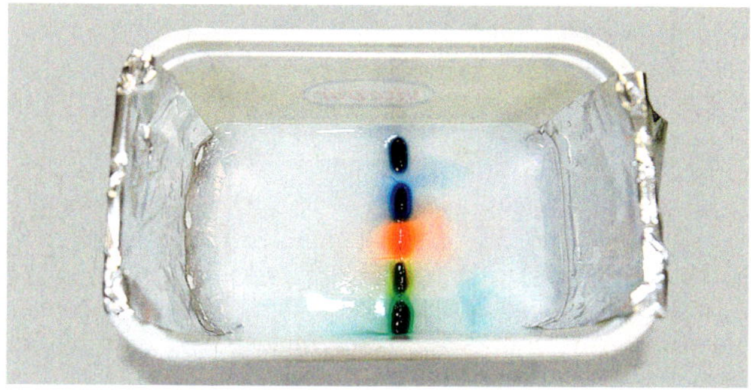

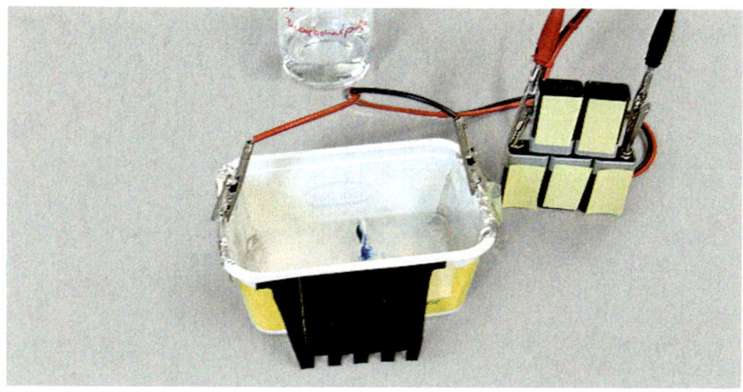

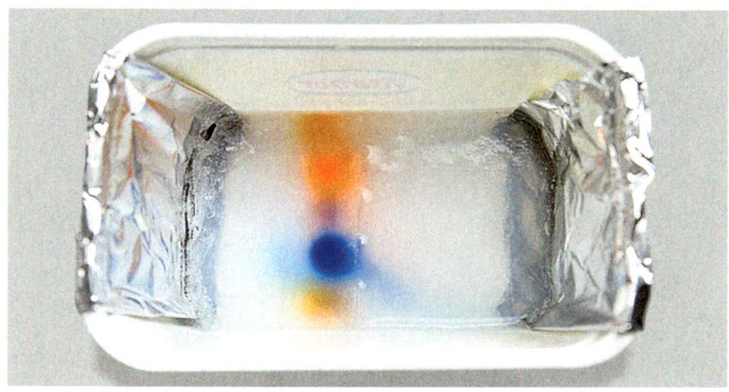

1. Informieren Sie sich über weitere Einsatzgebiete von Agar.
2. Beschreiben Sie das Ergebnis ihrer Gelelektrophorese und geben Sie eine Erklärung für das unterschiedliche „Wanderverhalten".

Stichworte zu weiteren Informationen

Genetischer Fingerabdruck • Western Blotting • Southern Blotting • Autoradiographie • SDS-PAGE • SYBR Green

Äußere Atmung: Transportsysteme und Gasaustausch

Bei Einzellern laufen alle Stoffwechselvorgänge auf kleinstem Raum ab. Für sie reicht die Diffusion (► S. 46) zur Versorgung mit Stoffen und zur Entsorgung von Abfallstoffen völlig aus. Für den größeren Organismus der Vielzeller ist die Diffusionsgeschwindigkeit dagegen zu gering. Tierische Vielzeller benötigen Transportsysteme für Atemgase, Nährstoffe und Ionen, Zwischenprodukte des Stoffwechsels, Boten- und Signalstoffe, Abfallstoffe, Wasser und Wärme. Bei fast allen Tiergruppen mit Ausnahme der Tracheentiere – das sind Insekten und Tausendfüßer – hat sich dafür ein *kombiniertes Transportsystem* entwickelt: der *Blutkreislauf*.

Blutgefäßsystem und Herz. Fließt das Blut wie bei Wirbeltieren und Ringelwürmern immer durch Gefäßwände vom übrigen Gewebe getrennt, spricht man von einem *geschlossenen Blutkreislauf*. Wenn Blutgefäße dagegen offen enden, sodass das Blut auch in die Zellzwischenräume fließt, liegt ein *offener Blutkreislauf* vor. Er ist für Weichtiere und Gliederfüßer kennzeichnend.

Für den Antrieb des Bluttransports sorgen Hohlmuskeln – im einfachsten Fall die Wände der Blutgefäße. Meist ist aber ein bestimmter Abschnitt der Gefäße als *Herz* spezialisiert, eine zentrale Kreislaufpumpe, die sich rhythmisch kontrahiert und oft wie bei den Wirbeltieren ein *vom Zentralnervensystem unabhängiges Erregungszentrum* besitzt.

Herz und Blutkreislaufsystem der Wirbeltiere gehen auf einen gemeinsamen Ursprung zurück, haben sich aber in der Evolution jeder Tierklasse unterschiedlich entwickelt. Einen *einfachen Blutkreislauf* haben die Fische. Ihr Herz aus einer Herzkammer und einem Vorhof pumpt das sauerstoffarme Blut in die Kiemen, wo der Gasaustausch stattfindet. Das sauerstoffreiche Blut wird über die Körperschlagader, die Aorta, zum Körper geführt. Der *doppelte Blutkreislauf* der übrigen Wirbeltierklassen hat sich beim Übergang vom Wasser- zum Landleben entwickelt: Zusätzlich zum *Körperkreislauf* entstand bei Landtieren ein *Lungenkreislauf*, durch den das sauerstoffarme Blut zunächst vom Herzen zu den Atmungsorganen gepumpt wird, von dort aus zum Herzen zurückkehrt und danach erst mit Sauerstoff beladen in den Körper gelangt. Die beiden Kreisläufe werden durch zwei Herzhälften, die synchron arbeiten, in Gang gehalten. Die rechte Herzhälfte pumpt das Blut durch den Lungenkreislauf, die linke durch den Körperkreislauf. Bei Amphibien und Reptilien sind beide Kreisläufe nicht vollkommen getrennt, da die Scheidewand zwischen ihren Herzkammern unvollständig ist.

Stoffaustausch. Im offenen Blutkreislauf kommt das Blut in direkten Kontakt mit den Organen, Geweben und Zellen, die es mit Stoffen versorgen und entsorgen soll. Im geschlossenen Blutkreislauf geschieht dieser Stoffaustausch an den *Kapillargefäßen*. Dies sind dünnwandige, fein verzweigte Adern mit 3 bis 8 µm Durchmesser. Im menschlichen Körper schätzt man ihre Zahl auf 40 Milliarden und ihre für den Stoffaustausch nutzbare Fläche auf 600 m^2.

Für den Energiestoffwechsel aller tierischen Vielzeller sind die Kapillargefäße der Atmungsorgane von fundamentaler Bedeutung. In ihnen spielt sich die als *äußere Atmung* bezeichnete Aufnahme von Sauerstoff und Abgabe von Kohlenstoffdioxid ab. Beim Menschen werden sie bereits im Ruhezustand in jeder Minute von 5 bis 6 Liter Blut – also dem gesamten Blutvolumen – durchströmt, bei starker körperlicher Anstrengung sogar von nahezu der vierfachen Blutmenge.

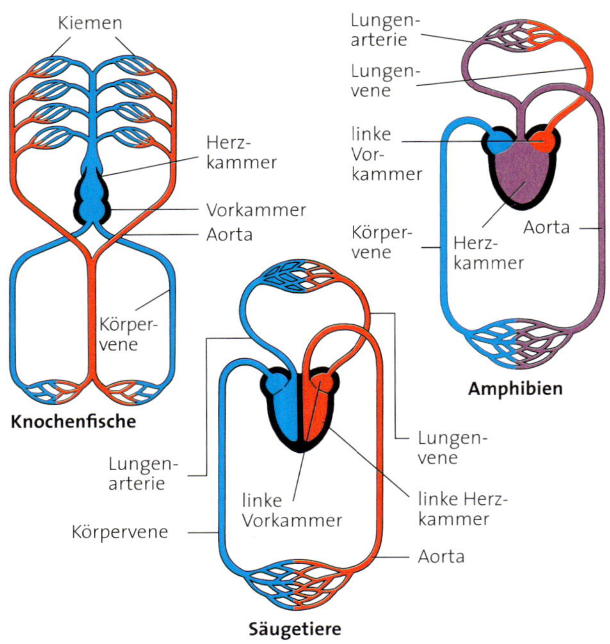

1 *Kreislaufsysteme verschiedener Wirbeltierklassen. Der doppelte Blutkreislauf entstand beim Übergang zum Landleben.*

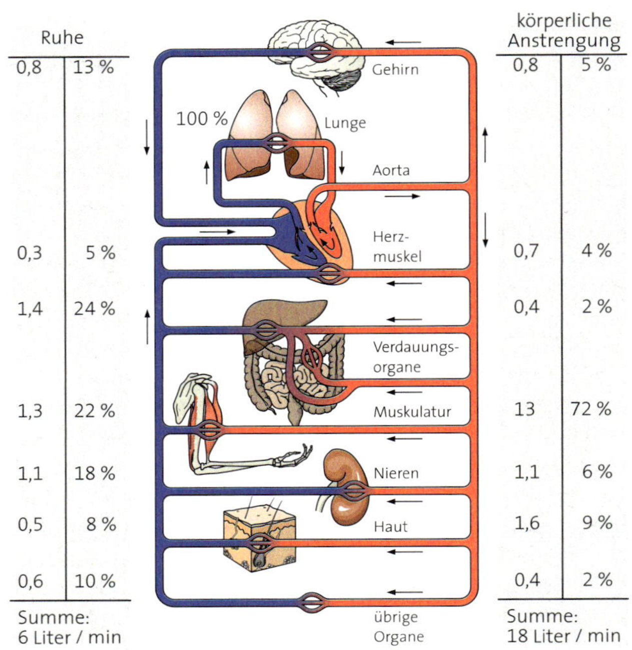

2 *Blutkreislauf des Menschen (Schema) und Verteilung des Blutvolumens in Ruhe und bei Belastung*

Atmungsorgane. Bei der *Hautatmung* wird der Sauerstoff mit der gesamten Körperoberfläche aufgenommen. Hautatmung ist hauptsächlich bei Wasser- oder Feuchtlufttieren zu finden, da eine feuchte Hautoberfläche die Diffusion erleichtert. Manchen kleinen Tieren mit vergleichsweise großer Körperoberfläche, zum Beispiel dem Regenwurm, genügt sie als alleinige Atmung. Aber auch bei Fischen und Amphibien trägt sie wesentlich zur Sauerstoffversorgung bei.

Für Wassertiere wie Fische, Muscheln oder Krebse ist die *Kiemenatmung* typisch. Kiemen sind stark durchblutete, dünnwandige Hautlappen, deren Oberfläche durch viele Verästelungen und Verzweigungen oft stark vergrößert ist. Der im Wasser gelöste Sauerstoff diffundiert durch die Kiemenwand ins Blut, Kohlenstoffdioxid wird auf dem umgekehrten Weg an das Wasser abgegeben.

Das *Tracheensystem* der Insekten und Tausendfüßer dient nicht nur dem Austausch, sondern auch dem Transport der Atemgase. Es besteht aus den röhrenförmigen *Tracheen*, die sich im Körper vielfach verzweigen und als feinste *Tracheolen* alle Organe umspinnen. Sie führen den Sauerstoff auf Diffusionsabstand an die Körperzellen heran, ohne das Blut als Transportsystem einzusetzen. Wahrscheinlich ist es diese Diffusionsatmung, die die Körpergröße von Insekten begrenzt. Bei Wasserinsekten sind oft Tracheen und Kiemen kombiniert.

Bei der *Lungenatmung* der Landwirbeltiere wird die Atemluft durch besondere Ventilationsbewegungen zwischen Nase, Luftröhre, Bronchien, Bronchiolen und den beiden Lungenflügeln hin und her befördert. In der Lunge erfolgt der Austausch der Atemgase. Die innere, respiratorische Lungenoberfläche hat sich im Lauf der Evolution der Wirbeltiere erheblich vergrößert. Am größten ist sie bei Vögeln und Säugetieren, die zur Aufrechterhaltung ihrer Körpertemperatur einen sehr intensiven Stoffwechsel haben und daher ein besonders leistungsfähiges Atmungssystem brauchen. Beim Menschen beispielsweise kann die Oberfläche der Lunge bis zu 90 m^2 groß sein. Diese große Diffusionsfläche bewältigt den Austausch großer Atemgasvolumina. So kann bei körperlicher Anstrengung die Atemleistung des Menschen von 5 bis 8 l/min auf 90 bis 100 l/min ansteigen.

Gasaustausch in der Säugetierlunge. Die Bronchiolen der Säugetiere einschließlich des Menschen enden blind als etwa 0,2 mm große Lungenbläschen oder *Alveolen*. Sie sind von einem dichten Kapillarnetz umsponnen und bilden den Diffusionsraum für die Atemgase: Sauerstoff diffundiert aus dem Innenraum der Alveole in das Blut, Kohlenstoffdioxid diffundiert in die Gegenrichtung (▶ Bild 2). Die *Diffusionsrichtung* hängt vom Konzentrationsgefälle jedes einzelnen Gases ab, unabhängig von anderen vorhandenen Gasen. Als Maß für die Konzentration des Gases dient sein *Partialdruck*.

Die Wand von Alveole und Kapillare zusammen misst weniger als 1 µm, ist also rund 50-mal dünner als diese Buchseite. Der geringe Abstand „zwischen Blut und Luft" und die große, feuchte Diffusionsfläche sind Voraussetzungen dafür, dass sich das Blut in 0,3 s Kontaktzeit an der Alveole mit Sauerstoff sättigt.

1 Luft hat einen wesentlich höheren Sauerstoffgehalt als Wasser. Erklären Sie, warum Fische dennoch an der Luft ersticken.

2 Informieren Sie sich über Bau und Leistung der Atmungsorgane bei Vögeln und vergleichen Sie sie mit denen der Säugetiere.

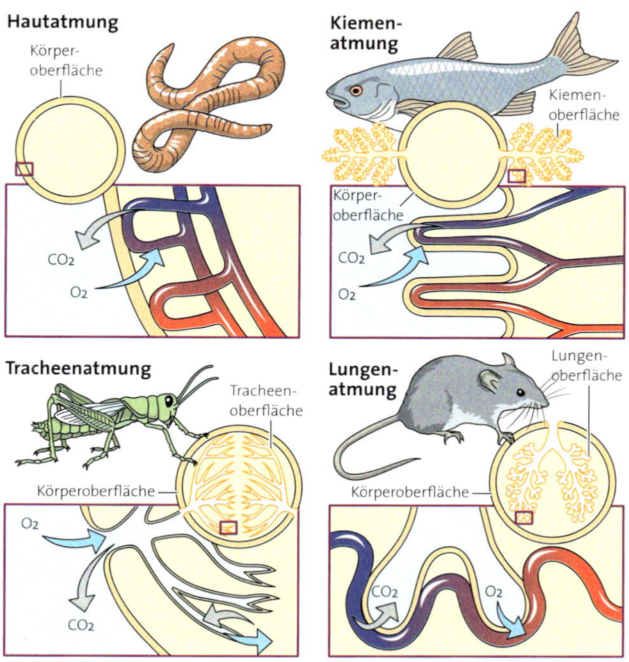

1 Atmungsorgane von Land- und Wasserbewohnern verschiedener Tiergruppen

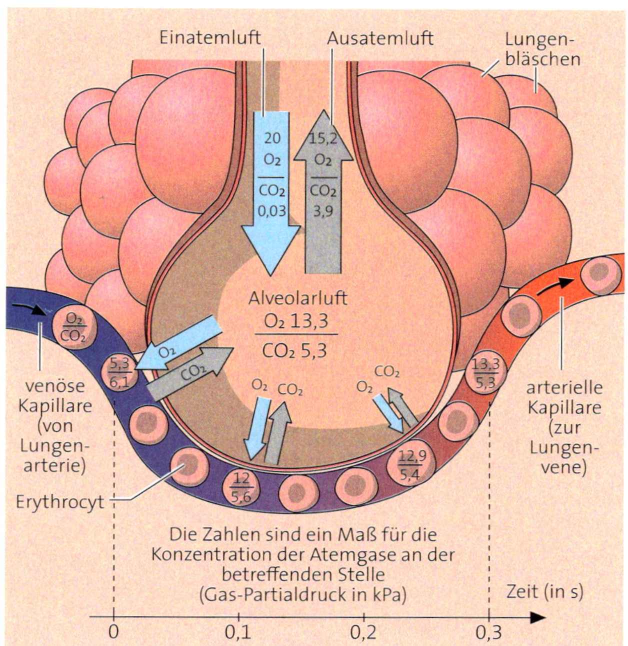

2 Austausch der Atemgase in den Alveolen. Die Zahlen geben den Partialdruck von O_2 und CO_2 an.

Transport von Sauerstoff im Blut

Die Blutflüssigkeit ist am Transport der Atemgase kaum beteiligt, da sich Sauerstoff in wässrigen Lösungen schlecht löst. Auf diese Aufgabe sind im menschlichen Körper 25 Billionen rote Blutkörperchen oder *Erythrocyten* spezialisiert, der häufigste Zelltyp unseres Körpers. In den Erythrocyten wird der Sauerstoff – zum Teil auch das Kohlenstoffdioxid – an den roten Blutfarbstoff *Hämoglobin* gebunden, aus dem die Erythrocyten zu 95 % ihrer Trockenmasse bestehen.

Aufbau des Hämoglobins. Ein Hämoglobinmolekül besteht aus dem Protein *Globin* und der prostetischen Gruppe *Häm*. Globin ist aus vier Polypeptidketten aufgebaut, von denen jede ein Molekül Häm trägt (► S. 42). Häm wird von einem Porphyrinring gebildet, der ein Eisen(II)-Ion einschließt. An das Häm mit dem zentralen Eisen-Ion kann ein O_2-Molekül locker angelagert werden, ohne die Oxidationsstufe des Eisens zu ändern. Da im Unterschied zu einer echten Sauerstoffbindung keine Oxidation stattfindet, bezeichnet man die Reaktion als *Oxigenierung*. Aus dem dunkelroten *Desoxi-Hämoglobin* entsteht durch Oxigenierung das hellrote *Oxi-Hämoglobin*. Die vier Häm-Gruppen eines Hämoglobinmoleküls können dabei insgesamt bis zu vier Sauerstoffmoleküle binden.

An Hämoglobin kann anstelle des Sauerstoffs auch Kohlenstoffmonooxid CO gebunden werden, das zum Beispiel aus Zigarettenrauch oder Autoabgasen stammt. Seine Giftigkeit erklärt sich daraus, dass es sich 200-mal stärker an Häm bindet als Sauerstoff und so den Sauerstofftransport blockiert.

Sauerstoffaufnahme und -abgabe des Hämoglobins. Hämoglobin vermag Sauerstoff ebenso leicht aufzunehmen wie abzugeben, und zwar abhängig von der jeweils gegebenen Sauerstoffkonzentration (► Bilder 2 und 3): Bei hohem Sauerstoffpartialdruck, wie er in der Lunge besteht, wird Sauerstoff vom Hämoglobin aufgenommen. Bei niedrigem Partialdruck, wie er für das Sauerstoff verbrauchende Körpergewebe typisch ist, wird Sauerstoff abgegeben. Wie Bild 3 zeigt, verläuft die Sauerstoffbindungskurve bei niedrigem Partialdruck sehr steil. Das bedeutet, dass das Hämoglobin schon auf geringe Änderungen der Sauerstoffversorgung im Gewebe reagiert.

In den Muskelzellen wird der Sauerstoff an *Myoglobin* gebunden. Dieser rote Muskelfarbstoff ähnelt in seiner Struktur dem Hämoglobin, hat jedoch ein stärkeres Bestreben zur Sauerstoffbindung als Hämoglobin. In den Muskeln wird der Sauerstoff daher von Hämoglobin auf Myoglobin übertragen. Das Myoglobin kann bei Bedarf den Sauerstoff an Enzyme der Atmungskette abgeben. Es dient als Reserve bei hohem Sauerstoffverbrauch und ist daher in sehr aktiven Muskeln wie dem Herzmuskel in großer Menge enthalten.

Außer durch den Sauerstoffpartialdruck wird die Sauerstoffbindung des Hämoglobins allosterisch auch von H^+-Ionen und CO_2 beeinflusst. Diese Abhängigkeit wird als *Bohr-Effekt* bezeichnet. Hat sich im Gewebe viel CO_2 oder Milchsäure gebildet (► S. 112), gibt das Hämoglobin dort mehr Sauerstoff ab als üblich. Der Bohr-Effekt wirkt also regulierend.

1 Die Spezialisierung der Erythrocyten auf den Atemgastransport ist mit zellulären Einschränkungen verbunden. Erläutern Sie!

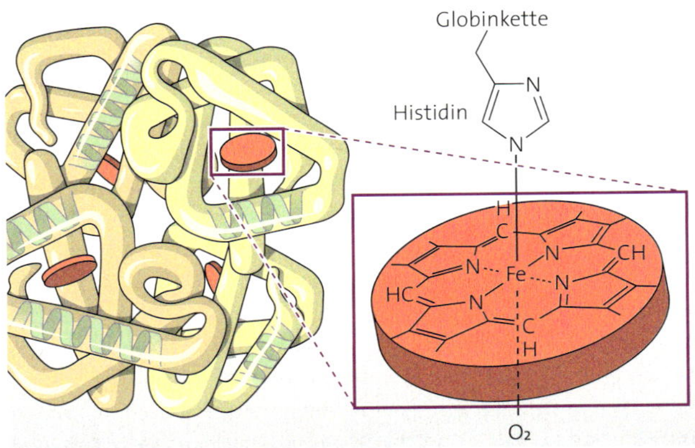

1 Modell des Hämoglobins und Aufbau von Häm

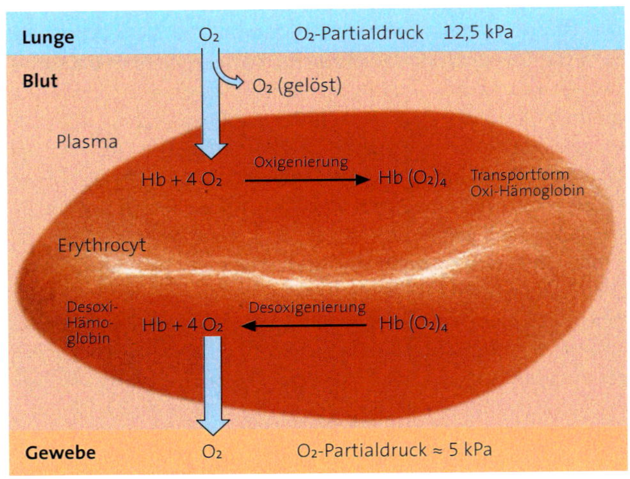

2 Erythrocyt im Konzentrationsgefälle des Sauerstoffs

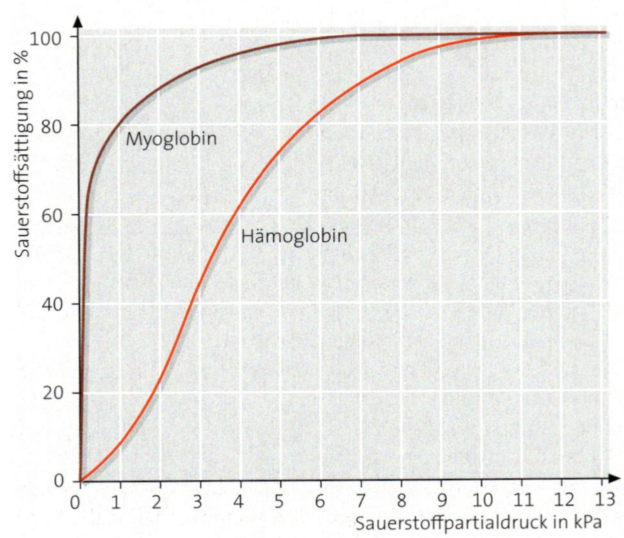

3 Sauerstoffbindungskurven des Hämoglobins und des Myoglobins in Abhängigkeit vom Sauerstoffpartialdruck

Regulation der Sauerstoffkonzentration im Blut

Für Lebewesen mit hohem Energiebedarf ist die ungestörte und ständige Versorgung mit Sauerstoff so wichtig, dass fast immer mehrere Mechanismen zu ihrer Sicherung und Regelung zusammenwirken. Ziel der Regelung ist eine möglichst gleichmäßige Konzentration des Sauerstoffs im Blut und den Körperzellen.

Der Sauerstoffverbrauch ändert sich bereits durch Sprechen, Singen oder bei Aufregung, am stärksten aber durch intensive Muskelarbeit. Er beträgt beispielsweise beim Menschen in Ruhe zwischen 150 und 300 ml O_2/min. Bei schwerer Arbeit oder sportlicher Anstrengung kann dieser Wert auf bis zu 4600 ml O_2/min ansteigen. Um diesem erhöhten Bedarf nachzukommen, nehmen Atemfrequenz und Atemvolumen zu. Gleichzeitig muss aber auch die Durchblutung der Lungenkapillaren gesteigert werden. Nur so lässt sich das größere Sauerstoffangebot auch nutzen.

Atemzentrum. Die Atemtätigkeit kann willentlich beeinflusst werden. Meist aber wird die Ein- und Ausatmung unbewusst durch das *Atemzentrum* im Nachhirn geregelt. Es besteht aus mehreren Gruppen von Nervenzellen, von denen ein Teil die Einatmung, ein anderer Teil die Ausatmung stimuliert. Der Wechsel zwischen Ein- und Ausatmung kommt dadurch zustande, dass die eine Nervenzellgruppe die Aktivität der anderen hemmt.

Chemische Kontrolle. Bei erhöhter Muskeltätigkeit sinkt der Sauerstoffgehalt im Blut. Zugleich steigt der Kohlenstoffdioxidgehalt an. Da sich aus Kohlenstoffdixid Kohlensäure bildet, erniedrigt sich zugleich der pH-Wert. *Chemorezeptoren* in den Halsschlagadern, der Aorta und im Gehirn registrieren diese Veränderungen im Blut oder der Gehirnflüssigkeit und senden verstärkt Signale an das Atemzentrum. Die für die Einatmung zuständigen Nervenzellen sorgen daraufhin für eine verstärkte Atmung.

Ein zu geringer Kohlenstoffdioxidgehalt im Blut hat den gegenteiligen Effekt. Er entsteht beispielsweise durch übermäßig schnelles und tiefes Atmen. Diese *Hyperventilation* kann zum Stillstand der Atmung führen, weil das Blut stark an Kohlenstoffdioxid verarmt und dadurch der Antrieb für das Einatemzentrum fehlt. Beim Tauchen ist Hyperventilation lebensgefährlich, da man unter Umständen bewusstlos wird („Schwimmbad-Blackout"), bevor der normale Kohlenstoffdioxidgehalt des Bluts wieder erreicht ist. Im schlimmsten Fall führt das zum Ertrinken.

Zwar ist der Kohlenstoffdioxidgehalt des Bluts der wirksamste Faktor für die Regelung der Atmung, doch wird auch der Sauerstoffgehalt von Chemorezeptoren kontrolliert. Dabei messen sie nicht den an Hämoglobin gebundenen, sondern den im Blutserum gelösten Sauerstoff. Er macht aber nur einen verschwindend kleinen Anteil am insgesamt transportierten Sauerstoff aus. Das hat Konsequenzen bei einer Vergiftung mit Kohlenstoffmonooxid CO: Da das CO nur den Sauerstofftransport des Hämoglobins behindert, den im Serum gelösten Sauerstoff aber nicht beeinflusst, können die Chemorezeptoren den bei einer CO-Vergiftung entstehenden Sauerstoffmangel nicht registrieren und daher auch keine verstärkte Atmung veranlassen.

Mechanische Kontrolle. *Dehnungsrezeptoren* im Lungengewebe und in der Zwischenrippenmuskulatur sind ebenfalls an der Regelung der Atembewegungen beteiligt. Ihre Aufgabe besteht wohl vor allem darin, eine Überdehnung der Lunge zu verhindern und die Atemtiefe den Anforderungen entsprechend einzustellen.

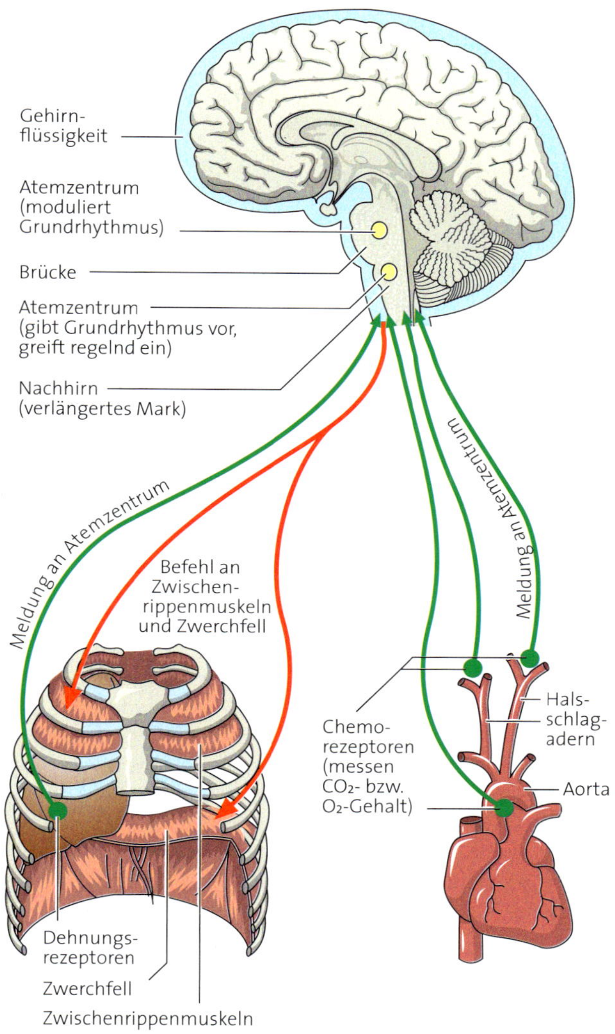

1 Regulation der Atmung mit den wichtigsten daran beteiligten Komponenten

1 **Welche Folgen hat es, wenn sich der CO_2-Partialdruck in den Alveolen durch Hyper- bzw. Hypoventilation deutlich verringert oder erhöht? Vergleichen Sie dazu Bild 2 auf Seite 99.**

2 **An unseren Atembewegungen wirken innere und äußere Zwischenrippenmuskeln, Zwerchfell, Bauchmuskeln, Schultermuskeln und die Schwerkraft mit. Erklären Sie ihr Zusammenspiel bei normaler und tiefer Aus- und Einatmung.**

3 **Stellen Sie die Regelung der Atmung als Regelkreis dar. Informieren Sie sich wenn nötig über das allgemeine Schema eines Regelkreises.**

4 **Der Atemrhythmus, der Wechsel zwischen Ein- und Ausatmung, kommt dadurch zustande, dass sich die für Einatmung und die für Ausatmung zuständigen Nervenzellgruppen im Atemzentrum gegenseitig hemmen. Erklären Sie den Sachverhalt mit einer Skizze.**

Atmung unter Extrembedingungen

1 *Streifengänse überfliegen auf ihrem Zug den Himalaya.*

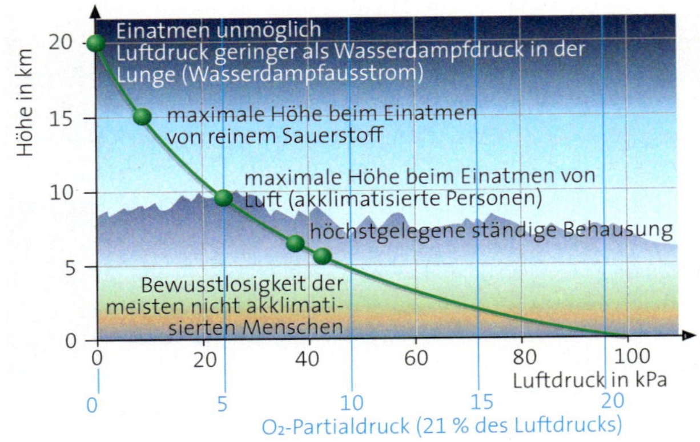

2 *Abnahme des Sauerstoffpartialdrucks mit der Höhe*

Der Aufenthalt in großer Höhe und unter Wasser ist für lungenatmende, auf gasförmigen Sauerstoff angewiesene Lebewesen eine große Herausforderung.

Atmung in der Höhe. Bergsteiger bemerken ab einer Höhe von etwa 4 000 m eine deutlich erschwerte Atmung. Oberhalb 5 300 m können Menschen auf Dauer nicht leben, sie werden „höhenkrank". Die Ursache liegt in dem mit der Höhe abnehmenden Sauerstoffpartialdruck, also der Konzentration des Sauerstoffs. Auf Meereshöhe beträgt der Sauerstoffpartialdruck um die 21 kPa, auf dem Mount Everest nur etwa 6,5 kPa. Die Diffusion des Sauerstoffs verläuft in großer Höhe langsamer und weniger effektiv, da kaum noch ein Konzentrationsgefälle zwischen Luft und Blut besteht. Die Folge ist eine Unterversorgung mit Sauerstoff.

Der Körper kann sich allerdings im Verlauf einiger Wochen in begrenztem Umfang auf das verringerte Sauerstoffangebot einstellen, indem die Zahl der Erythrocyten zunimmt. Trainierte, höhenangepasste Bergsteiger können kurzzeitig Höhen von über 8 000 m ohne Atemgerät erreichen.

Umso erstaunlicher ist, dass einige Vogelarten wie Streifengans (► Bild 1) und Jungfernkranich auf dem jährlichen Zug über den Himalaya 9 000 m Höhe erreichen. Ihr Hämoglobin – durch eine einzige Aminosäure der α-Kette verändert – bindet Sauerstoff bei niedrigem Partialdruck besonders gut.

3 *Pottwale tauchen von allen Säugetieren am tiefsten.*

Atmung in der Tiefe. Die Druckverhältnisse im Wasser setzen dem Menschen trotz modernster Tauchgeräte Grenzen. Beim Tauchen nimmt der Umgebungsdruck zu, ebenso die Partialdrücke der in der Pressluft enthaltenen Gase. Dabei ist der Stickstoff besonders problematisch. Unter normalem Umgebungsdruck löst sich Stickstoff kaum im Blut, da ihm im Unterschied zu Sauerstoff ein Reaktionspartner wie Hämoglobin fehlt. Mit zunehmender Tiefe und steigendem Druck in den Lungenbläschen löst er sich jedoch immer besser. Beim Auftauchen verringert sich der Druck und die Löslichkeit von Stickstoff im Blut nimmt ab. Verläuft das Auftauchen zu schnell, wird der Stickstoff in Form von Gasbläschen frei, die zu einer Verstopfung von Kapillargefäßen führen können. Die Auswirkungen der dadurch verursachten „Taucherkrankheit" *(Dekompressionskrankheit)* können lebensbedrohlich sein. Aus größerer Tiefe dürfen Taucher daher nur langsam und mit Pausen aufsteigen.

Tief tauchende Tiere. Pinguine, Robben und Wale sind Lungenatmer wie der Mensch. Trotzdem können sie tiefer und länger tauchen als wir: Pottwale bleiben bis zu 90 Minuten unter Wasser und erreichen Tiefen von mehr als 1 000 m. Eine Reihe von Anpassungen ermöglicht diese Leistungen:

- Ein großes Blutvolumen und ein hoher Hämoglobingehalt des Bluts können große Mengen Sauerstoff binden.
- Die Muskulatur enthält viel Sauerstoff bindendes Myoglobin.
- Die Durchblutung von Darm, Ausscheidungsorganen und Muskulatur wird beim Tauchen gezielt eingeschränkt.
- Der Herzschlag kann dadurch stark gedrosselt werden.
- Milchsäure – das Endprodukt des anaeroben Stoffwechsels, auf den der Muskel umschaltet, wenn nicht genug Sauerstoff zur Verfügung steht (► S. 112) – gelangt durch die eingeschränkte Durchblutung der Muskeln erst nach dem Auftauchen ins Blut.

---

1 **Sportler bereiten sich auf Wettkämpfe oft mit Höhentraining vor, verbringen also mehrere Wochen im Hochgebirge und trainieren dort. Begründen Sie diese Trainingsstrategie.**

2 **Pottwale und andere tief tauchende Säugetiere haben Lungen, deren Fassungsvermögen nur etwa halb so groß ist – bezogen auf die Körpergröße – wie bei Landsäugetieren. Erklären Sie die zunächst sehr erstaunliche Tatsache.**

Versuche zur Atmung

Die meisten Organismen brauchen zum Überleben Sauerstoff, der sehr oft aus der Atemluft gewonnen wird. Dabei verändert sich deren Zusammensetzung: Frischluft, die wir einatmen, besteht aus 78 % Stickstoff, 21 % Sauerstoff, 0,03 % Kohlenstoffdioxid und 0,97 % anderen Gasen. Die ausgeatmete Luft enthält dagegen 16 % Sauerstoff und 4 % Kohlenstoffdioxid. Der Anteil der übrigen Gase bleibt unverändert. Die durch den Gasaustausch in der Lunge bedingte Änderung in der Zusammensetzung der Atemluft lässt sich sowohl qualitativ als auch quantitativ nachweisen.

Pflanzen sind als Produzenten von Sauerstoff bekannt, doch ist experimentell leicht zu belegen, dass auch sie Sauerstoff veratmen und Kohlenstoffdioxid produzieren.

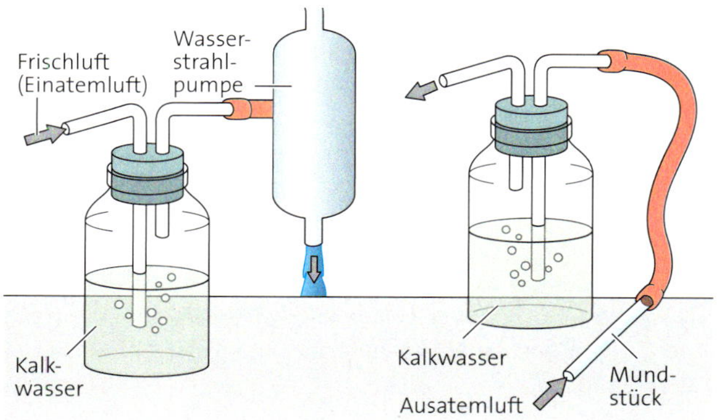

Kohlenstoffdioxidgehalt in der Ein- und Ausatemluft

MATERIAL: Kalkwasser, 2 Waschflaschen, 2 Stopfen mit Doppelloch, Wasserstrahlpumpe, kurze Gummischläuche

DURCHFÜHRUNG: Bauen Sie den Versuch wie im Bild oben auf. Überprüfen Sie zunächst den Kohlenstoffdioxidgehalt der Einatemluft, indem Sie die Wasserstrahlpumpe anstellen und durch den entstehenden Unterdruck Luft durch das Kalkwasser strömen lassen. Untersuchen Sie dann die Ausatemluft, indem Sie Luft durch das Mundstück in das Kalkwasser blasen.

Quantitative Bestimmung des Kohlenstoffdioxids in der Ausatemluft

MATERIAL: dest. Wasser, NaOH (0,2 mol/l; *Xi*), Phenolphthalein *(Xn)*, Glaskolben, Glaswinkelröhrchen, Kolbenprober, Verbindung mit Dreiwegehahn, Stopfen mit Doppelloch, Gummischlauch mit Mundstück, Aquariumstein

DURCHFÜHRUNG: Bauen Sie den Versuch entsprechend dem Bild rechts auf. Füllen Sie den Glaskolben mit 300 ml destilliertem Wasser, 1 ml NaOH und 3 Tropfen Phenolphthalein. Den Kolbenprober füllen Sie mit 100 ml Ausatemluft. Dann stellen Sie mit dem Dreiwegehahn eine Verbindung zum Glaskolben her und drücken langsam so viel Luft aus dem Kolbenprober, bis sich die Flüssigkeit im Glaskolben entfärbt. Glaskolben beim Einströmen der Luft ständig schwenken! Stellen Sie fest, wie viel Luft zum Entfärben der Flüssigkeit benötigt wird.

Wiederholen Sie den Versuch mehrmals mit neuen Reagenzien und bilden Sie aus Ihren Ergebnissen den Mittelwert.

Kohlenstoffdioxidabgabe von Pflanzen am Beispiel von Weizenkeimlingen

MATERIAL: 2 Tage vorgekeimte Weizenkörner, Kalkwasser, 5%ige KOH *(C)*, 4 Waschflaschen, Wasserstrahlpumpe, 5 kurze Schläuche, 4 Stopfen mit Doppelloch

DURCHFÜHRUNG: Füllen Sie zwei Waschflaschen zur Hälfte mit Kalkwasser. In eine weitere Waschflasche geben Sie bis zur Hälfte KOH. In die letzte Waschflasche kommen die Weizenkörner. Verbinden Sie die Waschflaschen wie im Bild unten gezeigt und schließen Sie sie an die Wasserstrahlpumpe an. Beim Anstellen der Pumpe wird langsam Luft durch die Apparatur gesaugt.

Protokollieren Sie Ihre Beobachtungen.

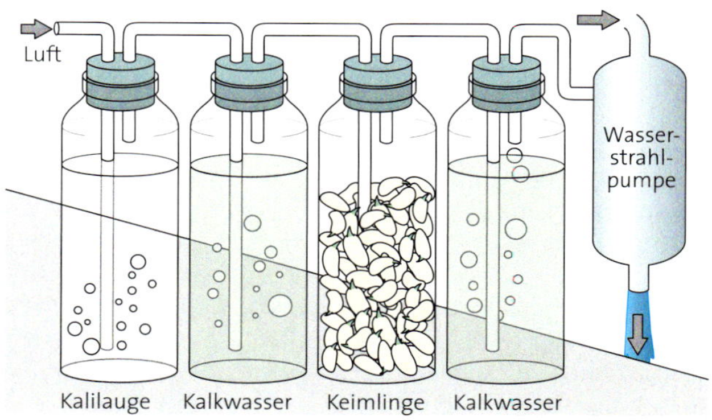

1 **Berechnen Sie aus dem im zweiten Versuch ermittelten Mittelwert den Kohlenstoffdioxidgehalt der Ausatemluft, indem Sie berücksichtigen, dass von 1 ml Natronlauge (0,2 mol/l) 4,4 mg Kohlenstoffdioxid gebunden werden und dass 1 ml Kohlenstoffdioxid 2 mg wiegt.**

2 **Erklären Sie das Ergebnis des Versuchs mit den Weizenkeimlingen und stellen Sie die Reaktionsgleichungen für die Waschflaschen 1 und 4 auf.**

Stichworte zu weiteren Informationen

Alveolenflüssigkeit • Diffusion • künstliche Beatmung

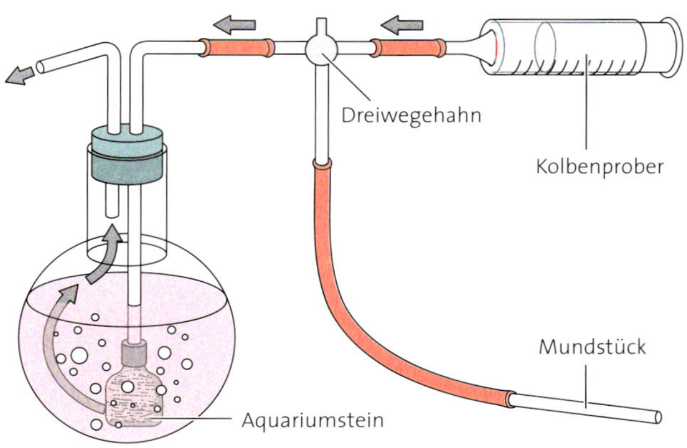

Zellatmung: Bereitstellung der Energie in der Zelle

Nahezu alle Lebewesen nutzen die von Pflanzen aus der Strahlungsenergie der Sonne gewonnene chemische Energie der Fotosyntheseprodukte (► S. 144). Die in den organischen Stoffen – vor allem Kohlenhydraten und Fetten – gespeicherte Energie wird bei deren Abbau frei und zur Herstellung von *ATP* verwendet. Diese „Energiewährung" ist dann in allen Zellen und für die verschiedensten Energie erfordernden Vorgänge einsetzbar (► S. 105). Ein großer Teil des katabolen Stoffwechsels dient daher Vorgängen, durch die ATP bereitgestellt wird.

Zwei unterschiedliche Hauptwege stehen den Organismen zur Verfügung: die *Zellatmung* genannte *aerobe Dissimilation*, die am Beispiel Glucose auf den folgenden Seiten dargestellt wird, und die *Gärung* genannte *anaerobe Dissimilation* ohne Sauerstoff (► S. 112).

Lebensgrundlage Sauerstoff. Sauerstoff verbindet sich durch *Oxidation* leicht mit vielen Stoffen unter Freisetzung von Energie. Sauerstoff ist auch Voraussetzung für die Atmung, die „biologische" Oxidation energiereicher Stoffe. Viele Organismen besitzen komplizierte Organsysteme (► S. 98) und hoch spezialisierte Transportstoffe, um den Sauerstoff der Atmosphäre zu den Orten des Verbrauchs in den Zellen zu schaffen. Diese auffällige äußere Atmung versperrt oft den Blick auf die Zellatmung, den Prozess, zu dem der Sauerstoff von Lebewesen genutzt wird: Sauerstoff wird benötigt, um Kohlenstoff und Wasserstoff in organischen Verbindungen zu Kohlenstoffdioxid und Wasser zu oxidieren und die freigesetzte Energie für die Bildung von ATP zu nutzen. Nach Ausgangsstoffen, Endprodukten und freigesetztem Energiebetrag entspricht die Zellatmung damit, auch wenn sie ganz anders verläuft, formal gesehen einer Verbrennung:

$C_6H_{12}O_6 + 6\,O_2 \rightarrow 6\,CO_2 + 6\,H_2O$ Energiedifferenz 2880 kJ.

Zellatmung im Überblick. Eine Oxidation organischer Stoffe in der Zelle, die wie eine Verbrennung die freigesetzte Energie nur als *Wärme* abführt, wäre biologisch unsinnig, denn kein Lebewesen kann Wärme in eine andere Energieform überführen. Tatsächlich läuft die Zellatmung vollkommen anders ab (► Bild 1):

- *Stufenprozess*. Die Zellatmung besteht aus einer Folge zahlreicher Reaktionen in drei Stufen: *Glykolyse, Citratzyklus* und *Atmungskette*. In der Glykolyse wird Glucose zu *Pyruvat* abgebaut. Nach Abspaltung von CO_2 wird daraus ein Acetylrest mit 2 C-Atomen, der durch das *Coenzym A* in den Citratzyklus (aus verschiedenen organischen Säuren) eingespeist wird. Sowohl im Citratzyklus als auch in der Glykolyse entsteht eine kleine Menge ATP aus energiereichen Zwischenprodukten *(Substratstufenphosphorylierung)*. Die Coenzyme *NADH + H⁺* und *FADH₂* übertragen Elektronen zur Atmungskette, wo die Elektronen am Ende zusammen mit Protonen auf Sauerstoff übertragen werden. Die damit verbundene *oxidative Phosphorylierung* liefert den Hauptteil der Energie in Form von ATP.
- *Trennung nach Kompartimenten*. Die Teilvorgänge der Zellatmung spielen sich in getrennten Zellbereichen ab: die Glykolyse im *Cytoplasma*, der Citratzyklus in der *Matrix der Mitochondrien* (► S. 56), die Atmungskette in der *inneren Mitochondrienmembran*. Die Mitochondrien gelten daher als „Kraftwerke" der Zelle. Ihre Größe und Anzahl spiegelt den Energiebedarf der betreffenden Zelle wider.
- *Gewinnen chemischer Energie*. Wichtigstes Kennzeichen der Zellatmung ist das Gewinnen von biologisch verwertbarer Energie durch Phosphorylierung von *ADP* zu *ATP*. Allerdings geht auch dabei ein Großteil der in den Stoffen gespeicherten Energie dem System Zelle als Wärme verloren.

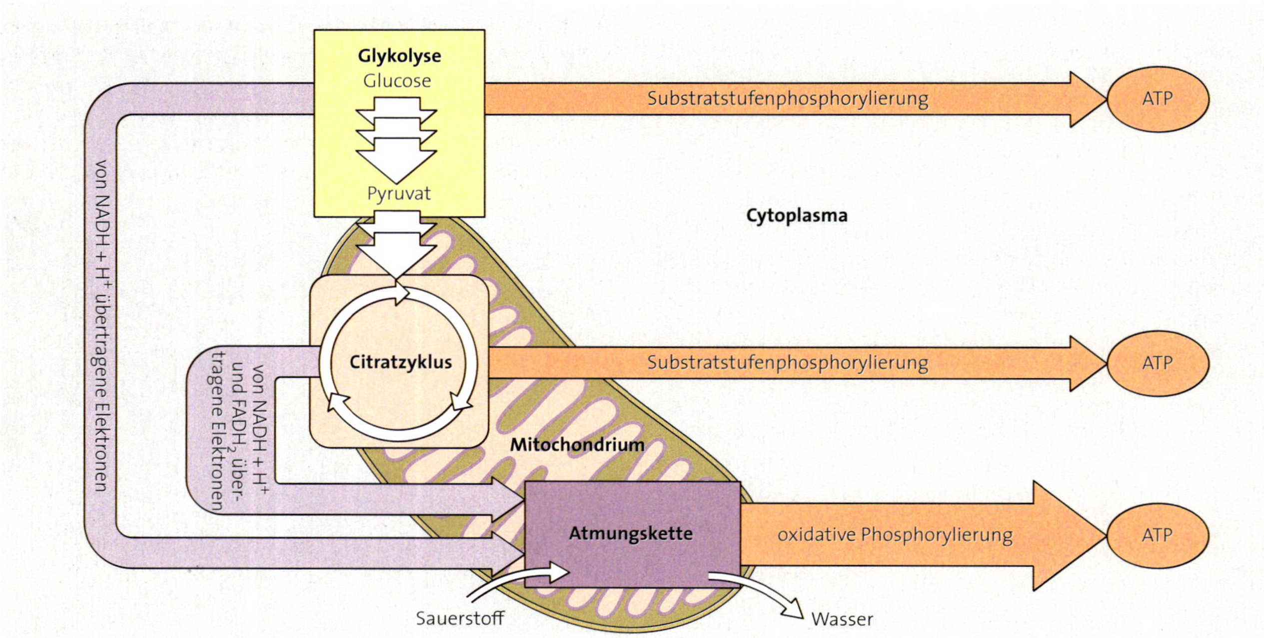

1 Schematische Übersicht über die Stufen und Kompartimente der Zellatmung

Energiewährung ATP

1 Energiezufuhr heißt für Tiere: fressen.

Leben ist auf die Zufuhr von *Energie* angewiesen. Um die Energie zu übertragen und Arbeit zu leisten, nutzen alle Organismen *Adenosintriphosphat*, abgekürzt ATP. Deshalb wird ATP auch als „universelle Energiewährung" der Zelle bezeichnet.

Struktur von ATP. ATP ist ein *Nucleotid* aus der organischen Base *Adenin*, dem Zucker *Ribose* (einer Pentose) und drei *Phosphatgruppen* (▶ Bild 2). Die Anordnung der drei dicht gedrängten, negativ geladenen Phosphatgruppen ist das Besondere an diesem Molekül. Da gleiche Ladungen sich abstoßen, wird die endständige energiereiche Phosphatgruppe unter Beteiligung von Wasser – also durch *Hydrolyse* – leicht abgespalten. Aus ATP entstehen das energieärmere *Adenosindiphosphat (ADP)* und *anorganisches Phosphat*:

$$ATP + H_2O \rightleftharpoons ADP + Ⓟ + H^+$$ Energiedifferenz 29 kJ/mol

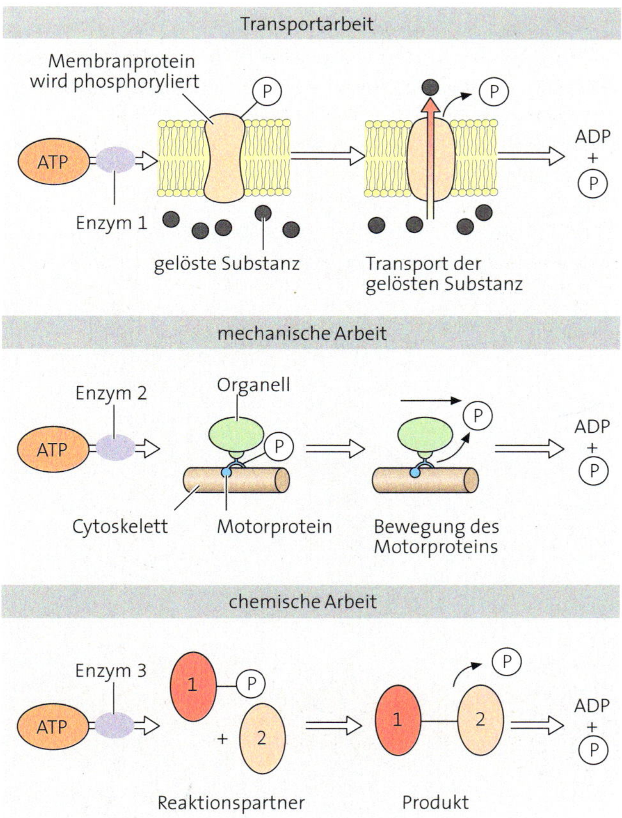

3 Mit ATP kann in der Zelle Arbeit verrichtet werden.

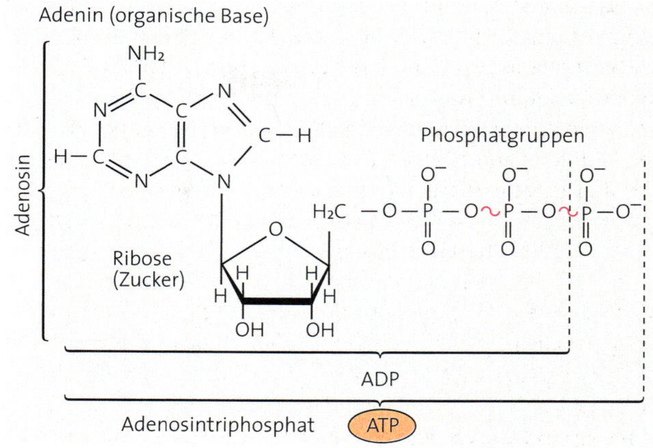

2 Strukturformel von ATP; ~ bedeutet energiereiche Bindung.

ATP ermöglicht Arbeit. Die Zelle nutzt die Energiequelle ATP häufig zur Aktivierung von chemischen Reaktionen, indem sie die Phosphatgruppe mithilfe von Enzymen von ATP auf andere Moleküle überträgt. Die Energiezufuhr durch die *Phosphorylierung* bewirkt eine strukturelle Veränderung in dem betreffenden Molekül, durch die Arbeit verrichtet wird (▶ Bild 3). Dabei wird die Phosphatgruppe wieder abgespalten.

ATP kann für viele energiebedürftige Vorgänge eingesetzt werden: Es liefert Energie für den aktiven Transport von Molekülen durch Zellmembranen, ermöglicht mechanische Arbeit bei der Muskelkontraktion und chemische Arbeit bei der Biosynthese vieler Stoffe. Ein Teil der Energie wird dabei allerdings ungenutzt als Wärme frei.

ATP-Bedarf. In der Zelle wird ein neu gebildetes ATP-Molekül durchschnittlich innerhalb einer Minute verbraucht. ATP muss daher ständig aus ADP und anorganischem Phosphat regeneriert werden. Die dafür eingesetzte Energie stammt aus dem Abbau energiereicher Nährstoffe. Je nach dem Mengenverhältnis von ATP zu ADP, der *Energieladung (energy charge)* einer Zelle, wird entweder die Aktivität von Enzymen des anabolen oder aber des katabolen Stoffwechsels aktiviert (▶ Bild 4) und so der ATP-Vorrat genau geregelt.

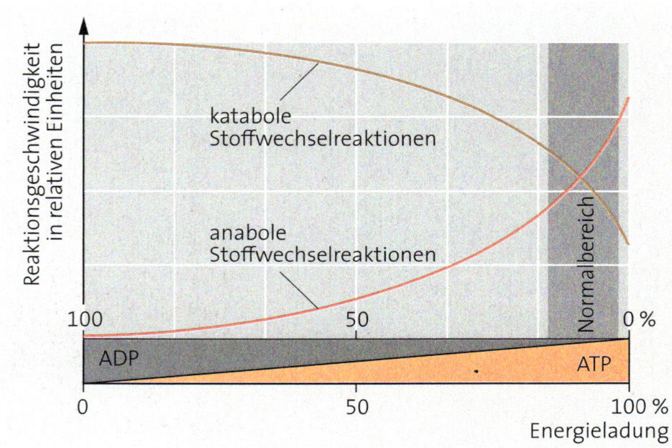

4 Das ATP/ADP-Verhältnis regelt zentrale Stoffwechselwege.

Chemische Grundlagen: Oxidation, Reduktion, Reduktionsäquivalent

Abgabe und Aufnahme von Elektronen. Oxidation und Reduktion sind Reaktionen, bei denen Elektronen von einem Atom, Ion oder Molekül auf ein anderes übertragen werden: *Oxidation* bedeutet *Abgabe, Reduktion Aufnahme von Elektronen. Oxidationen* sind *exergonische*, also Energie freisetzende, *Reduktionen endergonische*, also Energie benötigende *Reaktionen*.

Der Elektronen aufnehmende Stoff heißt *Elektronenakzeptor* oder *Oxidationsmittel*, der Elektronen abgebende wird als *Elektronendonator* oder *Reduktionsmittel* bezeichnet.

$$\underset{\text{(Red)}}{\text{Reduktionsmittel}} \underset{\text{Reduktion}}{\overset{\text{Oxidation}}{\rightleftharpoons}} \underset{\text{(Ox)}}{\text{Oxidationsmittel}} + \underset{n\,e^-}{\text{Elektronen}}$$

Oxidation und Reduktion sind immer gekoppelt, da die von einem Reaktionspartner abgegebenen Elektronen vom anderen Reaktionspartner aufgenommen werden. Man spricht deshalb von *Redoxreaktion*. An jeder Redoxreaktion sind also zwei korrespondierende Redoxpaare – auch *Redoxsysteme* genannt – beteiligt:

korrespondierendes Redoxpaar (Red 1 / Ox 1)

$$\text{Red 1} + \text{Ox 2} \rightleftharpoons \text{Ox 1} + \text{Red 2}$$

korrespondierendes Redoxpaar (Ox 2 / Red 2)

Bei der Oxidation organischer Moleküle werden meist zwei Elektronen und zwei Wasserstoffionen (Protonen) abgegeben. Das entspricht formal zwei Wasserstoffatomen. Aus diesem Grund kann auch die *Wasserstoffabgabe* als *Oxidation* und die *Wasserstoffaufnahme* als *Reduktion* bezeichnet werden (▶ Bild 1).

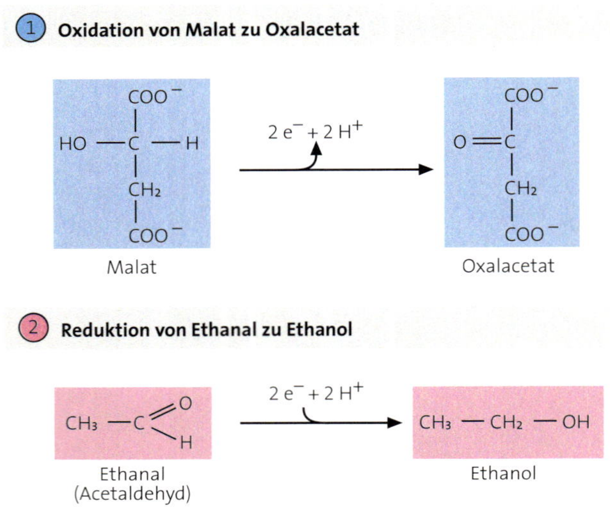

1 *Beispiel für einen Oxidations- und einen Reduktionsvorgang*

Reduktionsäquivalente. Der Energiebedarf der Zelle wird durch die Oxidation energiereicher organischer Stoffe gedeckt, insbesondere von Glucose. Von diesen Substraten wird in der Glykolyse (▶ S. 107) und im Citratzyklus (▶ S. 108) Wasserstoff abgespalten und in Form von Elektronen und Protonen auf Transportmoleküle übertragen. Unter ihnen ist das *Coenzym NAD⁺* (*N*icotinamid-*a*denin-*d*inucleotid) ein besonders wichtiger Elektronenakzeptor. Wird ein NAD^+-Molekül reduziert, nimmt es zwei Elektronen und ein Proton auf, das zweite Proton wird an das umgebende Medium abgegeben:

$$NAD^+ + 2\,H^+ + 2\,e^- \rightleftharpoons NADH + H^+$$

Das reduzierte *NADH + H⁺* (vereinfacht auch $NAD{\cdot}H_2$ geschrieben) kann die energiereichen Elektronen auf andere Stoffe übertragen. Es wird (bezogen auf ein Mol Elektronen) als *Reduktionsäquivalent* bezeichnet.

Auch andere Coenzyme (▶ S. 77) wie *FAD/FADH₂* (*F*lavin-*a*denin-*d*inucleotid) fungieren – als Bestandteile von Enzymen – als Reduktionsäquivalente. Das Paar *NADP⁺/NADPH + H⁺* transportiert Elektronen in gleicher Weise wie NADH, wird jedoch vor allem für Biosynthesen verwendet, NADH dagegen zur Erzeugung von ATP in der Atmungskette (▶ S. 109).

1. **Redoxreaktionen spielen auch im Alltag eine Rolle. Nennen Sie einige Beispiele und geben Sie diese in einem Redoxschema an.**
2. **Nennen Sie Ihnen bekannte Coenzyme und erklären Sie deren Wirkungsweise.**
3. **Stellen Sie die verschiedenen Definitionen von Oxidation zusammen. Verdeutlichen Sie deren Zusammenhang.**
4. **NADH wird neuerdings als „Wundermittel" angepriesen. Informieren Sie sich im Internet, welche Wirkungen ihm zugeschrieben werden und warum Experten darüber skeptisch urteilen.**

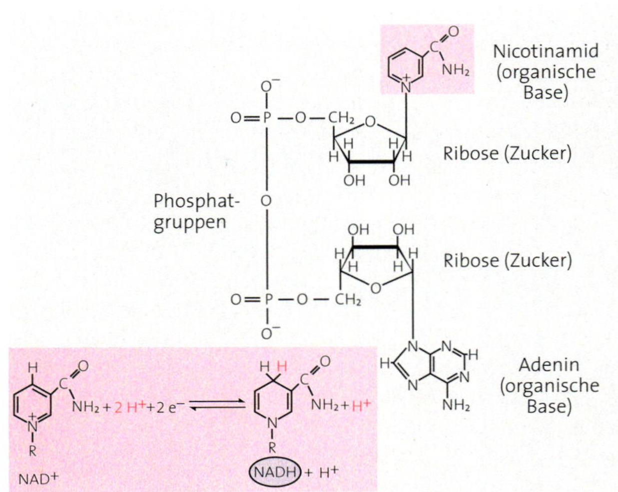

2 *Strukturformel von NAD⁺ und Reaktion von NAD⁺ zu NADH + H⁺*

Aerober Abbau von Glucose – die Glykolyse

Glykolyse – in Kürze. Die *Glykolyse* (von griech. *glykys:* süß und *lysis*: Auflösung) ist der wichtigste Abbauweg der Kohlenhydrate im Stoffwechsel. Im Cytoplasma der Zelle wird die Hexose *Glucose* (C_6) in mehreren Reaktionsschritten in zwei Triose-Moleküle (C_3) umgewandelt. Endprodukt der Glykolyse ist die *Brenztraubensäure*. Da sie beim pH-Wert der Zelle dissoziert vorliegt, spricht man besser von ihrem Anion *Pyruvat*. Beim Abbau der Glucose bis zum Pyruvat wird eine geringe Menge ATP und NADH + H^+ gebildet.

Glykolyse – im Detail. Im ersten Reaktionsschritt wird eine Phosphatgruppe von ATP auf Glucose übertragen. Die *Phosphorylierung* zu *Glucose-6-phosphat* ist in zweierlei Hinsicht von Bedeutung: Zum einen wird Glucose durch die Phosphorylierung für die weiteren Reaktionsschritte ***aktiviert***, also energiereicher und reaktionsbereiter. Zum anderen kann Glucose-6-phosphat im Gegensatz zu Glucose die Zellmembran *nicht mehr passieren* und steht somit für die Stoffwechselvorgänge in der Zelle zur Verfügung.

In der folgenden Reaktion wird Glucose-6-phosphat zu *Fructose-6-phosphat* umgewandelt.

Unter ATP-Verbrauch entsteht danach *Fructose-1,6-bisphosphat*, das in zwei verschiedene *Triosephosphate* gespalten wird. Nur vom *Glycerinaldehyd-3-phosphat* führt die Glykolyse weiter, doch kann *Dihydroxy-acetonphosphat* leicht in Glycerinaldehyd-3-phosphat umgewandelt werden.

Bis hierher wurde noch keine Energie gewonnen. Im Gegenteil: Zwei Moleküle ATP mussten eingesetzt werden. Erst die jetzt folgenden Reaktionen bringen einen Energiegewinn:

- Die Umwandlung von Glycerinaldehyd-3-phosphat in *1,3-Bisphosphoglycerat* liefert eine *energiereiche Phosphatverbindung* und NADH + H^+.
- In der folgenden Reaktion zu *3-Phosphoglycerat* wird die Phosphatgruppe auf ADP übertragen und so ATP gebildet.
- Aus *3-Phosphoglycerat* entsteht über zwei Zwischenstufen Pyruvat und ATP.

Bilanz der Glykolyse. Beim Abbau von Glucose zu Pyruvat wird nur wenig Energie direkt gewonnen: Pro Molekül Glucose entstehen neben zwei Reduktionsäquivalenten NADH + H^+ zwei Moleküle ATP durch die Übertragung energiereicher Phosphatgruppen anderer Moleküle auf ADP. Diese Übertragung wird als *Substratstufenphosphorylierung* bezeichnet. Ein großer Teil der in der Glucose enthaltenen Energie steckt noch im Endprodukt Pyruvat.

Regulation. Das Enzym *Phosphofructokinase*, das die Bildung von Fructose-1,6-bisphosphat aus Fructose-6-phosphat katalysiert, wird durch ATP allosterisch gehemmt, durch ADP und AMP (Adenosinmonophosphat mit nur einer Phosphatgruppe) dagegen aktiviert. Bei hoher Energieladung der Zelle (► S.105), also hoher ATP-Konzentration, wird der Durchsatz von Glucose gebremst. Ist der Energiebedarf der Zelle dagegen hoch, sodass viel ATP verbraucht und ADP gebildet wird, wird das Enzym dadurch aktiviert und die Glykolyse beschleunigt.

1 **Erläutern Sie die Bedeutung des Enzyms Phosphofructokinase für den Stoffwechsel der Zelle.**

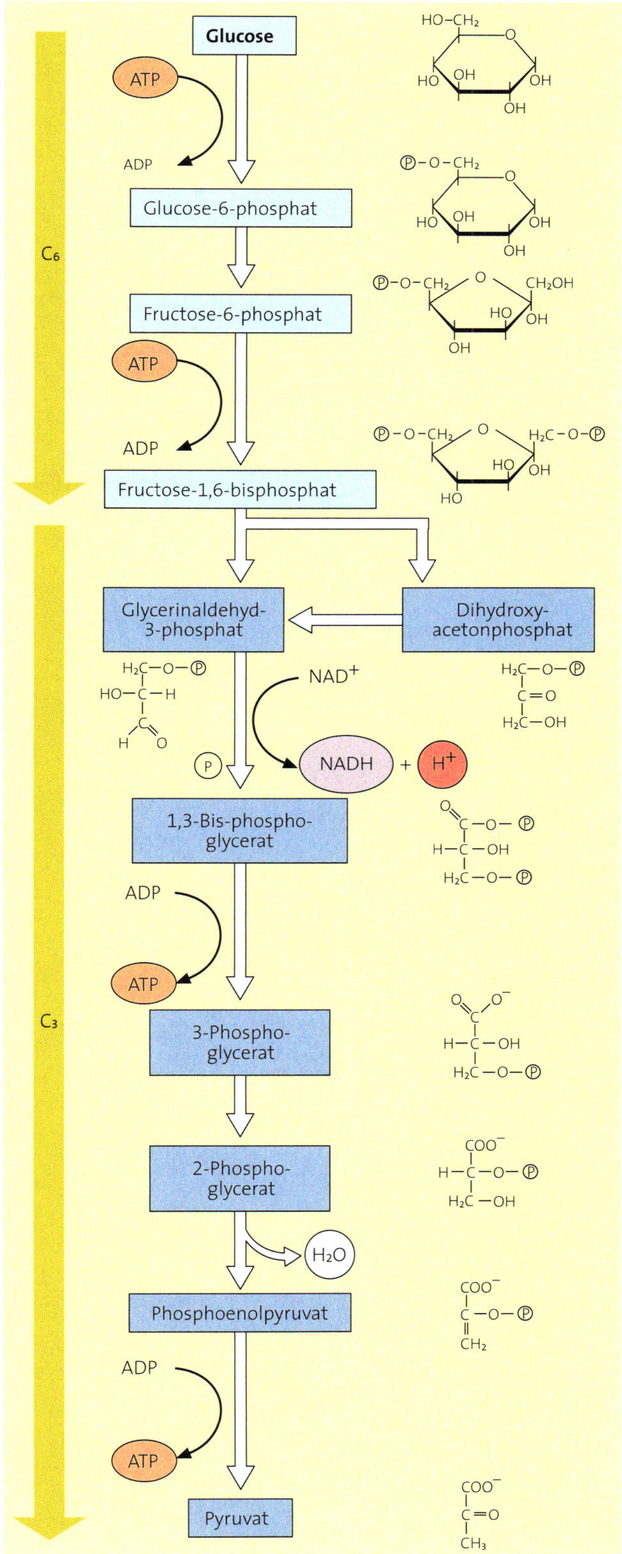

1 *Abbau von Glucose zu Pyruvat in der Glykolyse*

Der Citratzyklus

Pyruvat, das Endprodukt der Glykolyse, wird in die Mitochondrien transportiert. Unter aeroben Bedingungen entstehen in der Matrix der Mitochondrien in einer komplizierten Reaktion, der *oxidativen Decarboxylierung*, aus den Ausgangsstoffen Pyruvat, *Coenzym A* und *NAD⁺* die Produkte *Kohlenstoffdioxid, NADH + H⁺* und *Acetyl-Coenzym A (Acetyl-CoA)*. Acetyl-CoA wird auch als *aktivierte Essigsäure* bezeichnet, da es sehr energiereich ist und den Acetylrest auf Oxalacetat übertragen kann. Diese Reaktion stellt die Verbindung *zwischen Glykolyse* und *Citratzyklus* her.

Citratzyklus – in Kürze. Die aktivierte Acetylgruppe tritt in den Citratzyklus ein. Bei jedem Durchgang des Zyklus werden zwei Kohlenstoffatome *zu Kohlenstoffdioxid* oxidiert. Es diffundiert aus den Zellen heraus, gelangt mit dem Blut in die Lungen und wird ausgeatmet. Hauptgewinn des Citratzyklus ist *NADH + H⁺*, das in der nachfolgenden Atmungskette die Energie für die Synthese von ATP liefert.

Citratzyklus – im Detail. Der Citratzyklus beginnt mit der Verknüpfung des C_2-Moleküls Acetyl-CoA mit dem C_4-Molekül Oxalacetat. Es entsteht das C_6-Molekül Citrat, nach dem der Zyklus benannt ist. Auch die Bezeichnungen *Tricarbonsäurezyklus* – oder nach einem der Entdecker – *Krebszyklus* sind gebräuchlich.

Citrat wird in Isocitrat überführt und anschließend oxidativ decarboxyliert: Ein Kohlenstoffdioxidmolekül wird abgespalten. Auch das gebildete α-Ketoglutarat wird oxidativ decarboxyliert. Das Kohlenstoffgerüst der Glucose ist nun vollständig zu Kohlenstoffdioxid oxidiert. Mit Coenzym A entsteht Succinyl-CoA. Dieses Molekül reagiert zu Succinat. Dabei wird ein Molekül *Guanosindiphosphat (GDP)* phosphoryliert und energiereiches *Guanosintriphosphat (GTP)* gebildet. GTP ist wie ATP ein Energieüberträger und ähnelt diesem auch in seiner Struktur. Indem GTP anschließend eine Phosphatgruppe an ADP abgibt, bildet sich ein ATP.

Aus Succinat wird in drei Schritten Oxalacetat regeneriert, das den Citratzyklus erneut durchläuft.

Bilanz. Die beim Citratzyklus frei werdende Energie wird in Form von $FADH_2$ und NADH + H⁺ gespeichert. Der Abbau eines Moleküls Acetyl-CoA zu Kohlenstoffdioxid ergibt für die Zelle einen Gewinn von einem Molekül GTP, drei NADH + H⁺ und einem $FADH_2$.

Aus der Entdeckungsgeschichte. Die Biochemiker KREBS, MARTIUS und HENSELEIT fanden 1937 heraus, dass der Citratzyklus eine zentrale Stellung im Energiestoffwechsel einnimmt, da nicht nur der oxidative Abbau der Kohlenhydrate, sondern auch der Proteine und Fette zu Acetyl-CoA führt.

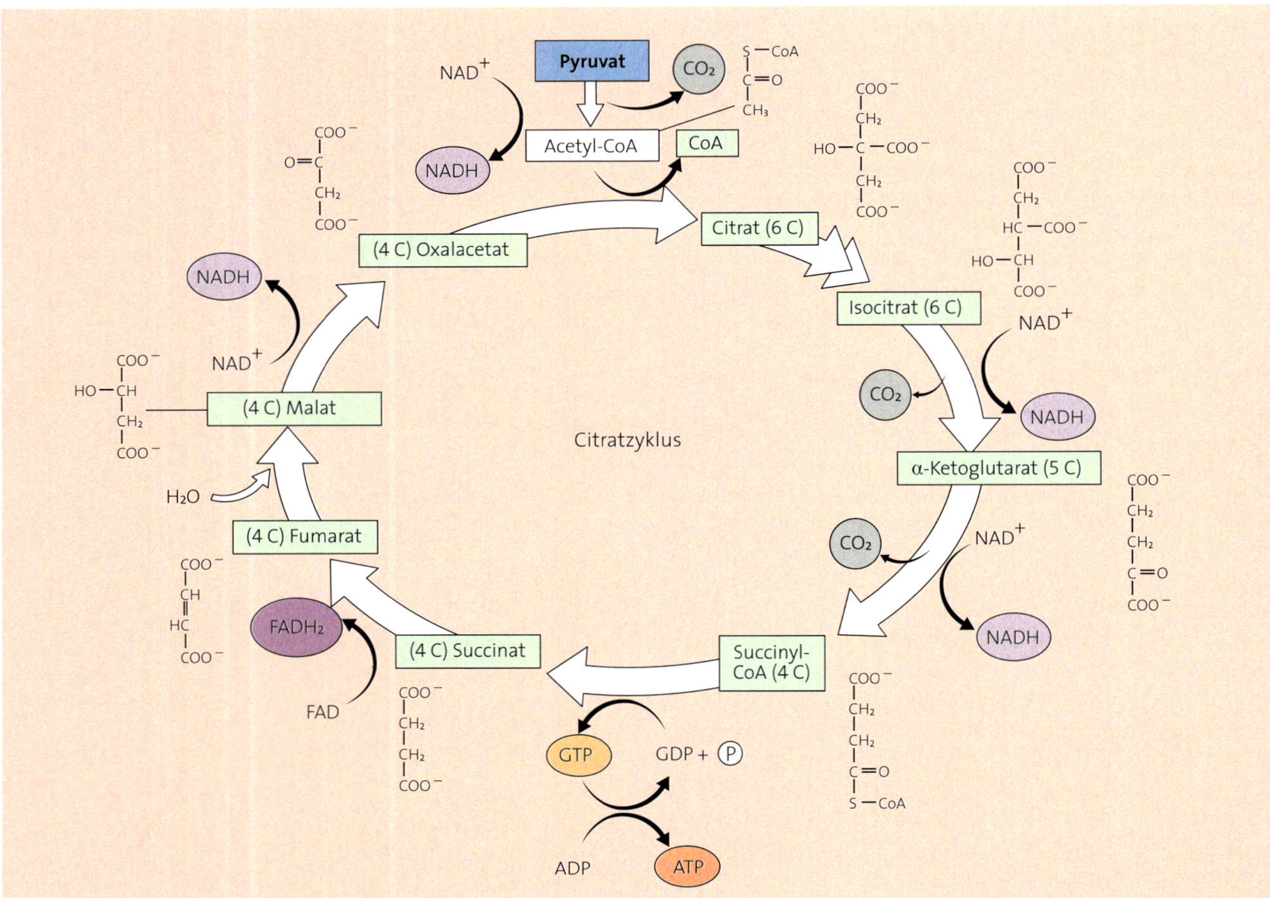

1 *Citratzyklus*

Die Atmungskette

Mischt man Sauerstoff und Wasserstoff im richtigen Verhältnis und führt zum Beispiel mit einem Zündfunken Aktivierungsenergie zu, verbinden sich die Gase zu Wasser. Bei dieser *Knallgasreaktion* wird explosionsartig sehr viel Energie freigesetzt. Auch die Zelle gewinnt im Prinzip ihre Energie bei der Zellatmung durch die Reaktion von Wasserstoff mit Sauerstoff zu Wasser, jedoch in Teilbeträgen und auf einem völlig anderen Weg.

Atmungskette. In der Zelle wird der Wasserstoff – an die Coenzyme *NADH* + H^+ und $FADH_2$ gebunden – zuerst in Protonen und Elektronen getrennt und nicht wie bei der Knallgasreaktion direkt auf Sauerstoff übertragen. Die Elektronen werden über mehrere hintereinandergeschaltete *Redoxsysteme* aus rund 50 Enzymen transportiert, die zu je vier *Multienzymkomplexen* (► S. 82) zusammengefasst sind. Sie bilden zusammen die *Atmungskette* und sind Bestandteil der inneren Mitochondrienmembran. Diese ist stark gefaltet und bietet mehreren Tausend Gruppen von Multienzymkomplexen Platz.

Bei der Aufnahme von Elektronen werden die Enzyme der Atmungskette reduziert und bei der Abgabe oxidiert. Bei jeder Redoxreaktion wird Energie frei. Sie dient dazu, Protonen aus der Mitochondrienmatrix in den Intermembranraum zu pumpen. Der *Elektronentransport innerhalb der Membran* ist also *mit einem Protonentransport durch die Membran gekoppelt* (► Bild 1).

Erst das letzte Enzym der Atmungskette, die Cytochromoxidase, überträgt seine Elektronen auf den Sauerstoff. Er reagiert mit Protonen aus dem umgebenden Medium zu Wasser.

ATP-Synthese. Durch den Protonentransport entsteht über der Membran ein *Konzentrationsgefälle*, das wegen der positiven Ladung der Protonen zugleich ein *Ladungsgefälle* ist. Man spricht von einem *elektrochemischen Protonengradienten*.

Der elektrochemische Gradient führt dazu, dass die Protonen das Bestreben haben, in die Mitochondrienmatrix zurückzufließen. Die innere Mitochondrienmembran ist jedoch im Gegensatz zur äußeren für nahezu alle Ionen und polaren Moleküle undurchlässig. Nur die *ATP-Synthasen*, ebenfalls Enzymkomplexe, bilden Kanäle in der Membran, durch die die Protonen fließen können. Durch den Protonenrückfluss angetrieben, bilden die ATP-Synthasen aus ADP und Phosphat ATP. Dieser Prozess heißt *oxidative Phosphorylierung* oder *Atmungskettenphosphorylierung*.

Bilanz. Bei der Kopplung von Atmungskette und oxidativer Phosphorylierung werden pro Glucosemolekül etwa 28 Moleküle ATP gewonnen.

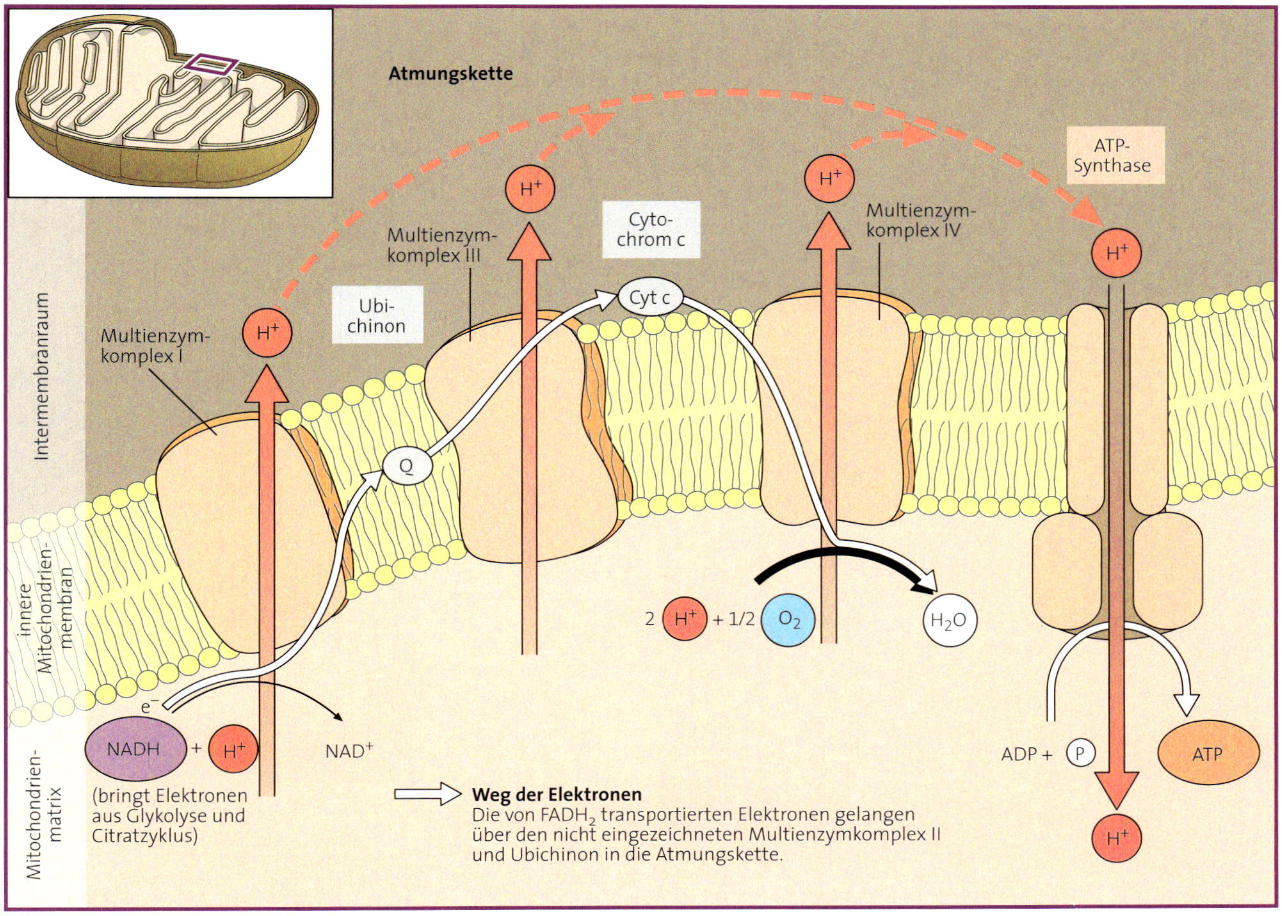

1 *Endoxidation in der Atmungskette und ATP-Bildung durch die ATP-Synthase (oxidative Phosphorylierung)*

Energieumsatz und seine Messung

Im Revolutionsjahr 1789 erkannte der berühmte französische Chemiker ANTOINE DE LAVOISIER (er starb später unter der Guillotine), dass zwischen körperlicher Tätigkeit, Atmung und Wärmebildung im Körper ein Zusammenhang besteht. Seine Vorstellung, der Körper gewinne Energie durch Verbrennung, erwies sich zwar im Nachhinein als falsch. Dennoch zeigten seine Experimente den Weg zur Messung des Energieumsatzes von Lebewesen.

Physikalischer Brennwert. Wird ein Nährstoff vollständig verbrannt, entspricht die entstehende Wärme seinem physikalischen Brennwert, das heißt seinem *Energiegehalt*. Dazu wird eine genau gewogene Menge des Stoffs in der Brennkammer oder „Bombe" eines *Kalorimeters* in reinem Sauerstoff bei hohem Druck nach elektrischer Zündung verbrannt. Wasser, das die Brennkammer umgibt und das nach außen hin gut isoliert ist, nimmt die entstandene Wärme auf. Deren Menge lässt sich aus dem Temperaturanstieg berechnen.

Physiologischer Brennwert. Die bei einer chemischen Reaktion freigesetze Energiemenge ist grundsätzlich unabhängig vom Reaktionsweg. Daher entspricht der im Kalorimeter gemessene Wert auch genau dem *physiologischen Brennwert*, das heißt dem im Körper freigesetzten Energiebetrag, wenn Ausgangsstoffe und Endprodukte in beiden Fällen gleich sind. Dies gilt für Kohlenhydrate und Fette, da diese auch im Körper vollständig zu CO_2 und H_2O abgebaut werden. Dagegen ist der physiologische Brennwert der Proteine deutlich kleiner als der im Kalorimeter gemessene Wert, da Proteine im Körper nur bis zur Stufe des Harnstoffs abgebaut werden. Dieser wird in Wasser gelöst mit dem Urin ausgeschieden (► S. 118).

Kalorimetrie. Da bei jeder Reaktion des Energiestoffwechsels auch Wärme entsteht, kann man die vom Körper abgegebene Wärmemenge als Maß für seinen Energieumsatz heranziehen. Diese *direkte Kalorimetrie*, erstmals von LAVOISIER im Tierversuch eingesetzt, ist jedoch aufwendig und ungenau.

Für medizinische, arbeits- und sportphysiologische Zwecke wird heute praktisch ausschließlich die *indirekte Kalorimetrie* angewandt. Mit ihr bestimmt man den Energieumsatz aus dem Sauerstoffverbrauch der Atmung (► Foto S. 113). Für Glucose als Ausgangsstoff etwa gilt die Summengleichung

$C_6H_{12}O_6 + 6\,O_2 \rightarrow 6\,CO_2 + 6\,H_2O$ Energiedifferenz 2822 kJ.

Das bedeutet, dass 6 mol O_2 nötig sind, um 2822 kJ Energie aus einem mol Glucose freizusetzen. Da 1 mol Sauerstoff ein Volumen von 22,4 Litern einnimmt, lässt sich damit der Energiebetrag berechnen, der je Liter verbrauchten Sauerstoffs umgesetzt wird. Er beträgt für Glucose 2822 kJ : (6 × 22,4 Liter O_2) = 21 kJ/Liter O_2 und wird als *kalorisches Äquivalent* bezeichnet.

Da zum Abbau der Fette und Proteine mehr O_2 nötig ist als für Glucose und andere Kohlenhydrate, ist das kalorische Äquivalent dieser Nährstoffe kleiner. Um aus dem Sauerstoffverbrauch den Energieumsatz berechnen zu können, muss man daher Art und Anteil der jeweils abgebauten Nährstoffe kennen. Einen Anhaltspunkt dafür liefert der *respiratorische Quotient (RQ)*, also der Quotient aus abgegebener CO_2-Menge und aufgenommener O_2-Menge (mol CO_2/mol O_2). Auch er kann bei der indirekten Kalorimetrie gemessen werden.

Nährstoff	physiologischer Brennwert kJ/g	RQ	kalorisches Äquivalent kJ/l O_2
Kohlenhydrate	17,2	1,0	21,1
Fette	38,9	0,7	19,6
Proteine	17,2	0,8	18,8
zum Vergleich: mitteleurop. Kost		0,82	20,2

1 *LAVOISIER misst den Sauerstoffverbrauch bei körperlicher Tätigkeit; Zeichnung von Madame LAVOISIER.*

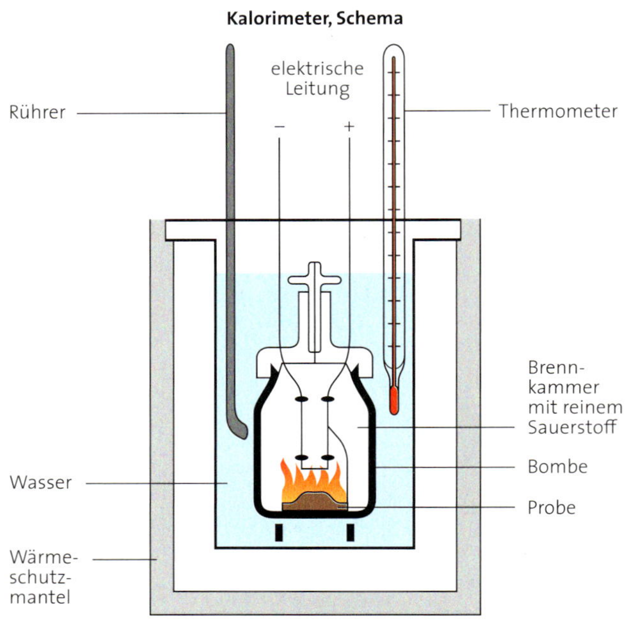

2 *Aufbau eines Kalorimeters. Nach der Verbrennung in der Bombe wird die Erwärmung des Wassers gemessen.*

Stoff- und Energiebilanz der Zellatmung

Bei allen Energie umsetzenden Vorgängen ist immer nur ein Teil der aufgewendeten Energie nutzbar. Das Verhältnis von nutzbarer zu aufgewendeter Energie bezeichnet man als Wirkungsgrad der Energieumsetzung. Mit den Methoden der Kalorimetrie lässt sich zwar der Energiebetrag messen, der von einem Organismus bei bestimmter Aktivität in einer abgegrenzten Zeit umgesetzt wird, der Wirkungsgrad bleibt dagegen unbekannt. Da das Ziel des Energiestoffwechsels aller Lebewesen darin besteht, die universell einsetzbare Energiewährung ATP bereitzustellen, also sie aus ADP und Phosphat zu regenerieren, kann der Wirkungsgrad des Energiestoffwechsels nur über eine ATP-Bilanz ermittelt werden.

ATP-Bilanz des Glucoseabbaus. Eine solche Bilanz bezieht sich auf 1 mol des umgesetzten Stoffs, kann aber auch je Molekül betrachtet werden. Sie stellt nur eine Abschätzung dar, da die Effektivität der biochemischen Reaktionen durch viele Faktoren, zum Beispiel Konzentration und pH-Wert, beeinflusst wird. Die einzelnen Abschnitte des Glucoseabbaus tragen in unterschiedlichem Maß zur Bilanz bei, entweder direkt durch Bildung von ATP oder indirekt durch Bildung der Reduktionsäquivalente NADH + H^+, die in die Atmungskette eingehen und dort ebenfalls zur ATP-Synthese genutzt werden. Je mol NADH + H^+ entstehen etwa 2,5 mol ATP.

Die Glykolyse liefert 2 ATP und 2 NADH + H^+, insgesamt also rund 7 ATP. Die oxidative Decarboxylierung bringt 2 NADH + H^+ in die Atmungskette ein, entsprechend 5 ATP. Im Citratzyklus entstehen 2 ATP direkt, 6 NADH + H^+ und 2 $FADH_2$, die etwas energieärmer sind als NADH + H^+. Insgesamt trägt der Citratzyklus 20 ATP zur Bilanz bei. Der aerobe Abbau von 1 mol Glucose liefert demnach 32 mol ATP. Dies entspricht rund 960 kJ und damit einem Wirkungsgrad der Zellatmung von etwa 33 %.

Stoffbilanz. Formuliert man ihre Summengleichung nur mit Ausgangs- und Endstoffen, ergibt sich die stoffliche Bilanz zu:

$C_6H_{12}O_6 + 6\,O_2 \rightarrow 6\,CO_2 + 6\,H_2O.$

Berücksichtigt man wichtige Zwischenprodukte, lautet sie:

$C_6H_{12}O_6 + 6\,O_2 + 6\,H_2O + 32\,(ADP + Ⓟ) \rightarrow 6\,CO_2 + 12\,H_2O + 32\,ATP.$

„Marktplatz" des Stoffwechsels. Auch der Stoffwechsel der Fette und Proteine mündet in den Abbauweg der Kohlenhydrate als gemeinsame Endstrecke ein. Viele Zwischenprodukte von Glykolyse und Citratzyklus wie Glycerinaldehyd, Pyruvat oder Acetyl-CoA sind zugleich wichtige Ausgangsstoffe für den Baustoffwechsel. Da hier noch weitere Stoffwechselwege wie Pentosephosphatzyklus oder verschiedene Formen der Gärung (► S. 112) aus- und einmünden, kann man diesen Abschnitt als „Drehscheibe" oder „Marktplatz" des ganzen Stoffwechsels in der Zelle betrachten.

1. **Berechnen Sie, wie viel ATP ein Mensch täglich umsetzt. (Energieumsatz 12 000 kJ/Tag, Wirkungsgrad 33 %, 1 mol ATP = 500 g liefert etwa 30 kJ)**
2. **Vergleichen Sie den Wirkungsgrad von Benzinmotor und Zellatmung.**
3. **Bei Überernährung mit Kohlenhydraten bildet der Körper Fettreserven. Geben Sie an, wie man Bild 1 ergänzen müsste, wenn der zugehörige Stoffwechselweg über Glykolyse und Citratzyklus verläuft.**

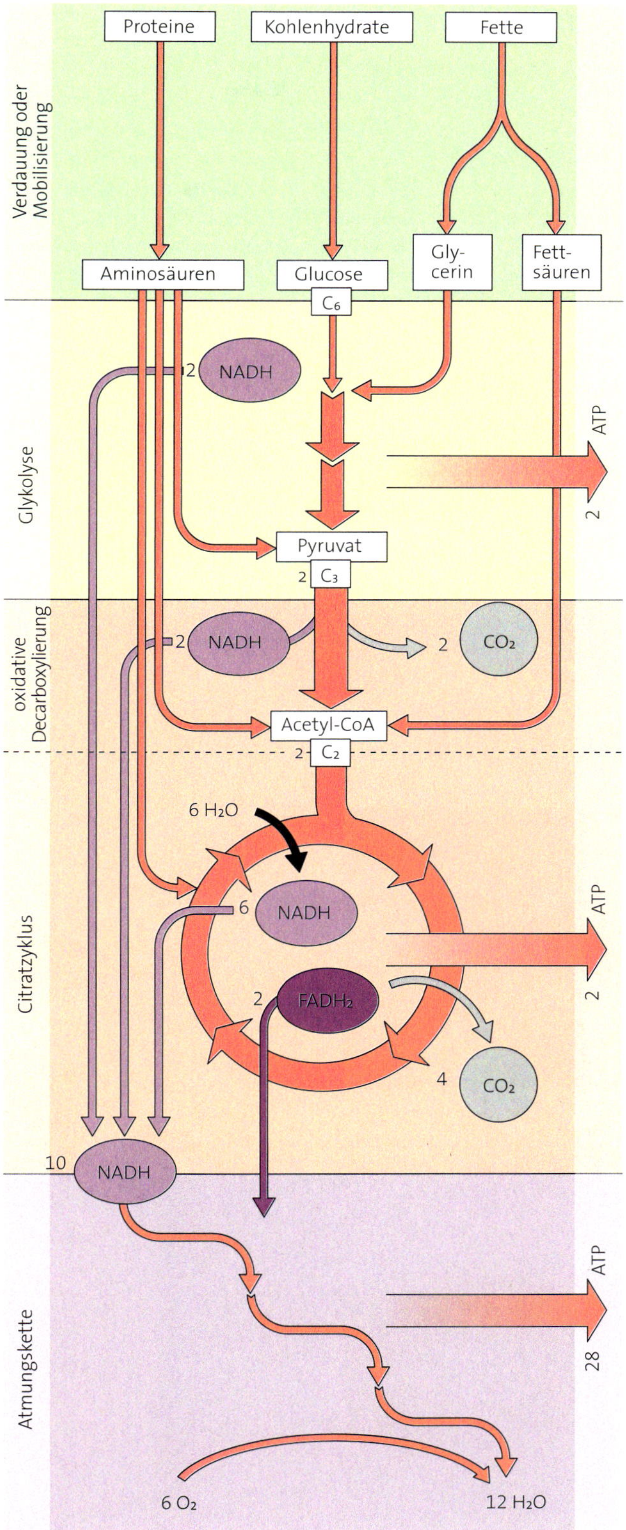

1 Vereinfachtes Schema der Stoffwechselwege der Zellatmung. Für Glucose ist eine Stoff- und Energiebilanz erstellt.

Energiegewinnung ohne Sauerstoff: Gärung

Viele Lebewesen kommen ganz oder zeitweise ohne Sauerstoff aus. Darmwürmer zum Beispiel leben in einem sauerstofffreien Milieu. Muscheln im Watt schließen bei Ebbe ihre Schalen, um nicht auszutrocknen, und sind von der Sauerstoffzufuhr abgeschnitten. Auch bei Arten, die ihre Energie durch Zellatmung gewinnen, kann sich zeitweise in manchen Geweben Sauerstoffmangel einstellen. Sie alle sind in der Lage, sich Energie ohne Sauerstoff durch *anaeroben Stoffwechsel*, auch *Gärung* genannt, zu beschaffen. Vor allem Mikroorganismen nutzen diesen evolutionsbiologisch ursprünglichen Weg der Energiegewinnung. Bei vielen Lebewesen entscheidet das Sauerstoffangebot, ob der aerobe oder der anaerobe Stoffwechselweg eingeschlagen wird.

Der erste Teil des anaeroben Stoffwechselwegs entspricht weitgehend der Glykolyse. Allerdings wird deren Produkt Pyruvat bei den verschiedenen Formen der Gärung zu jeweils anderen Endprodukten verarbeitet.

- Bei der *alkoholischen Gärung* durch Hefepilze entsteht aus Pyruvat nach Abspaltung von Kohlenstoffdioxid Ethanal (Acetaldehyd), das zu Ethanol reduziert wird. Das Aufgehen von Hefeteig sowie die Zubereitung von Most, Bier und Wein beruhen auf der alkoholischen Gärung.
- *Milchsäuregärung* ist vor allem für Milchsäurebakterien typisch. Die Milchsäure (Anion Lactat) als Endprodukt dieser Gärung erniedrigt den pH-Wert stark und hemmt das Wachstum anderer Mikroorganismen. Sie wirkt daher konservierend. Dies nutzt man zur Erzeugung von Silage, Sauerkraut oder Sauermilchprodukten. Milchsäuregärung läuft auch in den Muskeln von Wirbeltieren ab, wenn sie nicht ausreichend mit Sauerstoff versorgt werden. Ist wieder genug Sauerstoff vorhanden, wird die Milchsäure zurück in Pyruvat verwandelt und durch Zellatmung abgebaut.
- Manche Bakterien beschreiten bei der Gärung einen Teil des Citratzyklus rückwärts: Bei der *gemischten Säuregärung* des Darmbakteriums Escherichia coli entsteht vor allem Bernsteinsäure (Anion Succinat). Die *Propionsäuregärung* von Bakterien in Pansen und Darm von Kühen und Schafen liefert Propionsäure. Auch die Reifung von Käse erfolgt so.

Durch Gärung wird viel weniger Energie gewonnen als durch Zellatmung: je abgebautem mol Glucose nur 2 bis 3 mol ATP. Entsprechend energiereich sind die Endprodukte der Gärungen. Ihre Anreicherung wirkt meist hemmend auf den Stoffwechselweg zurück.

---

1 Welche Konzentration an Ethanol entsteht theoretisch durch alkoholische Gärung in einer 1-molaren Glucoselösung? Nennen Sie Gründe, warum dieser Wert in der Praxis nicht erreichbar ist.

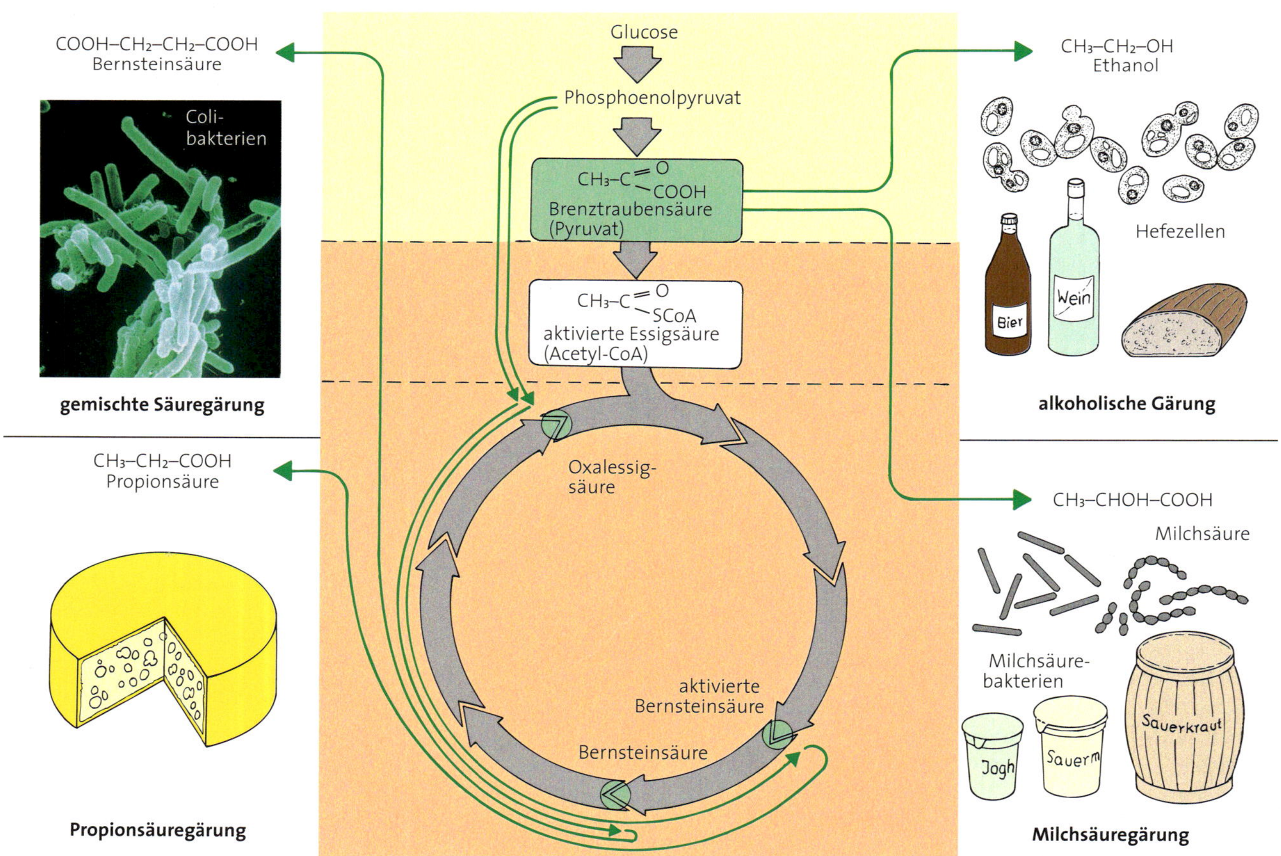

1 Verschiedene Formen der Gärung. Sie nehmen ihren Ausgang von Zwischenprodukten der Glykolyse und des Citratzyklus.

Energiegewinnung

Der Energiegewinnung durch Zellatmung und Gärung liegen Stoffwechselvorgänge zugrunde, die sich im Zellplasma und den Mitochondrien abspielen. Sie sind direkt nur mit speziellen Methoden und Geräten zu analysieren. Da sich die verschiedenen Formen der Energiegewinnung jedoch zum Teil nach der Umsatzrate der Ausgangsstoffe oder nach der Art und Menge der Endprodukte unterscheiden, kann man sie indirekt mit einfachen Mitteln untersuchen.

Solche Methoden sind zum Beispiel in der Lebensmitteltechnik von Bedeutung, besonders bei der Erzeugung und Qualitätskontrolle von Sauermilchprodukten, Bier und Backwaren.

Auch in der *Arbeits-* und *Sportmedizin* spielt die Unterscheidung von aerober und anaerober Energiegewinnung eine wichtige Rolle, da beispielsweise Ermüdung und Schädigung unserer Muskeln ganz wesentlich davon abhängen, auf welche Weise sie ihre Energie gewinnen.

Glucoseverbrauch der Bäckerhefe bei Atmung und Gärung

MATERIAL: Sauerstoff und Stickstoff in Druckgasflaschen *(Vorsicht! Handhabung nur nach Einweisung durch Lehrer!)*, zwei Gaswaschflaschen, Wasserbad, Stativmaterial, Schlauchverbindungen, Messzylinder, Bäckerhefe, 2%ige Glucoselösung, Teststreifen zur Glucosebestimmung (halbquantitativ) oder Blutzuckermessgerät, Pipette

DURCHFÜHRUNG: Verrühren Sie 20 g Bäckerhefe in 100 ml Wasser und verteilen Sie die sehr gut durchmischte Aufschwemmung zu gleichen Teilen auf die zwei Waschflaschen. Temperieren Sie die Waschflaschen mit der Hefe im Wasserbad bei 40 °C. Lassen Sie eine der Flaschen mit Sauerstoff, die andere mit Stickstoff durchströmen. Stellen Sie den Gasstrom so ein, dass die Frequenz der Gasblasen in beiden Ansätzen gleich ist.

Geben Sie zu jedem Ansatz 50 ml 2%ige Glucoselösung und starten Sie die Uhr. Entnehmen Sie eine Stunde lang alle fünf Minuten jedem Ansatz mit der Pipette einige Tropfen und messen sie jeweils die Glucosekonzentration nach der Gebrauchsanweisung der Teststreifen oder des Blutzuckermessgeräts.

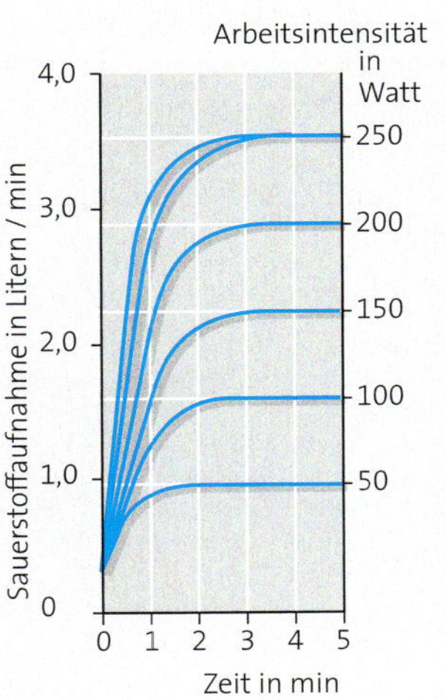

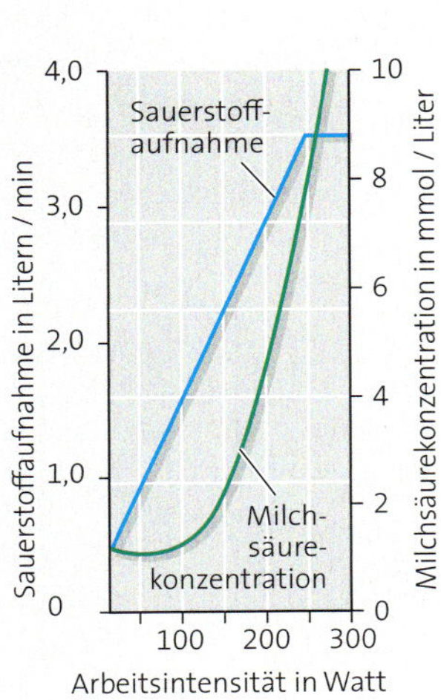

Milchsäurebildung bei verschiedener Temperatur

MATERIAL: unbehandelte Frischmilch vom Bauernhof, Erlenmeyerkolben (100 ml), Frischhaltefolie, Thermometer, Wärmeschrank oder Wasserbad, Glasstab, Objektträger, Holzklammer, Brenner, Methylenblaulösung, Mikroskop

DURCHFÜHRUNG: Füllen Sie zwei Erlenmeyerkolben je zur Hälfte mit der Milch und verschließen Sie die Öffnung mit Folie. Stellen Sie einen der Kolben bei 50 °C in den Wärmeschrank und lassen Sie den anderen bei Zimmertemperatur stehen.

Entnehmen Sie nach einem Tag jeweils einen Tropfen der flüssigen Molke mit einem Glasstab und verstreichen Sie ihn auf einem Objektträger. Ziehen Sie dann die Objektträger zur Hitzefixierung durch die Flamme eines Brenners. Färben Sie die Präparate einige Minuten mit Methylenblaulösung. Nach dem Abspülen der Farblösung untersuchen Sie die trockenen Präparate mit dem Mikroskop bei starker Vergrößerung.

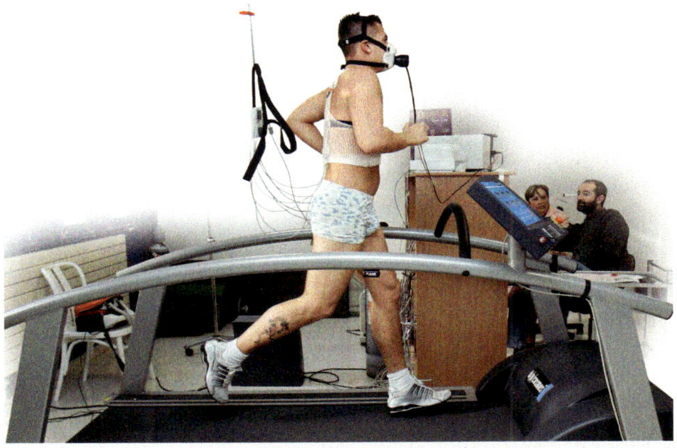

Gesundes Training, das zu mehr Ausdauer und Fitness führt, spielt sich immer im aeroben Bereich ab. Das heißt, dass der eingeatmete Sauerstoff ausreicht, um den Bedarf des Körpers zu decken. Alles darüber hinaus ist auf Dauer ungesund.

Aus der Werbung für ein Herzfrequenz-Messgerät

---

1 **Daten zum Sauerstoffverbrauch und zur Energiegewinnung beim Menschen, wie sie den Diagrammen links zugrunde liegen, werden meist auf dem Ergometer oder auf dem Laufband (▶ Bild oben) gewonnen. Sie sind vor allem für die Sport- und Arbeitsmedizin von Bedeutung. Was lässt sich aus den Diagrammen über die Energiegewinnung ablesen?**
Setzen Sie dazu den Werbetext für ein Herzfrequenz-Messgerät in Beziehung. Bei welchem Bruchteil der maximalen körperlichen Leistung beginnt der kritische Bereich?

2 **Stellen Sie das Ergebnis Ihres Versuchs zum Glucoseverbrauch der Hefe grafisch dar (Glucosekonzentration/Zeit) und erklären Sie es.**

3 **Welche Schlüsse ziehen Sie aus dem Ergebnis Ihrer mikroskopischen Untersuchung?**

☞ Stichworte zu weiteren Informationen

Pasteur-Effekt • Sauerstoffschuld • Muskelkater • Wirkungsgrad

Alkohole und Alkoholabbau

1 Bereits im Filmklassiker „die Feuerzangenbowle" warnt Erich Ponto als Prof. Grey (genannt: Schnauz) vor den Folgen des Alkoholkonsums

Alkohol ist mit einem Pro-Kopf-Verbrauch von ca. 12 l pro Jahr, Deutschlands Droge Nummer 1. In den letzten Jahren starben ungefähr 40 000 Menschen pro Jahr an den Folgen des Alkoholmissbrauchs. Solche Fakten liest man häufiger, aber was steckt biochemisch hinter dem Begriff Alkohol?

In der organischen Chemie gibt es verschiedene Kriterien, nach denen Alkohole eingeteilt werden können. Grundsätzlich aber besitzen Alkohole immer eine OH-Gruppe (funktionelle Gruppe) an einer unterschiedlich langen Kohlenstoffkette (oder einem Ring). Die einwertigen Alkohole besitzen nur eine OH-Gruppe, die mehrwertigen Alkohole mehrere. Der bekannteste mehrwertige Alkohol ist das Glycerin (► S. 40). Außerdem unterscheidet man primäre, sekundäre und tertiäre Alkohole, je nach dem an welchem C-Atom die OH-Gruppe zu finden ist. Primäre Alkohole tragen die funktionelle Gruppe an einem C-Atom, welches nur mit einem weiteren C-Atom direkt verbunden ist. Bei sekundären Alkoholen ist das OH-Kohlenstoffatom mit zwei und bei tertiären mit drei weiteren C-Atomen direkt verbunden (► Bild 2).

Methanol und Ethanol sind zwei chemisch recht ähnlich gebaute primäre Alkohole, die eine wichtige biologische Bedeutung haben. Ethanol wird von unserem Körper nicht selbst produziert, sondern nur von außen zugeführt. Diesen Alkohol muss der Körper wieder abbauen, was zu großen Teilen in der Leber geschieht. Dort wird er durch das Enzym Alkoholdehydrogenase (ADH, nicht zu verwechseln mit dem Antidiuretischen Hormon) zu Ethanal umgewandelt (► Bild 3). ADH dehydriert primäre und sekundäre Alkohole in Gegenwart von NAD^+ zu Aldehyden und Ketonen. Ethanal, auch Acetaldehyd genannt, ist für den Körper giftig, und aufgrund dessen entstehen bei übermäßigem Konsum Vergiftungserscheinungen, angefangen mit Kopfschmerzen. Ethanal wird in einem recht langsamen Prozess zur Essigsäure umgewandelt. Diese wird dann als aktivierte Essigsäure (Ethansäure) in den Citronensäurezyklus eingeschleust und zur ATP-Gewinnung genutzt. Damit ist der Alkohol dann endgültig abgebaut und für die Zellen unschädlich.

Bei der Herstellung von Alkohol mittels der alkoholischen Gärung entstehen neben dem gewollten Ethanol auch weitere Alkohole wie zum Beispiel Methanol, 1-Propanol und 2-Propanol. Wird Methanol zum Beispiel mit gepanschtem Alkohol (► Bild 5) konsumiert, wird auch dieses von ADH zum Aldehyd umgesetzt. Das nun entstandene Methanal, auch unter dem Namen Formaldehyd bekannt, ist ähnlich wie Ethanal giftig. Auch das weitere Abbauprodukt Methansäure (Ameisensäure; ► Bild 4) wirkt im menschlichen Körper als Zellgift, da es die Zellatmung blockiert.

Zudem wirkt die Säure schädigend auf Retina und Sehnerv. Je nach Konzentration ist diese Schädigung reversibel (Ödeme der Retina) oder dauerhaft (bei Sehnervschädigung). Erschwerend kommt hinzu, dass das abbauende Enzym nur in sehr geringen Konzentrationen vorhanden ist. Bei Vergiftungen durch zu hohen Methanolkonsum wird dem Körper als „Gegengift" unter ärztlicher Aufsicht Ethanol zugeführt, der als kompetitiver Inhibitor (► S. 82) auf die Alkoholdehydrogenase wirkt. Somit verzögert der Abbau von Ethanol die Bildung von Formaldehyd und Ameisensäure, so dass im Körper keine toxische Konzentration entsteht.

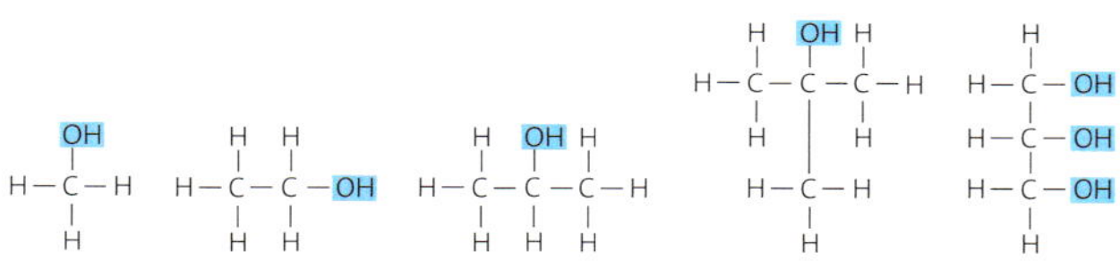

A B C D E

2 Alkohole. A: Methanol, B: Ethanol (primäre Alkohole); C: 2-Propanol (sekundärer Alkohol); D: 2-Methyl-2-propanol (tertiärer Alkohol); E: Glycerin (mehrwertiger Alkohol)

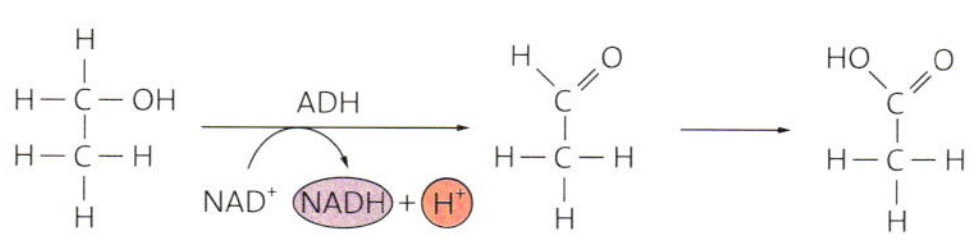

3 Ethanol wird zu Ethanal und weiter zur Essigsäure

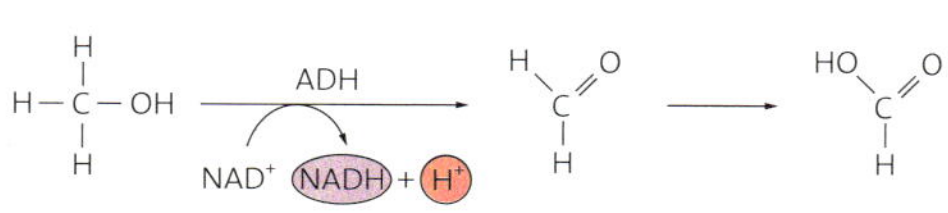

4 Methanol wird zu Methanal und weiter zur Ameisensäure

1. **Informieren Sie sich auf der Internetseite der Bundeszentrale für gesundheitliche Aufklärung über Alkoholmissbrauch.**
2. **Erläutern Sie die Unterschiede beim Abbau von Methanal und Ethanal.**
3. **Recherchieren Sie, was a) Alkoholmyopie, b) Alkoholembryopathie ist und erläutern Sie die Folgen.**

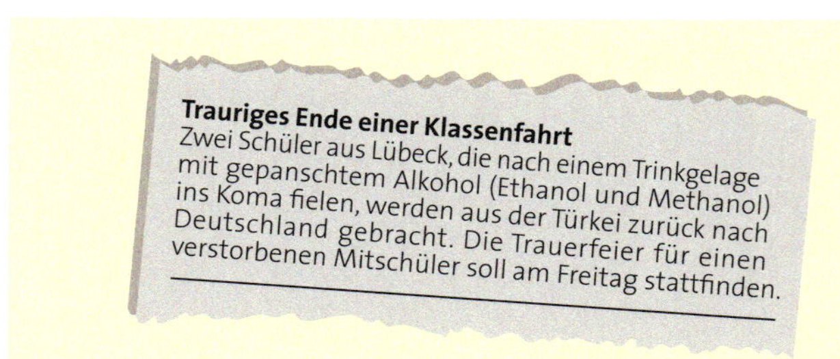

Trauriges Ende einer Klassenfahrt
Zwei Schüler aus Lübeck, die nach einem Trinkgelage mit gepanschtem Alkohol (Ethanol und Methanol) ins Koma fielen, werden aus der Türkei zurück nach Deutschland gebracht. Die Trauerfeier für einen verstorbenen Mitschüler soll am Freitag stattfinden.

5 Meldung einer deutschen Tageszeitung (April 2009)

Fett- und Proteinstoffwechsel

Säugetiere, die den ganzen Winter schlafen, ohne Nahrung zu sich zu nehmen, können nur überleben, indem sie sich einen Winterspeck anfressen, von dem sie während der Wintermonate zehren. Dies ist möglich, da die ATP-Bilanz des Fettabbaus deutlich günstiger ist als vergleichsweise beim Glucoseabbau, wo pro Mol umgesetzter Glucose 32 mol ATP entstehen (► S. 111).

Fettstoffwechsel. Fett (► S. 40) wird zuerst in Glycerin und Fettsäuren gespalten. Das Glycerin wird der Glykolyse zugeführt, die Fettsäuren durchlaufen die so genannte ß-Oxidation. Diese findet nicht nur in den Mitochondrien statt, sondern auch in den Peroxisomen (► S. 55).

Die Fettsäuren werden durch die Acyl-CoA-Synthetase aktiviert, d. h., ihnen wird ein CoA (► S. 108) angehängt. Anschließend durchläuft die so aktivierte Fettsäure den Zyklus der Fettsäureoxidation, der aus vier Teilschritten (► Bild 1) besteht: 1. *Oxidation*: Am α- und β-C-Atom wird Wasserstoff abgespalten und auf FAD übertragen. 2. *Hydratation*: Addition von Wasser: Wasserstoff bindet an das α-C-Atom und die OH-Gruppe an das β-C-Atom. 3. *Oxidation*: Am α- und ß-C-Atom wird Wasserstoff abgespalten und auf NAD^+ übertragen, am β-C-Atom entsteht ein Aldehyd (Doppelbindung zum Sauerstoff). 4. *Thiolyse*: Ein Acetyl-CoA wird abgespalten, gleichzeitig wird am ß-C-Atom ein neues HS-CoA gebunden.

Die aktivierte Essigsäure wird dann in den Citratzyklus (► S. 108) eingeschleust. So werden pro Zyklus zwei Kohlenstoffatome abgespalten, bis die Fettsäure vollständig abgebaut ist. Dadurch entstehen zum Beispiel beim Abbau von Caprinsäure $C_9H_{19}COOH$ (ähnliche molekulare Masse wie Glucose) 5 Moleküle aktivierte Essigsäure, die im Citratzyklus 15 (5 x 3) NADH + H^+ bilden, sowie 5 $FADH_2$ und 5 GTP ergeben (► S. 108). Daraus resultieren nach der Atmungskette insgesamt 60 ATP, von denen allerdings 5 für die β-Oxidation wieder abgezogen werden müssen.

Proteinstoffwechsel. Proteine werden vom Körper nur zur Energiegewinnung genutzt, wenn sie im Überschuss vorliegen oder ein akuter Kohlenhydratmangel vorliegt. Dazu müssen die Proteine als Aminosäuren vorliegen. Einige Aminosäuren (Arginin, Glutamat, Glutamin, Histidin und Prolin) werden in Pyruvat umgewandelt, um anschließend oxidativ carboxyliert und als aktivierte Essigsäure in den Citratzyklus eingeschleust zu werden. Die anderen Aminosäuren werden an unterschiedlichen Stellen in den Citratzyklus eingeschleust, abhängig von ihrer chemischen Struktur (► Bild 2). Allerdings müssen zuerst alle Aminosäuren transaminiert werden, d. h., die Aminogruppe muss abgespalten werden. Sie wird von Glutamat und Aspartat in den Harnstoffzyklus überführt und als Harnstoff über die Nieren ausgeschieden (► S. 118). Allerdings werden Proteine in regelmäßigen Abständen erneuert (Protein-Turnover), d. h. „alte" Proteine werden abgebaut und durch „neue" ersetzt.

Der menschliche Körper greift bei sinkendem Blutzuckerspiegel und mangelnden Kohlenhydraten auf Muskelproteine zurück, welche abgebaut und in Glucose umgewandelt werden. Diesen Vorgang bezeichnet man als Gluconeogenese (► Bild 2).

1. Wie viele Moleküle ATP können aus einem Molekül Stearinsäure ($C_{17}H_{35}COOH$) gewonnen werden? Berechnen Sie.
2. Recherchieren Sie die Besonderheiten des braunen Fettgewebes bei Winterschläfern.

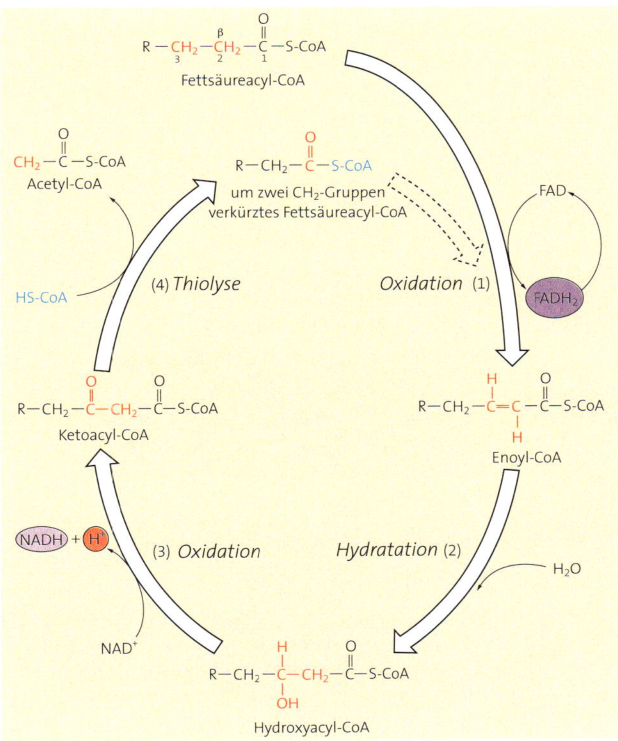

1 *β-Oxidation von gesättigten Fettsäuren*

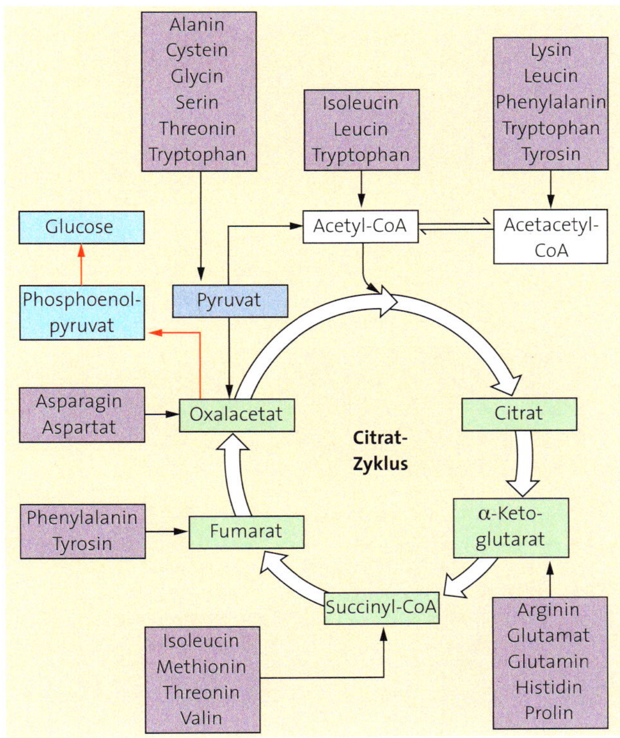

2 *Abbau der Aminosäuren (→) und Gluconeogenese (→)*

Bau der Muskeln

Bewegung ist ein Kennzeichen des Lebendigen. Im Prinzip sind alle Zellen mit Strukturen ausgestattet, die Bewegung ermöglichen (▶ S. 57). Vielen Einzellern, aber auch den weißen Blutkörperchen verleihen sie erstaunliche Beweglichkeit. Im Körper tierischer Vielzeller sind *Muskelzellen* und *Muskelfasern* durch ihre Fähigkeit zu aktiver Kontraktion auf Bewegung spezialisiert. Aktiv entspannen können sie sich dagegen nicht: Die Muskulatur ist als Bewegungssystem aufgebaut, in dem Kräfte und Gegenkräfte wirken.

Struktur. Bei Wirbeltieren ist jeder Skelettmuskel von Muskelhaut umgeben, die am Ende in eine Sehne übergeht. Mit ihr ist der Muskel am Knochen festgewachsen. Schon mit bloßem Auge erkennt man am Muskel, etwa am Fleisch von Schlachttieren, *Muskelfaserbündel*. Diese setzen sich aus *Muskelfasern* zusammen, das sind aus vielen Einzelzellen verschmolzene, vielkernige „Superzellen", die 0,1 mm dick und über 100 mm lang werden können.

Jede Muskelfaser besteht aus einigen Hundert *Myofibrillen* von 1 µm Durchmesser, die im Elektronenmikroskop einen Aufbau aus zwei unterschiedlich dicken *Myofilamenten* erkennen lassen. Die dickeren Filamente bestehen aus dem Protein *Myosin*, die dünneren aus den Proteinen *Aktin* und *Tropomyosin*.

Bereits im Lichtmikroskop zeigen Skelettmuskelfasern eine Querstreifung aus hellen und dunklen Zonen, die im elektronenmikroskopisch erkennbaren Aufbau der Myofibrillen ihre Erklärung findet: Jede Myofibrille ist durch sogenannte *Z-Scheiben* in etwa 2 bis 3 µm lange Abschnitte, die *Sarkomere*, unterteilt (▶ Bild 1). In der hellen *I-Bande* um die Z-Scheibe besteht das Sarkomer nur aus Aktinfilamenten. In der dunklen *A-Bande* überlappen Aktin- und Myosinfilamente, in der *H-Zone* liegen nur Myosinfilamente vor. Da alle Sarkomere in den Myofibrillen einer Muskelfaser parallel angeordnet sind, entsteht so die Querstreifung.

Muskeltypen. Als *quer gestreifte Muskulatur* fasst man *Skelettmuskeln* und den *Herzmuskel* zusammen, dessen Fasern ebenfalls quer gestreift sind. Allerdings weist der Herzmuskel Besonderheiten auf, die mit seiner Dauerleistung und seiner vom Nervensystem unabhängigen Erregungsbildung zusammenhängen. So sind die Fasern viel kürzer, netzartig angeordnet, besitzen meist nur einen zentral gelegenen Zellkern und noch mehr Mitochondrien als Skelettmuskelfasern. Auch lässt sich der Herzmuskel nicht willkürlich steuern.

Bei der *glatten Muskulatur* sind die Myofilamente in den *spindelförmigen Zellen* unregelmäßig angeordnet und ergeben keine Querstreifung. Glatte Muskulatur findet sich bei Wirbeltieren besonders in der Wand von Hohlorganen wie Darm, Bronchien, Harnblase, Uterus und Blutgefäßen oder im Ciliarmuskel der Augen. Sie arbeitet unwillkürlich und langsamer als Skelettmuskeln, zeichnet sich jedoch durch eine deutlich geringere Ermüdbarkeit und ein hohes Kontraktionsvermögen aus.

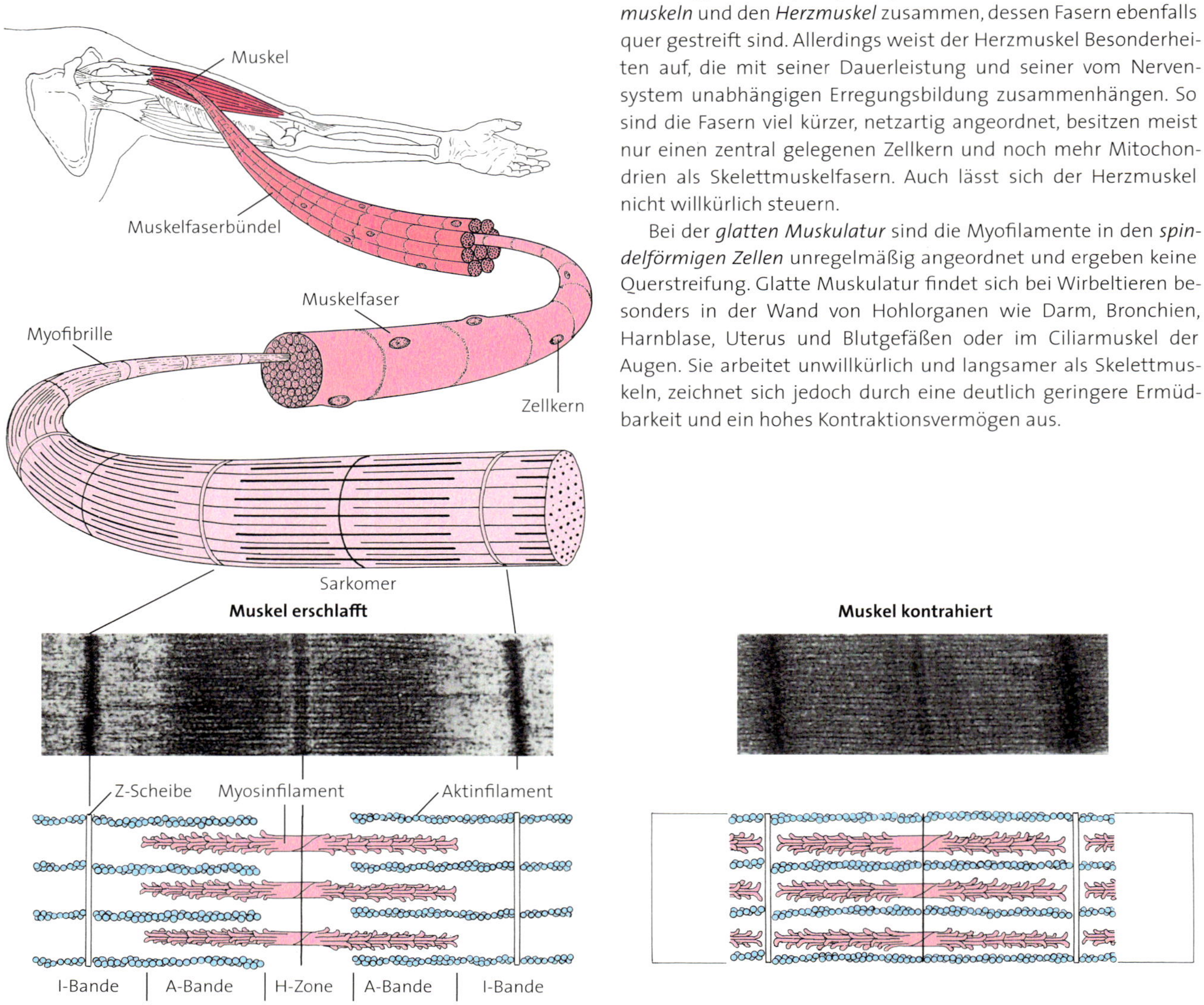

1 Aufbau eines Skelettmuskels vom sichtbaren Bereich zur Ultrastruktur, wie sie sich im Elektronenmikroskop zeigt

Muskelkontraktion und ATP

Die chemischen „Motoren" der Muskulatur sind die Myofibrillen, ihre Arbeitseinheiten sind die Sarkomere. Hier wird die im ATP chemisch gebundene Energie – unter Wärmeverlust – direkt in die mechanische Arbeit der Muskelkontraktion umgewandelt. Aus elektronenmikroskopischen Aufnahmen lässt sich erschließen, dass die Myosin- und Aktinfilamente eines Sarkomers bei der Kontraktion teleskopartig ineinandergleiten, ohne dass sich ihre Dicke und Länge ändern. Dieses *Filamentgleiten* ist die Grundlage für die Muskelverkürzung, die sich aus der Verkürzung tausender hintereinander geschalteter Sarkomere ergibt.

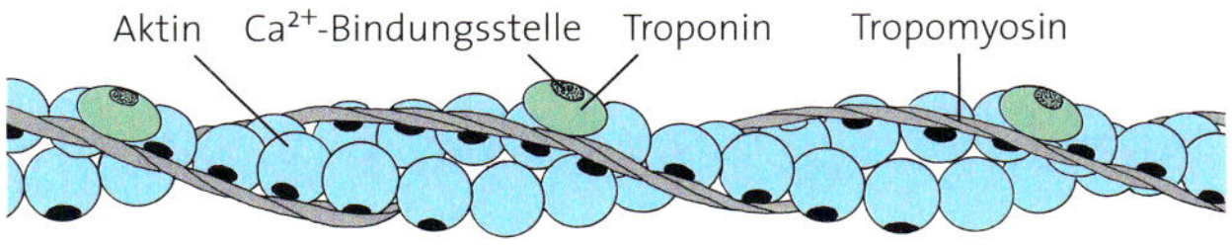

Aufbau der Filamente. Ein dünnes Filament besteht aus zwei umeinandergewundenen, perlschnurartigen Ketten kugelförmiger Moleküle des Proteins *Aktin* (▶ Bild oben). Fadenförmig legen sich *Tropomyosinmoleküle* um die Aktinketten, wobei alle 40 nm ein *Troponinmolekül* angeheftet ist. Ein Myosinfilament wird von zahlreichen riesigen *Myosinmolekülen* gebildet, die jeweils aus einem zweigeteilten Kopf und einem langen Schwanzteil bestehen. Zwei Abschnitte im Schwanzteil können wie Scharniergelenke die Molekülgestalt verändern.

Wechselwirkung zwischen den Filamenten. Im erschlafften Zustand sind die mit ATP beladenen Molekülköpfe des Myosins nicht an Aktin gebunden, sodass die Sarkomere – und damit der ganze Muskel – durch Gegenspielermuskeln gedehnt werden können (▶ Bild 1 oben). Wird ATP am Myosin durch dessen enzymartige Wirkung hydrolysiert – wobei ADP und Phosphat gebunden bleiben –, werden die Myosinköpfe in einen energiereichen Zustand überführt (▶ Bild 1 rechts).

Solange Tropomyosinfäden die Myosin-Bindungsstellen des Aktins blockieren, kommt keine Wechselwirkung zwischen den Filamenten und damit keine Muskelkontraktion zustande. Auf einen Nervenimpuls hin wird dieser Ruhezustand aufgehoben: Aus dem endoplasmatischen Reticulum der Muskelfasern werden *Ca^{2+}-Ionen* freigesetzt, die an Troponin binden. Dadurch ändert dieses die Form und drängt die Tropomyosinfäden aus ihrer Lage. Tropomyosin blockiert jetzt die Myosin-Bindungsstellen nicht mehr, zwischen Myosinköpfen und Aktinfilament bilden sich *Querbrücken* (▶ Bild 1 unten). Der Aktin-Myosin-Komplex setzt ADP und Phosphat frei. Dadurch ändert sich an einem Scharnier des Myosinmoleküls dessen Gestalt: Mit der Kraft des *umklappenden Myosinkopfs* wird das Aktinfilament 10 nm weit zur Sarkomermitte gezogen. Ein Durchlauf im molekularen Prozess der Muskelkontraktion ist damit beendet (▶ Bild 1 links).

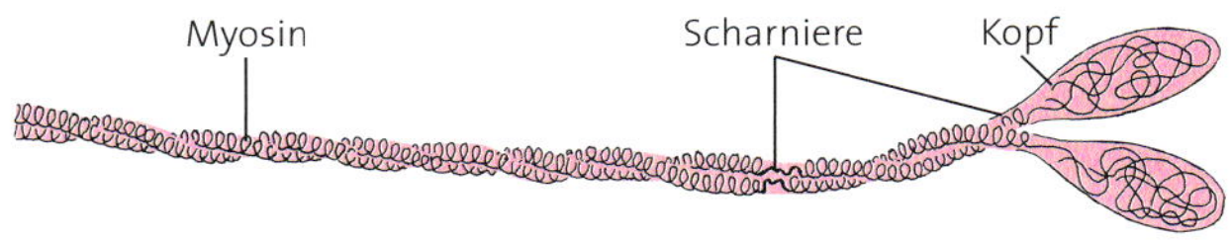

Vor einem weiteren Zyklus müssen die Querbrücken gelöst werden, indem sich neues ATP an Myosin bindet und dessen Gestalt verändert (▶ Bild 1 oben). Solange Ca^{2+}-Konzentration und ATP-Konzentration hoch sind, werden von jedem der rund 350 Myosinköpfe eines Filaments etwa 5 Querbrücken je Sekunde geknüpft und gelöst.

1. **Einige Stunden nach dem Tod eines Wirbeltiers tritt die Totenstarre ein, durch die alle Muskeln starr und hart werden. Erklären Sie das Phänomen.**
2. **Wird einem frisch isolierten Muskel ATP zugesetzt, kontrahiert er nicht. Stellen Sie eine Hypothese über die Ursache auf.**

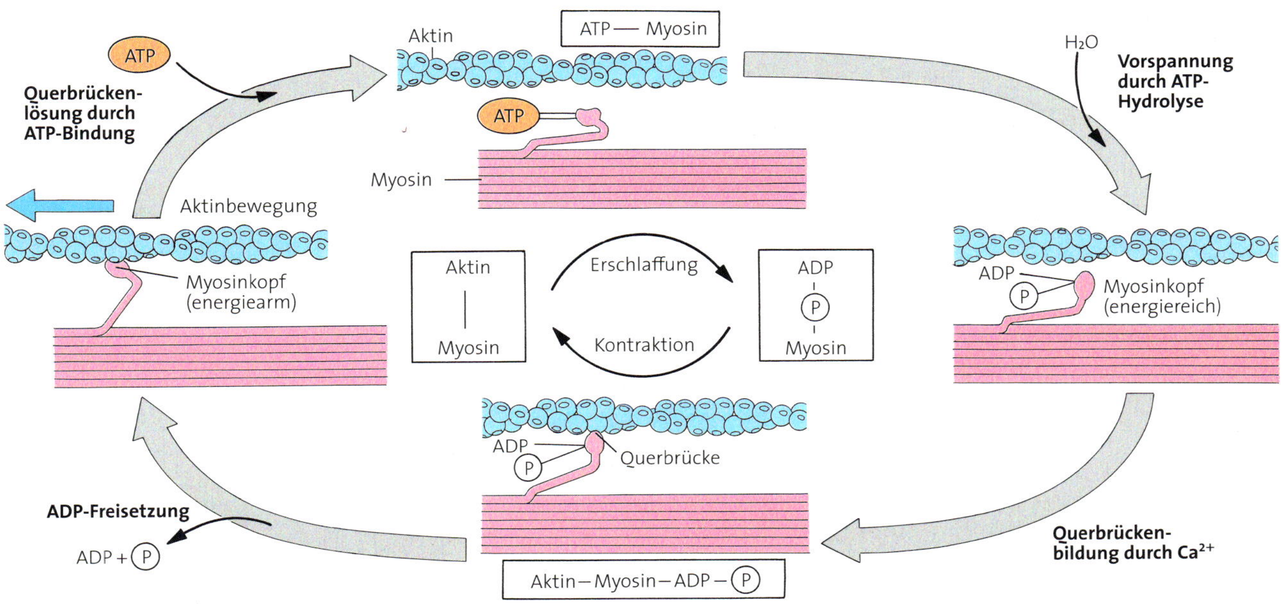

1 Arbeitstakte des chemischen Motors der Muskeln. Durch eine Folge solcher Takte gleiten die Filamente ineinander.

Ausscheidung

Schweiß, Kot, Urin, CO_2: Auch wenn die Ausscheidungsprodukte des Körpers als unappetitliche Kehrseite des Stoffwechsels erscheinen – die Ausscheidung oder *Exkretion* nicht verwertbarer, überflüssiger, schädlicher oder gar giftiger Stoffe ist eine ebenso wichtige Stoffwechselfunktion wie die Aufnahme und der Umbau von Stoffen. Ohne Ausscheidung wird das Stoffwechselgleichgewicht, die *Homöostase*, lebensbedrohlich gefährdet. Versagen beispielsweise bei einem Menschen die Nieren, sammelt sich überall im Körper Wasser an. Die Na^+-, K^+-, Phosphat- und Harnstoffkonzentrationen steigen dramatisch und das Blut wird übersäuert. Unbehandelt führt Nierenversagen in kurzer Zeit zum Tod.

Aufgabe der Exkretion. Mit Ausnahme von Kohlenstoffdioxid, das als Atemgas über die Lunge abgegeben wird, werden die meisten Exkrete in Wasser gelöst ausgeschieden. Daher ist die *Osmoregulation* (► S. 46), also die Regelung des Wasser- und Ionenhaushalts, aber auch die Einstellung des *Säure-Base-Gleichgewichts* untrennbar mit der Ausscheidung verbunden. Daneben ist die *Exkretion der stickstoffhaltigen Endprodukte* des Proteinstoffwechsels, des giftigen Ammoniaks NH_3 bzw. seines Ammoniumions NH_4^+, besonders wichtig. Während sie bei Wassertieren direkt in das umgebende Medium ausgeschieden werden können, müssen sie bei allen Landtieren einschließlich des Menschen unter Aufwand von ATP zuerst in Harnstoff, Harnsäure oder andere N-haltige Exkrete umgewandelt und so entgiftet werden. Erst dann können sie ausgeschieden werden.

Außer Wasser, Ionen und den Endprodukten des Proteinstoffwechsels sind Abbauprodukte von Hämoglobin, Hormonen und anderen Stoffen im Urin enthalten. Sie stammen meist aus der Leber, aus der sie auch mit der Galle über den *Darm* ausgeschieden werden. Somit enthält auch der Kot – neben unbrauchbaren Nahrungsrückständen, Resten von Darmbakterien und Darmzellen – eine Reihe von Exkreten.

1 *Exkrete können sogar nützliche Zusatzfunktionen übernehmen: Reviermarkierung mit Urin.*

Exkretionsorgane. Bei den verschiedenen Tiergruppen kommen unterschiedliche Typen von Exkretionsorganen vor. Plattwürmer wie die Strudelwürmer unserer Gewässer besitzen *Protonephridien*, verzweigte, geschlossene Röhren mit *Wimpernflammenzellen* (► Bild 2). Für Ringelwürmer wie den Regenwurm sind röhrenförmige *Nephridien* kennzeichnend, die mit einem *Wimperntrichter* in der Leibeshöhle beginnen. Insekten besitzen schlauchförmige, geschlossene Nierenorgane, die *Malpighi-Gefäße*. Das wichtigste Ausscheidungsorgan der Wirbeltiere ist die Niere. Ihre Arbeitseinheiten bilden die *Nephrone*, die aus jeweils einem *Nierenkörperchen* und einem *Nierenkanälchen* bestehen.

Prinzipien der Exkretion. Trotz des unterschiedlichen Baus arbeiten die Ausscheidungsorgane nach denselben Prinzipien: Eine erste Phase trennt Zellen und sehr große Moleküle durch *Filtration* ab. Der so entstandene Primärharn erhält durch Sekretion von weiteren Abfallstoffen sowie *Rückresorption* von brauchbaren Stoffen und Wasser schließlich die Zusammensetzung des Endharns. Ein Teil dieser Vorgänge beruht auf Osmose, ein anderer Teil auf aktivem Transport.

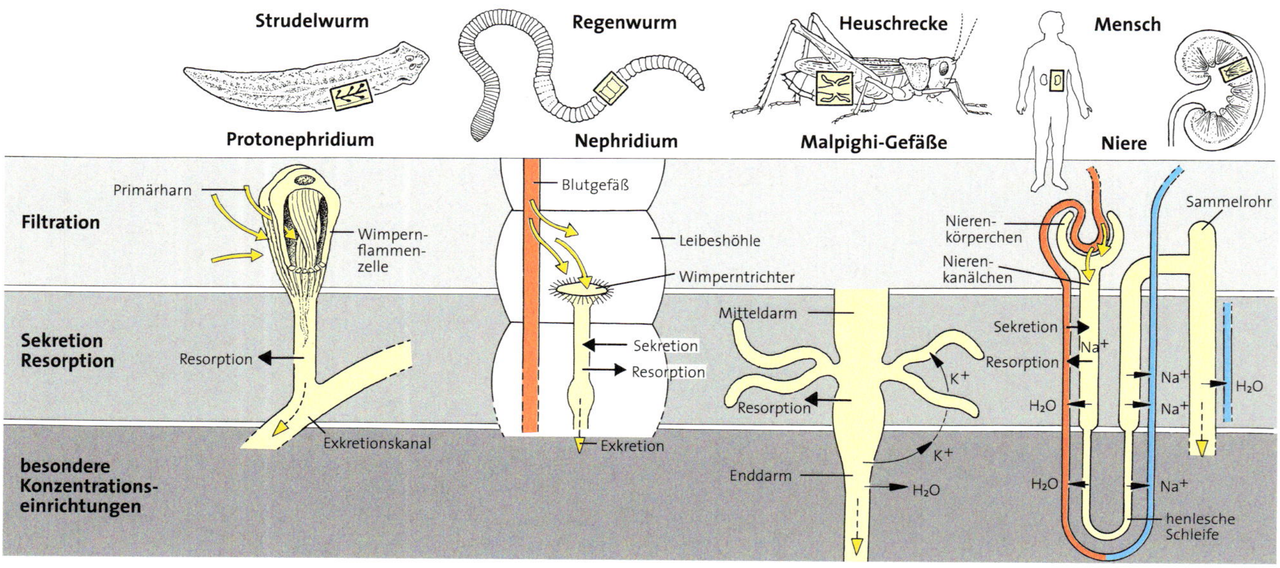

2 *Exkretionsorgane verschiedener Tiergruppen. Sie sind trotz unterschiedlichen Baus funktionell sehr ähnlich.*

Mithilfe dieses Kapitels können Sie

- anabolen und katabolen Stoffwechsel unterscheiden
- Methoden zur Untersuchung des Stoffwechsels nennen
- Grundmuster des Stoffwechselgeschehens nennen und begründen
- die bei der Verdauung ablaufenden Prozesse erklären
- Vorgänge der äußeren Atmung auf der Ebene von Organen, Zellen und Molekülen erläutern
- biologische Oxidation und Verbrennung vergleichen
- die Bedeutung von ATP im Stoffwechsel begründen und seine Reaktionen in einem Schema darstellen
- die Vorgänge der Zellatmung in Grundzügen beschreiben und ihnen Orte in der Zelle zuordnen
- Beispiele für Gärungen und ihr Vorkommen in der Natur angeben und ihre Bedeutung begründen
- aerobe und anaerobe Dissimilation nach Endprodukten und Energiebilanz vergleichen
- Bau und Arbeitsweise eines Muskels erklären
- die Bedeutung der Ausscheidung begründen und ihre Prinzipien nennen
- einfache Stoffwechselexperimente planen, durchführen und auswerten

Testen Sie Ihre Kompetenzen

Hefe kann Glucose mit und ohne Sauerstoff abbauen. In seinen „Études sur la bière" stellte der Mikrobiologe LOUIS PASTEUR jedoch schon 1876 fest, dass die Vermehrung der Hefezellen durch Sauerstoff gefördert, die alkoholische Gärung dagegen stark gehemmt wird. Diese als Pasteur-Effekt bezeichnete Hemmung der Gärung wird durch ATP verursacht, das als allosterischer Inhibitor des Glykolyse-Enzyms Phosphofructokinase wirkt.

Der Hefestamm „petite", dem durch Mutation Enzyme der Atmungskette fehlen, zeigt den Pasteur-Effekt nicht.

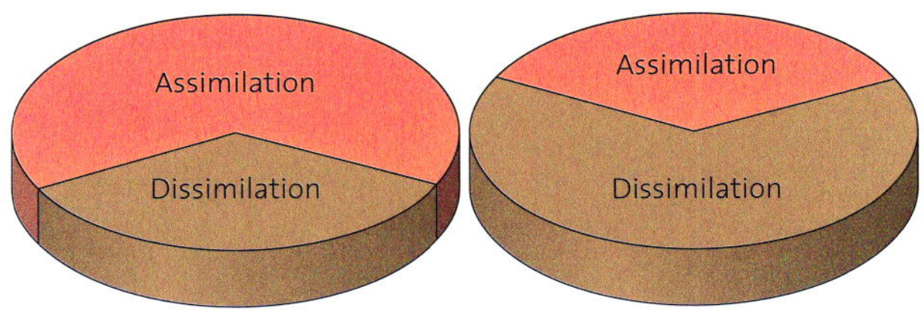

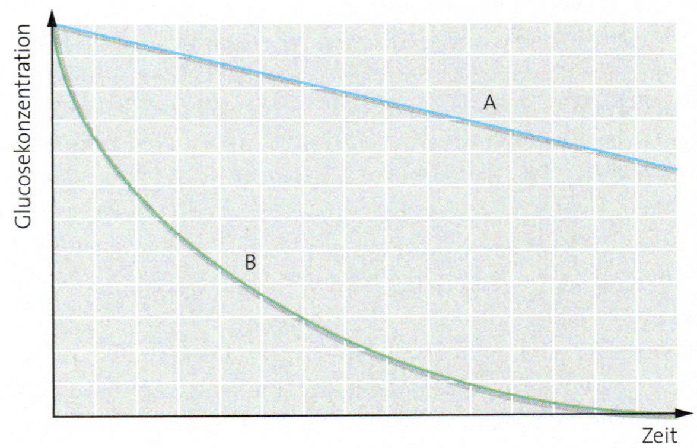

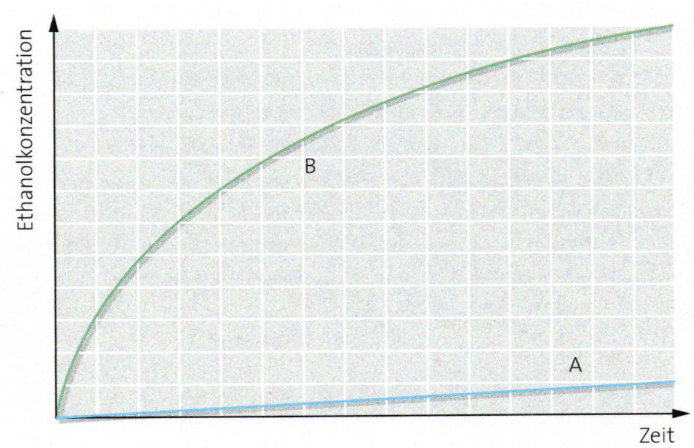

1. Erklären Sie die Bedeutung des Glucoseabbaus für Hefe.
2. Beschreiben Sie die Funktion von ATP im Stoffwechsel.
3. Vergleichen Sie den aeroben und anaeroben Glucoseabbau der Hefe nach den Bedingungen, unter denen er jeweils abläuft, seinen Abschnitten, dem Ort des Geschehens (Zellkompartiment), seinen Endprodukten und der Energiebilanz.
4. Die Kreisdiagramme oben rechts zeigen, wie Hefe die Glucose unter aeroben und anaeroben Bedingungen verwertet. Erläutern Sie den Sachverhalt im Zusammenhang mit PASTEURS Beobachtung. Ziehen Sie auch Ihre Lösung zu Aufgabe 3 heran.
5. Planen Sie ein Experiment, mit dem sich die Wirkung von ATP auf die alkoholische Gärung der Hefe untersuchen lässt.
6. Analysieren Sie die Diagramme von Experimenten mit Hefe Mitte und unten rechts. Ordnen Sie die Graphen A und B begründet aeroben und anaeroben Bedingungen zu.
7. Begründen Sie, warum eine hohe, die Gärung hemmende Konzentration von ATP in der Hefezelle nur unter aeroben Bedingungen entsteht.
8. Die Kolonien des Hefestamms „petite" sind auf Nährböden – bei gleich langer Kulturdauer – viel kleiner als die des Wildstamms (► Foto rechts). Entwickeln Sie eine Hypothese über die Ursache.

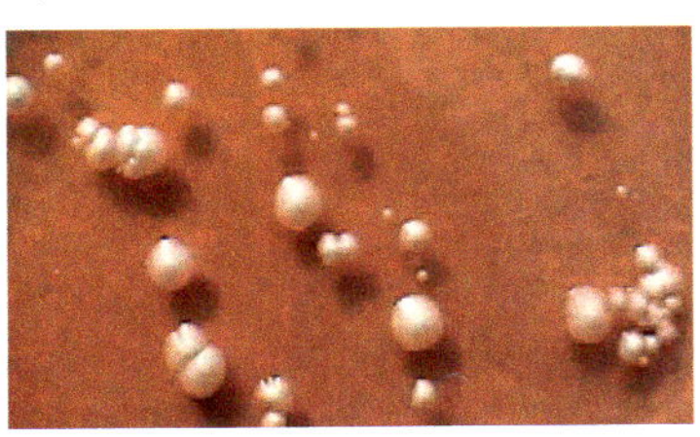

9. Erörtern Sie die Verwendung des Hefestamms „petite" in der Biotechnologie.

Die Hefe – ein besonderer Nutzpilz

Hefen der Gattung Saccharomyces gehören zu den Hunderttausenden von verschiedenen Mikroorganismen, die im Kreislauf der Natur unersetzlich sind – und zugleich zu den wenigen Hundert, die vom Menschen nutzbar gemacht wurden.
Seit Jahrtausenden werden Hefen bei der Herstellung von Nahrungsmitteln und Getränken verwendet. Bereits vor 8 000 Jahren stellten die Sumerer und Babylonier mit ihrer Hilfe alkoholische Getränke her: das erste Bier. 2 000 Jahre später entdeckten die Ägypter, wie unter Mitwirkung der Hefe Brot gesäuert und aufgelockert wurde. Die technologischen Kenntnisse des Brauens und Backens gelangten nach Griechenland und Rom, ja offenbar bis Nordeuropa. Während Griechen und Römer Wein bevorzugten, galt Bier zu Tacitus' Zeiten als das Getränk der Barbaren.

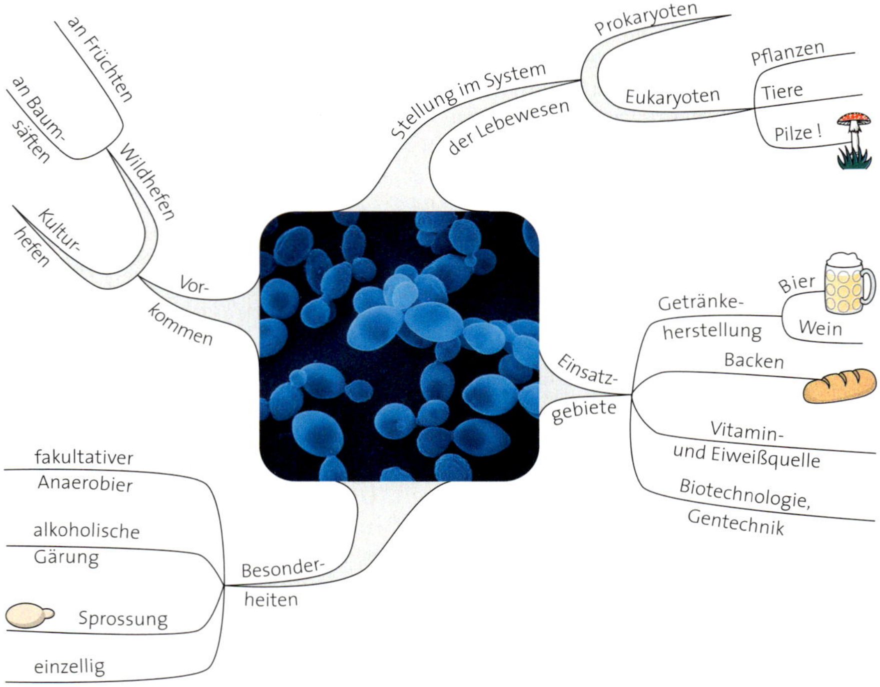

GRUNDLAGEN Die Wirkung der Hefeaktivität auf die Lebensmittel wurde vermutlich durch Zufall entdeckt. Ihre Vorteile – der Konservierungseffekt und die Qualitätsverbesserung – waren aber so offenkundig, dass sie schon sehr früh in allen Kulturkreisen eingesetzt wurde. Doch blieb jahrtausendelang unklar, was im Brot, Wein und Bier vor sich ging. Erst 1680 sah der niederländische Forscher ANTONI VAN LEEUWENHOEK (► S. 15) als erster Mensch Hefezellen unter dem Mikroskop. Und erst 200 Jahre später gelang dem französischen Chemiker LOUIS PASTEUR der Nachweis, dass diese mikroskopisch kleinen Lebewesen für die Bildung der Gärungsprodukte Ethanol und Kohlenstoffdioxid verantwortlich waren.

In den letzten Jahren erschließt sich für die Hefe ein neues Anwendungsgebiet: Als einzelliger Pilz zählt sie zu den Eukaryoten. Damit weist sie viele Baumerkmale auf, die sie mit höheren Organismen gemeinsam hat. Das ermöglicht ihren Einsatz als Zellmodell in der medizinischen Forschung, zum Beispiel zur Erforschung von Krankheitsursachen beim Menschen und für Arzneimitteltests.

Daneben gibt es noch einen ganz praktischen Einsatzbereich für die Hefe: als Eiweiß- und Vitaminquelle für Mensch und Tier. Vor allem ihr Gehalt an Vitamin B_1, dem Thiamin, macht sie wertvoll. Thiamin spielt als Vorstufe eines Coenzyms der Pyruvat-Decarboxylase eine wichtige Rolle im Stoffwechsel der Hefe. Die Pyruvat-Decarboxylase katalysiert die Abspaltung von CO_2 vom Pyruvat. Es entsteht Acetaldehyd, der dann durch ein zweites Enzym zum Ethanol umgesetzt wird.

☞ Basisinformationen
Gärung (► S. 112) • eukaryotische Zelle (► S. 61) • Coenzyme (► S. 73) • Vitamine (► S. 73)

1 Schon im alten Ägypten wurde Bier gebraut. Dabei besorgten Wildhefen das Vergären. Das Bild zeigt einen Soldaten beim Biertrinken mit einem Trinkhalm.

1. Ihre Zugehörigkeit zu den Eukaryoten macht – unter anderem – die Hefe zu einem sehr beliebten Forschungsobjekt. Stellen Sie die Kennzeichen einer eukaryotischen Zelle zusammen. Vergleichen Sie sie mit der Prokaryotenzelle.
2. Thiamin, die Vorstufe des Coenzyms Thiaminpyrophosphat, ist ein Vitamin, das wir mit der Nahrung aufnehmen müssen. Informieren Sie sich über die Folgen eines Mangels an diesem Vitamin. Welche weiteren Thiaminquellen neben der Hefe kennen Sie?
3. Wenn Sie einen Hefekuchen backen, müssen Sie den Teig erst „gehen lassen". Welchen Sinn hat das?

Biologie der Hefe

Bäckerhefe *(Saccharomyces cerevisiae)* ist eine Sammelbezeichnung für die sogenannten obergärigen Kulturheferassen. Dabei handelt es sich um einzellige, kugelige Pilze von 5 bis 15 µm Größe. Im Lichtmikroskop lassen sie kaum Details erkennen. Erst durch Anfärben mit spezifischen Farbstoffen werden Zellwand, Zellkern und die große Vakuole sichtbar.

Hefezellen vermehren sich durch *Sprossung*. Dabei bildet die Mutterzelle durch Ausstülpung der Zellwand eine Knospe. Es folgt eine Kernteilung *(Mitose)*. Einer der Tochterkerne wandert in die Knospe ein, die sich ablöst und dabei eine Bildungsnarbe hinterlässt. Aus der Zahl solcher Narben kann man auf das Alter einer Hefezelle schließen. Einzelne Zellen können bis zu 32 Narben aufweisen. Danach gehen sie zugrunde. Die durch Sprossung entstandene Tochterzelle wächst zur Größe der Mutterzelle heran.

Die Energie für Wachstum und Vermehrung gewinnen Hefen aus dem Abbau von Stoffen, die sie aus der Umgebung aufnehmen. Sie sind *fakultative Anaerobier*, das heißt, sie können sowohl unter *aeroben* Bedingungen (mit Sauerstoff) als auch anaerob (ohne Sauerstoff) existieren. Steht Sauerstoff zur Verfügung, veratmen sie das Substrat, zum Beispiel Glucose. Der Zucker wird *vollständig* zu *Kohlenstoffdioxid* und *Wasser* abgebaut. Ohne Sauerstoff erfolgt nur ein *unvollständiger Abbau* zu *Alkohol*. Er kann von den Hefezellen nicht weiter verarbeitet werden und wird ausgeschieden. Dabei können sie nur einen Alkoholgehalt von maximal 19 % vertragen, da Alkohol auch für Hefezellen giftig ist. Der Energiegewinn bei diesem Gärungsprozess ist verglichen mit der Atmung sehr gering und wird durch *hohen Stoffumsatz* ausgeglichen.

In einem *Fermenter*, der alle für das Wachstum der Hefe notwendigen Stoffe enthält, lassen sich verschiedene Versuchsbedingungen erzeugen und quantitativ erfassen. Die Diagramme unten zeigen die Ergebnisse solcher Versuchsreihen. Der dabei zu beobachtende Effekt wird nach seinem Entdecker *Pasteur-Effekt* genannt.

☞ Basisinformationen

Zellatmung (► S. 107–109) • Gärung (► S. 112) • Mitose (► S. 24) • Zellzyklus (► S. 22)

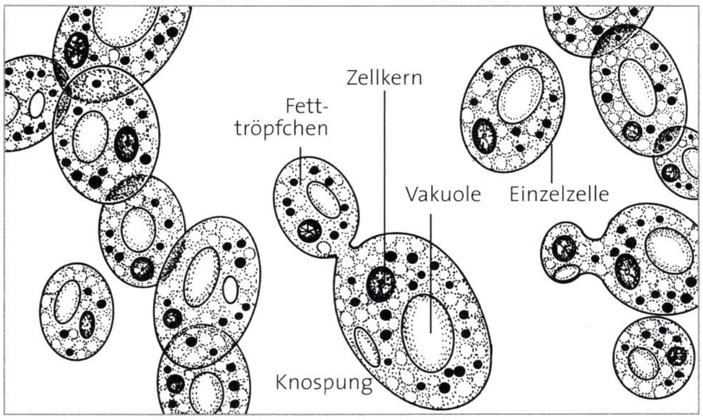

Mikroskopische Untersuchung von Hefezellen

MATERIAL: ein Stück Bäckerhefe, 10%ige Glucoselösung, stark verdünnte Methylenblaulösung, Wärmeschrank, Mikroskop und Zubehör, Pipette

DURCHFÜHRUNG: Geben Sie das Stück Hefe in die Zuckerlösung und verteilen Sie sie darin gleichmäßig. Stellen Sie die Lösung für 2 bis 3 Tage in den Wärmeschrank. Lassen Sie sie bei 25 bis 30 °C bebrüten. Entnehmen Sie dann mit der Pipette eine Probe und geben Sie sie auf einen Objektträger. Fügen Sie einen Tropfen Methylenblaulösung hinzu. Lebende Zellen erscheinen hellblau, abgestorbene Zellen kräftig blau gefärbt. (Enzyme in den lebenden Zellen wandeln Methylenblau in die farblose Leukoform um.)

Mikroskopieren Sie und fertigen Sie eine beschriftete Zeichnung an.

---

1. **Vergleichen Sie den Verlauf der Kurven für aerobe und anaerobe Bedingungen in den Diagrammen unten. Erläutern Sie anhand der Diagramme den Pasteur-Effekt.**
2. **Der geringe Energiegewinn bei der Gärung bringt Vorteile für den biotechnischen Einsatz von Hefe, etwa beim Bierbrauen, oder für stoffwechselphysiologische Untersuchungen. Erklären Sie.**
3. **Einzeller gelten als potenziell unsterblich. Die einzelligen Hefepilze stellen eine Ausnahme dar. Erläutern Sie.**

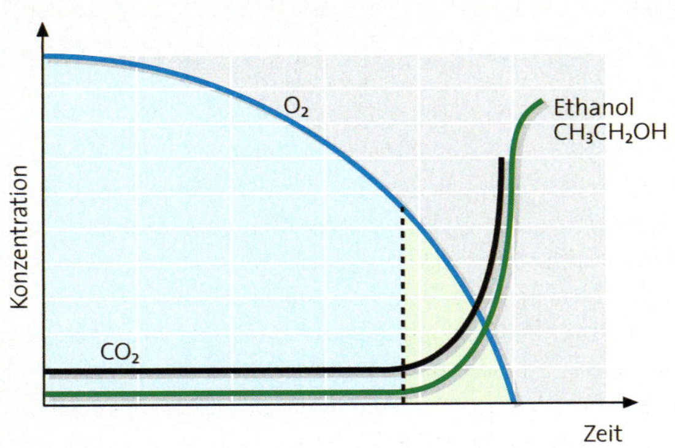

1 Zusammenhang zwischen Sauerstoffgehalt und Alkoholproduktion in einem Hefefermenter

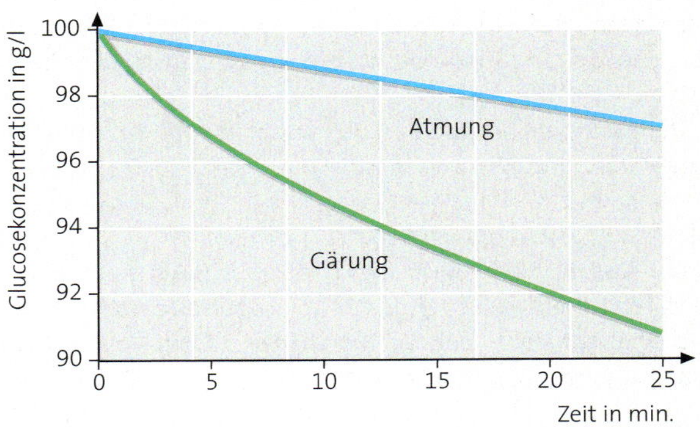

2 Verlauf der Glucosekonzentration in einem Hefefermenter unter aeroben und anaeroben Bedingungen

Versuche zur Gärung

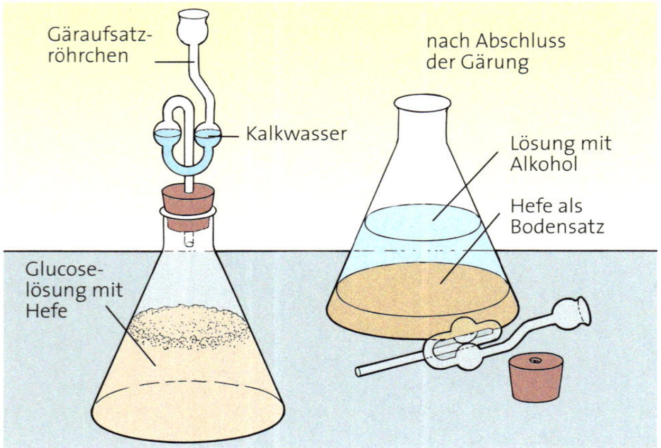

Nachweis der alkoholischen Gärung

MATERIAL: 40 g Bäckerhefe, zwei 1-Liter-Erlenmeyerkolben, Gäraufsatzröhrchen, durchbohrter Stopfen, Wasserbad von etwa 80 °C, Kalkwasser *(Xi)*, Alkoholteströhrchen, 10%ige Glucoselösung

DURCHFÜHRUNG: Füllen Sie 600 ml der Glucoselösung in einen Erlenmeyerkolben. Geben Sie die Bäckerhefe dazu und suspendieren Sie sie gleichmäßig durch Umschwenken. Verschließen Sie den Kolben durch das Gäraufsatzröhrchen, das mit Kalkwasser gefüllt ist (► Bild oben).

Nach Abschluss des Gärvorgangs setzt sich die Hauptmasse der Hefe als Bodensatz am Grund des Kolbens ab. Dekantieren Sie die Gärflüssigkeit in einen weiteren Kolben. Erhitzen Sie sie bei etwa 80 °C. Setzen Sie dabei das Alkoholteströhrchen auf den Kolben.

Protokollieren Sie Ihre Versuchsergebnisse.

Bestimmen des Temperaturoptimums für die Gärung

MATERIAL: 10 g Bäckerhefe, 100 ml 10%ige Glucoselösung, mehrere Garröhrchen

DURCHFÜHRUNG: Die Hefe wird in der Glucoselösung suspendiert. Geben Sie davon jeweils 10 ml in Reagenzgläser und temperieren Sie diese bei verschiedenen Temperaturen etwa 10 Minuten vor. Füllen Sie die Suspension in die Gärröhrchen um. Lesen Sie nach 5, 10 und 15 Minuten die Menge an gebildetem Kohlenstoffdioxid ab.

Stellen Sie das Versuchsergebnis grafisch dar. Bestimmen Sie danach das Temperaturoptimum.

Nachweis des Energiebedarfs

MATERIAL: 20 g Bäckerhefe, 250 ml 30%ige Glucoselösung, Kunststoffflasche (zum Beispiel Wasserspritzflasche) mit Gäraufsatzröhrchen oder Pasteurpipette, Waage (Messgenauigkeit: 0,01 g), Stoppuhr

DURCHFÜHRUNG: Bei der alkoholischen Gärung gewinnt die Hefe Energie in Form von ATP. Der Energiebedarf der Hefe während der Gärung kann indirekt über die Menge des abgegebenen Kohlenstoffdioxids berechnet werden.

Suspendieren Sie die Hefe in der Zuckerlösung. Füllen Sie die Suspension in die Kunststoffflasche und verschließen Sie diese mit dem Gäraufsatz. Der Gäransatz wird nun 1 Stunde lang in einem Wärmeschrank bei 40 °C erwärmt. Stellen Sie ihn danach auf eine Waage und bestimmen Sie den Masseverlust über 10 Minuten jeweils im Minutenabstand (Stoppuhr).

Stellen Sie die Messwerte gegen die Zeit grafisch dar und berechnen Sie die durchschnittliche CO_2-Abgabe pro Minute. Unter Einbeziehung der Molmasse des CO_2 (44 g/mol) lässt sich daraus durch Division die CO_2-Produktion in mol/min berechnen.

Aus der Gärungsgleichung ergibt sich, dass die molaren Mengen von CO_2 und ATP gleich sind. Der Energiegehalt des ATP beträgt ungefähr 30 kJ/mol. Berechnen Sie mit diesen Angaben die freigesetzte Energiemenge pro Minute und pro Tag.

Prüfung verschiedener Zucker auf ihre Vergärbarkeit

MATERIAL: Bäckerhefe, 10%ige Lösungen verschiedener Zucker (zum Beispiel Glucose, Fructose, Galactose, Lactose, Saccharose, Maltose, Dextrin), mehrere Gärröhrchen nach EINHORN (► Bild unten), Wärmeschrank (30 °C)

DURCHFÜHRUNG: Mischen Sie jeweils eine frisch angerührte Hefesuspension 1 : 1 mit den verschiedenen Zuckerlösungen und füllen Sie diese in die Gärröhrchen. Lesen Sie nach einigen Stunden die jeweils gebildete Kohlenstoffdioxidmenge ab. Sie gilt als Maß für die Gärungsintensität.

Tragen Sie Ihre Versuchsergebnisse als Blockdiagramm auf. Vergleichen Sie die Ergebnisse.

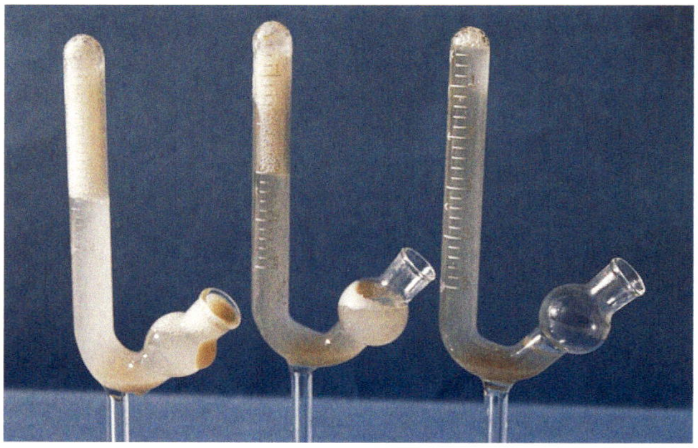

1 Von der Bierhefe existieren zwei Formen: die obergärige – das heißt beim Gärvorgang an die Oberfläche treibende – Saccharomyces cerevisiae und die untergärige Saccharomyces carlsbergensis. Sie unterscheiden sich nicht nur dadurch, dass die erste Zellverbände aus mehreren Zellen bildet, die zweite dagegen stets einzeln bleibt, sondern auch durch verschiedene Temperaturoptima für die Gärung (15 bis 25 °C beziehungsweise 5 bis 10 °C). Versuchen Sie eine Erklärung für die unterschiedlichen Temperaturoptima zu geben.

2 Informieren Sie sich im Anschluss an den Versuch zur Vergärbarkeit verschiedener Zucker über deren Aufbau. Ziehen Sie dazu die Seiten 94 und 95 heran.

Bierbrauen – eine alte Biotechnologie

Nach dem *Reinheitsgebot* von 1516 dürfen in Deutschland nur Gerste, Hopfen, Wasser und Hefe zum Bierbrauen verwendet werden, für Weißbier auch Weizen. In anderen Ländern wird Bier auch aus Mais oder Kartoffeln hergestellt, da der eigentliche Rohstoff die *Stärke* ist.

Da Hefe Stärke nicht spalten kann, bringt man Gerste durch Anfeuchten zum Keimen. Durch den Keimvorgang werden *Enzyme* im Gerstenkorn aktiviert. Diese spalten dann die Stärke in *Maltose* bzw. *Glucose*. Die gekeimte Gerste, das *Malz*, wird getrocknet, in der Sprache der Brauer *gedarrt*. Dem zerkleinerten Malz wird Wasser zugefügt, sodass die *Maische* entsteht. Während des Sudvorgangs wird die Maische stufenweise auf 60 bis 70 °C erhitzt. Die verschiedenen Enzyme der Gerste können so jeweils bei ihrer Optimaltemperatur wirken. Beim Erhitzen gehen die Zucker in Lösung und die *Bierwürze* erhält ihre endgültige Konzentration *(Stammwürze)*. Nun wird der Hopfen zugesetzt, dem durch Kochen die Bitterstoffe entzogen werden. Sie verleihen dem Bier nicht nur den typischen Geschmack, sondern zugleich auch eine gewisse Haltbarkeit.

Nach dem Abkühlen und Filtrieren setzt man dem Ansatz im Gärkeller bei 5 bis 10 °C die *Bierhefe* zu, die nun den Zucker in Alkohol und Kohlenstoffdioxid *vergärt*. Nach Abschluss der Gärung wird das Bier noch mehrere Wochen gelagert, geklärt und schließlich abgefüllt.

Bier hat normalerweise einen Alkoholgehalt von 3 bis 5 %. Die biochemischen Vorgänge bei der *Weinherstellung* sind im Prinzip identisch, hier werden jedoch Alkoholkonzentrationen bis zu 15 % erreicht. Zur Herstellung noch höherer Konzentrationen, zum Beispiel bei Branntwein, ist zusätzlich eine *Destillation*, also ein physikalischer Trennvorgang, erforderlich.

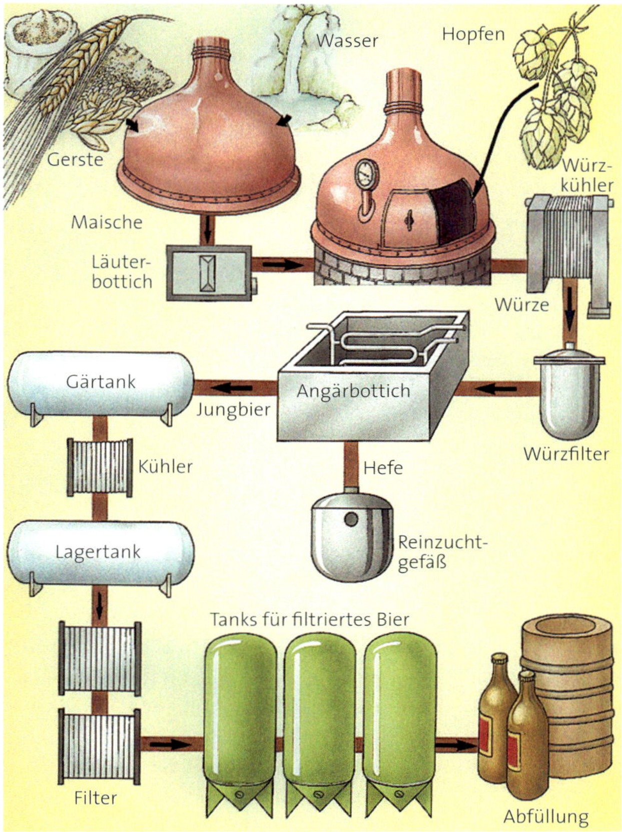

1 Vom Getreide zum fertigen Bier: Zur Bierherstellung sind viele Schritte nötig.

In der Maische wirksame Enzyme der Gerste			
Enzym	**Wirkung**	**Temperatur**	**pH**
Glucanasen	Polysaccharidabbau	40–50 °C	4,8–5,0
Proteasen	Eiweißabbau	50–60 °C	4,5–4,7
β-Amylase	Maltosebildung	60–64 °C	5,3
α-Amylase	Stärkeabbau	70–74 °C	5,8

☞ Basisinformationen

Enzyme und ihre Wirkungsweise (► S. 71–75, 78/79)

Herstellen von Apfelmost

MATERIAL: Weinballon, 2-Liter-Haushaltstrichter, Gummistopfen mit Gäraufsatz, zwei Flaschen naturtrüber Apfelsaft, 250 g Zucker (Saccharose), eine Portion Weinhefe (Drogerie)

DURCHFÜHRUNG: Füllen Sie den Zucker mit dem Trichter in den Weinballon. Gießen Sie eine Flasche Apfelsaft dazu. Durch Schwenken löst sich der Zucker. Fügen Sie dann die Weinhefe sowie die zweite Flasche Apfelsaft dazu und schwenken Sie um. Der Weinballon wird nun durch den Gummistopfen mit dem wassergefüllten Gäraufsatz verschlossen und an einem ruhigen Ort aufgestellt. Nach etwa 2 Monaten ist der Gärvorgang abgeschlossen. Messen Sie den Alkohol wie im Versuch zum Nachweis der alkoholischen Gärung beschrieben.

Nach weiteren 4 Monaten ist die Hefe abgesunken und der Jungwein erscheint klar.

1 **Stellen Sie tabellarisch die Bedingungen zusammen, die durch die verschiedenen Schritte des Brauvorgangs erreicht werden.**

2 **Der vernünftige Umgang mit dem Genussmittel Alkohol stellt ein gesellschaftliches Problem dar, da die Gefahr des Alkoholmissbrauchs und der Alkoholabhängigkeit besteht. In Deutschland hat sich – gemessen an der konsumierten Menge reinen Alkohols – der jährliche Pro-Kopf-Verbrauch alkoholischer Getränke in den letzten 50 Jahren vervierfacht. Nach Schätzungen der Deutschen Hauptstelle gegen Suchtgefahren sind etwa 10 % der Bevölkerung stark alkoholgefährdet. Die Zahl der Alkoholabhängigen liegt bei etwa 2,5 Millionen.**
Informieren Sie sich über die Wirkungen von Alkohol auf den menschlichen Organismus. Welche Ursache hat die gesundheitsschädliche Wirkung von Ethanol?

Sport und Stoffwechsel

Viele Menschen betrachten den Sport als schönste Nebensache der Welt. Für einige bedeutet das nur, dass sie interessiert einen Wettkampf von der Wohnzimmercouch aus verfolgen. Viele möchten sich aber selbst sportlich betätigen und so ihr Wohlbefinden steigern, sich selbst bestätigen und mit anderen zusammen Spaß haben. Manchen reizt es sogar, aktiv an Wettkämpfen teilzunehmen und dabei die eigene Leistungsfähigkeit mit anderen zu vergleichen. Auch die „sportliche Figur“ kann ein Anreiz sein, Sport zu treiben, oder die Aussicht, möglichst lange gesund und fit zu bleiben.
Zur Verwirklichung der sportlichen Ziele ist Training die Voraussetzung. Dabei passiert es immer wieder, dass Untrainierte rasch wieder mit dem Training aufhören, da sie am nächsten Tag von heftigem Muskelkater geplagt werden.

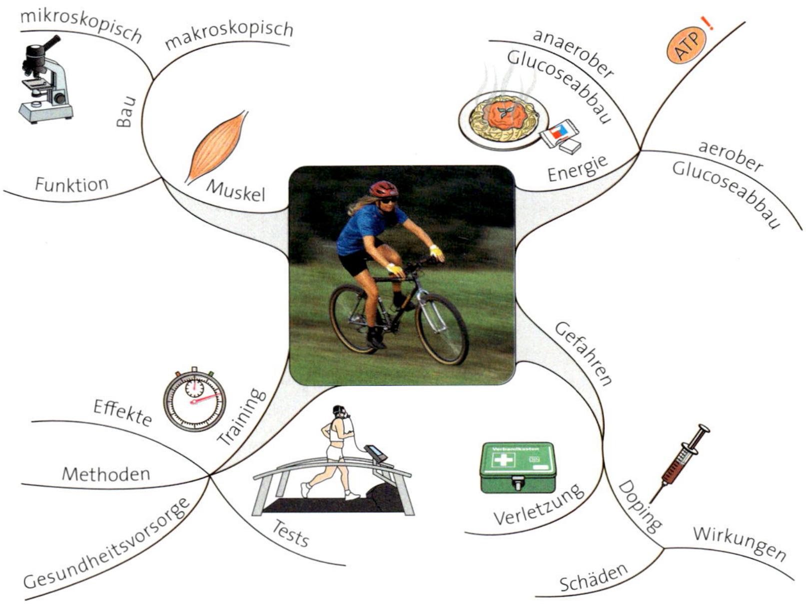

GRUNDLAGEN Lange Zeit nahm man an, dass Muskelkater durch eine Übersäuerung der Muskulatur hervorgerufen wird, weil bei starker Belastung die Sauerstoffversorgung nicht mehr ausreicht. Die notwendige Energie wird dann durch Milchsäuregärung bereitgestellt. Heute geht man davon aus, dass es besonders durch schnell abbremsende Belastungen wie Sprunglandungen, aber auch durch mangelnde Koordination von Muskelfasern beim Einüben neuer Bewegungen zu kleinsten Rissen im Muskelgewebe kommt (► Bild 1). Die Schmerzempfindung entsteht dabei erst durch Flüssigkeitseinlagerungen und Entzündungsprozesse, die im umliegenden Bindegewebe Schmerznerven reizen.

Neue Techniken sollte man daher vorsichtig und mit geringer Intensität erlernen. Besonders wichtig ist die Aufwärmphase vor dem Training: Durch die Muskelaktivität steigt die Körpertemperatur und die Stoffwechselaktivität erhöht sich entsprechend der RGT-Regel (► S. 78). Die gesteigerte Durchblutung verbessert Sauerstoff- und Nährstoffversorgung. Nach dem Training ist der Körper erschöpft. Die Energie- und Flüssigkeitsspeicher müssen wieder aufgefüllt werden.

Manche erliegen der Versuchung, durch Dopingmittel ohne hartes Training Höchstleistungen zu erreichen, oder nehmen solche Mittel, um sogar noch intensiver trainieren zu können.

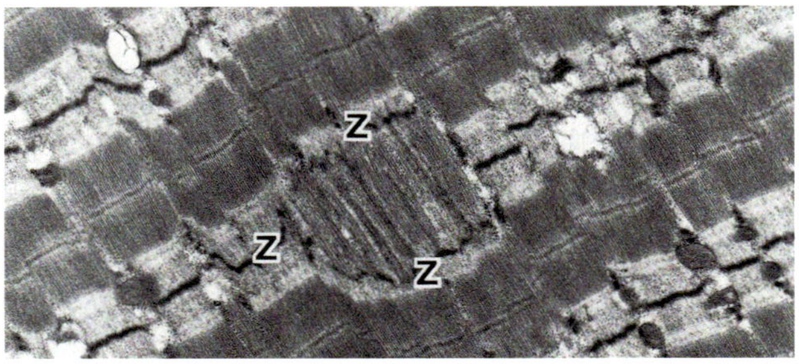

1 Verletzte Myofibrillen im EM-Bild. Die Z-Scheibe in der Mitte ist in zwei Teile zerrissen.

2 Beim Training

Basisinformationen
Bau der Muskeln (► S. 116) • RGT-Regel (► S. 78) • Milchsäuregärung (► S. 112)

1. Mehrere Versuchspersonen steigen bis zur Erschöpfung mit einem Bein auf einen Stuhl hinauf und mit dem anderen hinab. Beschreiben und erklären Sie auftretende körperliche Veränderungen. Protokollieren Sie die Beschwerden der Versuchspersonen an den Folgetagen. Erklären Sie eventuelle Unterschiede.
2. Vergleichen Sie anhand des EM-Bilds eine verletzte mit einer normalen Myofibrille.
3. Manche Sportler nehmen gern colahaltige Erfrischungsgetränke nach dem Training zu sich. Beurteilen Sie deren Eignung als Sportgetränk.

Muskelzellen brauchen Energie

Muskelzellen und die aus verschmolzenen Muskelzellen bestehenden *Muskelfasern* besitzen grundsätzlich die gleichen Organellen und Strukturen wie andere Körperzellen. Besondere Differenzierungen ermöglichen ihre Fähigkeit zur *Kontraktion*. Neben den zahlreichen Mitochondrien kommt dem endoplasmatischen Reticulum besondere Bedeutung zu. Ausgehend von der Zellmembran durchzieht es als *sarkoplasmatisches Reticulum* die ganze Zelle und setzt bei Erregung durch den Nerv Calcium frei, wodurch die Kontraktion der Muskelfasern ausgelöst wird.

Bei den Muskelfasern kann man zwischen schnellen und langsamen Fasertypen unterscheiden. Die schnellen *FT-Fasern (Fast-Twitch)* sind reich an energiereichen Phosphaten und Glykogen sowie Enzymen der anaeroben Energiebereitstellung. Sie eignen sich besonders für explosive Bewegungen wie Sprints und Sprünge. Die langsamen *ST-Fasern (Slow-Twitch)* enthalten ebenfalls viel Glykogen und mehr Mitochondrien im Verhältnis zum Zellplasma, damit also vor allem Enzyme des aeroben Stoffwechsels. Sie sind ausdauernd und geeignet für Dauerleistungen.

Für seine Arbeit braucht der Muskel Energie. Seine unmittelbare Energiequelle, *ATP*, steht nur begrenzt in den Zellen zur Verfügung. Es reicht nur für wenige Sekunden. Ist der Vorrat erschöpft, greift die Zelle nach einer festliegenden Hierarchie auf unterschiedliche Energiereserven zurück. Zunächst wird *Kreatinphosphat* genutzt. Seine Phosphatgruppe wird abgespalten und auf ADP übertragen, sodass ATP regeneriert wird. Doch auch Kreatinphosphat reicht nur kurzfristig. Für längere Muskelarbeit muss der Pool an energiereichen Phosphaten durch den Abbau von Glucose und Glykogen aufgefüllt werden. Das kann – je nach Sauerstoffversorgung – *aerob* oder *anaerob* geschehen. Zu Beginn der sportlichen Leistung ist der Körper nicht in der Lage, den Sauerstoffbedarf zu decken. Die Glucose wird daher anaerob über verschiedene Zwischenstufen zur *Milchsäure (Laktat)* abgebaut. Die Säure reichert sich in Muskelfasern und Blut an. Dadurch werden für den Stoffwechsel unentbehrliche Enzyme gehemmt. Das macht sich in Seitenstechen und dem Erreichen eines „toten Punkts" bemerkbar. Erst wenn die Belastungsintensität vermindert und den Muskelzellen genügend Sauerstoff zugeführt wird, ist der ökonomischere aerobe Abbau von Glucose und Fett möglich.

Nach einer Trainingsbelastung müssen die Energiereserven wiederhergestellt werden. Besonders rasch gelingt das durch kohlenhydratreiche Kost, zum Beispiel Nudelgerichte.

Basisinformationen
Bau der Muskeln (► S. 116) • Zellorganellen (► S. 54–57) • Gärung (► S. 112) • Zellatmung (► S. 104, 109)

1. **Die Verteilung von FT- und ST-Fasern ist genetisch bedingt. Erläutern Sie die Aussage, dass es „geborene" Sprinter und „geborene" Ausdauersportler gibt.**
2. **Erklären Sie die verschiedenen Formen der Energiebereitstellung am Beispiel 800-m-Lauf (► Bild 2).**
3. **Zeichnen Sie eine entsprechende Kurve für einen langsamen Lauf über 20 Minuten.**
4. **Geben Sie Vor- und Nachteile der anaeroben und aeroben Energiebereitstellung an.**

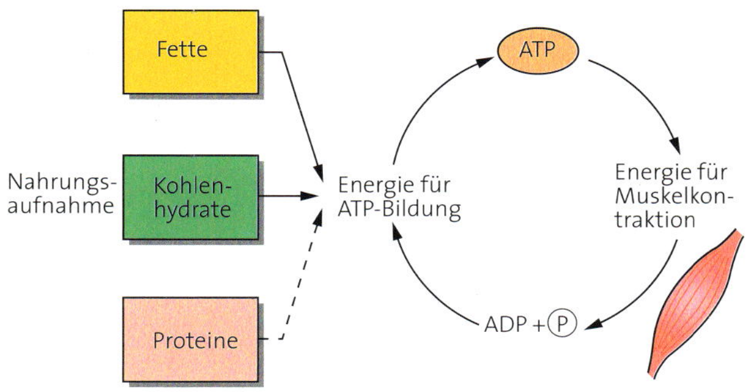

1 Damit längere Muskelarbeit möglich ist, muss ATP regeneriert werden.

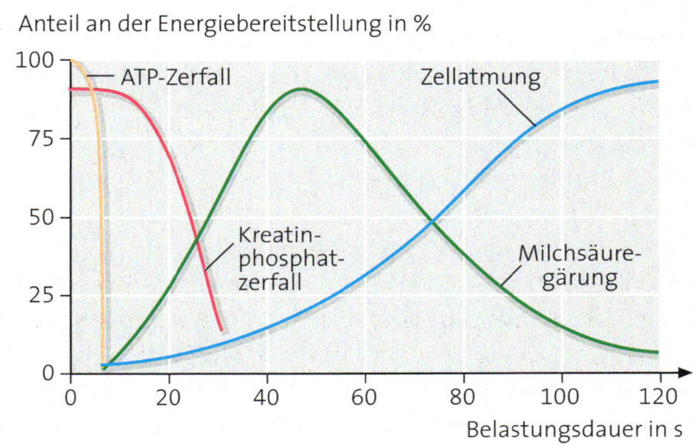

2 Energiebereitstellende Prozesse in der Muskelzelle

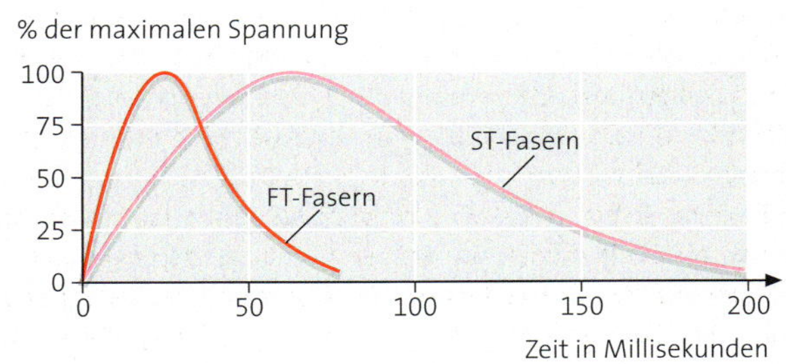

3 ST-Fasern und FT-Fasern im Vergleich

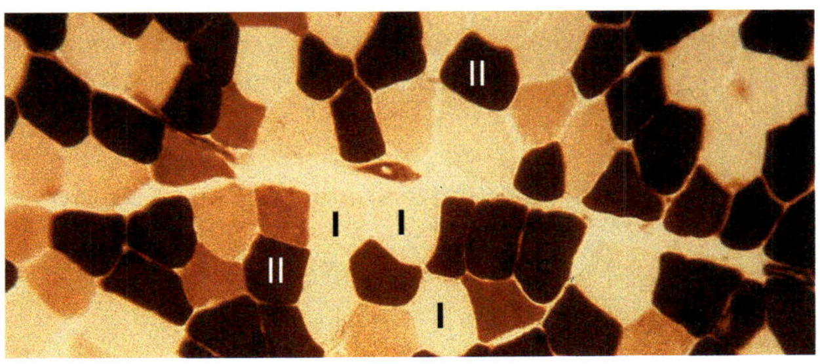

4 ST- und FT-Faserverteilung in einem quer geschnittenen Skelettmuskel. Bei der gewählten Färbemethode erscheinen die FT-Fasern (II) dunkel, die ST-Fasern (I) hell.

Untersuchungen rund um den Sport

Herstellen eines Muskelfaserpräparats

MATERIAL: Rindfleisch, Messer, Präpariernadel, physiologische Kochsalzlösung (0,9 %), Essigsäure (2 %), Mikroskop und Zubehör

DURCHFÜHRUNG: Schneiden Sie ein kleines Stück aus dem Rindfleisch längs zur Faserrichtung und zerzupfen Sie es mithilfe zweier Präpariernadeln in der Kochsalzlösung. Mikroskopieren Sie das Präparat. Beachten Sie dabei die Querstreifung. Saugen Sie anschließend 2%ige Essigsäure durch das Präparat. Die Zellkerne treten dann deutlich hervor.

Fertigen Sie eine Zeichnung an.

Vergleichen Sie das mikroskopische Bild mit der Schemazeichnung auf Seite 116.

Coopertest

Mithilfe dieses Lauftests kann man die eigene aerobe Ausdauerleistungsfähigkeit ermitteln und damit die Fähigkeit, die Muskeln mit ATP aus der Zellatmung zu versorgen.

MATERIAL: Stoppuhr, evtl. Messband, 400-m-Laufbahn

DURCHFÜHRUNG: Eine Testperson soll innerhalb von 12 Minuten eine möglichst lange Strecke zurücklegen. Dabei soll eine gleichmäßige Geschwindigkeit eingehalten werden (kein Endspurt!). Die Ausdauerleistungsfähigkeit kann anhand der zurückgelegten Strecke aus der Tabelle rechts abgelesen werden. Der Test erfordert eine hohe Motivation, um tatsächlich aussagekräftig zu sein.

Arbeit mit Pulsmessgeräten

Die maximale Pulszahl sollte beim Training den Wert 200 minus Lebensalter nicht überschreiten. Deshalb ist es wichtig, die eigene Pulsfrequenz einschätzen zu können.

MATERIAL: Pulsfrequenzmessgerät, Klebestreifen, evtl. Sportgeräte wie Springseile

DURCHFÜHRUNG: Probieren Sie zunächst eigenständig verschiedene Übungen aus. Lesen Sie dann jeweils Ihren Puls ab. Sollte kein Pulsmessgerät zur Verfügung stehen, empfiehlt es sich, die Übungen in Partnerarbeit durchzuführen. Dabei führt ein Partner die Übung aus, der andere misst anschließend dessen Puls, zum Beispiel an der Halsschlagader.

Berechnen Sie Ihre maximale Pulszahl (also 200 minus Lebensalter) und erstellen Sie danach für sich eine Pulskarte entsprechend der Tabelle unten. In drei verschiedenen Übungsdurchläufen sollen Sie einen bestimmten Prozentsatz Ihres maximalen Pulswerts erreichen. Tragen Sie die jeweils zu erreichenden Pulswerte in Ihre Tabelle ein.

Kleben Sie zunächst das Zifferblatt des Pulsmessgeräts ab und schätzen Sie Ihren Puls jeweils während der drei Übungsdurchläufe. Erst danach lesen Sie die tatsächliche Pulsfrequenz ab. Vergleichen Sie Ihre geschätzten Werte mit den tatsächlichen.

Auswertung Coopertest (nach: Deutscher Sportbund)

Männer				
Kondition	bis 30 J.	30–39 J.	40–49 J.	50 Jahre
sehr gut	2 800	2 650	2 500	2 400
gut	2 400	2 250	2 100	2 000
befriedigend	2 000	1 850	1 650	1 600
mangelhaft	1 600	1 550	1 350	1 300
ungenügend	weniger Meter als bei „mangelhaft"			

Frauen				
Kondition	bis 30 J.	30–39 J.	40–49 J.	50 Jahre
sehr gut	2 600	2 500	2 300	2 150
gut	2 150	2 000	1 850	1 650
befriedigend	1 850	1 650	1 500	1 350
mangelhaft	1 550	1 350	1 200	1 050
ungenügend	weniger Meter als bei „mangelhaft"			

Jungen							
Kondition	11 J.	12 J.	13 J.	14 J.	15 J.	16 J.	17 J.
ausgezeichnet	2 800	2 850	2 900	2 950	3 000	3 050	3 100
sehr gut	2 600	2 650	2 700	2 750	2 800	2 850	2 900
gut	2 200	2 250	2 300	2 350	2 400	2 450	2 500
befriedigend	1 800	1 850	1 900	1 950	2 000	2 050	2 100
mangelhaft	1 200	1 250	1 300	1 350	1 400	1 450	1 500

Mädchen
200 Meter weniger als Jungen in allen Klassen.

Laktattest

Eine Übersäuerung des Bluts bei körperlicher Belastung führt zu einem Leistungsabfall. In der Sport- und Arbeitsmedizin wird daher die sogenannte anaerobe Schwelle (4 mmol Milchsäure bzw. Laktat pro Liter = 0,36 %) ermittelt, das ist der Belastungswert, bei dem sich die Bildung von Milchsäure und deren Abbau die Waage halten. Auf einem Ergometer oder Laufband wird die Leistung stufenweise gesteigert. Dazwischen wird der Testperson Blut abgenommen und mithilfe eines Messgeräts die Milchsäurekonzentration bestimmt.

Auf diese Weise lässt sich auch ein Trainingserfolg ablesen und die Effizienz von Trainingsmethoden kontrollieren.

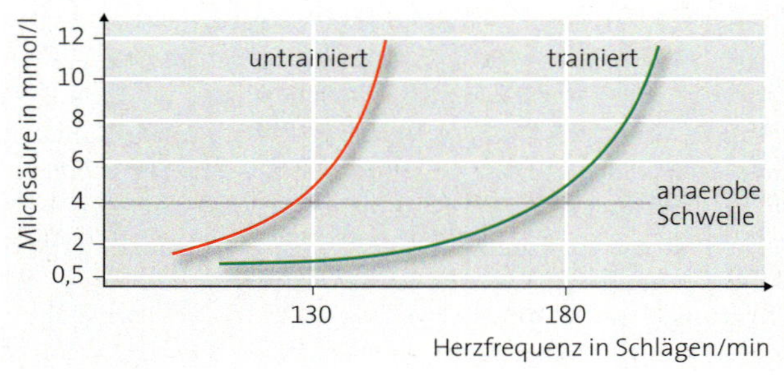

❶ **Beschreiben und erläutern Sie am Beispiel eines Untrainierten die Änderung der Milchsäurekonzentration bei steigender Belastung (▶ Bild oben).**

❷ **Erläutern Sie den Effekt von Ausdauertraining.**

Übungsdurchlauf Nr.	zu erreichender Prozentsatz Ihrer max. Pulszahl	zu erreichender Pulswert (Sollwert) in Pulsschlägen/min	erreichter Pulswert (Istwert) in Pulsschlägen/min
1	60 %	?	?
2	75 %	?	?
3	90 %	?	?

Leistungssteigerung allein durch Sport?

Trainingseffekte

Die körperliche Belastung beim Training führt zu einem Abbau von Energiereserven und damit zunächst zu einer *Verminderung der Leistungsfähigkeit* (► Bild 1). Deshalb muss bei der Trainingsplanung stets die *Erholung* mit berücksichtigt werden.

Die *Leistungssteigerung* durch Training resultiert aus der Eigenschaft des Körpers, sich stärkeren Belastungen anpassen zu können. Die vorangegangene Belastung wird dabei nicht nur ausgeglichen, sondern sogar überkompensiert *(Superkompensation)*. Die Energiedepots werden vermehrt und die Innervation verbessert, sodass sich mehr Muskelfasern kontrahieren und die Koordination optimiert wird. Weiteres Ausdauertraining führt zur Vergrößerung des Muskelquerschnitts, der bereitgehaltenen Enzymmengen sowie der Zahl und Größe der Mitochondrien. Diese Effekte sind jedoch nur durch 8–12 Wiederholungen der Reizeinwirkungen bei mittlerer Intensität zu erreichen. Wenige maximale Reize bewirken lediglich eine kurzfristige Steigerung der Koordination.

Ausdauer ist zwar grundlegende Voraussetzung für Sportlerinnen und Sportler, jedoch geht ein „Zuviel" an Ausdauertraining unter Umständen auf Kosten von Schnelligkeit und Schnellkraft, da es zur Umwandlung von FT-Fasern in ST-Fasern kommen kann. (Die umgekehrte Veränderung konnte dagegen bisher nicht festgestellt werden.)

Regelmäßiges Ausdauertraining hat nachweislich *gesundheitsfördernde Effekte* durch die positive Wirkung auf Risikofaktoren wie *Bluthochdruck, Übergewicht* und *Diabetes mellitus*. Das beruht vor allem auf der Beeinflussung von Herz-Kreislauf-System und Stoffwechsel. Die Herzschlagfrequenz und das Schlagvolumen in Ruhe nehmen ab. Das Herz arbeitet „im Schongang" und kann Belastungen besser standhalten. Ebenso konnte ein positiver Einfluss auf *hormoneller Ebene* festgestellt werden. So steigt die Insulinausschüttung an und die Zahl der Insulinrezeptoren an den Muskelzellen wird vermehrt, was der Entstehung von Diabetes mellitus entgegenwirkt.

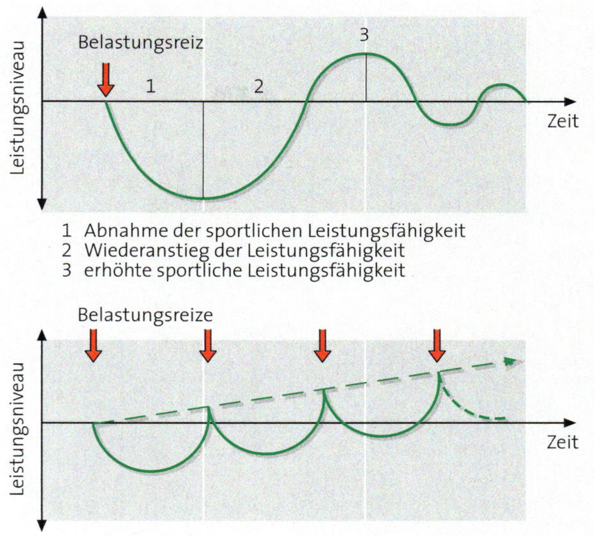

1 Schema der Superkompensation (oben) und Nutzen des Superkompensationseffekts für ein optimales Training

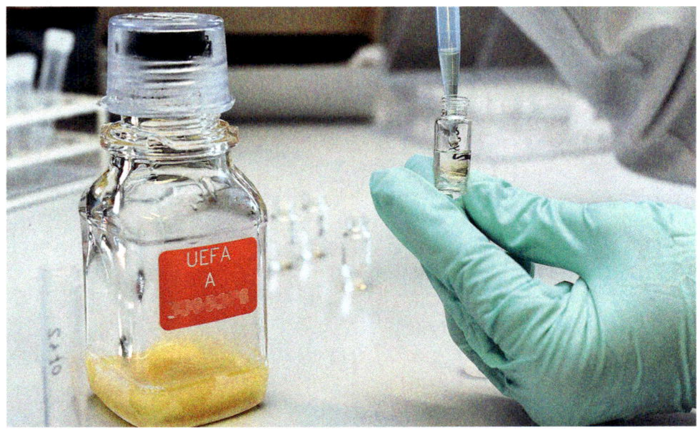

2 Im Leistungssport sollen Dopingkontrollen den Einsatz unerlaubter Mittel unterbinden.

Doping

Vom Sport können aber auch ernste Gefahren ausgehen, wenn zu sehr der Erfolg und zu wenig das Wohl der Sportlerinnen und Sportler im Vordergrund stehen. Zu diesen Gefahren gehört *Doping*. Als Doping bezeichnet man den Versuch, die Leistungsfähigkeit des Körpers durch *chemische Substanzen oder Methoden* zu steigern, die *laut Dopingliste verboten* sind. Zum einen wird dadurch eine Leistungssteigerung bezweckt, etwa durch Erhöhung der Muskelkraft, verbesserte Sauerstoffversorgung der Muskeln oder beschleunigte Regeneration. Zum anderen können auch psychische Komponenten beeinflusst werden, wie Überhöhung des Selbstvertrauens oder Unterdrückung von Erschöpfungssymptomen und Schmerz. Doping ist mit *hohen gesundheitlichen Risiken* verbunden, da körperliche Warnsignale ausgeschaltet werden. Es kann im Extremfall tödlich ausgehen. Heute stellt Doping nicht nur ein Problem im Leistungssport dar, sondern betrifft auch Breitensport und Fitnessbereich.

Basisinformationen
Hormonwirkungen • Blutzuckerregelung

1 **Versetzen Sie sich in die Lage einer jungen Sportlerin oder eines jungen Sportlers: Sie sind begeisterte Schwimmerin/begeisterter Schwimmer und nehmen an Wettkämpfen teil. Durch einen Unfall konnten Sie längere Zeit nicht trainieren. Es droht Ihnen der Ausschluss aus der Mannschaft. Sie erfahren, dass und wie Sie „unterstützende Medikamente" bekommen können.**
Tragen Sie die Argumente zusammen, die für und gegen den Einsatz von Dopingmitteln sprechen.
Geben Sie an, inwieweit folgende Werte berührt sind: Fairness, Gerechtigkeit, Aufrichtigkeit, Recht auf Freude am Leben, auf Entwicklung der Persönlichkeit, auf Selbstbestimmung in Freiheit.
Stellen Sie in einer Diskussionsrunde die Argumente vor.
Nennen Sie Handlungsoptionen, die Sie für sich sehen.

2 **Informieren Sie sich über Dopingsubstanzen und -methoden. Stellen Sie in einer Tabelle die Wirkung und das Gesundheitsrisiko dar.**

Fotosynthese

1 Im Frühjahr bedecken die Keimpflanzen der Rotbuche den Boden im Buchenwald.

Nur 0,2 g Nährstoffe im Samen bekommt eine Buche von der Elternpflanze als „Startkapital" für ihr Leben. Diese Nährstoffmenge muss reichen, bis der junge Baum auf eigenen Wurzeln steht ... Noch ist der fettreiche Vorrat, gespeichert in den nun entfalteten und ergrünten Keimblättern, nicht völlig aufgebraucht. Gleichwohl haben die jungen Buchen längst begonnen, sich selbst zu ernähren: Wie alle grünen Pflanzen fangen sie die Energie des Sonnenlichts ein und bauen mit ihr aus Wasser und Kohlenstoffdioxid körpereigene Stoffe auf. Einige Dutzend Tonnen stellt eine Buche im Laufe ihres langen Lebens her, einen Teil davon wird sie vom 50. Lebensjahr an in ihre Nachkommen investieren.

Im Blickpunkt

- Licht – die entscheidende Energiequelle des Lebens
- Kurzübersicht über die Fotosynthese, den wichtigsten Bioprozess der Erde
- Blätter, Zellen, Chloroplasten: Reaktionsorte der Fotosynthese
- vom Licht zur stofflichen Energiekonserve: die Prozesse in den Chloroplasten
- Umweltfaktoren und ihre Einflüsse auf die Fotosynthese an verschiedenen Standorten
- Pflanzen verwerten die erzeugten Stoffe
- Alleskönner und Spezialisten: Varianten der Fotosynthese

GRUNDLAGEN Über eine Erde ohne grüne Pflanzen und deren Fähigkeit zur Fotosynthese lässt sich nur spekulieren. Fest steht dagegen: Die Fotosynthese ist der wichtigste biologische Prozess auf unserem Planeten.

- Durch sie gelingt es Pflanzen, vielen Protisten und manchen Bakterien, Strahlungsenergie des Sonnenlichts in chemisch gebundene Energie zu überführen.
- Die als Energiespeicher gebildeten organischen Stoffe sind die Lebensgrundlage aller Organismen. Darüber hinaus dienen sie, vor allem ihre fossilen Überreste wie Kohle und Erdöl, auch als wichtigste technische Energieträger.
- Der gesamte Sauerstoff der Erdatmospäre, die Voraussetzung für Atmung wie Verbrennung, ist durch Fotosynthese entstanden.

Zur Fotosynthese fähige Lebewesen nennt man fototroph. Daneben gibt es – beispielsweise im Boden und in der Tiefsee – Prokaryoten, die Energie aus der Umsetzung anorganischer Stoffe beziehen. Diese Form der Energiegewinnung wird Chemosynthese oder Chemolithotrophie genannt. Die so erzeugte Biomasse ist jedoch unbedeutend. Fotosynthese und Chemosynthese haben gemeinsam, dass Energie und Stoffe, in denen die Energie gespeichert wird, autotroph gewonnen werden, das heißt unabhängig von anderen Organismen. Tiere, Pilze und die meisten Bakterien sind dagegen heterotroph. Sie benötigen von Autotrophen erzeugte organische Stoffe als Energie- und Stoffquelle.

Licht – Farbe – Absorption

Licht ist Energie. Licht, eine Form von Energie, ist der mithilfe unserer Augen wahrnehmbare Teil des Spektrums *elektromagnetischer Strahlung* mit Wellenlängen *zwischen 400 und 760 nm*. Zum breiten Spektrum elektromagnetischer Strahlung zwischen 10^{-3} und 10^{13} nm gehören außerdem Gamma(γ)-, Röntgen-, Ultraviolett(UV)-, Infrarot(IR)-Strahlen, Mikrowellen-, Fernsehwellen- und Radiowellenstrahlen. Sie alle breiten sich mit *Lichtgeschwindigkeit* – der maximal erreichbaren Geschwindigkeit – aus (c = 300 000 km/s) und setzen sich aus nicht weiter aufteilbaren kleinsten Energiebeträgen zusammen, die man als *Quanten* bezeichnet. Stellt man sich solche „Energiepakete" als Teilchen vor, spricht man von *Photonen*. Andererseits lassen sich Licht und andere elektromagnetische Strahlen auch als *Wellen* auffassen, deren Energie von der *Wellenlänge* λ beziehungsweise der *Frequenz* ν bestimmt wird:

$E \sim 1/\lambda$, $E \sim \nu$ oder $E \sim c/\lambda$.

Bei gleicher Intensität ist daher kurzwellige Strahlung energiereicher als langwellige.

Farbe. Licht, das sich wie Sonnenlicht aus allen Wellenlängen zusammensetzt, empfinden wir als unbunt. Licht eines einzelnen Wellenlängenbereichs wirkt dagegen in unserem Auge als *Farbreiz*. Licht des Wellenlängenbereichs von 400 bis 500 nm erscheint uns blau, von 500 bis 550 nm grün, von 550 bis 600 nm gelb und über 600 nm rot. Die „Regenbogenfarben" des Spektrums, das entsteht, wenn ein Sonnenstrahl auf ein *Prisma* aus Glas trifft, gehen kontinuierlich ineinander über. Licht einer einzigen Wellenlänge nennt man *monochromatisch*.

Absorption. Ein Gegenstand erscheint uns farbig, wenn das Licht, das von ihm in unser Auge gelangt, nicht alle Wellenlängen in gleichen Anteilen umfasst. Dann enthält er Farbstoffe oder *Pigmente*, die einzelne Wellenlängenbereiche „verschlucken" oder *absorbieren*. Die Wellenlängenbereiche des nicht absorbierten Lichts entsprechen der Farbe, in der wir den Gegenstand wahrnehmen. Mit einem *Fotometer* kann man die von einem Stoff absorbierte Lichtmenge in Abhängigkeit von der Wellenlänge messen (► S. 137). Man erhält so sein *Absorptionsspektrum*. Wenn ein Stoff Strahlungsenergie absorbiert, wird diese in andere Energieformen umgewandelt:

- Strahlung kann in thermische Energie verwandelt werden und dann Reaktionen beschleunigen.
- Strahlung kann die Struktur von Molekülen zerstören, sie zum Beispiel ionisieren. Für Lebewesen sind die kurzwelligen UV-, Röntgen- und γ-Strahlen besonders gefährlich.
- Strahlung kann Elektronen von Molekülen „anregen", das heißt sie in einen höheren Energiezustand versetzen. Sie werden dadurch reaktionsfähig und können chemische Arbeit leisten. Das ist der zentrale Vorgang bei der *Fotosynthese*.

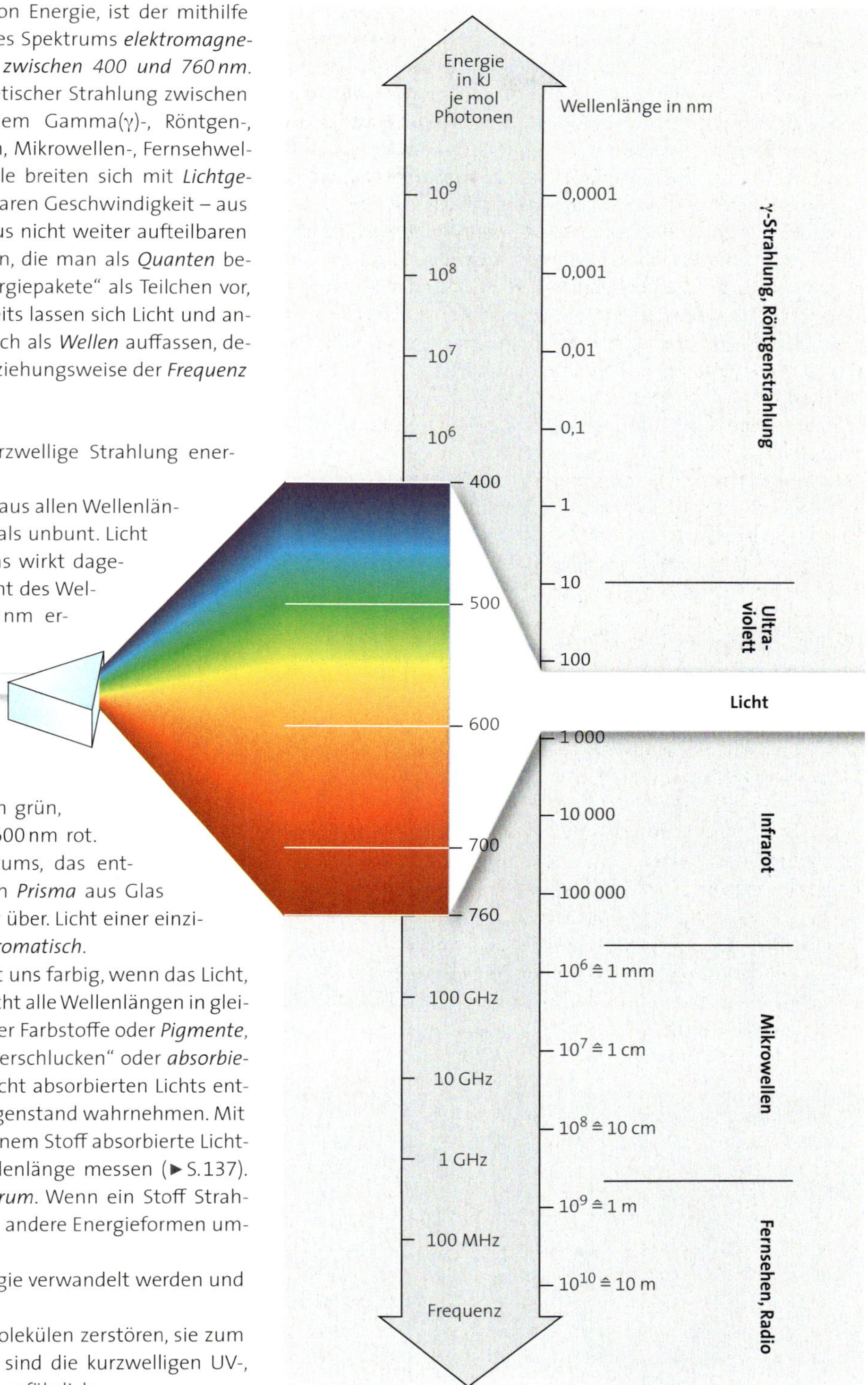

1 Den sichtbaren Anteil des Spektrums elektromagnetischer Strahlung nennen wir Licht. Sonnenlicht erscheint uns unbunt. Erst das Prisma zeigt, dass es aus Strahlung verschiedener Wellenlängen besteht, die wir als Farben empfinden.

Fotosynthese: Überblick

Die Fotosynthese ist ein vielstufiger Vorgang aus zahlreichen Teilprozessen. Dennoch sind die meisten ihrer Voraussetzungen leicht zu überprüfen und ihre Produkte können mit einfachen Mitteln nachgewiesen werden. Sie lassen sich in Form einer chemischen Summengleichung zusammenfassen (▶ Bilder 1–7). Die Summengleichung darf jedoch nur als vereinfachte Bilanz (▶ S. 135) und keinesfalls als Reaktionsbeschreibung verstanden werden.

Kohlenstoffdioxid und Wasser als Ausgangsstoffe. Auch wenn Kohlenstoffdioxid mit 0,03 % nur als „Spurengas" in der Luft enthalten ist, beruht auf ihm die Fotosynthese. Es ist praktisch die einzige Kohlenstoffquelle der Lebewesen. Die Notwendigkeit von Kohlenstoffdioxid für die Fotosynthese lässt sich experimentell einfach beweisen. Für Wasser, den zweiten Ausgangsstoff, gelingt dies nur mit aufwendigen Methoden, zum Beispiel Isotopenmarkierung von Wassermolekülen.

Lichtabsorption durch Blattpigmente. Wie es sich im Begriff Fotosynthese ausdrückt, ist die Absorption von Licht und seine Umwandlung in chemische Energie der zentrale Teil des Vorgangs. *Energiewandler* sind dabei die *Blattpigmente*, neben verschiedenen *Carotinoiden* vor allem das *Chlorophyll*. Um 1 mol Glucose zu synthetisieren, müssen sie 2880 kJ Strahlungsenergie in chemische Energie überführen.

Kohlenhydrate und Sauerstoff als Produkte. Als Speicher für die chemische Energie dienen Kohlenhydrate. Bei intensiver Fotosynthese wird die in den Chloroplasten gebildete Glucose vorübergehend als Assimilationsstärke gesammelt. Diese wird vor allem nachts in die Transportform Saccharose verwandelt und über das *Phloem* der Leitbündel in Spross und Wurzel transportiert. Hier werden die Kohlenhydrate dann in Leukoplasten als *Reservestärke* gespeichert.

Sauerstoff, das andere Endprodukt, ist eine Art Abfall der Fotosynthese. Der gesamte atmosphärische Sauerstoff ist so entstanden. Doch verbrauchen auch die grünen Pflanzen Sauerstoff, nämlich dann, wenn sie bei der *Zellatmung* die selbst gebildeten organischen Stoffe wieder abbauen, um die darin gebundene Energie zu nutzen. Der Zellatmung entspricht die Umkehrung der Fotosynthese-Summengleichung.

Auf dem Nachweis der Sauerstoff- oder der Stärkebildung beruhen viele Experimente zur Fotosynthese.

---

1 Die Bilder dokumentieren einfache Experimente zu den Faktoren der Fotosynthese. Beschreiben und begründen Sie jeweils die Versuchsansätze (Bildreihe oben), nennen und erklären Sie die Versuchsergebnisse (Bildreihe unten).

1–6 Summengleichung der Fotosynthese und Möglichkeiten des experimentellen Nachweises; oben Versuche, unten Ergebnisse.

Chromatographie

1903 entdeckte der russische Botaniker M. TSWETT ein von ihm als „chromatographische Methode“ bezeichnetes Verfahren, das „Blattgrün“ der Pflanzen in verschiedene Farbstoffe aufzutrennen. Wenngleich seine geniale Entdeckung bis 1930 in Vergessenheit geriet, begründete er damit eine Fülle von Trenn- und Anreicherungsmethoden, die bis heute unter dem von ihm gewählten Begriff *Chromatographie* zusammengefasst werden.

Ihr gemeinsames Prinzip besteht darin, die Komponenten eines Stoffgemischs dadurch aufzutrennen, dass diese von einer sich bewegenden (mobilen) Phase – Gas oder Flüssigkeit – an einer ruhenden (stationären) Phase – einem Feststoff – vorbeitransportiert werden. Unterscheiden sich die verschiedenen Stoffe zum Beispiel nach Löslichkeit und Adsorptionseigenschaften, werden sie voneinander getrennt. Je besser ein Stoff beispielsweise an der stationären Phase adsorbiert wird, umso langsamer wird er von der mobilen Phase mitgeführt; je besser er in dieser löslich ist, umso schneller wandert er mit ihr. Dadurch gelangen die Stoffe im Chromatogramm an unterschiedliche Stellen. Farbstoffe lassen sich direkt erkennen, farblose Stoffe werden mit speziellen Reagenzien sichtbar gemacht.

Nach mobiler und stationärer Phase und den verwendeten Materialien unterscheidet man Gas- und Flüssigkeitschromatographie, Papier-, Dünnschicht-, Säulen- und Gel-Chromatographie.

Nach den hauptsächlich wirksamen Trennfaktoren unterteilt man in Adsorptions- und Verteilungschromatographie. Die Adsorptionschromatographie beruht auf den molekularen Wechselwirkungen an der Oberfläche eines Feststoffs, die Verteilungschromatographie auf der unterschiedlichen Löslichkeit der zu trennenden Stoffe in zwei nicht mischbaren Flüssigkeiten.

Chromatographie der Blattpigmente

MATERIAL: Blätter, Mörser, Pistill, Sand, Aceton, Filtertrichter, Filterpapier, kleiner Erlenmeyerkolben, Glaskapillaren oder Pasteurpipette, Chromatographiekammer mit Deckel, Dünnschichtfolien mit Kieselgel als stationäre Phase, Fließmittelgemisch als mobile Phase (Aceton-Laborbenzin-Gemisch (1 : 3). *Vorsicht beim Umgang mit Aceton (F, Xi) und Laborbenzin (Petrolether; F, Xn, N)!*

DURCHFÜHRUNG: 3–4 abgetrocknete Blätter werden in der Reibschale zusammen mit einer Prise Seesand und ca. 10 ml Aceton kräftig mit dem Pistill zerrieben. Gießen Sie diese Pigmentlösung in den kleinen Erlenmeyerkolben und geben Sie ca. 5 ml Petrolether zu. Das Gemisch wird kräftig geschüttelt. Ziehen Sie ca. 1,5 cm parallel zur Unterkante der DC-Folie vorsichtig einen Bleistiftstrich als Startlinie und tragen Sie hier mit einer Kapillare mehrmals punktförmig den Blattextrakt (obere, dunkelgrüne Benzinschicht) auf.

Das Auftragen wird nach jeweiligem Trocknen wiederholt. Schließlich wird die Platte in die Trennkammer gestellt. Der Boden der Trennkammer ist ca. 1 cm hoch mit dem Fließmittel bedeckt. Wenn das Laufmittel ca. 1 cm vom oberen Plattenrand entfernt ist, wird die Platte aus der Kammer entnommen. Die Laufmittelfront wird mit einem Bleistift gekennzeichnet; anschliessend die DC-Platte trocknen lassen.

Aus der Originalarbeit von M. TSWETT Auf diesem Gesetz beruht die folgende wichtige Anwendung. Wird eine petrolätherische Chlorophylllösung durch eine Säule eines Adsorptionsmittels durchfiltriert (ich verwende hauptsächlich Calciumcarbonat, welches in engen Glasröhren dicht gestampft wird), so werden die Farbstoffe gemäss der Adsorptionsreihe von oben nach unten in verschieden gefärbten Zonen auseinandergelegt, indem die stärker adsorbierten Farbstoffe die schwächer zurückgehaltenen weiter nach unten verdrängen. Diese Trennung wird praktisch vollständig, wenn man nach dem Durchgange der Farbstofflösung durch die adsorbierende Säule einen Strom des reinen Lösungsmittels herstellt. Wie die Lichtstrahlen im Spektrum, so werden in der Calciumkarbonatsäule die verschiedenen Komponenten eines Farbstoffgemisches gesetzmässig auseinandergelegt, und lassen sich darin qualitativ und auch quantitativ bestimmen. Ein solches Präparat nenne ich ein Chromatogramm und die entsprechende Methode, die chromatographische Methode.

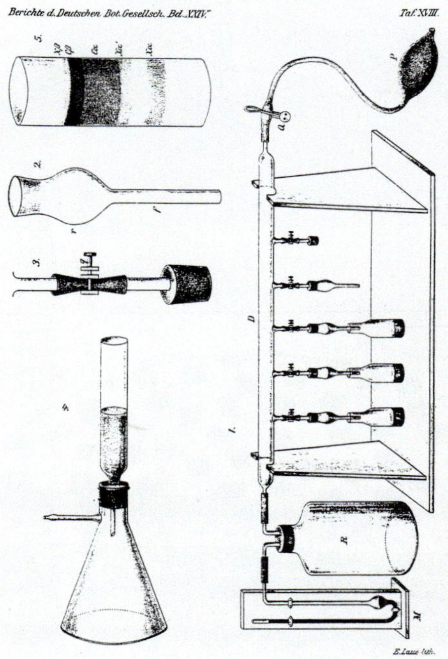

❶ Geben Sie an, welches Chromatographie-Verfahren von TSWETT als erstes verwendet wurde.

❷ Eine der modernsten Techniken der Chromatographie ist die mit hohem Druck arbeitende Hochdruck-Flüssigkeits-Chromatographie (abgekürzt HPLC, von *h*igh-*p*ressure *l*iquid *c*hromatography). Betrachten Sie daraufhin TSWETTS Versuchsanordnung rechts im Bild!

❸ Beschreiben Sie das Ergebnis einer von Ihnen durchgeführten Chromatographie und versuchen Sie die getrennten Stoffe zuzuordnen: Carotine (orange), Xanthophylle (leuchtend gelb), Chlorophyll a (blaugrün), Chlorophyll b (hellgrün) und Chlorophyll-Oxidationsprodukt Phäophytin (schwärzlich grün).

Stichworte zu weiteren Informationen

R_f-Wert • zweidimensionale Chromatographie • Gaschromatographie • Gelfiltration • Autoradiographie

Fotosynthese: Strukturen

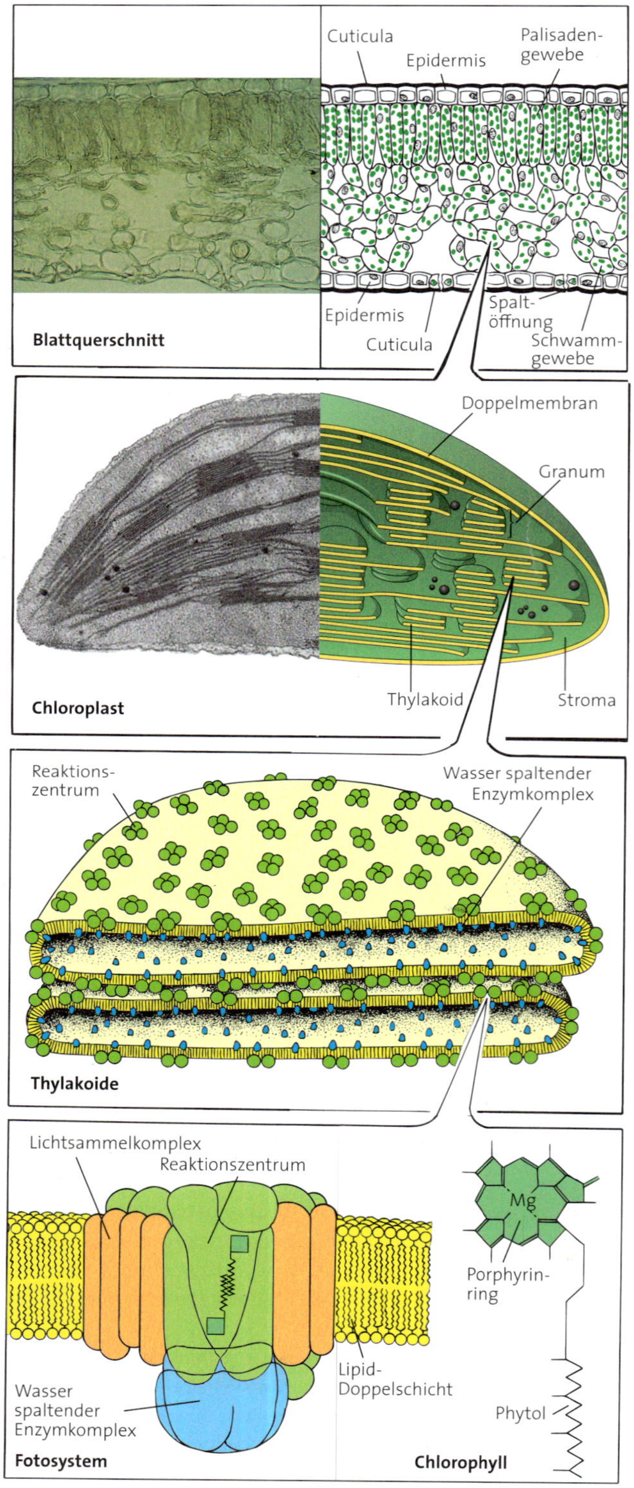

1–6 Die Strukturen der Fotosynthese; von oben nach unten: Blattquerschnitt (lichtmikroskopisches Bild und Grafik), Chloroplast (elektronenmikroskopisches Bild und Grafik), Thylakoide, Fotosystem und Chlorophyllmolekül

Blatt. Fotosynthese findet in *allen grünen Pflanzenteilen* statt. Die *Laubblätter* der hoch entwickelten Samenpflanzen sind jedoch die eigentlichen *Organe der Fotosynthese.* Durch ihren dünnen, flächigen, an Leitbündeln reichen Bau sind sie auf das Einfangen von Licht, den Gasaustausch und die Abgabe von Wasserdampf spezialisiert.

Cuticula und *Epidermis* der Ober- und Unterseite verhindern den Durchtritt von Stoffen, vor allem den von Wasserdampf. Die *Spaltöffnungen* übernehmen die kontrollierte Wasserdampfabgabe und den Austausch von Sauerstoff und Kohlenstoffdioxid. Sie werden durch je zwei *Schließzellen* gebildet und in ihrer Öffnungsweite durch das Zusammenwirken von Licht, Wasserversorgung, Luftfeuchtigkeit und Temperatur geregelt. Meist sitzen sie in der Epidermis der Blattunterseite. Nach innen münden sie in das lockere *Schwammgewebe*, das zusammen mit dem chloroplastenreichen *Palisadengewebe* der Fotosynthese dient (► Bilder 1 und 2).

Chloroplast. Im Zellplasma jeder Zelle von Schwamm- und Palisadengewebe finden sich bis zu über 100 *Chloroplasten*, die während der Blattentwicklung aus farblosen Proplastiden hervorgehen. Das Elektronenmikroskop enthüllt den Feinbau dieser 5–10 µm großen Fotosynthese-Organellen: Eine doppelte Membran umgibt das als *Stroma* bezeichnete Innere. Es wird von einem System in sich geschlossener, flacher Membransäcke durchzogen, die man *Thylakoide* nennt. Bereiche dicht übereinandergestapelter Thylakoide heißen *Grana* (► Bilder 3 und 4).

Thylakoid. Die Thylakoidmembran besteht wie andere Biomembranen auch aus einer etwa 6 nm dicken *Lipid-Doppelschicht*, in die *Proteinmoleküle eingelagert* sind. In zwei wichtigen Punkten unterscheidet sie sich jedoch von anderen Biomembranen: Ihr Proteinanteil ist durch die zahlreichen Enzymkomplexe der Fotosynthese besonders hoch und sie enthält die *Blattpigmente*. Diese sind an spezielle Proteinkomplexe gebunden, die man als *Fotosysteme* bezeichnet und die für die Aufnahme der Lichtenergie verantwortlich sind (► Bild 5).

Fotosystem. In einem Fotosystem umgeben viele Hundert Pigmentmoleküle – Carotinoide und Chlorophyll – als Lichtsammelkomplex ein *Reaktionszentrum* aus wenigen Chlorophyllmolekülen. Die äußeren Pigmentmoleküle wirken dabei als „Antennenpigmente": Sie absorbieren die Lichtenergie und leiten sie wie in einer „Lichtfalle" gezielt den Chlorophyllmolekülen im Reaktionszentrum zu, um diese anzuregen, also in einen energiereicheren Zustand zu versetzen (► Bild 6).

Chlorophyll. Das Chlorophyllmolekül hat einen Licht absorbierenden „Kopf" aus einem sogenannten Porphyrinring, in dessen Zentrum ein Magnesiumion sitzt. Mit einem langen Kohlenwasserstoff-„Schwanz", dem Phytol, ist es in der Thylakoidmembran verankert.

1. **Stellen Sie Zusammenhänge zwischen Blattbau und Fotosynthesevorgängen her.**
2. **Thylakoide bilden eine große „innere Oberfläche" des Chloroplasten. Erklären Sie deren Bedeutung.**
3. **Magnesiummangel bewirkt bei Pflanzen eine gelbliche Verfärbung der Blätter. Suchen Sie dafür eine Erklärung.**

Thylakoidmembran – die „Werkbank“ der Fotosynthese

Wasser mithilfe von Licht in Wasserstoff und Sauerstoff zu zerlegen und diese Stoffe dann in einer Brennstoffzelle unter Arbeitsleistung wieder zu Wasser zu verbinden, das ist ein Zukunftstraum der Techniker. Pflanzen verfügen über eine kombinierte Solar- und Wasserstofftechnik schon seit Milliarden Jahren: die Fotosynthese. Voraussetzung dafür sind *spezialisierte Molekülkomplexe* in der Thylakoidmembran der Chloroplasten. Einer Werkbank vergleichbar ist die Membran mit solchen Molekülkomplexen bestückt – gewissermaßen chemischen Maschinen und Werkzeugen. Diese sind teils in fester Anordnung in der Lipid-Doppelschicht der Membran verankert, teils bilden sie bewegliche Carrier innerhalb des Flüssigmosaiks. Sie sind entweder selbst *Enzyme* oder enthalten Enzyme und bewirken in enger Kopplung drei Teilprozesse der Fotosynthese: *Lichtenergieaufnahme, Elektronentransport* und *ATP-Produktion*.

Lichtenergieaufnahme durch Fotosysteme. Die Molekülkomplexe der Fotosysteme können Licht einer bestimmten Wellenlänge absorbieren. Seine Energie wird dabei auf Elektronen der Chlorophyllmoleküle im Reaktionszentrum übertragen. Anders als in den meisten Fällen von Strahlungsabsorption kehren diese angeregten Elektronen nicht sofort unter Aussenden von längerwelligem Licht (Fluoreszenzlicht) oder Abgabe von Wärme in den energiearmen Zustand zurück. Sie werden vielmehr von einem *Elektronenakzeptor* im Fotosystem übernommen. Durch Licht angeregtes *Chlorophyll wirkt* demnach als *Elektronendonator*, also reduzierend.

Elektronentransport durch Redoxsysteme. Auch bei den weiteren Teilprozessen der Fotosynthese sind *Abgabe und Aufnahme von Elektronen*, also *Oxidation* und *Reduktion*, die entscheidenden Vorgänge. Wie in der Atmungskette (► S. 109) stehen der Transport von Elektronen und Wasserstoffionen (Protonen) durch Enzyme im Zentrum des Geschehens. Die prosthetischen Gruppen dieser Enzyme können reversibel zwischen einer oxidierten und reduzierten Form wechseln, indem sie Elektronen abgeben oder aufnehmen. Ob sie reduzierend oder oxidierend wirken, hängt vom Reaktionspartner ab. Je stärker sich zwei Stoffe unterscheiden in ihrem Bestreben, Elektronen aufzunehmen oder abzugeben, umso größer ist die *Reaktionsenergie* zwischen ihnen. Sie lässt sich in diesem Fall auch als *elektrische Spannung* messen und wird als Redoxpotenzialdifferenz oder kurz *Redoxpotenzial* bezeichnet. In der Thylakoidmembran sind – ebenso wie in der Mitochondrienmembran – mehrere Redoxsysteme nach steigender Tendenz zur Elektronenaufnahme angeordnet. Durch diese *Elektronentransportkette* wird die Energie im Fotosyntheseprozess weitergegeben.

ATP-Produktion durch ATP-Synthase. Ein Teil der Redoxsysteme nutzt die Reaktionsenergie der Elektronenweitergabe zum *aktiven Transport* (► S. 48/49) von Protonen durch die Thylakoidmembran. Protonen häufen sich so im Innern der Thylakoide an. An der Membran entsteht ein *Ladungs-* und *Konzentrationsgradient* ähnlich wie in einer Batterie. Ihm entspricht ein Energiegefälle, das von der *ATP-Synthase* zur ATP-Produktion genutzt wird: Nur über dieses „Spezialwerkzeug“ können Protonen den Innenraum des Thylakoids verlassen. Dabei wird ADP mit Phosphat zu ATP phosphoryliert (Fotophosphorylierung).

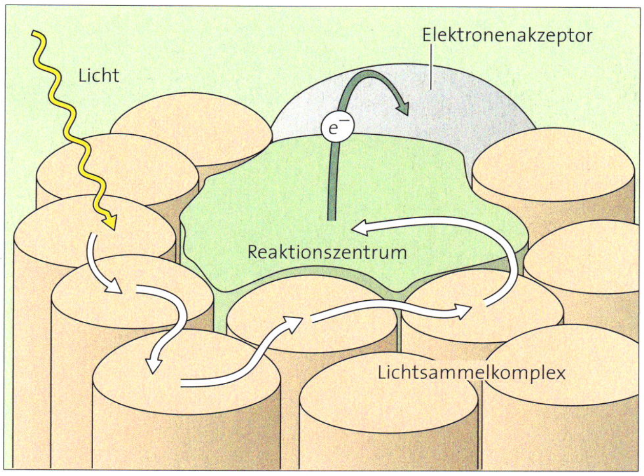

1 Übertragung eines energiereichen Elektrons auf einen Akzeptor nach Belichtung des Fotosystems

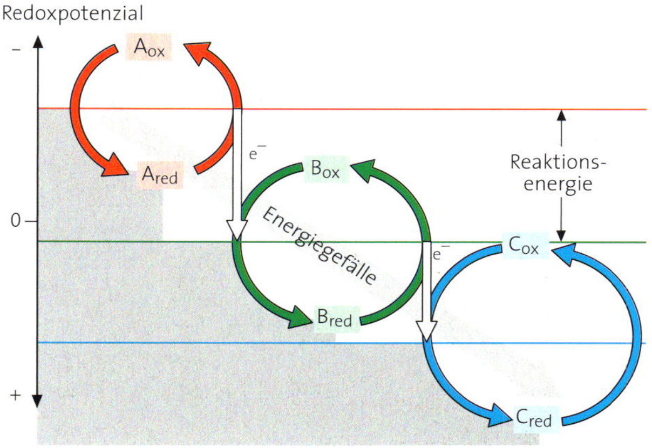

2 Schema einer Elektronentransportkette aus drei Redoxsystemen mit unterschiedlichem Redoxpotenzial

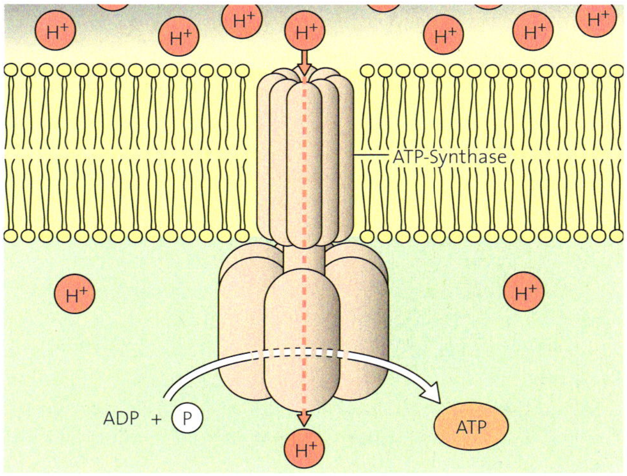

3 ATP-Synthase nutzt den Ladungs- und Konzentrationsgradienten an der Membran zur ATP-Bildung

Ablauf der Fotosynthese

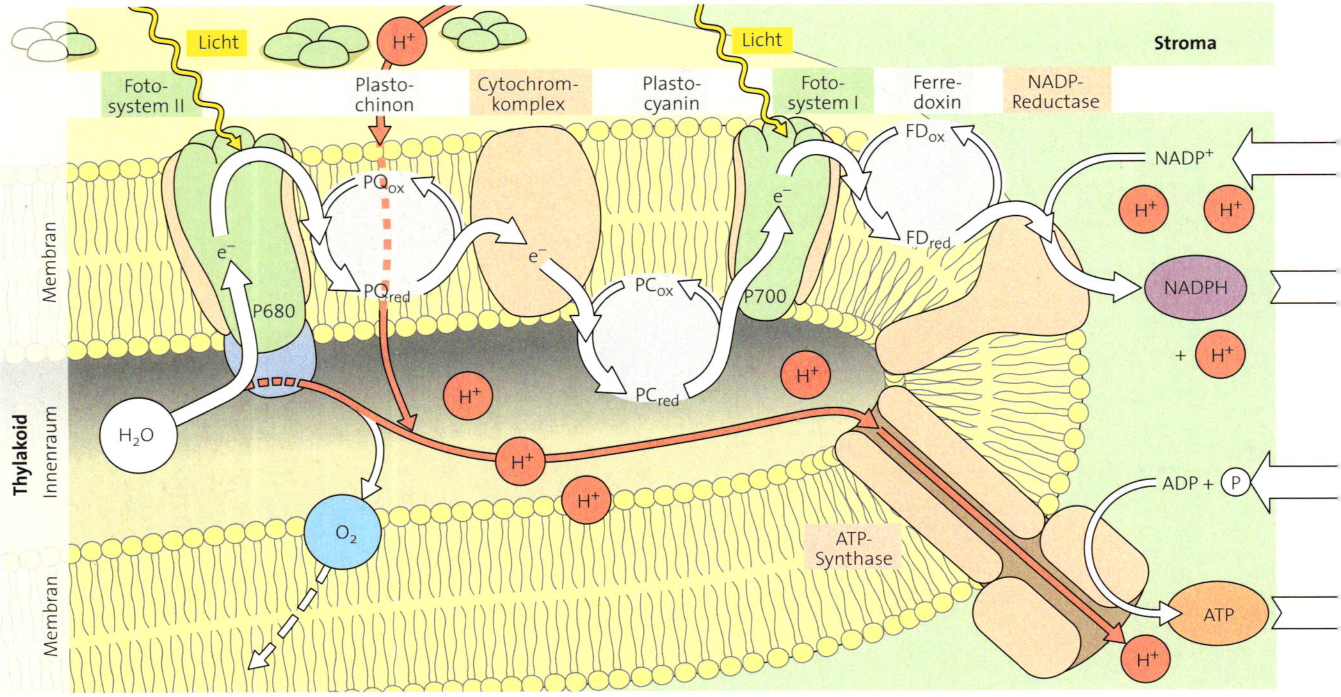

1 *Fotosynthese-Primärreaktionen, Schema. Elektronen- (⇨) und Protonenfluss (➡) sind die entscheidenden Vorgänge.*

Aufgrund ihrer täuschend einfachen Summengleichung nahm man für die Fotosynthese lange Zeit einen einfachen Reaktionsverlauf an. Heute kennt man so viele Teilprozesse, dass man darauf achten muss, das Ziel des Ganzen nicht aus den Augen zu verlieren: die *Bildung von Kohlenhydraten aus Kohlenstoffdioxid*. Sie ist formal betrachtet eine Reduktion und erfordert daher *chemische Energie* und *Reduktionsmittel*. Diese werden in Form von ATP und NADPH + H^+ im ersten Abschnitt der Fotosynthese bereitgestellt, den *Primärreaktionen, auch Lichtreaktionen genannt*. Sie laufen in den *Thylakoiden der Chloroplasten* ab. Im zweiten Abschnitt der Fotosynthese, den *Sekundärreaktionen*, werden dann im *Stroma der Chloroplasten* durch Reduktion des Kohlenstoffdioxids Kohlenhydrate erzeugt.

Primärreaktionen. Grundlegend für das Verständnis der Fotosynthesevorgänge waren Experimente des britischen Chemikers R. HILL von 1939. Seine Experimente mit isolierten Chloroplasten und einem zugefügten Elektronen- und Wasserstoffakzeptor zeigten, dass der Sauerstoff aus Wasser und nicht aus Kohlenstoffdioxid entsteht. Im Jahr 1958 schloss der amerikanische Biologe R. EMERSON aus Versuchen mit Algen, dass bei der Aufnahme von Lichtenergie zwei Fotosysteme zusammenarbeiten: Die Algen erzeugten in seinen Experimenten nur dann maximale Mengen Sauerstoff, wenn er sie gleichzeitig (und nicht nacheinander) mit Licht der Wellenlängen 680 nm und 700 nm bestrahlte. Die beiden Fotosysteme werden nach der Reihenfolge ihrer Entdeckung I und II oder nach der jeweils optimal wirksamen Strahlung *P 680* und *P 700* genannt.

Neben den Fotosystemen sind mehrere Redoxsysteme und die ATP-Synthase an den Primärreaktionen beteiligt (▶ Bild 1):

- Wird Fotosystem II mit Licht bestrahlt, wird Chlorophyll in seinem Reaktionszentrum angeregt und gibt ein Elektron an einen Akzeptor ab.
- Dem oxidierten Chlorophyll$^+$ wird durch den Wasser spaltenden Enzymkomplex wieder ein Elektron zugeführt. Dieses Elektron stammt aus dem Wasser, das – auf nicht ganz geklärte Weise – in Elektronen, Protonen und Sauerstoff gespalten wird. Die durch Licht veranlasste Wasserspaltung wird *Fotolyse* genannt. Der gebildete Sauerstoff wird frei.
- Vom Fotosystem II gelangen die Elektronen über eine *Elektronentransportkette aus mehreren Redoxsystemen* (Plastochinon, Cytochrom, Plastocyanin) zum Fotosystem I.
- Parallel zum Elektronenfluss „pumpt“ das Redoxsystem Plastochinon Protonen in das Innere der Thylakoide. Zusammen mit den aus der Wasserspaltung stammenden Protonen bewirken sie das Ladungs- und Konzentrationsgefälle (▶ S. 109), das die ATP-Synthase zur *ATP-Bildung* nutzt. Dieser Vorgang wird als Fotophosphorylierung bezeichnet.
- Auch Fotosystem I gibt nach Anregung durch Licht ein Elektron an eine zweite Elektronentransportkette weiter und gelangt dann – indem es ein vom Fotosystem II zugeführtes Elektron übernimmt – wieder in den Grundzustand. Am Ende der Elektronentransportkette werden die Elektronen auf das Wasserstoff übertragende Coenzym NADP$^+$ übertragen, das dadurch zu NADPH + H^+ reduziert wird.

Mit der Bereitstellung des Energieträgers ATP und des Reduktionsmittels NADPH + H^+ sind die Primärreaktionen abgeschlossen und die Voraussetzungen für die Sekundärreaktionen geschaffen.

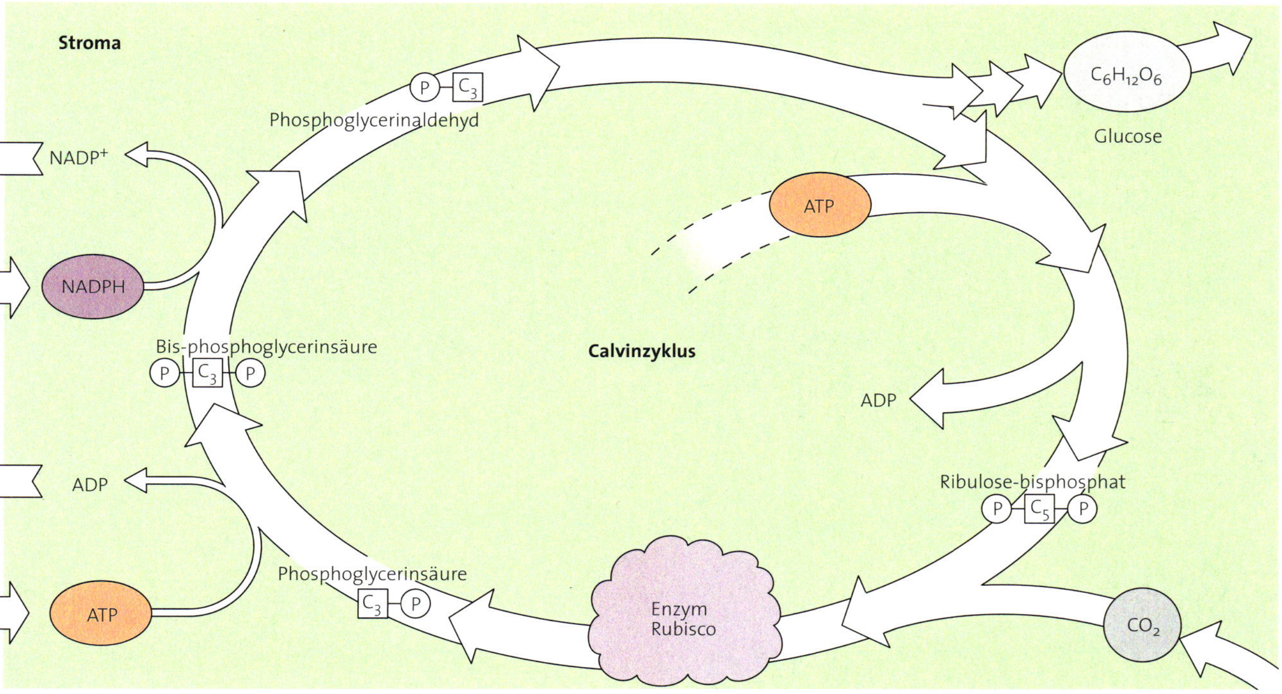

1 *Fotosynthese-Sekundärreaktionen (Calvinzyklus), stark vereinfachtes Schema ohne Angaben der Mengenverhältnisse*

Sekundärreaktionen. Im Stroma der Chloroplasten wird nun in einer komplizierten zyklischen Reaktionsfolge Kohlenstoffdioxid in Kohlenhydrate umgewandelt. Nach ihrem Entdecker, dem amerikanischen Chemiker M. CALVIN, wird die Reaktionsfolge als *Calvinzyklus* bezeichnet.

Licht ist für diese Reaktionen nicht unmittelbar notwendig. Sie sind jedoch an die Lichtreaktionen eng gekoppelt, da sie deren Endprodukte ATP und NADPH + H^+ benötigen. Die wichtigsten Schritte sind (▶ Bild 1):

- *Einschleusung von Kohlenstoffdioxid.* Durch den Enzymkomplex *Rubisco (Ri*bulose-*bis*phosphat-*c*arboxylase/*o*xidase) wird CO_2 auf den Zucker Ribulose-bisphosphat, eine Pentose (▶ S. 95), als CO_2-Akzeptor übertragen.

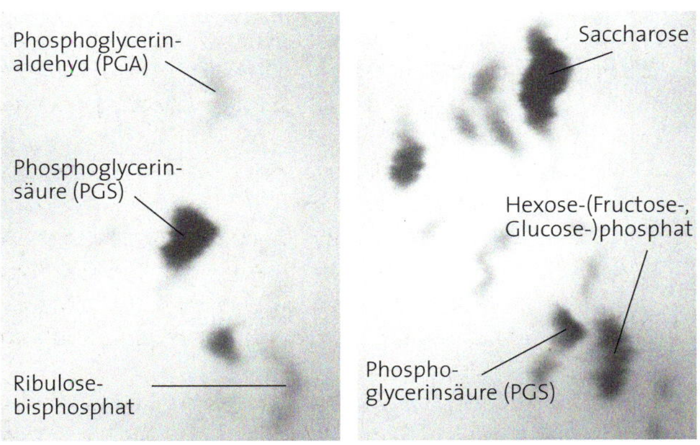

2 und 3 *Autoradiogramme der Fotosyntheseprodukte 5 s (links) und 120 s nach Zugabe von radioaktivem $^{14}CO_2$*

- *Energiezufuhr.* Das Reaktionsprodukt mit 6 C-Atomen zerfällt sofort in 2 Moleküle *Phosphoglycerinsäure (PGS)* mit 3 C-Atomen. Sie wird durch ATP der Lichtreaktionen zu *Bis-phosphoglycerinsäure* aktiviert, also energiereich gemacht.
- *Reduktion.* Die Bis-phosphoglycerinsäure wird durch NADPH + H^+ aus den Lichtreaktionen zu *Phosphoglycerinaldehyd (PGA)* reduziert.
- *Bildung von Glucose.* Aus PGA entstehen verschiedene Kohlenhydrate, schließlich auch Glucose als Endprodukt der Fotosynthese. Unter Einsatz von ATP wird Ribulose-bisphosphat regeneriert und der Zyklus damit geschlossen.

Bei der Erforschung des Calvinzyklus spielte die *Autoradiographie* eine zentrale Rolle: Den Versuchspflanzen wurde radioaktiv markiertes CO_2 zugeführt und ihre Fotosynthese nach unterschiedlich langer Zeit (Sekunden!) unterbrochen. Mithilfe der Chromatographie wurden dann die radioaktiven Reaktionsprodukte in der Reihenfolge ihrer Bildung identifiziert (▶ Bilder 2 und 3).

Bilanz der Fotosynthese. Energetisch gesehen ist die Fotosynthese ein Vorgang, bei dem je Mol Glucose 2 880 kJ Strahlungsenergie der Sonne in chemische Energie überführt werden. In gekürzter Form kann man die stoffliche Bilanz wie auf Seite 124 zusammenfassen. Will man jedoch deutlich machen, dass der Sauerstoff durch Fotolyse aus Wasser entsteht und in den Sekundärreaktionen Wasser „neu" gebildet wird, lautet die einfachste Formulierung der Summengleichung:

$$12\,H_2O + 6\,CO_2 \longrightarrow C_6H_{12}O_6 + 6\,O_2 + 6\,H_2O.$$

Die farbige Unterlegung gibt dabei die Herkunft der beteiligten Elemente an.

Abhängigkeit der Fotosynthese von Umweltfaktoren

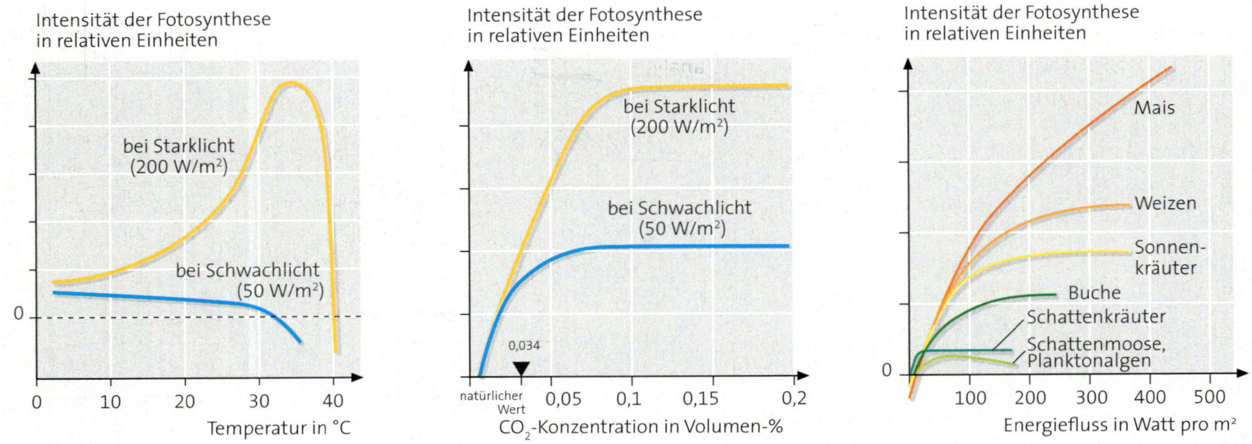

1–3 Einfluss von Temperatur, Kohlenstoffdioxidkonzentration und Lichtintensität auf die Fotosynthese

Aus der Summengleichung kann man leicht ableiten, von welchen Umweltfaktoren die Fotosynthese unmittelbar abhängt. Daneben ist vor allem die Temperatur von Bedeutung. Der Einfluss der Faktoren ist jedoch schwer einzeln zu erfassen. Wird beispielsweise ein Faktor nur minimal angeboten, kann auch das gesteigerte Angebot der anderen nicht verwertet werden. Der Faktor im Minimum wird zum *limitierenden Faktor*. Die Fotosyntheseintensität unter verschiedenen Bedingungen lässt sich am einfachsten bestimmen, wenn man entweder das von einer Pflanze pro Zeiteinheit verbrauchte Kohlenstoffdioxid oder aber den gebildeten Sauerstoff misst.

Temperatur. *Bei geringem Lichtangebot* wirkt sich eine Änderung der *Temperatur kaum* auf die Fotosynthese aus, da unter diesen Bedingungen vor allem die Aufnahme der Lichtenergie begrenzend wirkt. *Im Starklicht* hat die Temperatur dagegen einen *ausgeprägten Einfluss*. Dann bestimmen temperaturabhängige Transportvorgänge in den Membranen die Geschwindigkeit.

Kohlenstoffdioxid. Auch ein verändertes Angebot an *Kohlenstoffdioxid* wirkt sich *nur bei Starklicht* deutlich auf die Fotosynthese aus. Unter diesen Bedingungen ist der natürliche Kohlenstoffdioxidgehalt der Luft oft der begrenzende Faktor. Daher lassen sich durch künstliche „CO_2-Düngung" bei manchen Gewächshauskulturen, beispielsweise Gurken, höhere Erträge erzielen. Durch Atmung der Mikroorganismen im Boden kann sich ebenfalls eine optimale Kohlenstoffdioxidkonzentration in Bodennähe einstellen.

Lichtintensität. Die *bei der Fotosynthese wirksame Strahlung* PAR (*Ph*otosynthetically *A*ctive *R*adiation) wird als Photonenfluss (in µmol pro m^2 und s) oder als Energiefluss (in Watt pro m^2) gemessen (► S. 139). Sie ist ein wichtiger Faktor der Fotosynthese. Vor allem zwei Werte kennzeichnen die von Art zu Art unterschiedliche Abhängigkeit einer Pflanze von der Lichtintensität:

- Der *Lichtkompensationspunkt* (► S. 140) entspricht der Energiemenge, bei der durch Fotosynthese gerade so viel Sauerstoff gebildet wie durch Atmung verbraucht wird.
- Die *Lichtsättigung* bezeichnet die Menge der Lichtenergie, bei der die Fotosynthese maximale Intensität erreicht.

Wellenlänge des Lichts. Dass Licht von den Blättern und Chloroplasten nicht über den ganzen sichtbaren Spektralbereich gleichmäßig absorbiert wird, lässt sich schon aus ihrer grünen Farbe schließen. Genaueren Aufschluss erhält man aus dem *Absorptionsspektrum* der Blattpigmente. Am stärksten absorbiert Chlorophyll das Licht im Blau- und Rotbereich, im Grün-gelb-Bereich dagegen nur schwach. Dem entspricht das *Wirkungsspektrum* der Fotosynthese. Man erhält es, indem man die Intensität der Fotosynthese, beispielsweise den gebildeten Sauerstoff, in Abhängigkeit von der Wellenlänge des eingestrahlten Lichts bestimmt.

---

1 Erklären Sie aus dem Absorptionsspektrum, warum uns Chlorophyll grün erscheint.

2 Vergleichen Sie den Verlauf der verschiedenen Absorptionsspektren mit dem Fotosynthese-Wirkungsspektrum (► Bild 4). Welchen Schluss ziehen Sie?

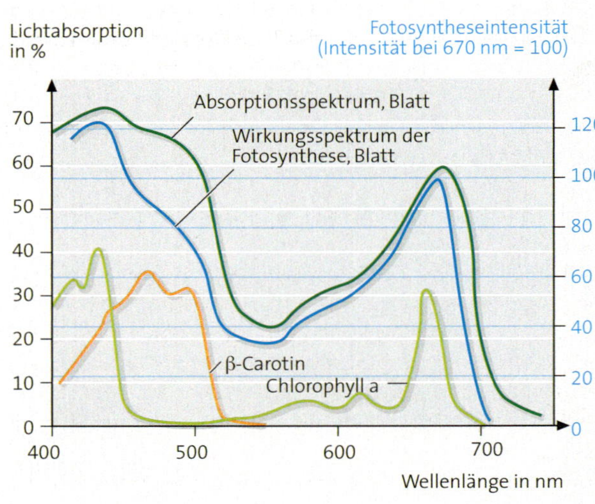

4 Wirkungsspektrum der Fotosynthese und Absorptionsspektrum von Blatt und Blattpigmenten

MATERIAL · METHODE · PRAXIS

Licht, Blattpigmente und Fotosynthese

Die Aufnahme von Lichtenergie durch die Blattpigmente ist der grundlegende Vorgang der Fotosynthese. Um die Zusammenhänge zwischen Strahlung und Fotosynthesevorgängen zu analysieren, kann man ein Absorptionsspektrum der Blattpigmente oder ein Wirkungsspektrum der Fotosyntheseleistung erstellen:

- Das *Absorptionsspektrum* ist ein Diagramm, das die Absorption von Licht durch einen Stoff oder ein Stoffgemisch in Abhängigkeit von der Wellenlänge darstellt und das mithilfe eines *Fotometers* ermittelt wird.
- Als *Wirkungsspektrum* bezeichnet man ein Diagramm, das zeigt, wie die Intensität einer Stoffwechselleistung von der Wellenlänge des eingestrahlten Lichts abhängt.

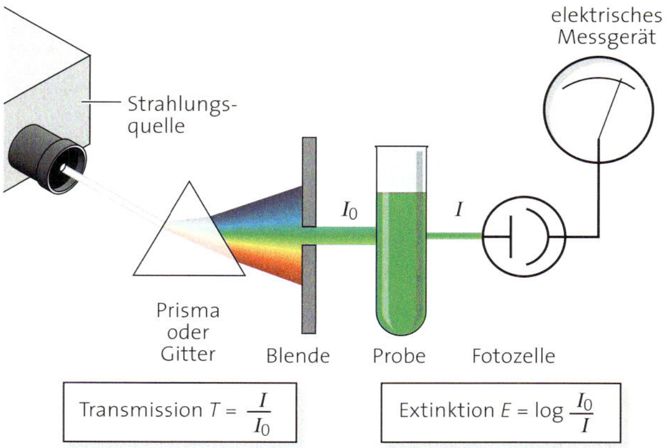

Fotometrie

Im Fotometer misst eine lichtempfindliche *Fotozelle*, wie stark ein in Lösung befindlicher Stoff die Intensität des Lichts beim Durchstrahlen schwächt. Das Verhältnis von ausgestrahlter zu eingestrahlter Intensität I/I_0 bezeichnet man als *Transmission T*, ihren negativen Logarithmus als *Extinktion E*. Sie dient als Maß für die Lichtabsorption. Im *Spektralfotometer* wird die Extinktion für einzelne Wellenlängen getrennt gemessen, indem eine Blende jeweils nur einen Strahl des Spektrums für die Messung herausblendet.

Da die Extinktion außer von der Schichtdicke der Probe auch von der Konzentration des gelösten Stoffs abhängt, verwendet man sie in der Praxis häufig zur Konzentrationsbestimmung gelöster Stoffe.

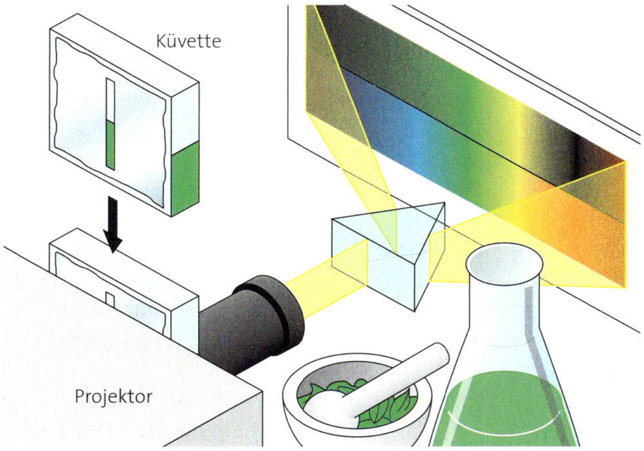

Absorptionsbereiche der Blattpigmente

MATERIAL: Blätter, Schere, Mörser, Quarzsand, Aceton *(F, Xi)*, Filtertrichter, Filtrierpapier, Glasküvette mit Spalt, Diaprojektor, Prisma, verdunkelbarer Raum
Vorsicht beim Umgang mit Aceton!

DURCHFÜHRUNG: Füllen Sie die Küvette etwa zur Hälfte mit dem filtrierten Blattextrakt (Herstellung ► S. 131) und bringen Sie die Küvette in die Bildbühne des Projektors. Stellen Sie ein Prisma unmittelbar vor das Objektiv des Projektors und projizieren Sie im weitgehend abgedunkelten Raum das Projektorlicht auf das Prisma. Drehen Sie dieses so, dass sein Spektrum auf eine Projektionswand trifft. Vergleichen Sie obere Hälfte (Blattextrakt) und untere Hälfte (Luft) des Spektrums.

Historisches Experiment: Wirkungsspektrum der Fotosynthese nach ENGELMANN

Bereits 1881 konnte der Physiologe ENGELMANN in einem berühmt gewordenen Experiment zeigen, dass Rot- und Blaulicht für die Fotosynthese am wirksamsten sind. Er benutzte Sauerstoff liebende Bakterien als „Indikatoren" der Fotosyntheseintensität: Bestrahlte er eine Fadenalge mit Spektrallicht, so sammelten sich die Bakterien bevorzugt um diese Spektralbereiche an (► Bild rechts).

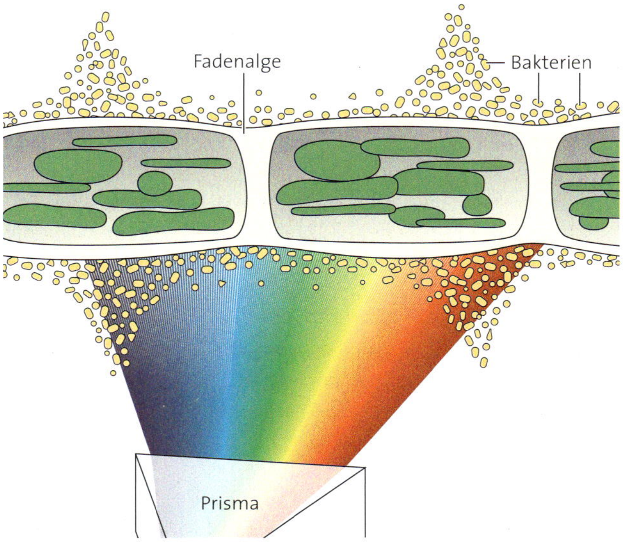

1 **Entwerfen Sie einen Versuchsplan für ein Wirkungsspektrum der Fotosynthese. Worin liegen die Schwierigkeiten?**

Stichworte zu weiteren Informationen
lambert-beersches Gesetz • optischer Test

Bedingungen und Leistungen der Fotosynthese

Mit der Messung der pflanzlichen Produktivität unter verschiedenen Bedingungen ermittelt man wichtige biologische Basisdaten. Dabei dient der Gaswechsel zwischen aufgenommenem Kohlenstoffdioxid und fotosynthetisch gebildetem Sauerstoff als häufig verwendetes und gut quantifizierbares Maß für die Fotosyntheseintensität.

Als Versuchspflanzen eignen sich Wasserpflanzen mit einem speziellen Durchlüftungsgewebe besonders gut, weil sich bei ihnen der gebildete Sauerstoff aus einem angeschnittenen Spross direkt auffangen und messen lässt.

Jede Versuchsreihe muss so angelegt werden, dass immer nur einer der Faktoren wie Temperatur, Kohlenstoffdioxidgehalt, Intensität oder Farbe des Lichts verändert wird.

Aus den gewonnenen Messwerten lässt sich die Fotosyntheseleistung einer Pflanze unter den Bedingungen des Experiments berechnen. Grundlage der Bilanzierung sind die Summengleichungen von Fotosynthese und Atmung.

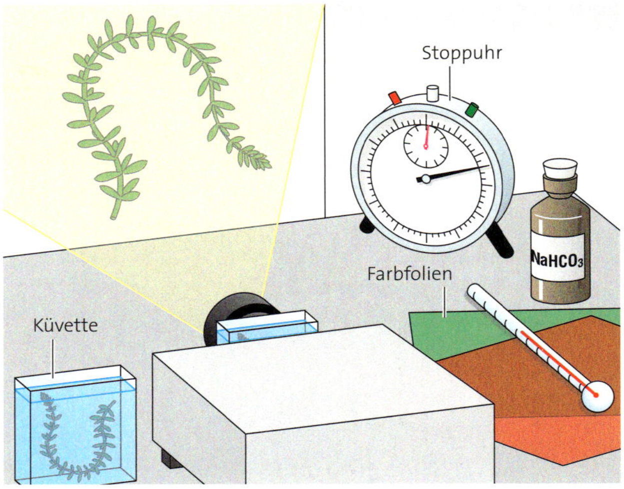

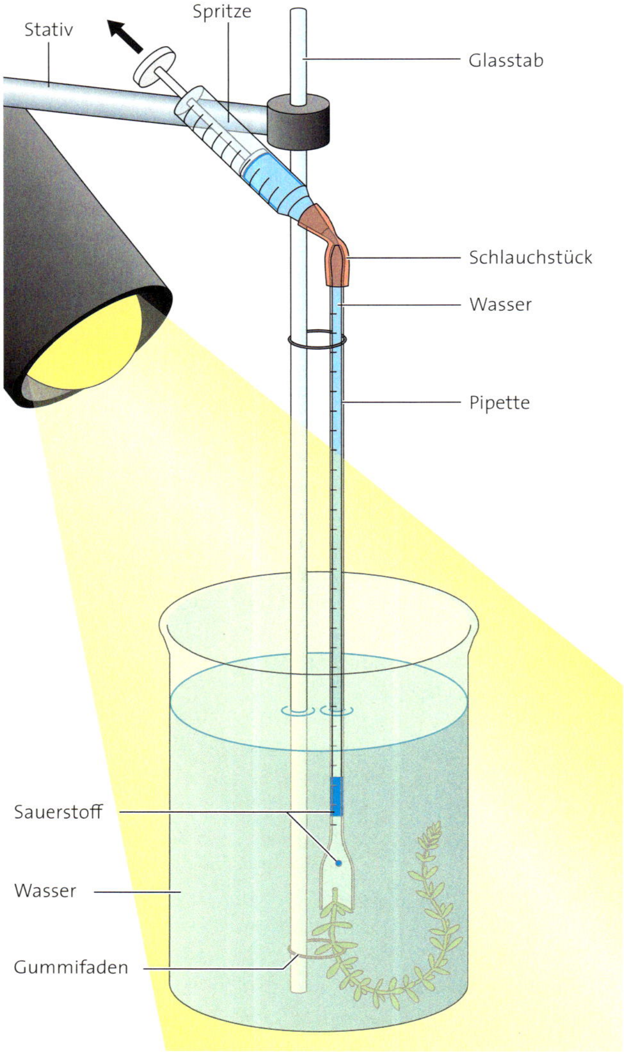

Fotosyntheseintensität einer Wasserpflanze in Abhängigkeit von verschiedenen Bedingungen

MATERIAL: Sprosse von Wasserpflanzen (zum Beispiel von der Wasserpest Elodea oder dem Wasserschild Cabomba), großes Becherglas mit Wasser, Lampe, Stoppuhr, eventuell Diaprojektor, Küvette; Injektionsspritze, 0,1-ml-Messpipette mit erweitertem Ende (Watte-Stopfenbett), Thermometer, Luxmeter, Farbfolien (blau, grün, rot), $NaHCO_3$-Lösung (1 mol/l)

DURCHFÜHRUNG: Bei der *Bläschenzählmethode*, die sich vor allem für eine orientierende Untersuchung eignet, werden die von einem Sprossstück der Pflanze gebildeten, unter Wasser aus der Schnittstelle austretenden Sauerstoffbläschen pro Minute gezählt. Das geht besonders leicht mit einer Küvette als Versuchsgefäß im Strahlengang eines Diaprojektors (► Bild oben).

Genauere Messdaten liefert die *Volumenmethode* (► Bild links). Dabei wird der von dem Sprossstück gebildete Sauerstoff im erweiterten Ende einer Stopfenbett-Messpipette aufgefangen und zur Volumenmessung mit der Spritze in die Pipette gesaugt.

Befestigen Sie dazu den Spross so, dass seine Schnittstelle in das erweiterte Ende der Pipette reicht. (Der Spross darf natürlich nicht abgeknickt werden!)

Variieren Sie die Versuchsbedingungen:

Temperatur: Verändern Sie die Wassertemperatur im Bereich zwischen 5 und 45 °C in 10-Grad-Schritten.

Kohlenstoffdioxidgehalt: Füllen Sie das Versuchsgefäß mit unterschiedlich konzentrierter $NaHCO_3$-Lösung im Bereich zwischen 0,01 mol/l und 1 mol/l.

Lichtintensität: Verändern Sie den Abstand zwischen Lampe und Versuchsgefäß und damit die Lichtintensität oder Beleuchtungsstärke. Messen Sie diese mit einem Luxmeter.

Lichtqualität: Messen Sie die Sauerstoffbildung bei Beleuchtung der Pflanze mit verschiedenfarbigem Licht (Farbfolien). Dabei ändert sich allerdings die Lichtintensität mit.

Planen und erstellen Sie ein geeignetes Versuchsprotokoll. Stellen Sie Ihre Messergebnisse jeweils in Form von Diagrammen dar. Überprüfen Sie Ihre Versuche auch hinsichtlich möglicher Fehlerquellen.

Abschätzung des Lichtkompensationspunkts

MATERIAL: verdunkelbarer Raum, Lichtquelle, Luxmeter, große Reagenzgläser mit Stopfen, Erlenmeyerkolben oder Stative als Halterung für die Reagenzgläser, Sprosse der Ampelpflanze Tradescantia oder Zebrina; Indikatorlösung aus 7,46 g KCl, 0,08 g $NaHCO_3$, 0,01 g Kresolrot und 1 000 ml dest. Wasser

DURCHFÜHRUNG: Am Lichtkompensationspunkt (► S. 140) halten sich Fotosynthese und Atmung gerade die Waage. Um ihn zu ermitteln, misst man die Beleuchtungsstärke, bei der die Pflanze von CO_2-Verbrauch zu CO_2-Bildung wechselt.

Schneiden Sie etwa 5 gleich lange und gleich stark beblätterte Sprosse der Versuchspflanze ab. Füllen Sie in 5 Reagenzgläser etwa 3 cm hoch die durch Einblasen von Ausatemluft gelb gefärbte Indikatorlösung. Bringen Sie in den Luftraum über der Lösung je einen Pflanzenspross und verschließen Sie dann die Gläser mit Stopfen.

Bei Beleuchtungsstärken über dem Lichtkompensationspunkt färbt sich die Indikatorlösung innerhalb von 6 bis 8 Stunden durch CO_2-Entzug rot. Bei geringerer Helligkeit bleibt die Lösung durch überschüssiges CO_2 in Luftraum und Lösung gelb.

Ermitteln Sie den Lichtkompensationspunkt (► Bild oben), indem Sie die Versuchsgläser im verdunkelten Raum in unterschiedlicher Entfernung von der Lichtquelle aufstellen und die Beleuchtungsstärke bei dem Glas messen, dessen Indikatorlösung nach längerer Zeit eine orangerote Mischfarbe zeigt.

Glucosegehalt von Efeublättern

MATERIAL: Waage, Schere, Mörser, Quarzsand, 10-ml-Pipette, Teststäbchen für Glucose im Blut (eventuell mit zugehörigem Blutzuckermessgerät), Efeublätter

DURCHFÜHRUNG: Pflücken Sie an einem sonnigen Tag jeweils 10 mittelgroße junge Efeublätter von schattigen und besonnten Zweigen. Untersuchen Sie beide Blattproben getrennt: Zerschneiden Sie je 5 g der Blätter mit einer Schere, zerreiben Sie sie mit etwas Quarzsand und 10 ml Wasser zu einem Brei und messen Sie dann den Glucosegehalt mit den Teststäbchen nach der Gebrauchsanleitung.

Strahlungsmessung bei der Fotosynthese

In wissenschaftlichen Fotosynthese-Experimenten verwendet man Quantensensoren zur Messung der Lichtintensität. Sie messen die fotosynthetisch wirksame Strahlung (PAR ► S. 136) zwischen 400 und 700 nm als Photonenfluss (in mol Photonen pro Fläche und Zeit) oder als Energiefluss (in Watt pro Fläche). Luxmeter, die früher verwendet wurden und in Schulen meist in Gebrauch sind, messen die Beleuchtungsstärke (in Lux) entsprechend der spektralen Empfindlichkeit des menschlichen Auges mit einem ausgeprägten Maximum bei 550 nm. Glühlampenlicht von 1 Kilolux entspricht in etwa dem Energiefluss von 4 W pro m^2 oder dem Photonenfluss von 20 µmol Photonen pro m^2 und s.

---

1 Berechnen Sie aus den Ergebnissen zur Sauerstoffbildung bei Wasserpflanzen deren Fotosyntheseleistung bezogen auf äußere Bedingungen, Zeit und Pflanzenmasse/Blattfläche.

2 Nennen Sie praktische Anwendungen, für die die Kenntnis des Lichtkompensationspunkts einer Pflanzenart wichtig ist.

3 Rechnen Sie die Ergebnisse der Zuckerbestimmung in Efeublättern auf die Blattmasse und die Blattfläche um. Beachten Sie dabei, dass die Messwerte der Blutzucker-Teststäbchen in mg/dl (also mg/100 ml) angegeben sind, im Versuch aber nur 10 ml verwendet werden. Erklären Sie das Versuchsergebnis. Warum entspricht es nicht der Menge der fotosynthetisch erzeugten Kohlenhydrate im Blatt?

4 Vergleichen Sie die Ergebnisse Ihres Versuchs zur Fotosyntheseleistung einer Wasserpflanze bei verschiedener Lichtqualität mit dem Wirkungsspektrum der Fotosynthese nach ENGELMANN (► S. 137).

5 CO_2 löst sich in Wasser unter Bildung von Kohlensäure. Überlegen Sie, wie man die Fotosyntheseleistung von Wasserpflanzen mithilfe eines pH-Meters untersuchen kann.

Stichworte zu weiteren Informationen

nachwachsende Rohstoffe (► S. 89) • Kohlenstoffkreislauf • Klimakammer • C_4-Pflanzen (► S. 145) • CO_2-Infrarotabsorptionsgasanalyse

Fotosynthese und Licht im Lebensraum

Selten sind die Umweltbedingungen so günstig, dass die Fotosynthese Höchstleistung erreicht. Fast immer wirkt ein Faktor begrenzend. Im Hochgebirge sowie den Kälte- und Hitzezonen der Erde ist dies häufig die Temperatur, in anderen Lebensräumen das Wasser, in unseren Breiten oft das Licht.

Zum Beispiel vermindert Lichtmangel durch Nebel, Bewölkung und frühe Dämmerung die optimale Fotosyntheseleistung frei stehender Rotbuchen um fast 40 %, Trockenheit und ungünstige Temperatur bewirken jeweils nur eine Verringerung von etwa 3 %. Für Pflanzen in einem Baumbestand wird der *relative Lichtgenuss*, also der Prozentsatz des vollen Tageslichts, der sie erreicht, durch die Nachbarpflanzen noch weiter eingeschränkt.

Damit eine Pflanze existieren kann, muss sie zumindest so viel Licht erhalten, dass die durch Fotosynthese erzeugte Menge organischer Stoffe den Verbrauch durch die Atmung ausgleicht. Die dafür erforderliche Lichtintensität bezeichnet man als *Lichtkompensationspunkt*. Die verschiedenen Pflanzenarten erreichen den Lichtkompensationspunkt und die *Lichtsättigung*, bei der die Fotosynthese ihre maximale Leistung erreicht, bei unterschiedlicher Lichtintensität. Besonders groß sind die Unterschiede zwischen Sonnen- und Schattenpflanzen.

Sonnenpflanzen und Schattenpflanzen. *Sonnenpflanzen*, wie Königskerze, Heidekraut, Thymian und Silberdistel, sind nach Bau und Stoffwechsel an Standorte mit starker Sonnenstrahlung angepasst. Sie kommen vor allem auf offener Feldflur, Felsen, Trockenrasen oder Heiden vor. Ihre meist kleinen und derben Blätter sind durch Haare, Wachsüberzug, Blattstellung oder Einrollen gegen übermäßige Strahlung und Wasserverlust gewappnet. Die Chloroplasten besitzen Lichtschutzeinrichtungen: Carotinoide fangen zu starke Strahlung ab und wandeln sie in Wärme um, Enzyme machen die bei der Fotosynthese entstehenden hochreaktiven Sauerstoffformen unschädlich, die die Zelle schädigen können. Eine große Anzahl an Spaltöffnungen ermöglichen den Sonnenpflanzen bei gutem Wasserangebot hohe Gaswechsel- und Fotosyntheseraten.

Schattenpflanzen sind kennzeichnend für die lichtarme Kraut- und Moosschicht unserer Wälder: Waldmeister, Wurmfarn und Frauenhaarmoos. Sie besitzen meist zarte Blätter ohne besonderen Transpirationsschutz. Durch ihren niedrigen Kompensationspunkt können sie bei geringerer Beleuchtungsstärke als Sonnenpflanzen existieren. Allerdings erreichen ihre Fotosysteme schon bei geringer Beleuchtungsstärke die maximale Fotosyntheseleistung, sodass ihre Produktivität kleiner ist als die der Sonnenpflanzen. Bei intensiver Bestrahlung können Schattenpflanzen leicht Schaden nehmen, da sie kaum mit Schutzeinrichtungen gegen zu starke Strahlung ausgestattet sind.

Lichtabhängigkeit von Pflanzen

(PAR in µmol pro m² und s)

Pflanzentyp	Kompensationspunkt	Lichtsättigung
Sonnenkräuter	20 – 40	1000 – 1500
Schattenkräuter	5 – 10	100 – 200
Laubbaum Sonnenblätter	20 – 50	600 – 800
Schattenblätter	10 – 15	200 – 500
Schattenfarne	1 – 5	50 – 150
Moose	um 50	200 – 500
Flechten	50 – 100	700 – 1000
Tiefenalgen	etwa 2	150 – 400

1 Von der Sonnenstrahlung gehen in einem Mischwald ungefähr 10 % durch Reflexion verloren, 86 % werden durch Bäume absorbiert und 2 % durch Sträucher. Nur 2 % erreichen den Waldboden mit der Kraut- und Moosschicht.

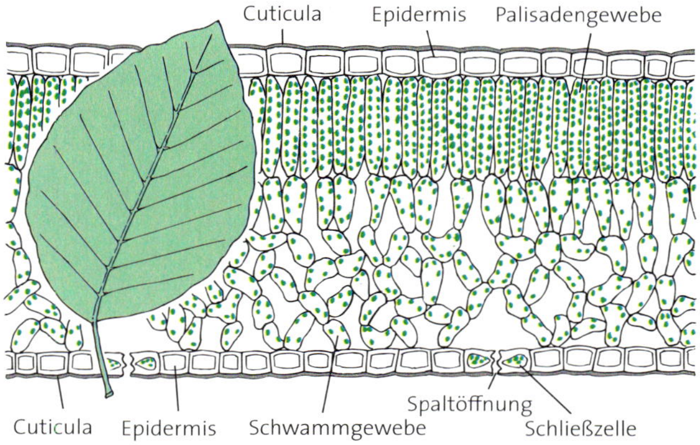

1 *Sonnenblatt mit Blattquerschnitt*

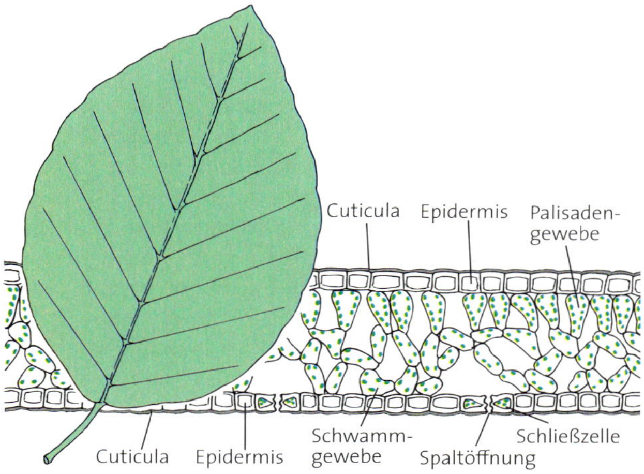

2 *Schattenblatt mit Blattquerschnitt*

Sonnenblätter und Schattenblätter. Bei manchen Pflanzen, besonders bei Laubbäumen, entscheidet sich erst während der Blattentwicklung unter dem modifizierenden Einfluss des Lichts, ob sich ein Blatt auf Starklicht oder Schwachlicht spezialisiert. Sonnenblätter mit kleiner Spreite, starkem Wasserleitungs- und Festigungsgewebe und hohem, oft zweischichtigem Palisadengewebe entwickeln sich aus den gut belichteten Knospen des äußeren Kronenbereichs. Große, dünne Schattenblätter entstehen vor allem im Innenraum und auf der geringer belichteten Nordseite der Baumkrone.

Die Fotosyntheseleistung der beiden Blatttypen hängt in derselben Weise vom Lichtangebot ab wie die der Sonnen- und Schattenpflanzen. Sonnen- und Schattenblätter erreichen den Lichtkompensationspunkt und die Lichtsättigung bei unterschiedlicher Lichtintensität. Wird die Stoffbilanz eines einzelnen Blatts negativ, verbraucht es also mehr Kohlenhydrate, als es erzeugt, so wird es von der Pflanze abgeworfen.

Wie dicht der Kronenbereich eines Laubbaums beblättert ist, richtet sich vor allem nach dem minimalen Lichtbedarf seiner Schattenblätter. Während Lichthölzer wie Birke, Pappel und Weide im Innern ihrer Krone zwischen 10 und 20 % relativen Lichtgenuss brauchen, kommen Schattenhölzer wie Rosskastanie oder Rotbuche mit einem Zehntel davon aus.

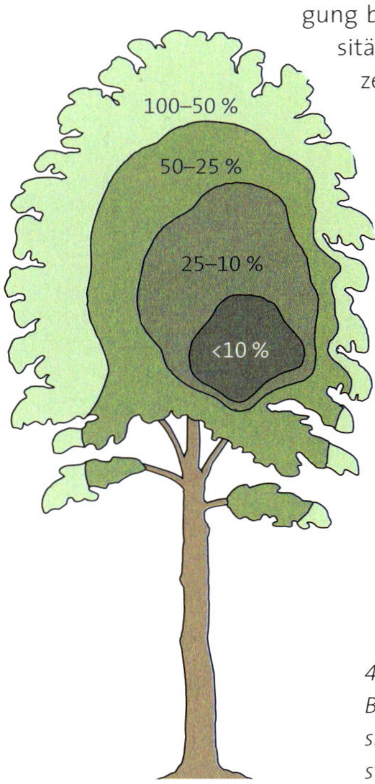

4 *Im Innern einer dicht belaubten Baumkrone nimmt die Lichtintensität schon auf kurze Entfernung stark ab.*

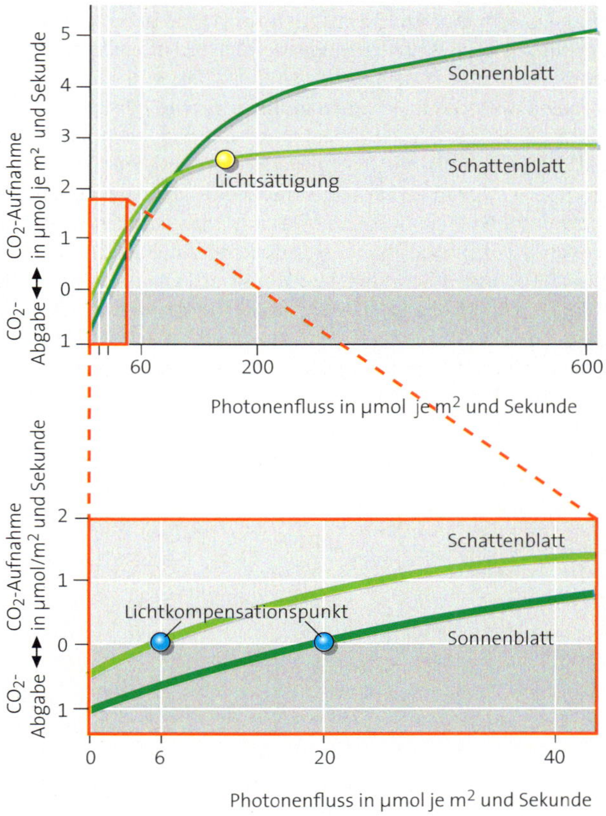

3 *Abhängigkeit der Fotosynthese von der Lichtintensität bei Sonnenblatt und Schattenblatt*

❶ **Erklären Sie die Diagramme (▶ Bild 3). Wie verhält sich die Fotosynthese im Vergleich zur Lichtintensität? Welche Bedeutung hat die Nulllinie?**

❷ **Stellen Sie in einer Tabelle die Merkmale von Sonnen- und Schattenpflanzen einander gegenüber.**

Wasserhaushalt der Pflanzen

Für Landpflanzen wird Wasser oft zur entscheidenden Ressource. Zwar können Flechten, landlebende Algen, Pilze, Moose und einige Farne bei eingeschränktem Stoffwechsel stark austrocknen, ohne Schaden zu nehmen. Das Zellplasma der *Samenpflanzen* zeichnet sich jedoch durch einen sehr konstanten Wassergehalt aus. Voraussetzung dafür sind typische Baumerkmale der Samenpflanzen: die *Vakuole* als zellulärer Wasservorrat, die wachshaltige *Cuticula* als Austrocknungsschutz und die *Spaltöffnungen* zur Regelung der Wasserabgabe.

Wasseraufnahme. Zellen der Wurzel, vor allem die dünnwandigen *Wurzelhaare*, nehmen durch *Diffusion* und *Osmose* (► S.46) Wasser aus dem Boden auf (► Bild 1): Wasser strömt in Richtung seines Konzentrationsgefälles aus dem wasserreichen Boden in die wasserärmeren Zellen. Damit die Saugkraft der Zellen für die Wasseraufnahme ausreicht, muss ihr osmotischer Wert den des Bodenwassers übertreffen. Dies stellt an Pflanzen trockener und salzhaltiger Böden besondere Anforderungen. In der *Wurzelrinde*, dem äußeren Bereich der Wurzel, kann das Wasser sowohl über die Zellwände als auch über das Zellplasma von Zelle zu Zelle bis zur *Endodermis* gelangen. Die Endodermis ist die innerste Schicht der Wurzelrinde. Sie kontrolliert den Stoffdurchtritt zum *Zentralzylinder* im Wurzelinnern. Ihre seitlichen Zellwände sind durch den korkhaltigen *Caspary-Streifen* wasserundurchlässig. Alles Wasser mit den darin gelösten Stoffen muss daher auf seinem Weg zu den *Leitbündeln* im Zentralzylinder die selektiv permeablen Membranen und das Zellplasma der Endodermiszellen passieren.

Ionenaufnahme. Die als hydratisierte Ionen im Wasser gelösten *Mineralstoffe* werden *selektiv* durch die Membranen der Wurzelzellen, vor allem der Endodermis transportiert. Im Unterschied zum passiven, durch Osmose bewirkten und damit energetisch „kostenlosen" Einstrom des Wassers in die Zellen ist die Ionenaufnahme teilweise ein *aktiver Transport*: Er kann auch gegen ein Konzentrationsgefälle erfolgen und erfordert Stoffwechselenergie in Form von ATP (► S.105). Damit erklärt sich der arttypische, vom Boden des Standorts oft abweichende Mineralstoffgehalt der Pflanzen.

Wassertransport. Nach Passieren der Endodermis gelangt das Wasser mit den Mineralstoffen in die lang gestreckten, meist querwandlosen *Gefäße* des *Holzteils* oder *Xylems* der Leitbündel. Kohäsionskräfte zwischen den Wassermolekülen und Adhäsionskräfte zwischen ihnen und den Gefäßwänden sorgen dafür, dass das Wasser in zusammenhängenden Fäden von der Wurzel durch die Sprossachse bis in die Blätter gesaugt wird. Treibende Kraft ist dabei der Sog, der durch die Wasserabgabe der Blätter entsteht.

Wasserabgabe. Das Feuchtigkeitsgefälle zwischen den wasserreichen, in den Zellzwischenräumen mit Wasserdampf gesättigten Blättern und dem trockeneren Luftraum ist die Ursache dafür, dass eine Pflanze Wasser durch Verdunstung an die Umgebung verliert. Samenpflanzen können die Öffnungsweite ihrer Spaltöffnungen durch die Schließzellen regeln. Diese kontrollierte Abgabe von Wasserdampf wird *Transpiration* genannt. Sie richtet sich nach Temperatur, Licht und Kohlenstoffdioxid, vor allem aber nach dem vom Wasser- und Ionengehalt abhängigen Zelldruck *Turgor* (► S.47).

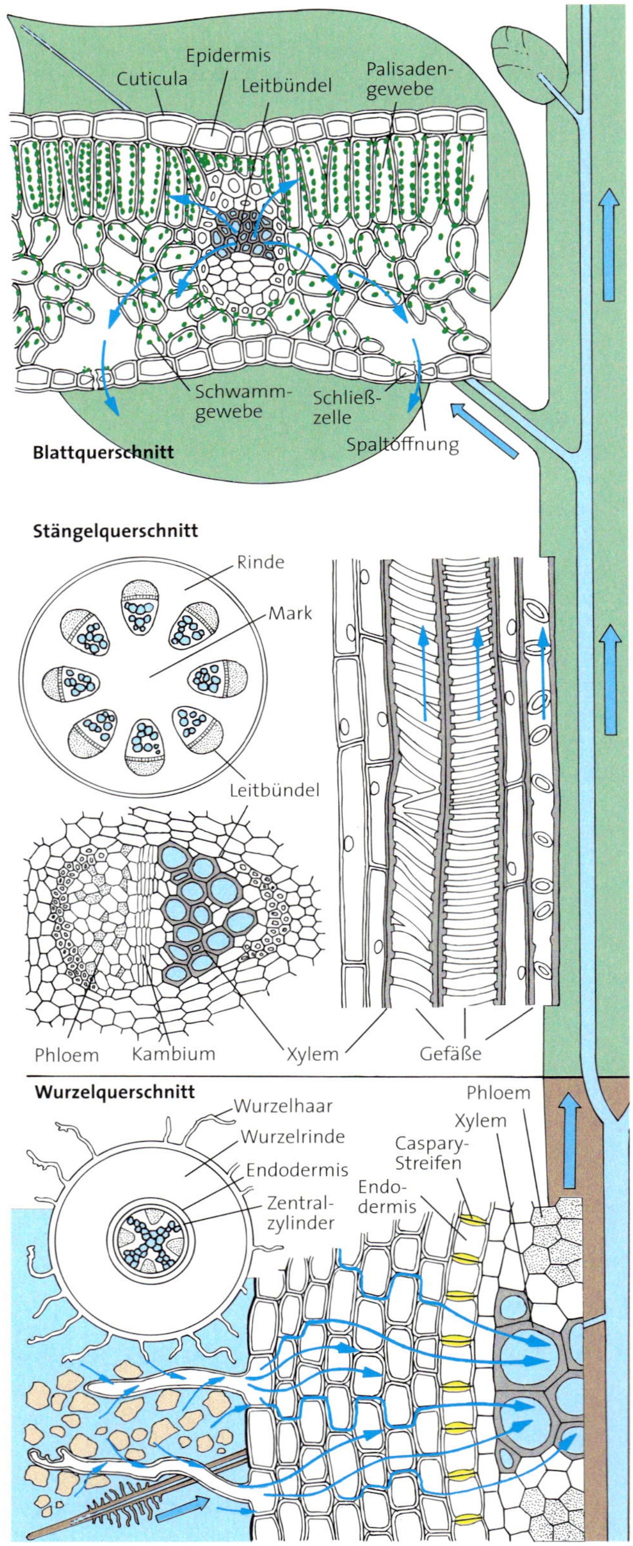

1 Wasseraufnahme, Wassertransport und Wasserabgabe bei Samenpflanzen

Pflanze und Wasser

Neben der Temperatur bestimmt vor allem das Wasser das Pflanzenkleid der Landlebensräume. Untersuchungen zum *Wasserhaushalt der Pflanzen* liefern daher wichtige ökologische Basisdaten.

Zum Wasserhaushalt gehören Wasseraufnahme, Wassergehalt und Wasserabgabe. Sie lassen sich an abgeschnittenen Pflanzen oder Pflanzenteilen unter Laborbedingungen mit einfachen Mitteln untersuchen, ohne aber die Verhältnisse am Standort der Pflanzen wiederzugeben. Messungen an unbeschädigten Pflanzen, besonders unter den Bedingungen am Standort, sind oft nur unter großem Aufwand durchführbar.

Untersuchung der Wasseraufnahme mit dem Potetometer

MATERIAL: frisch abgeschnittener, verholzter Pflanzenspross mit glatter Rinde (Buche, Linde, Flieder, Ahorn), Saugflasche, durchbohrter Stopfen, T-Stück, Tropftrichter, 1-ml-Messpipette, Schlauchstücke, Stativ, Stoppuhr, Waage

DURCHFÜHRUNG: Wiegen Sie vor Versuchsbeginn das verwendete Sprossstück. Stecken Sie dann den Spross völlig dicht und ohne ihn zu beschädigen durch die Stopfenbohrung. Setzen Sie den Stopfen mit dem Spross auf den vollständig mit Wasser gefüllten Kolben.

Bauen Sie die weitere Versuchsanordnung *(Potetometer)* nach dem Bild rechts auf. Die ganze Apparatur muss zu Beginn luftblasenfrei mit Wasser gefüllt sein. Starten Sie die Stoppuhr und bestimmen Sie anhand der in die Pipette eingesaugten Luft die Wasseraufnahme durch die Pflanze in Abhängigkeit von der Zeit. Bevor die eingesaugte Luft das Pipettenende erreicht, müssen Sie den Hahn des Tropftrichters öffnen, um Wasser nachzufüllen. Setzen Sie die Messwerte in Beziehung zu Pflanzenmasse und Blattfläche.

Messung der Spaltöffnungsweite

MATERIAL: Pflanzen mit unbehaarten Blättern, Alleskleber oder farbloser Nagellack, Aceton *(F, Xi)*, Pinsel, Pinzette, Präparategläschen, Objektträger, Mikroskop mit geeichtem Messokular

Vorsicht beim Umgang mit Aceton – brennbar!

DURCHFÜHRUNG: Mischen Sie in einem Präparategläschen einige Tropfen Alleskleber oder Nagellack mit etwa derselben Menge Aceton.

Bestreichen Sie mithilfe des Pinsels kleine Flächen (etwa 5 mm x 5 mm) auf der Unterseite von Pflanzenblättern direkt am Standort mit der Lösung. (Pinsel danach in einem verschlossenen Präparateglas mit Aceton aufbewahren.)

Nehmen Sie die bestrichenen Blätter in den Arbeitsraum mit. Ziehen Sie hier das entstandene Klebstoff- oder Lackhäutchen mit einer Pinzette ab. Untersuchen Sie den Blattabdruck unter dem Mikroskop bei mittlerer Vergrößerung. Messen Sie die Öffnungsweite der Spaltöffnungen im Abdruck mit dem Messokular.

Nehmen Sie Blattabdrücke von Pflanzen desselben Standorts unter verschiedenen Bedingungen von Temperatur, Besonnung, Wind und Tageszeit ab. Messen Sie wieder jeweils die Öffnungsweite der Spaltöffnungen und vergleichen Sie die Mittelwerte aus je 10 Messungen.

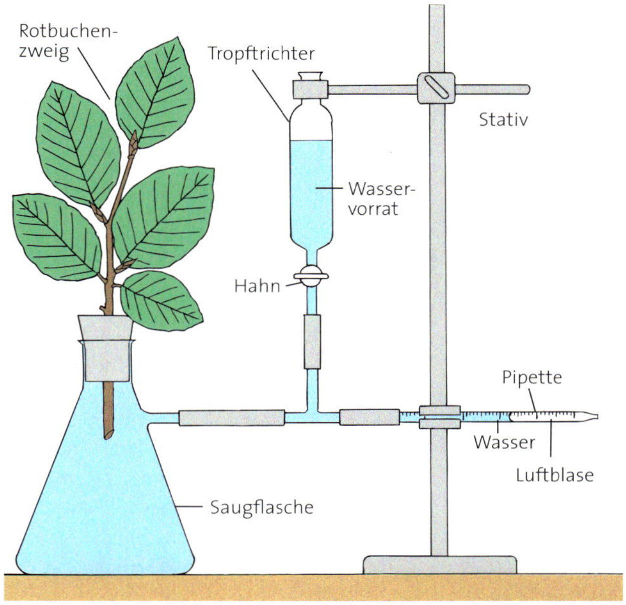

1. **Entwickeln Sie Modellversuche, mit denen sich das Bauprinzip verschiedener Einrichtungen zur Verminderung der Transpiration bei Xerophyten (Trockenpflanzen) veranschaulichen lässt.**
2. **Erklären Sie, warum Messungen zum Wasserhaushalt an unbeschädigten Pflanzen für die Ökologie unverzichtbar sind.**

Stichworte zu weiteren Informationen

Wasserverfügbarkeit • Evaporation • Evapotranspiration • Welkepunkt • Wasserbilanz

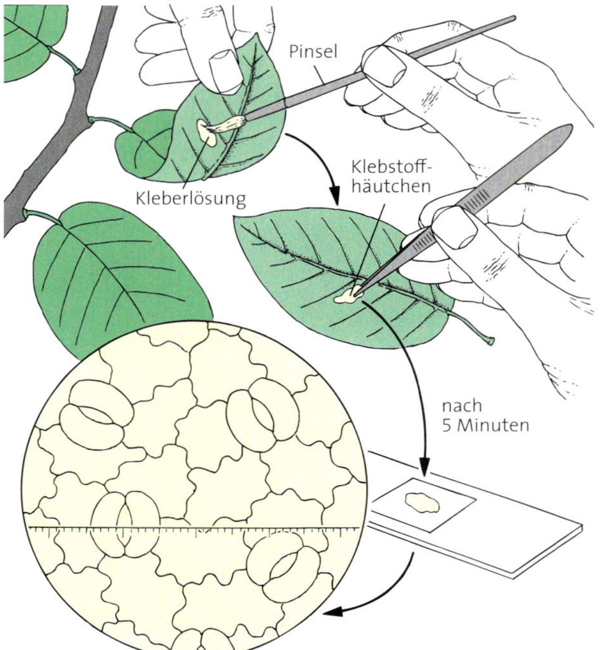

Mikroskopie mit Mikrometer

Verwertung der Fotosyntheseprodukte in der Pflanze

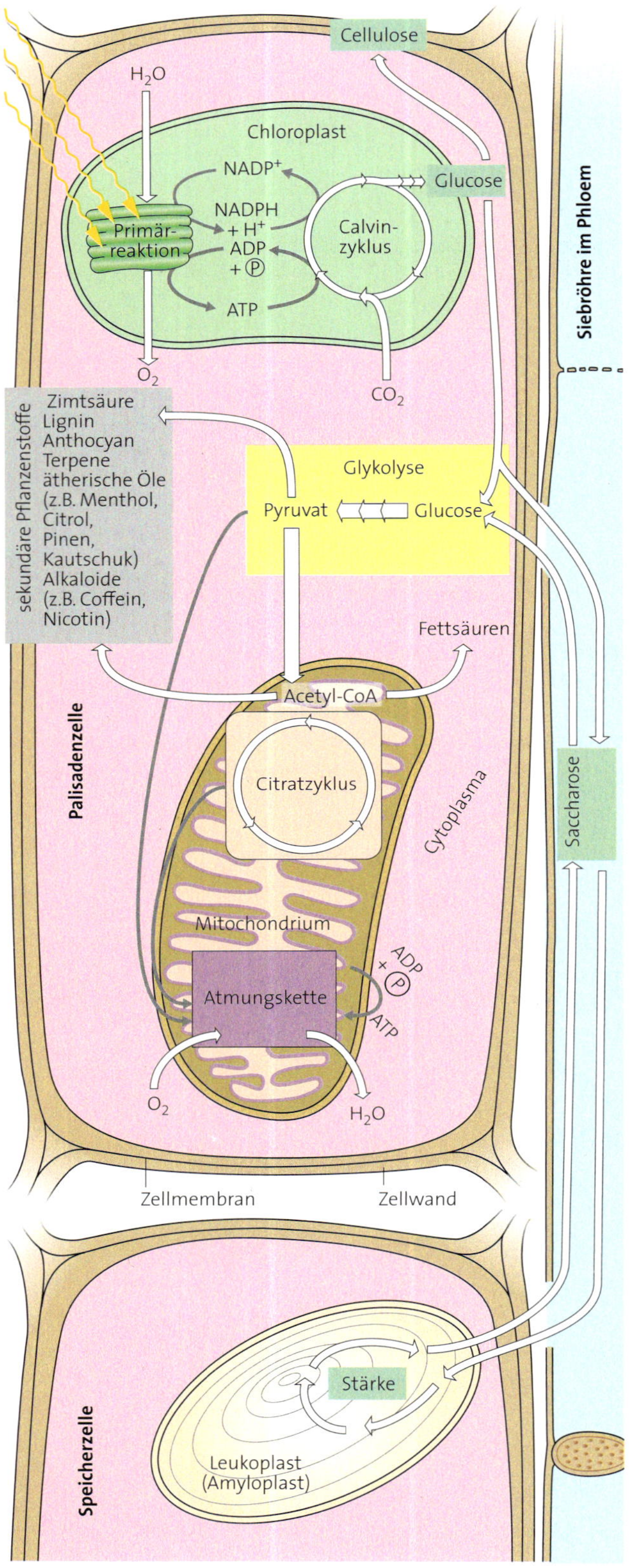

1 Kohlenhydratstoffwechsel in Pflanzen (stark vereinfacht)

Als wichtigstes Produkt der Fotosynthese wird oft der *Sauerstoff* genannt, doch sind die *Kohlenhydrate* als „Energiekonserven" und Grundsubstanzen zur Erzeugung aller anderen organischen Stoffe der Lebewesen von zentraler Bedeutung. Der Kohlenhydratproduktion in den Chloroplasten schließen sich in anderen Zellkompartimenten und anderen Pflanzenteilen viele Umbau-, Transport-, Abbau- und Speicherungsprozesse an.

Umbau. Die Triosen des Calvinzyklus, vor allem *Phosphoglycerinaldehyd* (PGA), sind Ausgangsstoffe für die Bildung von *Fructose, Glucose* und *Stärke* in den Chloroplasten, *Saccharose* im Cytoplasma und *Cellulose* an der Zellmembran. Dabei sind die Zucker meist durch Phosphorylierung energetisch aktiviert.

Transport. Saccharose, also Rohr- oder Rübenzucker, ist die wichtigste Transportform für Kohlenhydrate in der Pflanze. Der Langstreckentransport mit einer Geschwindigkeit bis zu 1 m pro Stunde geschieht in den Siebröhren des Phloems, deren Zellsaft zu 10–25 % aus Zucker besteht.

Abbau durch Atmung. Die nicht grünen, heterotrophen Zellen von Spross und Wurzel, aber auch die Zellen mit Chloroplasten beziehen Energie für ihre Arbeitsleistungen aus dem Abbau von Kohlenhydraten, vor allem der Glucose. Diese wird in den Abschnitten der biologischen Oxidation – *Glykolyse, Citratzyklus* und *Atmungskette* – in den Mitochondrien zu Kohlenstoffdioxid und Wasser abgebaut (► S. 104). Die chemische Energie der Kohlenhydrate wird dabei zur Gewinnung von ATP, dem universellen Energieträger der Zelle, genutzt.

Zwischenprodukte der Glykolyse und des Citratzyklus wie *Pyruvat* und *Acetyl-CoA* gelten als Schlüsselsubstanzen im Stoffwechsel, da von ihnen auch wichtige Stoffwechselwege zum *Aufbau von Fettsäuren, Aminosäuren* und den pflanzentypischen *sekundären Pflanzenstoffen* ausgehen.

Speicherung. Aktuell nicht benötigte Kohlenhydrate werden meist in die Stärke-Polysaccharide *Amylose* und *Amylopektin* umgewandelt – in den Chloroplasten nur vorübergehend als *Assimilationsstärke*, in den Leukoplasten von Spross, Wurzel, Knospen, Speicherorganen und Samen längerfristig als *Reservestärke*. Die Speicherorganellen sind mit Enzymen wie *Amylase* und *Maltase* ausgestattet, um bei Bedarf die Kohlenhydrate wieder zu mobilisieren.

Verwendung von Stoffüberschüssen. Über den Betriebs- und Erhaltungsaufwand hinaus produzierte Stoffe nutzen grüne Pflanzen wie auch Fotosynthese betreibende Protisten sehr unterschiedlich für Zuwachs und Vorrat:

- *Investierer* wie einjährige Pflanzen nutzen günstige Bedingungen zu schneller Produktion. Sie investieren anfangs fast nur in Blätter, später fast nur in Blüten und Samen.
- *Sparer*, zum Beispiel ausdauernde Kräuter, produzieren langsamer und sammeln – häufig in Speicherorganen – reichlich Produktionsüberschüsse an, bevor sie Blüten bilden.
- *Akkumulierer*, vor allem Bäume und Sträucher, sind mit ihrer trägen Produktion auf ein langes Leben angelegt, in dessen Verlauf sich Stoffüberschüsse im Pflanzenkörper anreichern.
- *Vermehrer* wie Planktonalgen (Protisten) setzen die Überschüsse rasch und vollständig zur Vermehrung ein, da sie als Einzeller oder Zellkolonien keine anderen Zellen versorgen müssen.

Varianten der Fotosynthese

Lebewesen, die zur Fotosynthese fähig sind, gibt es seit mindestens 3 Milliarden Jahren. Die biochemischen Grundlagen dafür haben sich bis heute erhalten und finden sich von den einfachsten fotosynthesefähigen Bakterien bis zu den höchstentwickelten Pflanzen. Auf dieser gemeinsamen Grundlage haben sich Varianten entwickelt: *Anpassungen an verschiedene Lebensbedingungen.* Wasserpflanzen zum Beispiel nutzen zusätzlich zum CO_2 auch Hydrogencarbonat (HCO_3^-). Bei Sonnen- und Schattenpflanzen ist die Fotosynthese auf unterschiedliche Strahlungsintensität optimiert. Eine besonders auffällige Variante zeigen die *C_4-Pflanzen* und die *CAM-Pflanzen.*

C_4-Pflanzen. Für weitaus die meisten Pflanzen stellt die Phosphoglycerinsäure im Calvinzyklus das erste stabile Produkt des CO_2-Einbaus dar. Da diese Säure 3 C-Atome im Molekül besitzt, nennt man Pflanzen mit dem Standardweg des CO_2-Einbaus C_3-Pflanzen. Inzwischen kennt man rund 2000 Pflanzenarten aus verschiedenen Familien, deren erstes stabiles Produkt des CO_2-Einbaus Oxalessigsäure ist, eine *Dicarbonsäure mit 4 C-Atomen* im Molekül. Danach bezeichnet man solche Pflanzen als C_4-Pflanzen. Ihre *dem Calvinzyklus vorgeschaltete CO_2-Fixierung* arbeitet schon bei geringsten CO_2-Mengen äußerst effektiv. Sie spielt sich ausschließlich in den *Mesophyllzellen* (▶ Bild 1) ab. Von dort wird das CO_2 in so hoher Konzentration an die *Bündelscheidenzellen* weitergeleitet, dass hier das Enzym Rubisco im Calvinzyklus optimal arbeiten kann. Dadurch können C_4-Pflanzen selbst mit weitgehend geschlossenen Spaltöffnungen intensiv Fotosynthese betreiben – trotz eingeschränktem Gasaustausch und geringer Wasserabgabe! Da bei ihnen auch die Temperaturoptima der Sekundärreaktionen höher liegen, sind C_4-Pflanzen besonders für trockenheiße Standorte geeignet. Hier erzielen sie Rekordwerte der Fotosyntheseleistung. Für die Landwirtschaft der Tropen sind daher C_4-Pflanzen wie *Zuckerrohr, Mais* oder *Hirse* von besonderer Bedeutung.

CAM-Pflanzen. Viele *Sukkulenten* – das sind Pflanzen, die in Anpassung an extremen Wassermangel Wasserspeicherorgane besitzen – verwenden ebenfalls Dicarbonsäuren zur CO_2-Fixierung, vor allem Apfelsäure. Ihre Fotosynthesevariante wird als *C*rassulacean *A*cid *M*etabolism (CAM; Säurestoffwechsel der Dickblattgewächse) bezeichnet. Die „Ansäuerung" geschieht vorwiegend nachts, wenn sie die Spaltöffnungen zur CO_2-Aufnahme ohne Gefahr übermäßigen Wasserverlusts öffnen können. Während der „Absäuerung" am Tag bauen sie die Dicarbonsäuren wieder zu CO_2 ab, das in den Calvinzyklus eingeht. Die Fixierung von CO_2 und seine Überführung in Kohlenhydrate ist bei Sukkulenten also nicht wie bei den C_4-Pflanzen räumlich, sondern zeitlich getrennt.

❶ Vergleichen Sie die Daten in Bild 1. Welche Vor- und Nachteile zeichnen die verschiedenen Fotosynthesewege aus?

❷ Informieren Sie sich in einem Pflanzenbestimmungsbuch über einheimische Vertreter der Familie Dickblattgewächse (Crassulaceae). Welche Standorte werden für sie genannt?

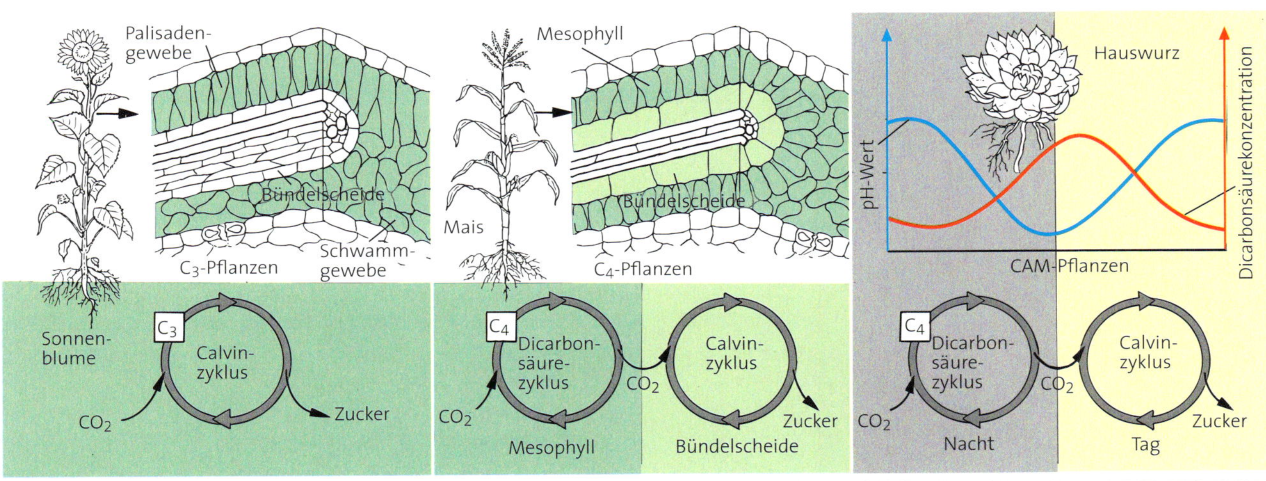

optimale Temperatur (°C)	15–25	30–45	um 35
Lichtsättigung (µmol Photonen pro m² und s)		<1 500	<1 500
CO_2-Aufnahme (mg je dm² und Stunde)	15–35	40–80	0,5–0,7
Wasserbedarf (ml je g Trockensubstanz)	450–950	230–250	50–55
Wachstum (g Trockensubstanz je dm² und Tag)	0,5–2	3–5	0,01–0,02

1 Varianten der Fotosynthese: C_3-, C_4- und CAM-Pflanzen im Vergleich

Energiegewinnung ohne Licht: Chemosynthese

Es war eine wissenschaftliche Sensation, als vor etwa 30 Jahren Tauchboote auf dem Meeresboden in 2500 m Tiefe inselartig verbreitete arten- und individuenreiche Lebensgemeinschaften entdeckten (► Bild 1). Wie war in dieser lichtlosen Welt eine so intensive Bioproduktion möglich? Die Erklärung lieferte die als *Chemosynthese (Chemolithotrophie)* schon lange bekannte Energiegewinnung bestimmter Prokaryoten, die hier als Primärproduzenten auftreten.

Chemoautotrophe Organismen und ihre Lebensräume. Manche farblose Bakterien sind in der Lage, durch *Oxidation anorganischer Stoffe*, gekoppelt mit der Synthese von Kohlenhydraten aus Kohlenstoffdioxid, *autotroph* zu leben. Sie sind also weder auf Licht als Energiequelle angewiesen wie Pflanzen noch auf organische Substanz wie heterotrophe Organismen.

Überall in Boden und Wasser, wo proteinhaltige Stoffe zu Ammonium abgebaut werden, sind *Nitrifizierer* als wichtige Glieder im Stickstoffkreislauf weit verbreitet. Dabei sind *Ammonium-Oxidierer* wie *Nitrosomonas*, die Ammonium (NH_4^+) zu Nitrit (NO_2^-) oxidieren, *mit Nitrit-Oxidierern* wie *Nitrobacter*, die Nitrit zu Nitrat (NO_3^-) oxidieren, eng vergesellschaftet.

In sehr nährstoffreichen Gewässern, Kläranlagen und schwefelhaltigen Quellen leben *Schwefel-Oxidierer*. Sie oxidieren Substrate wie Sulfid (S^{2-}), Schwefel oder Sulfit (SO_3^{2-}) zu Sulfat (SO_4^{2-}). Gegenüber der dabei entstehenden Schwefelsäure (H_2SO_4) sind sie wenig empfindlich. Weitere chemoautotrophe Organismen sind *Knallgasbakterien* und *Eisenbakterien* (► Bild 2).

Energiequelle. Oxidationen sind *exergonische Reaktionen*, bei denen der oxidierte Stoff Elektronen abgibt (► S. 71). Bei der Chemosynthese werden Elektronen vom anorganischen Substrat über mehrere Redoxsysteme der Atmungskette auf Sauerstoff übertragen. Dieser Elektronentransport ist – wie bei der Atmungskette – mit der Synthese von ATP gekoppelt, also eine *oxidative Phosphorylierung* (► S. 109).

Kohlenhydratsynthese. Wie bei der Fotosynthese werden auch bei der Chemosynthese *Kohlenhydrate im Calvinzyklus aus Kohlenstoffdioxid synthetisiert*. Dazu wird außer ATP auch NADPH + H⁺ benötigt. Viele chemoautotrophe Bakterien verwenden stattdessen NADH + H⁺.

Da mit Ausnahme von Wasserstoff die anorganischen Substrate der Chemosynthese NAD⁺ aus energetischen Gründen nicht zu NADH + H⁺ reduzieren können, werden Elektronen „rückläufig" durch die Atmungskette bis zum NAD⁺ transportiert. Für diesen Prozess muss ein erheblicher Teil des durch die Oxidation anorganischer Substrate gewonnenen ATP verwendet werden. Das ist ein Grund für das äußerst langsame Wachstum chemoautotropher Bakterien, den niedrigen Wirkungsgrad der Chemosynthese und ihre mengenmäßig geringe Bedeutung im Stoffhaushalt der Biosphäre.

1 Sulfidreiches Wasser aus vulkanischen Schloten („Black Smokers") ist Grundlage für üppiges Leben in der Tiefsee.

1 **Ist die Chemosynthese ganz unabhängig von der Fotosynthese? Begründen Sie Ihre Auffassung.**

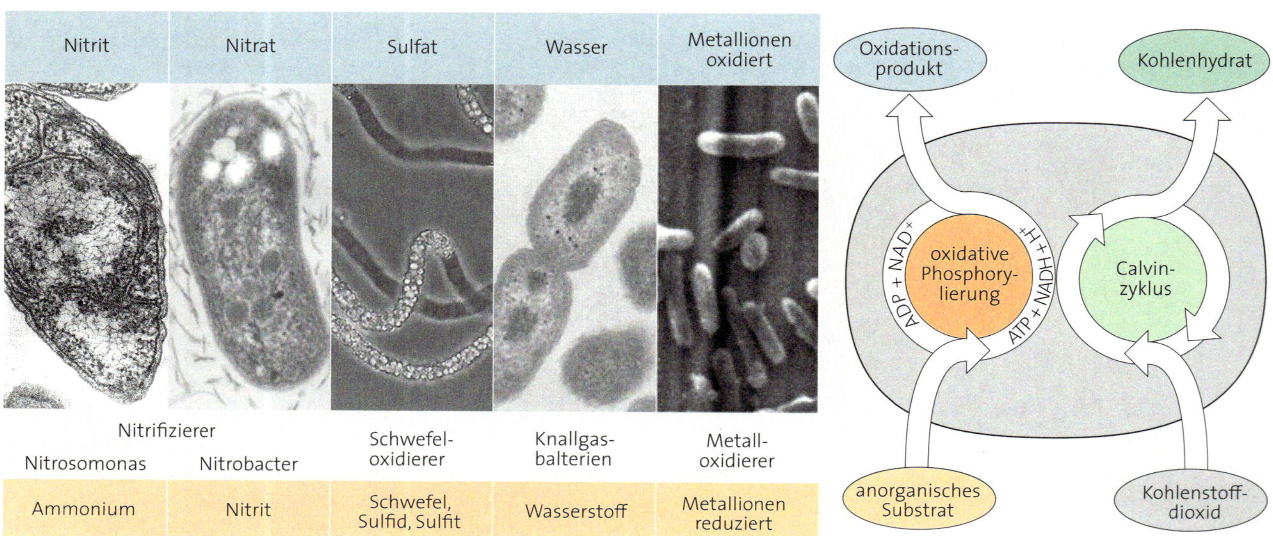

2 Schema der Energiegewinnung durch Chemosynthese (rechts) und Beispiele chemoautotropher Prokaryoten

Kompetenzen

Mithilfe dieses Kapitels können Sie

- die Bedeutung der Fotosynthese für das Leben auf der Erde begründen
- Licht als elektromagnetische Strahlung und Energieträger beschreiben
- die Fotosynthese nach Ausgangsstoffen, Endprodukten und Energiedifferenz beschreiben und formelmäßig darstellen
- an der Fotosynthese beteiligte Strukturen auf der Ebene von Organen, Zellen und Zellorganellen beschreiben
- Primär- und Sekundärreaktionen der Fotosynthese in Teilprozesse gliedern und erklären
- Experimente zu Bedingungen der Fotosynthese durchführen und ihre Ergebnisse interpretieren
- die Abhängigkeit der Fotosynthese von Umweltfaktoren erläutern
- den Wasserhaushalt der Pflanzen erläutern
- Varianten der Fotosynthese nennen, vergleichen und als Anpassungen an die Lebensbedingungen begründen
- die Chemosynthese (Chemolithotrophie) der Fotosynthese gegenüberstellen

Testen Sie Ihre Kompetenzen

Gewässer sind nahe ihrer Oberfläche oft von grünen Pflanzen und Algen (Protisten) besiedelt. Im Faulschlamm am Grund der Gewässer finden sich dagegen häufig grüne Schwefelbakterien. Sie leben ebenfalls fototroph und autotroph. (Dank einer sehr wirksamen Lichtsammelstruktur kommen diese Bakterien mit sehr wenig Licht aus.)

1 Erläutern Sie die Begriffe autotroph und fototroph.

2 In der Grafik unten sind die Fotosynthese-Primärreaktionen der grünen Pflanzen schematisch dargestellt (als sogenanntes Z-Schema). Erläutern Sie die Darstellung. Vergleichen Sie mit den Primärreaktionen der grünen Schwefelbakterien (▶ Bild rechts daneben).

3 Geben Sie an, welche Endprodukte bei der Fotosynthese der grünen Schwefelbakterien zu erwarten sind, wenn die Sekundärreaktionen wie bei den grünen Pflanzen verlaufen. Begründen Sie Ihre Angaben.

4 Im Reaktionszentrum des bakteriellen Fotosystems findet sich Bakteriochlorophyll a. Vergleichen Sie sein Absorptionsspektrum (▶ Bild rechts) mit dem von Chlorophyll grüner Pflanzen und deuten Sie Ihre Feststellungen.

5 Das Fotosystem der grünen Schwefelbakterien überwindet bei Belichtung eine Potenzialdifferenz von 1,0 V. Erklären Sie mithilfe der Tabelle, warum bei ihnen H_2S, bei Pflanzen aber H_2O als Elektronendonator für die Reduktion von NAD^+ bzw. $NADP^+$ infrage kommt.

Elektronendonator		Elektronenakzeptor	Redoxpotenzial (V)
H_2S	⇆	$S + 2\,H^+ + 2\,e^-$	−0,24
H_2O	⇆	$\frac{1}{2}\,O_2 + 2\,H^+ + 2\,e^-$	+0,82
$NAD(P)H + H^+$	⇆	$NAD(P)^+ + 2\,H^+ + 2\,e^-$	−0,32

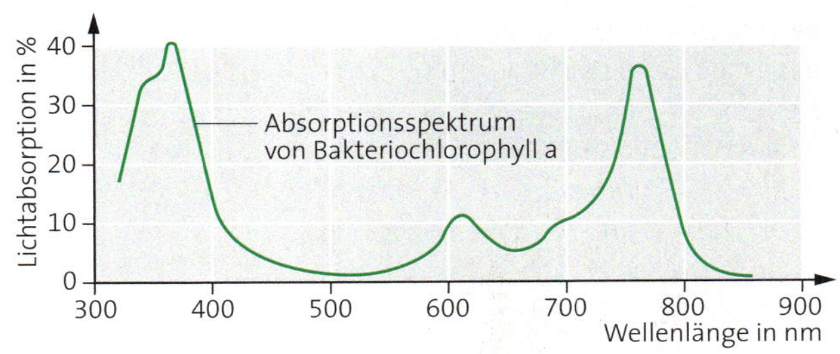

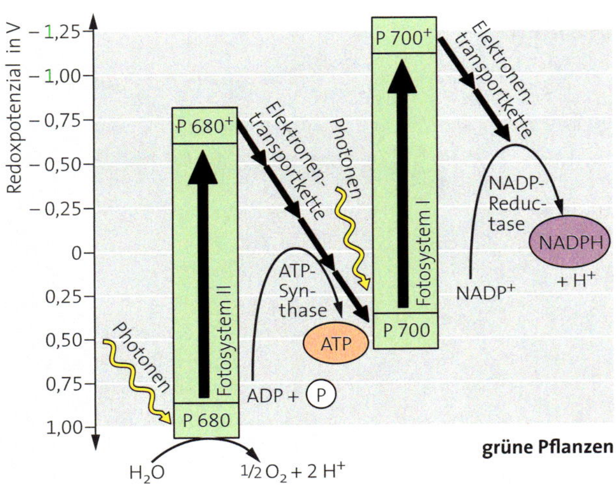

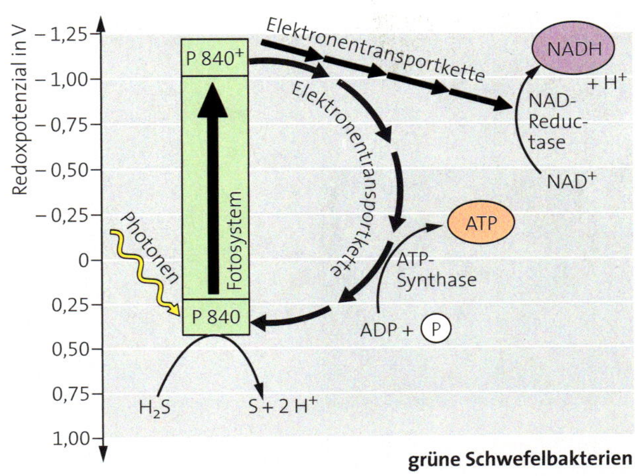

Biologische Prinzipien: Stoffwechsel

STRUKTUR UND FUNKTION

Der Austausch von Stoffen spielt sich vor allem an äußeren und inneren Oberflächen ab. Daher sind Strukturen, die dem Stoff- und Energiewechsel dienen, im typischen Fall großflächig und speziell gestaltet. Auf der Organisationsebene der Zelle gilt das für die Membransysteme endoplasmatisches Reticulum (► S. 54), Golgi-Apparat (► S. 55), Mitochondrien (► S. 56) und Chloroplasten (► S. 132). In ihre Membranen sind häufig funktionsspezifische Enzymkomplexe integriert. Auf der Ebene der Organe sind Darm (► S. 92), Lungen oder Kiemen (► S. 99) und Laubblätter (► S. 132), aber auch Kapillarsysteme von Blutgefäßen (► S. 98) oder Wurzelsysteme von Pflanzen durch große Oberflächen und dünne Wände auf die Funktion Stoffaustausch spezialisiert.

Die spiralig angeordneten, dünnhäutigen Kiemen des Meeresringelwurms Spirographis dienen auch zum Herbeistrudeln von Nahrung.

STOFF- UND ENERGIEUMWANDLUNG

Lebewesen können nur existieren, wenn sie Stoffe aufnehmen, sie in körpereigene Stoffe umwandeln und aus deren Abbau Energie für ihre Lebensvorgänge gewinnen. Pflanzen nutzen die Energie des Sonnenlichts, um durch Fotosynthese (► S. 128) aus energiearmen Ausgangsstoffen energiereiche Stoffe aufzubauen. Diese dienen sowohl ihnen selbst als Bau- und Betriebsstoffe (► S. 144) als auch – über die Nahrungsketten – den Tieren.

Ziel des Betriebsstoffwechsels ist die Bereitstellung von ATP (► S. 105), des wichtigsten Energieüberträgers in den Zellen der Organismen. Katalytische Proteine sorgen als Enzyme (► S. 70) dafür, dass alle Stoffwechselreaktionen schnell, geordnet und reguliert ablaufen.

Rote Waldameisen decken einen erheblichen Teil ihres Energiebedarfs durch die süßen Ausscheidungen von Blatt- und Rindenläusen.

KOMPARTIMENTIERUNG

Bei Vielzellern finden viele Stoffwechselreaktionen in spezialisierten Organen, Geweben und Zellen statt. Auch hier kann man von Kompartimentierung sprechen. Von größter Wichtigkeit für den Stoffwechsel sind die durch Membranen getrennten Reaktionsräume innerhalb der Eucyte. Verschiedene Stoffwechselwege können so in getrennten Kompartimenten ungestört gleichzeitig ablaufen. Beispielsweise werden Fettsäuren im Cytoplasma synthetisiert und in den Mitochondrien abgebaut; die Primärreaktionen der Fotosynthese sind in den Thylakoiden, die Sekundärreaktionen im Stroma der Chloroplasten lokalisiert (► S. 134).

Laubblätter sind die Organe der Fotosynthese.

VARIABILITÄT UND ANGEPASSTHEIT

Seit es Leben auf der Erde gibt, waren die Lebewesen immer wieder gezwungen, sich neue Energie- und Stoffquellen zu erschließen. Voraussetzung dafür, dass alternative Stoffwechselwege entstehen und sich die Organismen veränderten Bedingungen anpassen können, ist ihre genetische Variabilität. So zeugt die Vielfalt der Stoffwechselformen bei Mikroorganismen bis heute von solchen erfolgreichen „Experimenten" des Lebens (► S. 112, 146). Beispiele für solche Stoffwechselanpassungen findet man jedoch nicht nur bei Mikroorganismen, sondern auf verschiedenen Organisationsebenen des Lebendigen (► S. 91, 145). Ihre Grundlage ist stets die Ausstattung mit entsprechenden Enzymen (► S. 74/75).

Farbstreifensandwatt bei Sylt. Auf grüne Cyanobakterien folgen bräunliche Kieselalgen und rote Purpuralgen. Die Zonierung der fototrophen Organismen wird durch ihre unterschiedlichen Stoffwechselleistungen bewirkt.

Steuerung und Regelung

Lebende Systeme sind nur dann stabil, wenn Eintrag, Verarbeitung und Austrag von Stoffen im Gleichgewicht stehen und auf die jeweiligen Bedingungen abgestimmt sind. Die Steuerung und Regelung des Stoffwechsels ist daher von zentraler Bedeutung für Lebewesen und erfolgt auf verschiedenen Organisationsebenen:

- Nahrungssuche und -aufnahme werden bei Tieren durch Verhaltensprogramme gesteuert.
- Verstärkter Energiebedarf von Organen oder Zellen setzt katabole Prozesse in Gang, während in Ruhe- und Erholungsphasen anabole Prozesse überwiegen (► S. 90, 105).
- Enzyme übernehmen die Feinabstimmung des stofflich-energetischen Gleichgewichts in den Zellen (► S. 82, 105, 107) bis hin zur Aktivierung oder Deaktivierung bestimmter Gene.

Reproduktion

Bäume reichern die Stoffüberschüsse mehrerer Jahre an, bevor sie erstmals fruchten.

Fortpflanzungszeiten, Anzahl und Größe der Nachkommen stehen mit dem Stoffwechsel in engem Zusammenhang: Während ein Huhn Eier legt, verdoppelt es zum Beispiel seinen Bedarf an Calcium und Proteinen und wendet über ein Drittel seiner Nahrungsenergie für die Eibildung auf. Einheimische Bäume wie Buche und Eiche sammeln nur im Abstand einiger Jahre genügend Überschüsse an Nährstoffen an, um in solchen „Mastjahren" üppig zu fruchten (► S. 144). Auch Sexuallockstoffe, Verhaltensweisen wie Balzrituale oder die „Schauapparate" der Blüten erfordern einen erheblichen Aufwand an Stoffen und Energie. Reproduktion ist daher immer auch Produktion, also eine Leistung des Stoffwechsels.

Geschichte und Verwandtschaft

Die frühe Evolution des Lebens auf der Erde war vor allem eine Evolution des Stoffwechsels. Die Glykolyse (► S. 107) und verschiedene Gärungen (► S. 112) entwickelten sich so früh, dass sie bis heute „Allgemeingut" aller

Diese Stromatolithen bestehen aus Schichten versteinerter Cyanobakterienmatten. Sie gehören zu den ältesten Lebensspuren, die man kennt.

Organismen sind. Mit der „Erfindung" der sauerstoffproduzierenden Fotosynthese durch die Vorfahren der heutigen Cyanobakterien wurden vor etwa 3,5 Milliarden Jahren revolutionäre Entwicklungen des Stoffwechsels eingeleitet: Der zunehmende Sauerstoffgehalt der Atmosphäre ermöglichte eine viel effizientere Nutzung organischer Stoffe zur ATP-Bildung durch oxidative Phosphorylierung (► S. 109). Seitdem haben sich die Hauptwege des Energiestoffwechsels nicht mehr wesentlich verändert, doch sind in Anpassung an veränderte Umwelten immer neue Abwandlungen einzelner Stoffwechselleistungen entstanden.

Information und Kommunikation

Wenn uns das „Wasser im Munde zusammenläuft", wenn Verdauungsenzyme nach der Nahrungsaufnahme ausgeschüttet werden (► S. 92), unser Herz bei Anstrengung schneller schlägt oder Muskelzellen bei Sauerstoffmangel auf anaerobe Energieversorgung umstellen (► S. 112), immer wirken sich Informationen auf den Stoffwechsel aus.

Quantität und Qualität des Stoffwechsels hängen also von äußeren und inneren Faktoren ab. Entsprechend sind alle Zellmembranen mit Rezeptormolekülen bestückt, die spezifische – über Hormone oder Neurotransmitter vermittelte – Informationen aufnehmen und so Reaktionen im Zellstoffwechsel in Gang setzen (► S. 44).

Kurz nachdem die Information über die Torte das Gehirn erreicht, beginnen die Speicheldrüsen Verdauungsenzyme abzugeben.

Glossar wichtiger Fachbegriffe

Absorption: Abschwächung von Strahlung und Umwandlung in eine andere Energieform beim Durchgang durch Materie.

Adenosintriphosphat: ► ATP.

aerob: in Anwesenheit von Sauerstoff verlaufende Stoffwechselvorgänge. Ggs.: ► anaerob.

Akkommodation: Scharfstellung des Auges auf unterschiedlich weit entfernte Objekte.

aktiver Transport: Stofftransport gegen ein Konzentrationsgefälle unter Energieeinsatz (► Resorption, ► Sekretion). Ggs.: ► passiver Transport.

aktives Zentrum: der für Bindung und Umsetzung des Substrats spezifisch wirksame Teil eines Enzymmoleküls.

Aktivierungsenergie: zur Überführung von Stoffen in einen reaktionsbereiten Zustand erforderliche ► Energie.

anabol: Stoffwechselvorgang mit aufbauender Wirkung im ► Baustoffwechsel. Ggs.: ► katabol.

anaerob: unter Mangel oder Ausschluss von Sauerstoff verlaufende Stoffwechselvorgänge. Ggs.: ► aerob.

Apoptose: geregelte Eliminierung einzelner Zellen (programmierter Zelltod) während der Keimesentwicklung oder aufgrund krankhafter Veränderung der Zellen.

Archaeen (Archaebakterien): bakterienähnliche ► Prokaryoten, in einigen Merkmalen von den Bakterien abweichend; oft in extremen Lebensräumen.

Assimilation: ► Baustoffwechsel.

Atmung: 1) Austausch der Atemgase O_2 und CO_2 (äußere Atmung); 2) Aufnahme und Verarbeitung von Sauerstoff in den Zellen zur ► aeroben Energiegewinnung in ► Mitochondrien (innere Atmung, ► Zellatmung).

Atmungskette: Kette von ► Redoxreaktionen zur Oxidation von Wasserstoff durch Sauerstoff bei der ► Zellatmung und zur Gewinnung von ATP (Atmungsketten- ► Phosphorylierung); Grundlage sind hintereinandergeschaltete Redoxsysteme (Multienzymkomplexe) der inneren ► Mitochondrien-Membran.

ATP (Adenosintriphosphat): wichtigster ► Energieträger im Zellstoffwechsel aller Lebewesen; überträgt durch Abspaltung einer ► Phosphatgruppe und Bildung von Adenosindiphosphat (ADP) 29 kJ/mol chemische Energie auf die verschiedensten Substrate bei ► endergonischen Reaktionen.

Auflösungsvermögen: Fähigkeit, Objekte geringen Abstands getrennt voneinander abzubilden (räumliches A.), begrenzt die Leistung eines optischen Systems (Auge, Mikroskop).

Autoradiographie: fotografischer Nachweis radioaktiv markierter Stoffe aufgrund ihrer Strahlung, oft kombiniert mit biochemischen Trennverfahren wie ► Chromatographie.

autotroph: „sich selbst ernährend"; Stoffwechsel, der nur anorganische Ausgangsstoffe benötigt, z. B. ► Fotosynthese und ► Chemosynthese. Ggs.: ► heterotroph.

Bakterien: Gruppe der ► Prokaryoten.

Base: Stoff, der bei Reaktion ► Protonen aufnimmt. Ggs.: Säure.

Baustoffwechsel: Aufbau eigener Substanz aus aufgenommenen Stoffen (Assimilation). Ggs.: ► Betriebsstoffwechsel.

Bioelemente: am Aufbau von Lebewesen beteiligte Elemente; v. a. C, O, H, N, S, P, K, Ca, Mg.

Betriebsstoffwechsel: abbauender Stoffwechsel zur Energiegewinnung (Dissimilation). Ggs.: ► Baustoffwechsel.

Biokatalysator: ► Enzym.

Biomasse: Substanz einzelner Organismen oder aller Lebewesen je Flächen- oder Volumeneinheit eines Lebensraums.

Biomembran: ► Membran.

Biotechnologie: Verfahren zur industriellen Produktion von Gütern auf der Grundlage (mikro)biologischer Vorgänge.

Brennwert: Energiegehalt eines Stoffs bei Verbrennung im ► Kalorimeter (physikalischer B.) oder beim Abbau im Körper (physiologischer B.).

C_3-Pflanzen: Pflanzen mit Fotosyntheseweg, dessen erstes Produkt Phosphoglycerinsäure (mit 3 C-Atomen) ist.

C_4-Pflanzen: Pflanzen mit speziellem Fotosyntheseweg; binden CO2 in Form von Dicarbonsäuren (mit 4 C-Atomen).

Calvinzyklus: zyklische Reaktionsfolge der ► Sekundärreaktionen der Fotosynthese, bei der aus CO_2 Glucose entsteht.

CAM-Pflanzen: ► Sukkulenten mit nächtlicher Bindung von CO_2 an Dicarbonsäuren zur wassersparenden Fotosynthese.

Carrier: Transportproteine der ► Membranen zum kontrollierten ► passiven oder ► aktiven Stofftransport in Zellen.

Centromer: Ansatzstelle der Spindelfasern am ► Chromosom bei der ► Mitose, Verbindungsstelle der ► Chromatiden.

Chemosynthese (Chemolithotrophie): Stoffwechsel mancher Bakterien, die aus der Oxidation anorganischer Stoffe chemische Energie in Form von ► ATP gewinnen; die chemo-autotrophen Formen unter ihnen können außerdem Kohlenhydrate aus Kohlenstoffdioxid synthetisieren.

Chlorophyll: wichtigstes Blattpigment zur ► Absorption von Licht bei der ► Fotosynthese.

Chloroplasten: Organellen der Fotosynthese; ► Plastiden.

Chromatiden: Spalthälften eines ► Chromosoms vor dessen Teilung bei der ► Mitose; die beiden Chromatiden eines Chromosoms enthalten je ein identisches ► DNA-Molekül.

Chromatin: mit basischen Farbstoffen färbbares Material entspiralisierter ► Chromosomen im Arbeitskern.

Chromatographie: Trennmethode für Stoffgemische aufgrund ihrer unterschiedlich starken Adsorption an eine stationäre und Löslichkeit in einer mobilen Phase.

Chromosom: während der ► Mitose (nach Färbung) im Mikroskop sichtbare fadenförmige Struktur charakteristischer Gestalt; Träger der Erbinformation; besteht je nach Phase im ► Zellzyklus aus einem oder zwei identischen ► Chromatiden.

Cilien: kurze Zellfortsätze (Wimpern, Flimmerhärchen) der Eucyte, gebildet aus ► Mikrotubuli; dienen meist zur Fortbewegung oder Erzeugung von Wasserströmungen.

Citratzyklus (Citronensäure-, Tricarbonsäurezyklus): zentraler, zyklisch verlaufender Abschnitt der ► Zellatmung, vor allem zur Gewinnung von ► NADH + H^+ in den ► Mitochondrien.

Coenzym: organischer, nicht proteinartiger Bestandteil eines ► Enzyms; manche Coenzyme wie ► NAD^+ werden parallel zum Substrat umgesetzt und daher Cosubstrate genannt.

Cofaktor: Metallion oder ► Coenzym als Bestandteil eines Enzyms.

Cuticula: wachshaltiger Schutzüberzug auf der Epidermis.

Cyanobakterien: zur ► Fotosynthese fähige ► Prokaryoten („Blaualgen") mit chlorophyllhaltigen ► Thylakoiden.

Cytokinese: der Kernteilung (► Mitose) folgende Verteilung des Cytoplasmas und der Organellen auf die Tochterzellen.

Cytoplasma (Zellplasma): die ► Organellen umgebender, von der Zellmembran umschlossener Zellinhalt.

Cytoskelett: Netzwerk aus ► Mikrotubuli und ► Mikrofilamenten im Cytoplasma für Festigung, Bewegung, Transport.

Decarboxylierung: Abspaltung von CO_2 aus Verbindungen.

Denaturierung: Veränderung der ► Konformation von ► Nucleinsäuren und ► Proteinen, z. B. durch Hitze oder hohe Ionenkonzentration, unter Verlust der biologischen Aktivität.

Destruenten: Lebewesen, die organische Stoffe zu anorganischen abbauen und so dem ► Stoffkreislauf wieder zuführen.

Dictyosom: Stapel flacher Membranzisternen im ► Cytoplasma, in denen Syntheseprodukte des ► endoplasmatischen Reticulums verarbeitet und in ► Vesikel verpackt werden. Die Gesamtheit der Dictyosomen einer Zelle wird als Golgi-Apparat bezeichnet.

Differenzierung: Vorgang, durch den Zellen eine für ihre Funktion spezifische Ausgestaltung erfahren.

Diffusion: selbstständige Durchmischung der Teilchen gasförmiger, flüssiger oder gelöster Stoffe bis zum Konzentrationsausgleich aufgrund ihrer ungerichteten Wärmebewegung.

Dissimilation: ► Betriebsstoffwechsel.

DNA (Desoxyribonucleinsäure): „Erbsubstanz"; Makromolekül aus einem Doppelstrang von Nucleotid-Monomeren, die ihrerseits aus je einem Molekül Desoxyribose, ► Phosphat und einer von vier verschiedenen organischen ► Basen bestehen. Die durch ► Wasserstoffbrücken verbundenen Nucleotidstränge ermöglichen eine identische Verdopplung (► Replikation) des Moleküls. Die Basensequenz entspricht der Erbinformation.

endergonisch: chemische Reaktionen, die der Zufuhr von Energie bedürfen (Differenz freier Energie ΔG ► 0). Ggs.: ► exergonisch.

Endocytose: Aufnahme von Stoffen in eine Zelle durch Einschluss in ► Vesikel. Ggs.: ► Exocytose. Endocytose fester Teilchen heißt Phagocytose, die von Flüssigkeit Pinocytose.

endoplasmatisches Reticulum (ER): inneres Membransystem der ► Eucyte für Synthese, Verarbeitung und Transport von Stoffen; im Muskel sarkoplasmatisches Reticulum genannt.

Energie: Fähigkeit eines ► Systems, Arbeit zu leisten.

Energiestoffwechsel: ► Betriebsstoffwechsel.

Energieträger: Stoff, durch dessen Umsetzung Energie gewonnen, also nutzbar gemacht werden kann.

Energieumsatz: bilanzierende Betrachtung der Energieumwandlung bei ► Betriebs- und ► Baustoffwechsel mit aufgenommener, gespeicherter und in Arbeit und Wärme umgewandelter Energie. Fälschlich manchmal als „Energieverbrauch“ bezeichnet.

Enzyme: als Biokatalysatoren (► Katalysator) wirksame ► Proteine (selten RNA); beschleunigen biochemische Reaktionen spezifischer Stoffe (Substrate) nach deren vorübergehender Bindung (Enzym-Substrat-Komplex); Benennung mit Endung -ase.

Epidermis: äußere Zellschicht bei Pflanzen, Deckgewebe (► Epithel) von Tieren.

Epithel: Deck- und Abschlussgewebe.

Eucyte: Zelle der ► Eukaryoten mit Zellkern und weiteren z.T. membranumhüllten ► Organellen. Ggs.: ► Protocyte.

Eukaryoten: ein- und vielzellige Lebewesen aus ► Eucyten; Zellen meist differenziert. Ggs.: ► Prokaryoten.

Evolution: Gesamtheit aller auf biologischer Information und ihrer Weitergabe beruhender Prozesse der Entstehung, Umwandlung und Weiterentwicklung des Lebens auf der Erde, durch die es zu seiner heutigen Form und Vielfalt gelangt ist.

exergonisch: chemische Reaktionen, die Energie freisetzen (Differenz freier Energie $\Delta G < 0$). Ggs.: ► endergonisch.

Exocytose: Ausschleusung von Stoffen aus einer Zelle nach Einschluss in ► Vesikel. Ggs.: ► Endocytose.

Fixierung: konservierende Behandlung biologischer Objekte zur Herstellung haltbarer Präparate; Ziel ist v.a. die ► Denaturierung der ► Proteine unter Erhalt der Struktur.

Fließgleichgewicht: Gleichgewichtszustand in offenen ► Systemen mit ständigem Durchfluss von Stoffen und Energie.

Fluoreszenz: Abstrahlung von Licht gleicher oder größerer Wellenlänge nach Belichtung.

Fotosynthese: Summe aller Vorgänge, durch die fototroph genannte Lebewesen Strahlungsenergie des Sonnenlichts in chemisch gebundene ► Energie überführen.

Fotosysteme: Molekülkomplexe der ► Chloroplasten zur Umwandlung von Lichtenergie in chemische ► Energie.

Gärung: ► anaerobe Form der Energiegewinnung mit verschiedenen relativ energiereichen Endprodukten.

Geißeln: wie ► Cilien gebaute lange Bewegungsorganellen.

Gentechnik: Verfahren zur Isolierung bestimmter ► DNA-Abschnitte, deren Analyse, Rekombination und Einschleusung in Wirtszellen mit dem Ziel ihrer Replikation und Expression.

Gewebe: Verband gleichartig ► differenzierter Zellen.

Glykolyse: Abbauweg der ► Kohlenhydrate zur Gewinnung von ► ATP; ► anaerob als (Milchsäure- oder alkoholische) ► Gärung abgeschlossen, ► aerob in ► Citratzyklus und ► Atmungskette mündend.

Hämoglobin: roter Blutfarbstoff in Erythrocyten; besteht aus Protein Globin und eisen- haltigem Farbstoff Häm; bindet Sauerstoff und CO_2 reversibel und transportiert sie im Blut.

heterotroph: auf organische Stoffe als Energie- und Kohlenstoffquelle angewiesener Stoffwechsel. Ggs.: ► autotroph.

Homöostase: konstantes „inneres Milieu“ biologischer ► Systeme (Zellen, Organismen) durch ► Regulation.

Hormon: im Organismus gebildeter Botenstoff, löst in Zellen mit spezifischen ► Rezeptoren eine bestimmte Wirkung aus.

Hydrolyse: Spaltung einer chemischen Bindung unter Umsetzung von H_2O und Einbau von dessen H- und OH-Gruppe.

hydrophil: „wasserliebend“. Ggs.: ► lipophil (hydrophob). ► polar.

Ion: Materieteilchen mit ein bis drei positiven (Kation) oder negativen (Anion) Elementarladungen.

Ionenkanal: durch Proteine in der Membran von erregbaren Zellen gebildeter Kanal, steuert die Permeabilität der Membran für Ionen spannungsabhängig oder durch Transmitter.

Kalorimeter: Messgerät zur Bestimmung des Energiegehalts (► Brennwert) von Stoffen durch Verbrennung.

Kapillare: kleinstes, dünnwandiges Blutgefäß von 3 bis 8 µm Durchmesser.

Karyogramm: ► Karyotyp in geordneter Darstellung.

Karyotyp: Gesamtheit der ► Chromosomen einer Zelle.

katabol: Stoffwechselvorgang mit abbauender Wirkung im ► Betriebsstoffwechsel. Ggs.: ► anabol.

Katalysator: Stoff, der die Geschwindigkeit chemischer Reaktionen erhöht, indem er die ► Aktivierungsenergie erniedrigt.

Kiemen: Atmungsorgane von Wassertieren aus dünnwandigen, stark durchbluteten Hautlappen mit großer Oberfläche.

Kohlenhydrate: wichtige biologische Bau-, Gerüst- und Reservestoffe; Grundstoffe des Energiestoffwechsels, meist nach der Summenformel $C_n(H_2O)_n$ zusammengesetzt.

Kompartimente: abgegrenzte Bereiche biologischer Systeme mit unterschiedlichen Bedingungen und daran gebundenen Funktionen; besonders die durch Membranen umschlossenen Bereiche von Zellen oder ► Organellen.

Kompartimentierung: Bildung oder Existenz von ► Kompartimenten.

Konformation: räumliche Gestalt eines Moleküls.

Konsumenten: Organismen, die direkt (Primärk.) oder indirekt die organischen Stoffe der Produzenten verbrauchen.

Konzentration: Gehalt einer Lösung an einem gelösten Stoff; Anteil eines Gases an einem Gasgemisch. Konzentrationsunterschiede werden auch als Konzentrationsgefälle bezeichnet.

Lichtkompensationspunkt: Beleuchtungsstärke, bei der die O_2-Produktion durch Fotosynthese den O_2-Verbrauch durch Atmung gerade kompensiert.

Lipide: heterogene Stoffgruppe mit schlechter Wasserlöslichkeit; dazu zählen u.a. Fette, Phospholipide und Wachse.

lipophil: in unpolaren organischen Stoffen, v.a. Kohlenwasserstoffen oder ► Lipiden, löslich. Ggs.: ► hydrophil, ► polar.

Lysosomen: vesikelartige ► Organellen mit ► Enzymen zum Abbau zelleigener und fremder Stoffe.

Membran (Biomembran): grundlegendes Bauelement aller Zellen zur Abgrenzung von der Umgebung und von Reaktionsräumen, Träger von Enzymen und Rezeptormolekülen, sorgt für kontrollierten Stoffaustausch; alle Membranen bestehen aus einer Lipiddoppelschicht mit integrierten, funktionsabhängig verschiedenen Proteinen und außen anhängenden Kohlenhydraten.

Meristem: Bildungsgewebe aus teilungsfähigen Pflanzenzellen.

Mikrofilamente: fadenförmige, z.T. kontraktile Proteine, v.a. Aktin und Myosin; Grundlage vieler Bewegungsvorgänge

Mikrotom: Gerät zur Herstellung extrem dünner mikroskopischer Schnitte.

Mikrotubuli: röhrenförmige Proteinstrukturen, an der Bildung von Cytoskelett, Cilien und Mitosespindel beteiligt.

Mikrovilli: feine bürstensaumartige Zellausstülpungen; dienen der Oberflächenvergrößerung tierischer Zellen.

Mitochondrien: von Doppelmembran umhüllte ► Organellen der ► Zellatmung, mit ► Enzymen von ► Citratzyklus und ► Atmungskette ausgestattet; in allen ► Eucyten vorhanden.

Mitose: Kernteilung, bei der die beiden ► Chromatiden jedes ► Chromosoms auf die entstehenden Zellen verteilt werden; geht der Teilung des Cytoplasmas (Cytokinese) voraus.

Modell: stark vereinfachende, abstrahierende Darstellung von Strukturen oder Vorgängen, oft in anderer Dimension.

Mol: Einheit der Stoffmenge; ein Mol entspricht $6 \cdot 10^{23}$ Teilchen und der relativen Atom- bzw. Molekülmasse in g.

Monomere: ► Polymer.

Mutation: sprunghafte Veränderung der Erbinformation.

Myoglobin: sauerstoffspeicherndes Protein des Muskels.

NAD+, NADP+ (Nicotinamidadenindinucleotid, -phosphat): wichtiges wasserstoff- (► Protonen) und elektronenübertragendes ► Coenzym (Cosubstrat) bei Redoxreaktionen (► Reduktionsäquivalent, ► Redoxsystem).

NADH + H^+, NADPH + H^+: reduzierte Form von ► NAD^+ bzw. $NADP^+$.

Natrium/Kalium-Pumpe: spezielles Transportprotein in der Membran tierischer Zellen zum ► aktiven Transport von Ionen; in Neuronen entscheidend für die Aufrechterhaltung der Erregbarkeit.

Nucleinsäuren: Makromoleküle (► DNA, ► RNA), dienen vor allem zur Speicherung und Übertragung von Erbinformation.

Organ: nach Bau und Funktion abgrenzbarer Teil vielzelliger Lebewesen aus mehreren ► Geweben.

Organellen: nach Bau und Funktion abgrenzbare Bestandteile eukaryotischer Zellen (► Eucyte), im engeren Sinn nur ihre durch Membranen abgegrenzten Kompartimente (Mitochondrien, Chloroplasten, endoplasmatisches Reticulum, Dictyosomen).

Osmoregulation: ► Regulation des Wasser- und Ionengehalts.

Osmose: ► Diffusion durch Membranen. Durch ungleiche Diffusion von Wasser und gelösten Stoffen an selektiv permeablen Membranen entsteht ein osmotischer Druck.

Oxidation: Abgabe von Elektronen. Ggs.: ► Reduktion.

Parenchym: Grundgewebe aus wenig spezialisierten Zellen.

Partialdruck: von einem Gas ausgeübter Druck in einem Gasgemisch, entspricht seiner Konzentration oder Teilchenzahl.

passiver Transport: Transport von Stoffen in Richtung eines Konzentrationsgefälles. Ggs.: ► aktiver Transport.

Peroxisomen: versikelartige Organellen; enthalten Enzyme; Ort verschiedenster Stoff-wechselprozesse.

Phagocytose: ► Endocytose.

Phosphat (Phosphatgruppe): Säurerest bzw. Anion der Phosphorsäure; an organische Moleküle (z.B. Adenosin, Guanosin, Kreatin) gebunden wichtigster Energieträger im Stoffwechsel (energiereiche Phosphate: ► ATP).

Phosphorylierung: Übertragung von Phosphatgruppen unter Energieaufwand; Bildung von ► ATP in der ► Atmungskette (Atmungsketten-Ph.) oder ► Fotosynthese (Foto-Ph.).

pH-Wert: Maßzahl für die ► Protonenkonzentration in Lösungen; bei pH < 7 ist eine Lösung sauer, bei pH ► 7 basisch.

Pinocytose: ► Endocytose.

Plasmodesmen: Cytoplasmastränge, die die Zellwände von Pflanzenzellen durchziehen und die Zellen miteinander verbinden.

Plastiden: pflanzliche Organellen zur Fotosynthese (Chloroplasten), Farbstoff- (Chromoplasten) oder Stärkespeicherung (Amyloplasten).

polar: Stoffe, deren Moleküle (Teil-)Ladungen tragen, daher mit Wassermolekülen ► Wasserstoffbrücken bilden und somit ► hydrophil, d.h. in Wasser gut löslich, sind. Im Unterschied dazu sind unpolare (apolare) Stoffe hydrophob, d.h. wasserabweisend, und ► lipophil, d.h. in Fetten löslich oder sie bindend.

Polymer: Makromolekül, aus vielen gleichen oder ähnlichen Grundbausteinen, den Monomeren, aufgebaut.

Population: Gruppe artgleicher Individuen, die zur gleichen Zeit im gleichen Gebiet leben und sich theoretisch ohne Einschränkungen untereinander fortpflanzen, also Gene austauschen können.

Primärproduktion: natürliche Produktion organischer Stoffe, meist durch Fotosynthese, selten durch ► Chemosynthese.

Primärreaktionen: erster Fotosynthese-Abschnitt, in dem sich ► ATP und ► NADPH + H+ bilden. ► Sekundärreaktionen.

Prokaryoten: einzellige, ► protocytische Lebewesen (Bakterien, Cyanobakterien und Archaeen). Ggs.: ► Eukaryoten.

Proteine (Eiweißstoffe): an fast allen Strukturen und Prozessen des Lebens beteiligte große Makromoleküle (Polypeptide) aus Aminosäure- ► Monomeren, die durch Peptidbindung (C-N-Bindung) verbunden sind; die genetisch festgelegte, spezifische Aminosäuresequenz jedes Proteins bestimmt seine v.a. durch ► Wasserstoffbrücken stabilisierte ► Konformation und damit seine biologischen Eigenschaften.

Protocyte: Zelle der ► Prokaryoten; ohne Zellkern, andere membranumhüllte Organellen und Cytoskelett. Ggs.: ► Eucyte.

Proton: Wasserstoffion H+, liegt in Wasser stets als H_3O+ (Oxoniumion) vor.

Protonengradient (elektrochemischer P.): Konzentrations- und Potenzialdifferenz von Protonen an einer Membran; Grundlage der Energiegewinnung durch ► Phosphorylierung.

Redoxpotenzial: Fähigkeit eines Stoffs, bei ► Redoxreaktionen Elektronen abzugeben oder aufzunehmen; als Maß für die bei der Reaktion frei werdende Energie verwendbar.

Redoxreaktion: Reaktion, bei der ein Reaktionspartner reduziert, der andere gleichzeitig oxidiert wird.

Redoxsystem: Stoff (oft ► Enzym), der reversibel vom oxidierten in den reduzierten Zustand übergehen kann; bewirkt ► Redoxreaktionen im Stoffwechsel.

Reduktion: Aufnahme von Elektronen. Ggs.: ► Oxidation.

Reduktionsäquivalent: 1 mol Elektronen, die bei ► Redoxreaktionen übertragen werden, entweder direkt oder in Form reduzierter Coenzyme, z. B. ► NADH + H^+.

Regulation: Gesamtheit von Vorgängen der ► Steuerung und Regelung.

Resorption: Stoffaufnahme in Zellen oder den Körper durch ► aktiven Transport oder ► Osmose.

Rezeptor: Molekül, Organell oder Zelle (Sinneszelle) zur Aufnahme spezifischer Signale aus der Umwelt oder der Innenwelt eines Organismus.

RGT (Reaktionsgeschwindigkeit-Temperatur)-Regel: Eine um 10 °C höhere Temperatur steigert die Geschwindigkeit einer chemischen Reaktion auf das 2- bis 3-Fache.

Ribosomen: elektronenmikroskopisch erkennbare Organellen der Proteinbiosynthese, aufgebaut aus ► RNA und ► Proteinen.

RNA (Ribonucleinsäure): Bau ähnlich ► DNA, jedoch mit Ribose anstelle von Desoxyribose; dient als einsträngige mRNA (Messenger-RNA) und tRNA (Transfer-RNA) zur Übertragung der Erbinformation bei der Proteinbiosynthese.

Schattenpflanzen: ► Sonnenpflanzen.

Sekretion: Abscheidung ausgewählter oder in Drüsenzellen produzierter Stoffe (Sekrete) durch ► aktiven Transport.

Sekundärreaktionen: abschließende, Glucose erzeugende Reaktionsfolge (► Calvinzyklus) der ► Fotosynthese; Ausgangsstoffe sind die Produkte der ► Primärreaktionen.

Selektion (natürliche Auslese): unterschiedlicher Fortpflanzungserfolg von Individuen verschiedenen Phänotyps in einer ► Population; als künstliche Selektion (Auslese, Zuchtwahl) durch den Menschen in vergleichbarer Weise bei der Züchtung angewandt.

Sonnenpflanzen: Pflanzen mit Anpassungen an starke Sonneneinstrahlung; hoher ► Lichtkompensationspunkt. Ggs.: Schattenpflanzen.

Spaltöffnungen: von Schließzellen gebildete Blattporen zur Regulierung von Gasaustausch und Wasserdampfabgabe.

Stoffkreislauf: wiederkehrendes Auftreten und erneute Verwendung von ► Bioelementen und deren Verbindungen im Stoffhaushalt von ► Ökosystemen.

Stoffwechsel: Gesamtheit der chemischen Reaktionen in einer Zelle oder einem Organismus.

Sukkulenten: pflanzliche Lebensform extrem trockener und wasserarmer Lebensräume mit besonderem Wasserspeichergewebe und teilweise besonderem Stoffwechsel (► CAM-Pflanzen).

Sukzession: regelhafte zeitliche Entwicklung von Ökosystemen.

Symbiose: gesetzmäßige Vergesellschaftung artverschiedener Lebewesen (Symbionten) zum wechselseitigen Nutzen.

System: gegen die Umwelt abgegrenztes, geordnetes Ganzes aus untereinander in Beziehung stehenden und sich wechselseitig beeinflussenden Teilen, das zur Selbstregulation fähig ist.

Thylakoide: ► Chlorophyll tragendes Membransystem.

Tracheen: wasserleitende Gefäße von Samenpflanzen.

Transpiration: geregelte Wasserdampfabgabe von Pflanzen.

Ultrastruktur: biologische Struktur unterhalb der Auflösungsgrenze (► Auflösungsvermögen) des Lichtmikroskops.

Umwelt: Gesamtheit der für ein Lebewesen direkt und indirekt bedeutsamen Faktoren.

unpolar: Ggs. ► polar.

Vakuolen: flüssigkeitsgefüllte Räume in ► Zellen (Zellsaft-, Nahrungs-, pulsierende Vakuole) aus fusionierten ► Vesikeln.

Verdauung: Abbau großer Nährstoffmoleküle mithilfe von ► Enzymen in resorbierbare (► Resorption) Bruchstücke.

Vesikel: membranumhüllte Bläschen im ► Cytoplasma für Aufnahme (► Endocytose), Abgabe und Transport von Stoffen.

Vielzeller: Tiere und Pflanzen mit vielzelligem Organismus aus differenzierten Zellen oder Geweben. Ggs.: Einzeller.

Viren: Gebilde aus Nucleinsäure und Proteinhülle ohne Stoffwechsel, darauf angewiesen, von Wirtszellen nach deren Infizierung vermehrt zu werden.

Wasserstoffbrücken(-bindungen): schwache elektrostatische Bindungskräfte zwischen gebundenen Wasserstoffatomen und den freien Elektronenpaaren benachbarter O- und N-Atome; sind für die Tertiärstruktur von ► Proteinen wesentlich.

Wechselzahl: Anzahl von Substratmolekülen, die von einem ► Enzymmolekül je Zeiteinheit in das Produkt umgesetzt werden.

Wirkungsgrad: Verhältnis von nutzbarer zu aufgewendeter ► Energie bei Energieumwandlungen.

Zellatmung: ► aerobe Energiegewinnung in den Zellen, findet teils im Cytoplasma (► Glykolyse), teils in den ► Mitochondrien statt.

Zelle: kleinste selbstständig lebens- und vermehrungsfähige biologische Bau- und Funktionseinheit.

Zellkern: Organell, das die Erbinformation enthält; steuert die Funktion der ► Eucyte.

Zellkolonie: Verband gleichartiger, undifferenzierter ► Zellen, die weitgehend eigenständig und vermehrungsfähig sind.

Zellplasma: ► Cytoplasma.

Zellteilung (Cytokinese): die auf die Kernteilung (► Mitose) folgende Teilung des ► Cytoplasmas.

Zellzyklus: regelmäßige Folge von Wachstum und Teilung einer ► Zelle.

Zygote: durch Vereinigung von Keimzellen entstandene Zelle; befruchtete Eizelle.

Register

Abschlussgewebe 29
Absorption **129**, 130
Absorptionsspektrum 129, **136f.**
Acetaldehyd 114
Acetyl-Coenzym A **108**, 111, 144
Adenosindiphosphat (ADP) 105, 117
Adenosintriphosphat s. ATP **105**
Adiuretin, ADH 66, 68, 69
aerob 107, 111, 113, 125
aerobe Dissimilation 104
Agarose 97
Aktin 23, 57, **116f.**
Aktivator 79, 82
aktiver Transport **48f.**, 68, 118, 133
aktives Zentrum **72f.**, 79, 82
Aktivierungsenergie **71**, 73
Alkohol 114
Alkoholdehydrogenase (ADH) 114
alkoholische Gärung 112
allosterisch 107
allosterisches Enzym 82
Alveolen 99
Amflora 87, **89**
Aminosäure 41
Aminosäuresequenz **41**, 78
Ammoniak 66, 118
Ammonit 6
Ammonium 118
Amöben 30
Amylopektin 87, 94f.
Amyloplasten 87
Amylose 87, 94f.
anabol 90, 105
anaerob 112f., 125
anaerobe Dissimilation 104
Anaphase 18
Angepasstheit 6, 9, 65, 148
Anpassung **9**, 102, 145
Antibiotika 83
Antigen 45
Apoenzym 73
Apoptose 27
Aquaporin 48f., 68
Äquatorialplatte 24
Archaebakterien 60
Archaeen 56, 70
Arteriosklerose 52
Assimilation 90
Atemgase 98, 100
Atemzentrum 101
Atmung **98-104**, 110, 140, 144
Atmungskette 82, 100, 104, 106, 108, **109**, 111, 133
Atmungskettenphosphorylierung 109
Atmungsorgane 99
ATP 82, 91, 104, **105**, 106–109, 111, 117f., 125, 133–135, 144, 146
ATP-Synthase 109, 133f.
Auflösungsvermögen **16**, 37
Augenfleck 31, 34
Ausscheidung 66, **118**
Autoradiographie 135
autotroph 30f., **128**, 146

Bakterien 60
Bakteriophage 61
Basiskonzepte der Biologie 6
Bauchspeicheldrüse 92
Baustoffwechsel 90, 111
Beobachtung 12
BERTALANFFY 11
Betriebsstoffwechsel 90–95, 98–113, 116–119
Bewegung 116
Bierhefe 123
Bindegewebe 29
Biokatalysator 70
Biokatalyse 70–85
Biomembran 39, 43–45, 47, 52, 132
Biosphäre 11
Biotechnologie **84**, 123
Biozönose 11
Blasenauge 8
Blatt **132**, 140f.
Blattpigmente **130–132**, 136f.
Blattschneiderameise 60
Blaualge 60
Blut 98–102
Blutfarbstoff 100
Blutgefäße 98
Blutkreislauf 98
Blutzuckermessgerät 123
Bohr-Effekt 100
Brennwert 110
Brenztraubensäure 107
BUCHNER 71

C_4-Pflanzen 145
Calvin-Zyklus **135**, 144–146
CAM-Pflanzen 145
Carboxypeptidase 72
Carotinoide 136, 132
Carrier 48, **49**, 68, 133
Carriertransport 48, **49**
Caspasen 27
Cellobiose 95
Cellulose 57, 92, **94**, 95
Centriol 57
Centromer 24
Centrosom 24, 57
chemische Energie 104
chemoautotroph 146
Chemolitotrophie 128
Chemorezeptor 101
Chemosynthese 128, **146**
Chitin 94
Chlorophyll 130, **132**, 133f., 136
Chloroplast 21, 31, **56**, 130, **132–135**, 140, 144
Cholesterin 52
Chromatid 24
Chromatin 21, 24, 54
Chromatographie 131
Chromoplast 21
Chromosom **23f.**, 26, 54, 60
Chromosomenbewegung 24
Cilie **30f.**, 57
Citratzyklus 82, 104, 106, **108**, 111f.
Coenzym **73**, 106
Cofaktor 73
Colchicin 24, 26
Coopertest 126
Cosubstrat 73
Cotransport 48, **49**
Cristae 56
Cuticula 132
Cyanobakterien 60
Cytochromoxidase 72
Cytokinese 22f.
Cytologie 14
Cytoplasma 20, 36
Cytoskelett 30, **56**, 61

Darm 92
Darmzotten 92, 93
Dauerpräparat 17, 19
Decarboxylierung, oxidative **108**, 111
Davson-Danielli-Modell 43
Denaturierung 42, 84, 93
Deplasmolyse 47
Desmosom 45
Desoxyribonukleinsäure s. DNA
Desoxyribose 94f.
Destruenten 56
Diabetes mellitus 69
Dialyse 69
Dichtegradientenzentrifugation 58
Dickdarm 93
Dictyosomen 55
Differenzierung **28**, 34, 65
Diffusion **46**, 48, 82, 98f., 102
–, einfache 48
–, erleichterte 48
Disaccharide 94f.
Dissimilation 90
–, aerobe/anaerobe 104
DNA 22, 24, 27, 54, 56, 61
Doping 127
Dunkelfeldmikroskopie 17
Dünndarm 92, 93

E. coli 60
Einchromatid-Chromosom 24
Einzeller 30–34
Elektronenakzeptor 106, 133
Elektronendonator 106, 133
Elektronenmikroskop 15, 36, **37**, 38, 59
Elektronentransport 109
Elektronentransportkette 133f.
emergent 11
EMERSON 134
Emulgierung 92f.
endergonisch 71, 91, 106
Endocytose 51
–, rezeptorvermittelte 52
endoplasmatisches Reticulum, ER **54**, 62, 125
Endosymbiontentheorie **62**, 65
Endprodukthemmung 82
energetische Kopplung 91
Energie 90, 104–113, 117, 125, 128–130, 133, 135
–, chemische 104
–, freie 71
Energiebilanz 111
Energiefluss 136
Energieform 104
Energiegehalt 110
Energiegewinnung 112f., 115, 146
Energieladung 105, 107
Energiestoffwechsel 111
Energieträger 128
Energieumsatz 90, **110**, 111
Energieumwandlung 6, 8, 64, 71, 90, 148
Energiezufuhr 8
Entropie 13
Enzym 44, 55, 64, **70–85**, 88, 91–93, 105, 107, 109, 123, 133
Enzymaktivität **78f.**, 83
Enzymgift 78
Enzymnamen 74
Enzymregulation 82
Enzym-Substrat-Komplex 72
Epidermis 132
Epithelien 29
Erfahrung 12
Erkenntnisgewinnung 12
Erythrocyten 28, 69, **100**, 102
Ethanol 48, 112, 114
Eucyte 14, **61f.**
Euglena 31
Eukaryoten 14, **61f.**
Evolution 9, 65, 90f., 98
exergonisch **71**, 91, 106
Exkretion 118
Exkretionsorgane **118**
Exocytose 30f., **51**
Experiment 12

Farbe 129
Färbemittel 19
Faserzellen 28
Fehling-Nachweis 96
Festigungsgewebe 28
Fette **40**, 92f., 110f., 115
Fettstoffwechsel 115
FISCHER 72
Fixierung 17, 59
Fließgleichgewicht 11
Fluoreszenzmikroskop 17
Flüssig-Mosaik-Modell 43
Fotolyse 134
Fotometrie 137

Fotophosphorylierung 133f.
Fotosynthese 56, 82, 90, **128–141**, **144–147**
Fotosynthesebilanz 135
Fotosyntheseintensität 136–138
Fotosyntheseprodukte 130, 144
Fotosystem **132**, 133f.
fototroph 128
freie Energie 71
Fructose 95

gap junctions 45
Gärung 104, **112**, 113, 120–123
Gasaustausch 98f., 103
Gefrierbruchtechnik 38f., 43
Gegenstromprinzip 69
Gehirn 50
Geißel 30f., 34, 57
Gelelektrophorese 97
Gentechnik 84
Gewebe 10f., 28f.
Gewebetypen 40f.
glatte Muskulatur 116
Glomerulus 67
Glucose **94**, 95, 106f., 110f., 130, 135
Glucosetransporter (GLUT) 49, **50**
–, natriumabhängiger (SGLT 1) 49f.
Glykogen 94–96
Glykokalyx 45, 92
Glykolyse 104, **106–108**, 111
Golgi-Apparat **55**, 62
Golgi-Vesikel 55
Grana 132
Grünalge 34
grün fluoreszierendes Protein (GFP) 50, **53**

Hämoglobin 28, **100**, 102
Harnsäure 118
Harnstoff 66, 76f., 110, 118
Hautatmung 99
Hefe 112, 120–123
Hemmung,
- allosterische 82
- kompetetive 79f.
- nichtkompetetive 79
henlesche Schleife 67, 68
Herz 102
Herzmuskel 116
heterotroph 30, 128
Heuaufguss 32
Hexosen 94, 95
HILL 134
Holenzym 73
Homöostase 66, 118
HOOKE 6, 15
Hormone 66
Hydrolase 74
Hydrolyse 73
Hypercholesterinämie 52
hypertonisch 47
Hyperventilation 101
Hypothese 12
hypotonisch 47

Induced-fit-Mechanismus 72
Information 6, 8, 13, 65
Inhibitor 79, 82
Insulin 50
Interferenzkontrastmikroskopie 17
Interphase 22
Ionenkanal 48
Isoenzyme 78
Isomerase 75
isotonisch 47

Kalorimetrie 110
kalorisches Äquivalent 110
Kanal 48
Kanaltransport 48
Kartoffel 86–89
Karyogramm 26
katabol **90**, 104f.
Katalase 88
Katalysator 71
Kernhülle **54**, 62
Kernkörperchen 21, 54
Kernporen 54
Kernteilung 22f., **24–26**
Kiemen 98f.
Kohlenhydrate 45, 92f., **94**f., 107, 110f., 130, 134, 144
Kohlenstoffdioxid **94**f., 107f., 108, 130, 134–136
Kohlenstoffmonoxid 100f.
Kommunikation 6, **8**, 65, 149
Kommunikationskontakte 45
Kompartimente 7, 56, 104
Kompartimentierung 6, **7**, **39**, 61, 64, 148
kompetitive Hemmung 79, 82
Konformation **42**, 48, 78
Konformationsänderung 48
Konjugation 31, 60
Konzentrationsgefälle 46, 48–50, 69
Kopffüßer 6f., 9
Kragengeißelflagellaten 30, **34**
Kreatinphosphat 125
Krebszyklus 108

Lactose 95, 100, 102, 112
Laktattest 126
LAMARCK 12
LAVOISIER 110
LDL 52
lebendes Fossil 6
lebendes System 11
Lebensgemeinschaft **11**
LEEUWENHOEK 15, 120
Leitgewebe 23
Leuchtkäfer 70
Leukoplast 21, 87, 144
Licht **129**, 132–134, 137, 140
Lichtintensität 136, 140
Lichtkompensationspunkt 136, **139–141**
Lichtmikroskop **16**, 17f.
Lichtmikroskopie 15–19
Lichtsättigung 136, 140f.
Ligase 75
Lignin 57
Lipide **40**, 43f.
Lunge 98f., 101
Lyase 75
Lysosom **55**, 92

Makrophage 27
Malaria 33
Malpighi-Gefäße 118
Maltose 94f.
Matrix 56
Medikamente 83
Meiose 31
Membran 36, **39**, **44**, 45f., 48–52, 54f.; 62, 109
Membranfluss 51
Membrankohlenhydrate 45
Membranlipide 44
Membranpotenzial 49
Membranproteine 44
Meristem 28
Metaphase 24
Metaphaseplatte 24
metastabil 71
Methanol 114
Michaelis-Menten-Konstante 79
Microbodies 55
Mikrofilamente 57
Mikroorganismen 84, 92, 112
Mikroskop 15
Mikroskopiertechnik **17**, 18
Mikrotom 17
Mikrotubuli 24, 31, **57**
Mikrovilli 28, 39
Milchsäure 100, 102, 112
Milchsäuregärung 112, 124f.
Mitochondrien 21, 56, 62, 64, 104, 108f., 144
Mitose 22, **24–26**
Mitosephasen 23–26
Mittellamelle 57
Modelle 43
Modifikation 65
Monosaccharide 94f.
Multienzymkomplex 82, 109
Murein 60
Muskel 100, 112f., **116**, 117, 124
Muskelfaser **116**, 124f., 127
Muskelgewebe 29
Muskelkater 124
Muskelkontraktion 117
Muskeltyp 116
Muskelzelle 29, 116, 125
Mykoplasmen 20
Myofibrillen **116**f.
Myofilament 116f.
Myoglobin **100**, 102
Myosin 23, 57, **116**f.

nachwachsende Rohstoffe 89
$NAD^+/NADH + H^+$ **106**, 107f., 111
NADPH **106**, 134
Nährstoffe **92**, 98, 105, 110
Nahrung 92
Nahrungsvakuolen 30
Natrium/Kalium-Pumpe 49
Nautilus **6**, 7–9
Nekrose **27**, 83
Nephridien 118
Nephron **67**, 118
Nervengewebe 29
Nervenimpuls 117
Nervenzelle 28, 64
nichtkompetitive Hemmung 79
Nicotinamid-adenin-dinucleotid 106
Niere **66–69**, 118
Nucleoid 60
Nucleolus 21, 54
Nucleotid 105
Nucleus 21
Nutzplanze 86

offene Systeme 8
Ökosysteme 15
Organ 11
Organellen **10**, 11, 21, 36, 39
Organisationsebenen **10**, 11
Organismus 10, **11**
Organsystem 10f.
Osmometer 46
Osmoregulation **46**f., 66, 69, 118
Osmose **46**, 47, 118
osmotischer Wert 46f.
Oxidation 100, 104, **106**, 133
oxidative Decarboxylierung **108**, 111
oxidative Phosphorylierung 104, **109**, 146
Oxidoreduktase 74
Oxigenierung 100

Palisadengewebe 132, 141
Pankreas 92
Pantoffeltier 31
Parenchym 28
Partialdruck 99f., 102
passiver Transport 48–50
PASTEUR 120
Pektin 57
Pepsin 92
Peptidbindung 41
Peroxisomen **55**, 88
Phagocytose 30, 31, **51**, 62
Phasenkontrastmikroskop 17
Phloem 130, 144
Phospholipide 40
Phosphorylierung **104f.**, 107

–, oxidative 104, **109**, 146
Photon 129
Photonenfluss 136
pH-Wert 78, 92, 112
Pilze 120
Pinocytose 51
Plasmid 60
Plasmodesmen 45, 57
Plasmolyse 47
Plastiden **21**, 62
Polaristionsmikroskop 17
Polfaser 24
Polypeptid 41
Polysaccharide 94f.
Population 11
Porphyrinring 94, 128
Porenproteine 44
Präparationstechnik 17–19
Primärharn 68
Primärreaktionen der Fotosynthese 134
Primärstruktur 41
Prinzipien des Lebendigen 6
Prokaryoten 14, **60–62**, 146
Prophase 24
Propionsäuregärung 112
prosthetische Gruppe **73**, 133
Proteasen 80, 81, 92
Proteine **41f.**, 43f., 72, 92f., 110f.
Proteinstoffwechsel 115
Protisten 30
Protocyte 14, **61f.**
Protonengradient 109
Protonentransport 109
Protonephridium 118
Protoplast 21
proximat 13
Pseudopodien 30
pulsierende Vakuole 30, 31
Pyruvat **107f.**, 111f., 144

Quartärstruktur 42
quasistationär 11
quer gestreifte Muskulatur 116

Rasterkonfokaltechnik 17
Rasterelektronenmikroskop, REM 37
Reaktionsgeschwindigkeit **71f.**, 79
Reaktionsgleichgewicht 71
Redoxpotenzial 133
Redoxsystem **106**, 109, 133f., 146
Reduktion **106**, 133
Reduktionsäquivalent **106**, 107, 111
Regelung 6, 8, 65, 149
Regulation 82, 101, 107
Reproduktion 6, 9, 64, 149
Reservestärke 144
Reservestoffe 94
Resorption 68f., **93**
respiratorischer Quotient 110
Restriktionspunkt 23
Reticulum, endoplasmatisches (ER) **54**, 62, 125
Rezeptorproteine **44**, 51, 65
RGT-Regel 124
Ribose 94f.
Ribosom **54**, 56, 61f., 82
Ribulose 95
RNA 54, 56
Rohstoffe, nachwachsende 89
Röntgenstrahlenbeugung 76
Rückkopplung 82
Rückresorption 118
RUSKA 37

Saccharose 94f., 130, 144
Sarkomer 116f.
Sauerstoff **100–104**, 109f., 128, 130, 134, 144
Sauerstoffverbrauch 101
Schattenblätter 141
Schattenpflanze 140
SCHLEIDEN 15
Schließzellen 132
Schlüssel-Schloss-Prinzip **72**, 82
Schwamm 34
Schwammgewebe 132
SCHWANN 15
Schwefel-Oxidierer 146
Schwermetalle 78
Schwesterchromatiden 23f.
Sehne 116
Sehwinkel 16
Sekretion 68f.
sekundär aktiver Transport 49
sekundäre Pflanzenstoffe 144
Sekundärreaktionen der Fotosynthese 134f.
Sekundärstruktur 42
Selbstregulation 11
selektiv permeabel 46f.
Skelettmuskel 116
Solanin 86
Sonnenblätter 141
Sonnenbrand 27
Sonnenpflanze 140
Spaltöffnungen 132, 145
Speicherorgan 86, 144
Speicherzelle, 28, 87
Spektralfotometer 137
Spektrum 129
S-Phase 22, 23
Spindelapparat 24
Sport 124–127
Sprossknolle 86
Stärke 87, **94**, 95, 144
Steuerung 6, 8, 65
Stickstoff 102
Stofftransport 46, 48f.
Stoffwechsel 64, **90**, 91, 118, 124
Stoffwechselbilanz 91
Stoffwechselkrankheit 91
Stoffwechselwege 91
Strahlung 129
Strahlungsmessung 139
Stroma **132**, 135
Strukturebene 10
Substrat 71
Substratkonzentration 79
Substratspezifität 72
Substratstufenphosphorylierung 104, 107
Sukkulenten 145
SUMNER 76
Symbiont 60
System **11**, 13

Tauchen 101f.
Telophase 24
Temperatur 78, 136
Tertiärstruktur 42
Theorie 12
Thylakoid **56**, 60, 132–134
Thylakoidmembran 133
tight junctions 45
Tonoplast 20
Tracheen 99
Training 124, 127
Transferase 74
Transmissionselektronenmikroskop (TEM) 37
Transport, aktiver **48f.**, 68, 118, 133
–, passiver **48f.**, 50
–, primär aktiver 49
–, sekundär aktiver 49
Transportmechanismen 48f.
Transportprotein 44, 48–50
Transportsystem 98
Tricarbonsäurezyklus 108
Trichocysten 28
Triosen 98f.
Tropomyosin 116f.
TSWETT 131
Tubulin 57
Tumorzelle 23
Tunnelprotein 48
Tüpfel 21, 57
Turgor 21, **47**, 55

Übergangszustand 73
ultimat 13
Ultrafiltration 68
Ultramikrotom 38
Ultrastruktur 15, **36**, 38
Ultrazentrifuge 58
ungeschlechtliche Fortpflanzung 31f.
Urease 76f.

Vakuole 55
–, pulsierende 30f., 55
Variabilität 6, 9, 65, 148
Vegetationspunkt 26
Verdauung 92f.
Verdauungsenzym 92
Verdauungsorgan 92
Vergrößerung 16
Verschlusskontakt 45
Verwandtschaft 6, 9
Vesikel 51, 55, 68
Vielzeller 34
VIRCHOW 15
Viren 61
vis vitalis 71
Vitamin 73
Volvox 34

Wachstumsfaktoren 23
Wärme 104f.
Wasserhaushalt 47, 66
Wasserspaltung 134
Wasserstoffbrücke 41f.
Wasserstoffbrückenbindung 72
Wechselzahl 79
Wimpern 30f.
Wimpertiere 30f.
Winterschlaf 115
Wirkungsgrad 111
Wirkungsspektrum 137
Wirkungsspezifität 73
WÖHLER 10
Wurzelfüßer 30

Zellalterung 23
Zellatmung 56, **104–111**, 112f., 130
Zellbiologie 14f.
Zelldifferenzierung 28
Zelle 10f., **14**, 15, **20f.**, **36–65**
Zellfraktionierung 58
Zellgröße 20
Zellkern 20f., **54**
Zellkolonie 34
Zellkompartimente 64
Zellmembran 20f., 48, 52
Zellorganellen 30, 39, **54–57**, 58
Zellsaftvakuole 20f.
Zellteilung 22f.
Zellteilungsaktivität 22
Zelltod 27
Zelltypen 20f., **28**, 29
Zellwand 21, 45, 47, 57, 60
Zellzyklus **22f.**, 27, 64
Zentrifugieren 58
Zucker 94
Zygote 28

Bildverzeichnis

Fotos

A1PIX/BIS: 113.2 | Académie de Besancon, SVT: 119.1 | Agentur Focus/G. Braasch/Wheeler Pictures: 80.2, /SPL: 10.2, 60.1, 61.1+3, 92.1 u. l., /SPL/GJLP: 52.1, /SPL/Kightley: 64.4 | AKG-Images: 66.2, 110.1 | Arnold, J., Hawaii: 9.1 | Arnold, Peter/Reschke, E.: 35.1, 64.5, 65.4 | Baecker, J./Wikimedia: 8.3 | Bartscherer, München: 88.1 | Bayer AG, Leverkusen: 84.2 | Bellmann, H., Lonsee: 70.1 | Berichte der Deutschen Botanischen Gesellschaft, Band 24, 1906: 131.1 | Biochemical Journal, 1997, Volume 327, 637–642: 50.2 | bpk/J. Liepe: 120.1 | Brunckhorst/LKN-SH: 148.4 | Buff, W., Biberach: 10.3, 20.1, 47.1–3, 130.3+7, 132.1 | Carl Zeiss Jena GmbH, Jena: 14.1, 15.5, 17.1–6, 18.1, 37.2 | Cinetext/Richter: 114.1 | CMLS: 146.2a | Corbis/Frink: 148.1, /Westmorland: Titelbild, 8.1 | Darwin: Naturalist's voyage on the Beagle: 12.3 | ddp/WDR/Boehme: 96.1 | Digitalstock.de: 74.2, 78.3, 94.1 u. l.+ u. r. | Döring, V., Hohen Neuendorf: 75.3, 160.1–2 | Eck, H., Ammerbuch: 84.1 | Ellison, R./ Wikipedia, CC-BY: 149.2 | Embley, B., NOAA/ PMEL: 146.1 | F1 online/Wirtz: 74.1 | Fotolia.com/M. Hoster: 148.3, /southmind: 118.1 | Getty Images/Wothe: 102.1 | GfÖ, Deutscher Brauerbund e.V. Berlin: 75.1 | Hauck, A., Pfalzgrafenweiler: 26.1–2 | Hausmann, K., Berlin: 37.1, 39.2, 56.1, 57.1, 59.1 | Hecker, Panten-Hammer: 74.3, /Sauer: 31.1 | IFA/Köhler: 11.1 | Institut für Humangenetik und Anthropologie, Erlangen: 15.6 | Institut für wissenschaftliche Fotografie Kage, Lauterstein: 20.2, 21.3, 38.2, 112.1 li. | IRAMIS, CEA: 146.2d | iStockphoto.com/P. Danov: 149.3, /S. Kashkin: 149.4 | Jacob, H. J., Hinrichsen, K.: Rasterelektronenmikroskopische Dokumentation zur Entwicklung von Hand und Fuß bei menschlichen Embryonen, Verh. Anat., Ges. 78, S. 285–287: 27.1+2 | Jastrow, H., Gau-Oderheim: 63.1 | Kalas, S., Pöndorf/ Austria: 13.2 | Karly, F., München/Wanner: 47.4–6, 60.2, 80.1, 135.2+3 | Kleinert, R., Hanau: 19.1+2, 97.1–4 | Kleinig, H., Freiburg/Falk: 54.2+3, 55.3+4, 56.2, 59.2+3, 132.3, /Schliewa: 56.3, /V. Speth: 39.3, 54.1 | Kollmann, Kiel: 55.1 | Leica Microsysteme GmbH, Wien/Austria: 38.1 | Lieder, J., Ludwigsburg: 19.3, 22.1, 25.1–9, 28.2–4, 29.1–3, 33.3, 64.2, 93 u. l. | Madigan/Martinko: Brock Mikrobiologie, München 2006, S. 506, Abb. 14.2: 64.1 | Madison, Cindee & Landau, Susan, UC Berkeley: 50.3 | mauritius images/Kuchlbauer: 86 o. r. | MPI für Züchtungsforschung, Köln/K. Stüber: 12.2 | MPI für Pflanzenzüchtung, Köln: 87.3 | Mutschler, Arzneimittelwirkungen, S. 659: 83.3 li., Navalon, Waldshut-Tiengen: 102.3 | Nienhaus, G.U.: Das grün fluoreszierende Protein: Schlüssel zur Untersuchung chemischer Prozesse in lebenden Zellen, Angewandte Chemie: 120, 2008, S. 9131, Copyright Wiley-VCH Verlag GmbH & Co. KGaA. Reproduced with permission: 53.2–3 | Nordzucker GmbH: 94.1 o. r. | Okapia/Biophoto Associates: 57.2, /Biophoto Associates/Science Source: 36.1, 93 u. r., /Birke: 30.1, /CNRJ/De Meyr: 24.1, /D. McCoy/Rainbow: 66 o., /P. Arnold/Reschke: 67.4, /Gehlken: 148.2, /Kage: 67.5, 120 o., /NAS/ Dimijian: 90.1, /OSF/P. Parks: 32.3 | PDB, Protein Data Bank: 76.1 | Pette, D., Konstanz: 125.4 | picture-alliance/dpa: 124.2, /dpa/ Osamu Shimomura: 53.1, /Keystone: 127.2 | Project Photos: 11.2, 123 o. l., 124 o. | Reinhard, Heiligkreuzsteinach: 11.3, 105.1, 128.1 | Richard, Michael: 146.2c | Robinson, Heidelberg: 51.2–4 | Roche, Mannheim: 83.1 o. | Schnellbächer, L. H., Schlüchtern: 123.1 | Science Museum/ Science & Society Picture Library, London: 15.1, 15.3 | Springer Verlag /Jan Fridén: Cell and Tissue Research (1984) 236, S. 370: 124.1 | Storopack GmbH & Co. KG, Metzingen: 89.3 | Ullstein bild/Camera Press: 13.1 | Universität Tübingen, Institute for Ophthalmic Research: 75.2 | Universitätsbibliothek Heidelberg: 15.2 | University of California, JGI Eukaryotic Genomics: 146.2b+e | Uribe, Rufino/Wikipedia: 94.1 o. l. | Wanner, Prof. G., Moosburg (nach M. J. Schleiden): 15.4 | Weber, U., Süßen: 7.2, 76.2, 122.2, 130.1+2+5+6, 139.2 | Wildlife/Poelzer: 64.3, /Usher: 149.1 | Woehl, Germano, Jr.: 83.2 o.

Grafiken

Kleinert/Ruppert/Stratil: Zellbiologie, mentor Abiturhilfe Biologie Oberstufe, Band 690, München 2006, S. 96, Abb. 89: 52.2–5 | Krischke, K., Marbach: 21.1+2, 28.1, 30.2, 31.2+3, 32.1+2, 34.1, 67.1–3, 87.1, 92.1 u. r., 98.1, 112.1, 116.1, 117.1, 117 o. l.+r., 118.2, 121 o. r., 122.1, 132.2+4–6, 140.1, 141.1+2+4, 142.1, 143.1+2, 145.1 | Mair, J., München: 7.1. 8.2, 9.2, 12.1, 16.3, 20.3, 22.2, 23.1, 24.2, 25.1, 32.4, 33.1+2, 35.2, 37.3, 38.3, 39.1, 40.1–3, 41.1–3, 42.1+2, 43.1+2, 44.1, 45.1, 46.1, 48.1, 51.1, 54.4, 55.2, 56 m. r., 57 m. l., 58.3, 61.2+4, 62.1, 63.2+3, 65.1–3, 66.1, 68.1+2, 69.1+2, 71.1, 73.2, 78.1+2, 79.1, 81.1, 82.1+2, 83.1 u., 83.3 r., 86.1, 87.2, 89.1+2, 94.2, 95, 98.2, 99.1+2, 100.1–3, 101.1, 102.2, 103.1–3, 104.1, 105.2–4, 106.1+2, 107.1, 108.1, 109.1, 111.1, 113.1, 119.2+3, 121.1+2, 125.2+3, 126.1, 127.1, 129.1, 133.1–3, 134.1, 135.1, 136.1–4, 137.1–3, 138.1+2, 139.1, 141.3, 147.1–3 | Mall, K., Berlin: 16.1+2, 27.3, 48.1–3, 58.1+2, 71.2, 72.1–3, 73.1, 77.1, 79.2, 83.2 u., 85.1–3, 88.2, 91.2, 92.1, 93.1, 110.2, 115.1–2, 125.1, 126.2, 144.1, 146.2 r.

Hinweise zum Umgang mit Gefahrstoffen und Gefahrenhinweise

Im Lehrbuch werden *Experimente* vorgeschlagen, die im Rahmen des Biologieunterrichts in der Oberstufe üblicherweise durchgeführt werden. Auch wurde darauf geachtet, dass möglichst wenig *Gefahrstoffe* und diese in möglichst geringen Mengen zum Einsatz kommen. Dennoch ist es für ein sicheres Experimentieren unerlässlich, dass jede Schülerin und jeder Schüler die in den Versuchsanleitungen verwendeten *Kennbuchstaben* und die zugehörigen *Gefahrensymbole*, wie sie auf Chemikalienetiketten zu finden sind, kennt und über entsprechende Sicherheitshinweise unterrichtet ist. Sollten sie Ihnen nicht aus dem Chemieunterricht geläufig sein, machen Sie sich bitte mit den Hinweisen rechts gründlich vertraut. Beachten Sie beim Experimentieren die speziellen Sicherheitshinweise Ihrer Lehrerin oder Ihres Lehrers genauestens und halten Sie die allgemeinen Regeln für das praktische/experimentelle Arbeiten in Biologie ein (► unten).

Allgemeine Regeln
für das praktische/experimentelle Arbeiten in Biologie

- Informieren Sie sich über die Notfalleinrichtungen (Notausschalter, Feuerlöscher, Erste Hilfe) im Arbeitsraum.
- Halten Sie Ihren Arbeitsplatz sauber und ordnen Sie ihn übersichtlich.
- Essen und trinken Sie niemals während der praktischen/experimentellen Arbeit.
- Schützen Sie Ihre Augen beim Umgang mit Chemikalien grundsätzlich durch eine Schutzbrille.
- Pipettieren Sie niemals mit dem Mund, sondern immer mit einer Pipettierhilfe.
- Achten Sie außer auf Ihre eigene Sicherheit immer auch auf die Ihrer Mitschülerinnen und Mitschüler.
- Sollten Sie sich bei der Arbeit verletzen, informieren Sie bitte sofort Ihre Lehrerin/Ihren Lehrer.
- Für Experimente mit Mikroorganismen gelten besondere Sicherheitshinweise, über die Sie Ihre Lehrerin/Ihr Lehrer informiert.
- Waschen Sie sich nach praktischer/experimenteller Arbeit stets gründlich die Hände.

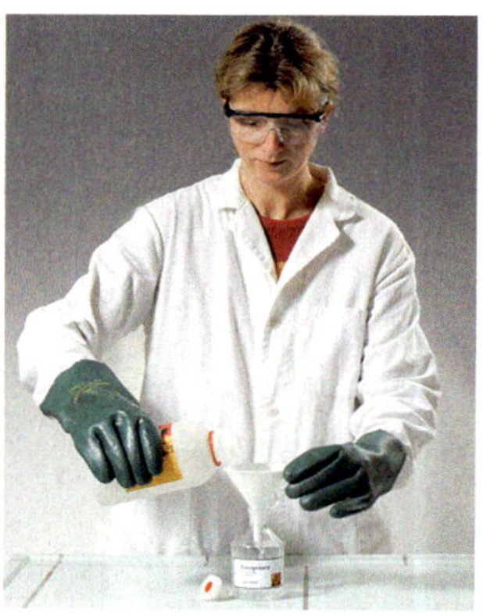

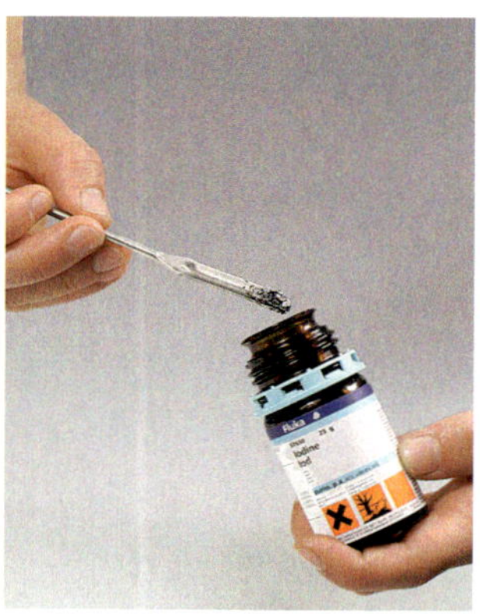

GEFAHRENSYMBOLE, KENNBUCHSTABEN UND GEFAHRENBEZEICHNUNGEN (AUSWAHL)

T

Giftige Stoffe (sehr giftige Stoffe T+) verursachen durch Einatmen, Verschlucken oder Aufnahme durch die Haut meist erhebliche Gesundheitsschäden oder gar den Tod.
Was tun? Nicht direkt berühren! Unwohlsein sofort der Lehrerin oder dem Lehrer melden!

Xn

Gesundheitsschädliche Stoffe können durch Einatmen, Verschlucken oder Aufnahme durch die Haut gesundheitsschädigend wirken.
Was tun? Nicht direkt berühren! Unwohlsein sofort der Lehrerin oder dem Lehrer melden!

C

Ätzende Stoffe zerstören das Hautgewebe oder die Oberfläche von Gegenständen.
Was tun? Berührung mit der Haut, Augen und Kleidung vermeiden! Dämpfe nicht einatmen!

Xi

Reizende Stoffe haben Reizwirkung auf Haut, Augen und Atmungsorgane.
Was tun? Berührung mit Haut, Augen und Atmungsorganen vermeiden! Nicht einatmen!

F

Leicht entzündliche Stoffe (hochentzündliche Stoffe F+) entzünden sich von selbst an heißen Gegenständen. Zu ihnen gehören selbstentzündliche Stoffe, leicht entzündliche gasförmige Stoffe, brennbare Flüssigkeiten und Stoffe, die mit Feuchtigkeit brennbare Gase bilden.
Was tun? Vorsicht beim Umgang mit offenen Flammen und Wärmequellen! Keine Berührung mit brandfördernden Stoffen!

O

Brandfördernde Stoffe können brennbare Stoffe entzünden oder ausgebrochene Brände fördern.
Was tun? Kontakt mit brennbaren Stoffen vermeiden!

E

Explosionsgefährliche Stoffe können unter bestimmten Bedingungen explodieren.
Was tun? Schlag, Stoß, Reibung, Funkenbildung und Hitzeeinwirkung vermeiden!

N

Umweltgefährliche Stoffe sind sehr giftig, giftig oder schädlich für Wasserorganismen und können in Gewässern längerfristig schädliche Wirkungen haben. In der nichtaquatischen Umwelt sind sie giftig für Pflanzen, Tiere, Bodenorganismen und Bienen, können auf die Umwelt längerfristig schädliche Wirkungen haben und für die Ozonschicht gefährlich sein.
Was tun? Freisetzung der Stoffe in die Umwelt vermeiden, Stoffe der Problemabfallentsorgung zuführen!